第3版 | 机械振动与冲击分析
3rd Edition | Mechanical Vibration and Shock Analysis

李传日 总译

疲劳损伤
Fatigue Damage

[法] 克里斯蒂安·拉兰内（Christian Lalanne） 著

张慰 主译

国防工业出版社

· 北京 ·

原书书名：Fatigue Damage
　　　　　by Christian Lalanne
原书书号：ISBN 978-1-84821-647-1

All Rights Reserved. Authorised translation from the English language edition published by John Wiley & Sons, Limited. Responsibility for the accuracy of the translation rests solely with National Defense Industry Press and is not the responsibility of John Wiley & Sons, Limited. No part of this book may be reproduced in any form without permission of the original copyright holder, John Wiley & Sons, Limited.

本书简体中文版由 John Wiley & Sons 授权国防工业出版社独家出版发行。
版权所有，侵权必究。

著作权合同登记　图字：军-2016-156 号

图书在版编目(CIP)数据

疲劳损伤/(法)克里斯蒂安·拉兰内 (Christian Lalanne)著;张慰主译. —北京:国防工业出版社,2021.4
（机械振动与冲击分析）
书名原文：Fatigue Damage
ISBN 978-7-118-12035-6

Ⅰ.①疲… Ⅱ.①克…②张… Ⅲ.①振动疲劳-损伤(力学) Ⅳ.①O346.2

中国版本图书馆 CIP 数据核字(2020)第 226047 号

※

国防工业出版社 出版发行
(北京市海淀区紫竹院南路 23 号　邮政编码 100048)
三河市腾飞印务有限公司印刷
新华书店经售

*

开本 710×1000　1/16　印张 23　字数 395 千字
2021 年 4 月第 1 版第 1 次印刷　印数 1—2000 册　定价 140.00 元

(本书如有印装错误，我社负责调换)

国防书店：(010)88540777　　书店传真：(010)88540776
发行业务：(010)88540717　　发行传真：(010)88540762

序

欣悉北航几位有真知灼见的教授们翻译了一套《机械振动与冲击分析》丛书，我很荣幸先睹为快。本人从事结构动强度专业方面的工作50多年，看了译丛后很是感慨，北航的教授们很了解我们的国情和结构动强度技术领域发展的行情，这套丛书的出版对国内的科研人员来说确实是雪中送炭，非常及时。

仔细了解了这套丛书的翻译出版工作，给我强烈的感受有3个特点。

（一）实。这套丛书的作者是法国人 Christian Lalanne，曾在法国国家核能局担任专家，现在是 Lalanne Consultant 的老板。他从事振动和冲击分析方面的研究咨询工作超过40多年，也发表了多篇高水平学术论文。本丛书的内容是作者实际工作和理论分析相结合的产物，既不是单纯的理论陈述，又不是单纯的试验操作，而是既有理论又有实践的一套好书，充分体现出的一个特点就是非常"实"，对具体工作是一种实实在在的经验指导。

（二）全。全在哪呢？一是门类全，一般冲击和振动经常是分开谈的，而本丛书既有冲击又有振动，一起研究；二是过程全，从单自由度建模开始到单自由度各种激励下的响应，从各种载荷谱编制再到各种载荷激励下的寿命估算，进一步制定试验规范，直到试验，可以说是涵盖了结构动力学的全过程；三是内容全，从基本概念到各种具体方法，内容几乎覆盖了机械振动与冲击的所有方面。本丛书共有5卷，第1卷专门介绍正弦振动，第2卷介绍机械冲击分析，第3卷介绍随机振动，第4卷介绍疲劳损伤的计算，第5卷介绍基于剪裁原则的规范制定方法。

（三）新。新在什么地方？还要从我国航空工业发展现状说起。20世纪90年代以前，振动、冲击等内容尚未列入飞机设计流程中去，飞机设计是以静强度、疲劳强度设计为主，而振动、冲击只作为校核的内容，在设计之初并不考虑，而是设计制造完在试飞中去考核，没问题作罢，有问题再处理、排除。由于众多型号研制中出现的各种振动故障问题，大大延误了研制进度，而在用户使用中出现的振动故障，则引起大面积的停飞，影响出勤率、完好率，有的甚至还发生机毁的二等事故，因此，从90年代开始，我国航空工业部门从事振动与冲击分析的技术人员开始探索结构动力学的早期设计问题。经过"十五"到"十二五"3个"五年计划"的预研和型号实践总结,国内相继出版了几本关于振动与冲击方面的专著,本丛书和这些图书相比,有以下几点属于新颖之处:

(1) 在寿命评估方面,本丛书是将载荷用随机、正弦振动或冲击表示,然后计算系统的响应,再根据裂纹扩展的基本原理分析其扩展过程与系统响应的应力之间的关系,最后给出使用寿命的计算。业内研究以随机载荷居多,正弦振动和冲击载荷下的寿命估算较少,特别是塑性应变与断裂循环次数的关系以及基于能量耗散的疲劳寿命等论述都是值得我们借鉴和参考的。

(2) 本丛书认为:不确定因子可定义为在给定概率下,单元最低强度和最大应力之间的关系,即强度均值减去×倍强度标准差与应力均值加上×倍应力标准差之比;试验因子可定义为试验样本量无法无穷大,通过试验评估的均值只能落在一个区间内,为保证强度均值大于某个值(不确定因子乘以环境应力均值,即强度必须达到的最低要求)而增加的一个附加因子即试验因子。试验严酷度就变为试验因子乘以不确定因子再乘以环境应力均值。

这两个概念和我国 GJB 67A—2008 中的两个概念,即不确定系数和分散系数,有一定相似但又有区别。GJB 67A 中,不确定系数又称安全系数,是可能引起飞机部件和结构破坏的载荷与使用中作用在飞机部件或结构上的最大载荷之比,对结构来说,不确定系数是用该系数乘以限制载荷得出极限载荷的导数值;分散系数是用于描述疲劳分析与试验结果的寿命可靠性系数,它与寿命的分布函数、标准差、可靠性要求和载荷谱密切相关,它是决定飞机寿命可靠性的指标。因此,本丛书和国内目前执行的规范以及有关研究所出版的相关书籍完全可以起到互为补充、互为借鉴。

(3) 本丛书内容涉及黏滞性阻尼和非线性阻尼的瞬态和稳态响应问题,这是业内研究振动分析中的一大难点,本丛书提出的观点和做法值得参考和借鉴。

(4) 本丛书中提出"对于环境应当是从项目一开始的未雨绸缪,而不是木已成舟后的事后检讨"的观点,以及"在项目初始阶段还没有图纸的时候,或者在鉴定阶段为了确定试验条件""在没有准确和有效的结构模型时",最有效的可用方法是用"最简单的常用机械系统就是一个包括质量、刚度、阻尼的单自由度的线性系统"来作为研究对象。这种方法是可行的,既可作严酷度比较,也可起草规范,作初步设计计算,甚至制定振动分析规则等等有效的"早期设计"工作。当然,在 MBSE 思想指导下,当今在型号方案阶段确定初步的结构有限元模型已非难事,完全可以在结构有限元模型建立情况下去研究进行结构动力学有关工作的早期设计(在初步设计阶段完全可以进行),尽管如此,本丛书提出的研究思路和方法仍不失为一个新颖之亮点。

(5)本丛书对各种极限响应谱和疲劳损伤谱的概念(正弦振动、随机振动、冲击),还有各国标准规定的剪裁思想,包括 MIL-STD-810、GAM.EG13、STANAG 4370、AFNOR X50-410 等的综述,这些观点和概念的提出也是值得我们学习研究和借鉴的。

综上所述,本丛书对广大关注结构机械振动与冲击的科研人员、设计人员、试验人员和管理人员都具有一定的参考指导作用,可以说本丛书的翻译出版是一件大事、喜事,值得庆贺,对我们攻克结构动强度(振动、冲击)前进道路上的各种技术障碍会起到积极的促进作用。

中航工业沈阳飞机设计研究所原副所长、科技委主任
中航工业结构动力学专业组第二任组长(2000—2014 年)
中航工业结构动力学专业组名誉组长(2015 年至今)

2021 年 4 月 4 日

译者序

本书是《机械振动与冲击分析》丛书的第四卷,系统介绍了材料/构件的疲劳行为及随机振动下的疲劳损伤计算方法,涵盖了大多数疲劳损伤模型。首章介绍了材料疲劳的基础知识;第2章详细介绍了常用的疲劳模型和损伤累积方法;第3章介绍了随机载荷计数方法;第4章给出了单自由度系统疲劳损伤累积计算方法;第5章讨论了随机载荷下疲劳损伤的标准差;第6章介绍其他的疲劳寿命-应力模型及非线性损伤累积模型;第7章阐述了低周疲劳的概念、应力-应变响应及低周疲劳下的损伤模型;第8章从裂纹扩展的角度,介绍了断裂力学的相关概念及其在疲劳寿命预测中的应用。

本书内容全面,结构合理,通俗易懂,实用性强。无论对于材料疲劳的初学者,还是从事振动疲劳研究的工程技术人员,都可以从书中找到感兴趣的地方并有所收获。

本书由张慰翻译,袁宏杰审校。参加本书翻译工作的还有姜珊、任路平、周道卿、刘宇鸣和蔡亮等同志,装备科技译著出版基金资助了本书的翻译出版,在此一并表示感谢。

本套丛书是在李传日教授的组织下翻译的,李老师认真细致、严谨踏实的学术作风一直影响着译者。在本书出版前李传日教授积劳成疾不幸去世,谨以此书纪念李传日教授。

由于译者水平有限,翻译过程中难免存在不当之处,敬请读者谅解并予以指正。

张慰

2021年4月

FOREWORD 丛书序

  无论是日常使用的简单产品如移动电话、腕表、车载电子组件等,还是更为复杂的专用系统如卫星设备、飞机飞控系统等,在其工作寿命期内不仅要经受不同温度和湿度的环境作用,还要承受机械振动和冲击的作用,本丛书的主题正是围绕着后者展开。这些产品必须精心设计以保证其能经受所处环境的作用而免遭损坏,并能通过原理样机或者计算以及权威实验室试验来验证其设计。

  产品的设计以及后续的试验都要基于其技术规范进行,这些规范通常源于国家或国际标准。最初于20世纪40年代制定的标准是通用规范,常常极为严酷,包括了正弦振动,其频率被设置为设备的共振频率。这些规范的制定主要是用来验证设备具有某种特定的耐受能力,这里隐含一个假设:当设备可以经受住特定振动环境的作用而依然正常工作,则其也能承受其使用中的振动环境而不被损坏。标准的变迁跟随着试验设备的发展,尽管有时候会基于保守的考虑而有些滞后:从能够产生正弦扫频振动,到能在较宽频带内产生窄带随机扫频振动,再到最终能产生宽带随机振动。在20世纪70年代末,人们认为一个基本的需求就是要减少车载设备的重量和成本,并制定出与实际使用条件更贴近的规范。在1980年至1985年间,这种观念的变化影响到了相关的美国标准(MIL-STD-810)、法国标准(GAM-EG-13)以及国际标准(NATO)的制定,所有这些标准都推荐了剪裁试验的概念。目前推荐的说法是要剪裁产品以适应其环境,更明确地强调了对于环境应当是从项目一开始的未雨绸缪,而不是木已成舟后的事后检验。这些概念源于军工行业,目前却正在越来越多地推广至民用领域。

  剪裁的基础是对设备的全寿命剖面的分析,也是基于对与各种使用情况相关的环境条件的测量,还要依靠将所有数据进行综合后形成的简化规范,这一规范和其实际的环境具有相同的严酷度。

  这种方法的前提是对经受动态载荷的力学系统有了正确的了解,对最常见的故障模式也很清楚。

一般来说,对经受振动作用的系统而言,对其应力的良好评估只可能根据有限元模型和较为复杂的计算获得。要进行这种计算,只可能在项目相对较晚的一个阶段开展,这时,结构已经被明确定义,模型才可建立。

无论是在项目还没有图纸的最初始阶段,还是在鉴定阶段,为了确定试验条件,都需要开展大量与环境相关的工作,这些工作与设备自身无关。

在没有准确和有效的结构模型时,最简单常用的力学系统就是一个包括质量、刚度和阻尼的单自由度的线性系统,尤其适用于以下几种情况。

(1) 对几种冲击(采用冲击响应谱)或者几种振动(采用极值响应谱和疲劳损伤谱)的严酷度进行比较。

(2) 起草振动规范,所确定的振动可以在模型上产生与实际环境相同的效应,这里隐含着一个假设:这一等效作用在真实的并更加复杂的结构中依然存在。

(3) 在项目的起始阶段对初步设计进行计算。

(4) 制定振动分析的规则(如选择功率谱密度计算的点数)或者确定试验参数的规则(选择正弦扫频试验中的扫描速率)。

以上说明了这一简单模型在这套包含5卷分册的"机械振动与冲击分析"丛书中的重要性。

第1卷专门介绍了正弦振动。首先回顾了几种在工作寿命期内会对材料产生影响的主要振动环境以及思考方法,然后对一些基本的力学概念、单自由度力学系统对任意激励的响应(相对的和绝对的)及其不同形式的传递函数进行介绍。通过在实际环境和实验室试验环境下对正弦振动特性的分析,推导了具有黏滞阻尼和非线性阻尼的单自由度系统的瞬态和稳态响应,介绍了不同正弦扫描模式的特性。随后,分析了各种扫描方式的特性,依据单自由度系统的响应机理,演示了扫描速率选择不合适所带来的后果,并据此推导出了选择扫描速率的原则。

第2卷介绍了机械冲击。该卷介绍了冲击响应谱的不同定义、特性以及计算时的注意事项。介绍了在常用试验设备上应用最广泛的冲击波形及其特性,以及如何制定一个与实际测量环境具有相同严酷度的试验规范。然后给出了用经典实验室设备(如冲击机、由时域信号或者响应谱驱动的电动振动台)实现试验规范的示例,并指出了各种解决方案的限制、优点和缺点。

第3卷主要介绍了随机振动的分析,涵盖了实际环境中会遇到的绝大多数振动。该卷在介绍信号的频域分析之前,描述了随机过程的特性,以使分析过程简化。首先介绍了功率谱密度的定义和计算时的注意事项,然后给出了改进结果的处理方法(加窗和重叠)。第三种补充的方法主要为时域信号的统计特性分析,这种方法的特点在于可以确定一个随机高斯信号极值的分布规律,从而免去对峰值的直接计数(参见第 4 卷和第 5 卷),简化疲劳损伤的计算。最后介绍了单自由度线性系统的随机振动响应。

第 4 卷专门介绍了疲劳损伤的计算。介绍了用来描述材料在疲劳作用下行为的假设条件、损伤累积的规律和响应峰值的计数方法(当无法采用由高斯信号得到的峰值概率密度时,该方法可以给出峰值的直方图)。推导了有关平均损伤及其标准差的表达式,并介绍了其他假设下的分析案例(非零均值、疲劳极限、非线性累积规律等),还介绍了有关低周疲劳和断裂力学的主要规律。

第 5 卷主要介绍了基于剪裁原则的规范制定方法。针对每种类型的应力(正弦振动、正弦扫频、冲击、随机振动等)定义了极限响应谱和疲劳损伤谱。随后详细介绍了由设备寿命周期剖面建立规范的过程,一并考虑了不确定因子(与实际环境和力学强度分散性相关的不确定性)和试验因子(验证试验次数的函数)。

需要重申的是,本丛书旨在对以下对象有所帮助:设计团队中负责产品设计的工程师和技术人员、负责编写各种设计和试验规范(用于验证、鉴定和认证等)的项目组、负责试验设计并选择最合适的模拟方式的实验室。

INTRODUCTION 引言

　　单自由度系统的疲劳损伤是用于比较不同振动环境严酷程度的两项标准之一，另一个则是系统的最大响应。

　　该标准也用于建立试验规范，用来重现设备使用寿命中所有振动造成的影响。本书不是对材料疲劳的论述，而是提供理解部件或材料疲劳行为的必要元素，以及介绍专门用于计算随机振动引起的疲劳损伤的方法。

　　本卷包含以下内容：

　　由 $S\text{-}N$ 曲线(应力对应周期数)表征的材料疲劳特性的知识，即根据使用应力幅值得到试件破坏所需的周期数。第1章引用了用于表征 $S\text{-}N$ 曲线的主要模型，并强调了疲劳现象的随机性质。之后列举了疲劳寿命系数变化的一些测量值。

　　用于计算全部应力循环引起的损伤累积的法则是不可或缺的。最常见的法则和其局限性会在第2章介绍。

　　确定应力响应峰值的直方图，此处假设应力响应与相对位移成比例。正如第3卷介绍的那样，当信号为平稳高斯信号时，其峰值的概率密度可以很容易地从信号的功率谱密度(PSD)中获得。当不是这种情况时，给定的单自由度系统的响应必须进行数值计算，然后直接对峰值计数。第3章对从最简单的(峰值计数)到最复杂的(雨流计数)许多方法进行了介绍，并说明了其缺点。

　　这些数据都用来估算损伤——如果有峰值的概率密度，可以统计性地描述损伤特性；如果没有，则只能用确定性的方法(第4章)和标准差(第5章)来描述。

　　第6章提供一些基于其他假设的损伤评估的基本内容。它们关注 $S\text{-}N$ 曲线的形状、疲劳极限的存在、损伤的非线性积累、峰值分布规律和非零均值的影响。

　　Wöhler 曲线基于应力水平描述了3个部分：无限寿命部分，即使用寿命很长甚至无限；有限寿命部分(第1章讲述的)；应力接近屈服应力(低周疲劳)。第7章展示了如何通过应变-失效循环数关系来描述 $S\text{-}N$ 曲线，以及疲劳损伤的计算。

这些方法都属于"黑箱"，没有分析导致失效的物理现象。经验表明，裂纹最终出现在受交变应力的零件，裂纹增长直至零件失效，特别是在航空领域，为了评价带有裂纹零件的剩余使用寿命和引入检查维护策略，对裂纹扩展机理和建模开展了研究。第 8 章讨论了描述裂纹扩展现象的主要模型，以及利用这些模型评估使用寿命。

在附录中列出了计算 Γ 函数的要素以及本书涉及的积分公式。

符号表

符号表给出了本书使用的主要符号的最常见定义。其中一些符号可能在某些情况会有其他含义,为避免引起混淆,将在出现时进行定义说明。

a	裂纹长度的一半
b	Basquin 指数方程中的指数
c	黏滞阻尼系数
C	Basquin 方程中的常数
d	半周期的损伤或 Corten–Dolan 准则的指数或塑性功指数
dof	自由度
D	疲劳损伤或阻尼容量 ($D = J\sigma^n$)
D_t	利用截断信号计算疲劳损伤
erf	误差函数
E	杨氏模量或弹性模量
$E(\ )$	……的期望
f	频率
f_0	固有频率
G	剪切模量
$G(\ )$	……的功率谱密度 ($0 \leq f \leq \infty$)
h	间隔 (f/f_0)
$h(t)$	脉冲响应
$H(\ )$	转移函数
i	$\sqrt{-1}$
J	阻尼常数
k	刚度
K	应力变形比例常数

K_I	应力强度因子(模式I)
K_{IC}	临界应力强度因子(依旧是模式I的断裂韧性)
m	质量,平均数(作下标时为正体)或Paris准则中的指数
M_n	n阶矩
n	试件或材料经历的循环次数或阶矩数,$D=J\sigma^n$的指数,PSD的恒定水平数
n'	循环加工硬化指数
n_0	每秒过零点的平均数
n_0^+	每秒以正斜率过零点的平均数(期望频率)
n_p^+	每秒最大值的平均数
N	失效循环数,每倍频程分贝数
N_p	持续T时间内的峰值数
$p(\ )$	概率密度
PSD	功率谱密度
q	$\sqrt{1-r^2}$
$q(u)$	概率密度的极大值
Q	品质因数
r	不规则因子
r_p	裂纹尖端的距离
rms	均方根(值)
R	应力比$\sigma_{min}/\sigma_{max}$
R_e	屈服应力
R_m	极限抗拉强度
$R_z(\tau)$	相关函数
s	标准差
s_D	损伤标准差
t	周期,时间
T	振动持续时间
u	$z(t)$的均方根值的峰值比
u_{rms}	$u(t)$的均方根值
$u(t)$	广义响应

v	变异系数
V_N	疲劳失效循环次数的变异系数
$\ddot{x}_{rms}$	$\ddot{x}(t)$的均方根值
$x(t)$	基于单自由度系统的绝对位移
$\dot{x}(t)$	基于单自由度系统的绝对速度
$\ddot{x}(t)$	基于单自由度系统的绝对加速度
Z_p	$z(t)$的峰值振幅
Z_{rms}	$z(t)$的均方根值
$z(t)$	基于单自由度系统的绝对位移响应
α	$2\sqrt{1-\xi^2}$
β	$2(1-2\xi^2)$
Δ	疲劳破坏指数
Δf	半功率点或窄带噪声宽度之间的频率间隔
ΔK	应力强度因子范围
ΔK_s	应力强度因子阈值
$\Delta \varepsilon$	应变范围
$\Delta \sigma$	应力范围
$\Delta \tau$	相关时间
ε	应变
ε_{el}	弹性应变
ε_f	断裂韧性
ε_f'	一个循环内断裂所需的必要真实应变
ε_p	塑性应变
$\gamma(\ )$	不完全伽马函数
$\Gamma(\ )$	伽马函数
η	威布尔分布中的指数
$\varphi(t)$	简单形式的信号
ν	泊松比
π	3.14159265…
σ	应力
σ_a	交变应力

σ_D	疲劳极限应力
σ_f	一个循环内断裂所需的必要真实应力
σ_{rms}	应力的均方根值
σ_m	平均应力
σ_t	应力截断水平
ω_0	固有角速度
Ω	角速度的激励
ξ	阻尼因子

CONTENTS 目 录

第1章 材料疲劳的概念 ··· 1
1.1 引言 ··· 1
1.1.1 材料强度 ··· 1
1.1.2 疲劳 ··· 6
1.2 动态载荷(或应力)类型 ·· 7
1.2.1 循环应力 ··· 7
1.2.2 交变应力 ··· 8
1.2.3 重复应力 ··· 9
1.2.4 稳定应力和循环应力的组合 ································· 9
1.2.5 非对称交变应力 ··· 9
1.2.6 随机和瞬态应力 ·· 10
1.3 疲劳损伤 ··· 10
1.4 材料耐久性特征 ··· 12
1.4.1 S-N 曲线 ·· 12
1.4.2 平均应力对 S-N 曲线的影响 ······························· 14
1.4.3 统计特征 ·· 15
1.4.4 疲劳极限的分布规律 ······································ 15
1.4.5 疲劳强度的分布规律 ······································ 18
1.4.6 疲劳极限与材料的静力特性的关系 ·························· 19
1.4.7 S-N 曲线的解析表达 ······································ 20
1.5 影响因子 ··· 27
1.5.1 概述 ·· 27
1.5.2 试件尺寸 ·· 27
1.5.3 过载 ·· 28
1.5.4 应力频率 ·· 29
1.5.5 应力类型 ·· 29
1.5.6 非零均值应力 ·· 29

1.6　S-N 曲线的其他表示方式 …… 31
　　1.6.1　Haigh 图 …… 31
　　1.6.2　Haigh 图的统计表达 …… 38
1.7　复杂结构的疲劳寿命预测 …… 38
1.8　复合材料的疲劳 …… 39

第 2 章　疲劳损伤累积 …… 41

2.1　疲劳损伤的演化 …… 41
2.2　累积准则的分类 …… 42
2.3　Miner 方法 …… 42
　　2.3.1　Miner 准则 …… 42
　　2.3.2　采用 Miner 准则估计损伤到失效的分散性 …… 45
　　2.3.3　随机应力下 Miner 准则计算累积损伤的有效性 …… 47
2.4　修正的 Miner 理论 …… 49
　　2.4.1　原理 …… 49
　　2.4.2　修正的 Miner 准则计算损伤累积 …… 49
2.5　Henry 法 …… 52
2.6　修正的 Henry 方法 …… 53
2.7　Corten 和 Dolan 方法 …… 53
2.8　其他理论 …… 55

第 3 章　用于分析随机时域信号的计数方法 …… 57

3.1　概述 …… 57
3.2　峰值计数法 …… 60
　　3.2.1　方法介绍 …… 60
　　3.2.2　衍生方法 …… 61
　　3.2.3　限制变程的峰值计数法 …… 62
　　3.2.4　限制载荷水平的峰值计数法 …… 63
3.3　均值穿越波峰计数法 …… 64
　　3.3.1　方法介绍 …… 64
　　3.3.2　小载荷变化的剔除 …… 65
3.4　变程计数法 …… 66
　　3.4.1　方法介绍 …… 66
　　3.4.2　小载荷变化的剔除 …… 67

3.5 变程-均值计数法 …………………………………………………………… 69
　3.5.1 方法介绍 ………………………………………………………… 69
　3.5.2 小载荷变化的剔除 ……………………………………………… 70
3.6 程对计数法 ………………………………………………………………… 72
3.7 Hayes 计数法 ……………………………………………………………… 75
3.8 有序的全变程计数法 ……………………………………………………… 77
3.9 穿级计数法 ………………………………………………………………… 78
3.10 峰谷峰计数法 ……………………………………………………………… 81
3.11 疲劳强度计计数法 ………………………………………………………… 86
3.12 雨流计数法 ………………………………………………………………… 88
　3.12.1 方法的原理 ……………………………………………………… 88
　3.12.2 雨流计数子程序 ………………………………………………… 92
3.13 NRL 计数法 ………………………………………………………………… 96
3.14 评估给定载荷水平下消耗的时间 ………………………………………… 98
3.15 低于疲劳极限的载荷水平对疲劳寿命的影响 …………………………… 99
3.16 试验加速 …………………………………………………………………… 99
3.17 由随机振动试验确定疲劳曲线 …………………………………………… 101

第4章 单自由度机械系统的疲劳损伤 ………………………………………… 103

4.1 引言 ………………………………………………………………………… 103
4.2 基于时域信号的疲劳损伤计算 …………………………………………… 103
4.3 基于加速度谱密度的疲劳损伤计算 ……………………………………… 105
　4.3.1 一般情况 ………………………………………………………… 105
　4.3.2 宽带响应的特殊情况,即极限 $r=0$ …………………………… 108
　4.3.3 窄带响应的特殊情况 …………………………………………… 109
　4.3.4 当 $G_0 \Delta f$ 为常数时,宽度为 Δf 的窄带噪声 G_0 的
　　　　rms 响应 ………………………………………………………… 117
　4.3.5 Steinberg 方法 …………………………………………………… 118
4.4 等效窄带噪声 ……………………………………………………………… 118
　4.4.1 窄带响应公式的使用 …………………………………………… 119
　4.4.2 可选方法:每秒极大值的平均个数的使用 …………………… 120
4.5 峰值服从修正的莱斯分布情况下损伤的计算 …………………………… 121
　4.5.1 修正瑞利分布对真实极大值的分布的近似 …………………… 121
　4.5.2 Wirsching 和 Light 方法 ………………………………………… 125

- 4.5.3 Chaudhury 和 Dover 方法 ……… 125
- 4.5.4 峰值概率密度的近似表达 ……… 128
- 4.6 其他方法 ……… 129
- 4.7 基于雨流计数的疲劳损伤计算 ……… 131
  - 4.7.1 Wirsching 方法 ……… 131
  - 4.7.2 Tunna 方法 ……… 134
  - 4.7.3 Ortiz-Chen 方法 ……… 135
  - 4.7.4 Hancock 方法 ……… 135
  - 4.7.5 Abdo 和 Rackwitz 方法 ……… 136
  - 4.7.6 Kam 和 Dover 方法 ……… 136
  - 4.7.7 Larsen 和 Lutes(单一矩)方法 ……… 137
  - 4.7.8 Jiao-Moan 方法 ……… 137
  - 4.7.9 Dirlik 概率密度 ……… 138
  - 4.7.10 Madsen 方法 ……… 146
  - 4.7.11 Zhao 和 Baker 模型 ……… 146
  - 4.7.12 Tovo 和 Benasclutti 方法 ……… 147
- 4.8 正弦与随机载荷下 S-N 曲线的对比 ……… 149
- 4.9 理论与试验的对比 ……… 152
- 4.10 功率谱密度形状和不规则因子值的影响 ……… 156
- 4.11 峰值截断的效果 ……… 156
- 4.12 应力峰值的截断 ……… 157
  - 4.12.1 窄带噪声的特殊情况 ……… 157
  - 4.12.2 截断分布下 S-N 曲线的设计 ……… 164

第 5 章 疲劳损伤的标准差 ……… 167

- 5.1 损伤标准差的计算:Bendat 法 ……… 167
- 5.2 损伤标准差的计算:Mark 方法 ……… 170
- 5.3 Mark 和 Bendat 结果的对比 ……… 174
- 5.4 疲劳寿命的标准差 ……… 179
  - 5.4.1 窄带振动 ……… 179
  - 5.4.2 宽带振动 ……… 180
- 5.5 统计的 S-N 曲线 ……… 181
  - 5.5.1 统计曲线的定义 ……… 181
  - 5.5.2 Bendat 公式 ……… 182

5.5.3　Mark 公式 …… 184

第6章　使用其他计算假设的疲劳损伤 …… 187

6.1　对数坐标系中两段直线表示的 S-N 曲线(考虑疲劳极限) …… 187
6.2　半对数坐标系中两段直线表示的 S-N 曲线 …… 189
6.3　非线性损伤累积理论 …… 191
　　6.3.1　Corten-Dolan 累积准则 …… 191
　　6.3.2　Morrow 累积模型 …… 192
6.4　非零均值的随机振动:使用修正的 Goodman 图 …… 193
6.5　信号瞬时值的非高斯分布 …… 196
　　6.5.1　信号瞬时值分布规律的影响 …… 196
　　6.5.2　峰值分布的影响 …… 196
　　6.5.3　使用威布尔分布计算损伤 …… 197
　　6.5.4　瑞利假设与峰值计数的比较 …… 199
6.6　非线性机械系统 …… 200

第7章　低周疲劳 …… 202

7.1　综述 …… 202
7.2　定义 …… 203
　　7.2.1　Baushinger 效应 …… 203
　　7.2.2　循环硬化 …… 203
　　7.2.3　循环应力-应变曲线特征 …… 203
　　7.2.4　应力-应变曲线 …… 204
　　7.2.5　疲劳迟滞现象和断裂 …… 205
　　7.2.6　疲劳迟滞和断裂的显著影响因素 …… 206
　　7.2.7　循环应力-应变曲线(循环合并曲线) …… 206
7.3　低周范围内循环应变下的材料行为 …… 207
　　7.3.1　行为类型 …… 207
　　7.3.2　循环硬化 …… 207
　　7.3.3　循环软化 …… 208
　　7.3.4　循环稳定金属 …… 209
　　7.3.5　混合行为 …… 210
7.4　应力水平施加顺序的影响 …… 210
7.5　循环应力-应变曲线的发展 …… 211

- 7.6 总应变 · · · · · · 212
- 7.7 疲劳强度曲线 · · · · · · 213
- 7.8 塑性应变与断裂循环次数的关系 · · · · · · 214
  - 7.8.1 Orowan 公式 · · · · · · 214
  - 7.8.2 Manson 公式 · · · · · · 214
  - 7.8.3 Coffin 公式 · · · · · · 214
  - 7.8.4 Shanley 公式 · · · · · · 221
  - 7.8.5 Gerberich 公式 · · · · · · 221
  - 7.8.6 Sachs、Gerberich、Weiss 和 Latorre 公式 · · · · · · 221
  - 7.8.7 Martin 公式 · · · · · · 221
  - 7.8.8 Tavernelli 和 Coffin 公式 · · · · · · 222
  - 7.8.9 Manson 公式 · · · · · · 222
  - 7.8.10 Ohji 等提出的公式 · · · · · · 223
  - 7.8.11 Bui-Quoc 等提出的公式 · · · · · · 223
- 7.9 频率和温度在塑性区的影响 · · · · · · 223
  - 7.9.1 综述 · · · · · · 223
  - 7.9.2 频率的影响 · · · · · · 224
  - 7.9.3 温度和频率的影响 · · · · · · 224
  - 7.9.4 频率对塑性应变范围的影响 · · · · · · 225
  - 7.9.5 广义疲劳公式 · · · · · · 226
- 7.10 累积损伤原理 · · · · · · 226
  - 7.10.1 Miner 准则 · · · · · · 226
  - 7.10.2 Yao 和 Munse 公式 · · · · · · 227
  - 7.10.3 Manson-Coffin 公式的使用 · · · · · · 228
- 7.11 平均应变(应力)的影响 · · · · · · 228
- 7.12 复合材料的低周疲劳 · · · · · · 230

第 8 章 断裂力学 · · · · · · 232

- 8.1 综述 · · · · · · 232
- 8.2 断裂机理 · · · · · · 234
  - 8.2.1 主要阶段 · · · · · · 234
  - 8.2.2 裂纹萌生 · · · · · · 235
  - 8.2.3 裂纹缓慢扩展 · · · · · · 236
- 8.3 临界尺寸:断裂强度 · · · · · · 236

- 8.4 加载模式 ·········· 238
- 8.5 应力强度因子 ·········· 238
  - 8.5.1 裂纹尖端应力 ·········· 238
  - 8.5.2 Ⅰ型 ·········· 240
  - 8.5.3 Ⅱ型 ·········· 241
  - 8.5.4 Ⅲ型 ·········· 242
  - 8.5.5 应力场的方程 ·········· 242
  - 8.5.6 塑性区 ·········· 243
  - 8.5.7 其他的应力表征形式 ·········· 244
  - 8.5.8 一般形式 ·········· 245
  - 8.5.9 裂纹张开的宽度 ·········· 246
- 8.6 断裂韧性:临界K值 ·········· 247
- 8.7 应力强度因子的计算 ·········· 249
- 8.8 应力比 ·········· 251
- 8.9 裂纹扩展:Griffith准则 ·········· 252
- 8.10 裂纹萌生的影响因素 ·········· 254
- 8.11 裂纹扩展的影响因素 ·········· 254
  - 8.11.1 力学因素 ·········· 254
  - 8.11.2 几何因素 ·········· 256
  - 8.11.3 冶金因素 ·········· 256
  - 8.11.4 环境相关因素 ·········· 256
- 8.12 裂纹扩展的速率 ·········· 257
- 8.13 非零平均应力的影响 ·········· 260
- 8.14 裂纹扩展准则 ·········· 260
  - 8.14.1 Head准则 ·········· 261
  - 8.14.2 修正的Head准则 ·········· 261
  - 8.14.3 Frost和Dugsduale准则 ·········· 261
  - 8.14.4 McEvily和Illg准则 ·········· 262
  - 8.14.5 Paris和Erdogan ·········· 263
- 8.15 应力强度因子 ·········· 276
- 8.16 结果的分散性 ·········· 277
- 8.17 试样测试:外推到结构 ·········· 277
- 8.18 扩展阈值K_s的确定 ·········· 278
- 8.19 低周疲劳范围的裂纹扩展 ·········· 279

8.20 J 积分 ……………………………………………………… 280
8.21 过载影响:疲劳裂纹迟滞 ………………………………… 281
8.22 疲劳裂纹闭合 …………………………………………… 283
8.23 相似准则 ………………………………………………… 284
8.24 使用寿命计算 …………………………………………… 284
8.25 随机加载下裂纹扩展 …………………………………… 286
 8.25.1 rms 方法 …………………………………………… 286
 8.25.2 窄带随机加载 ……………………………………… 290
 8.25.3 根据载荷集计算 …………………………………… 293

附录 …………………………………………………………… 296

参考文献 ……………………………………………………… 306

第1章
材料疲劳的概念

1.1 引言

1.1.1 材料强度

1.1.1.1 胡克定律

机械部件某点的应变与施加于这点的弹性应力成正比。这个定律假设应变非常小(材料的弹性阶段)。这使得我们能够在力与变形之间或应力与应变之间建立线性关系。特别地,如果考虑正应力与剪应力,那么可以得到

$$\sigma = E\varepsilon_n \tag{1.1}$$

$$\tau = G\varepsilon_t \tag{1.2}$$

式中:E 为杨氏模量或弹性模量;G 为剪切模量;$\varepsilon_n = \dfrac{\Delta l}{l}$,为平行于部件轴向的拉伸应变,$l$ 为物体原始长度,Δl 为其伸长量;ε_t 为横截面上的剪切应变。

表 1.1 给出了多种材料杨氏模量 E 的值。

表 1.1 一些材料的杨氏模量值

材料	杨氏模量 E/Pa
钢	$2\times10^{11} \sim 2.2\times10^{11}$
黄铜	$1\times10^{11} \sim 1.2\times10^{11}$
铜	1.1×10^{11}
锌	9.5×10^{10}
铅	5×10^{9}
木材	$7\times10^{9} \times 11\times10^{9}$

注：

即使对于小应力的情况，胡克定律也仅是应力与应变真实关系的近似[FEL 59]。若材料完全服从胡克定律，那么在低于弹性极限下这个应力应变过程应该是热力学可逆的，并且储存在材料中的能量可完全恢复。试验表明，即使在非常低的应力水平下也不会出现这种情况，总存在误差。这个过程不是完全可逆的。

1.1.1.2 应力-应变曲线

工程应力-应变曲线

对长度为 L 的圆柱形低碳钢试件进行拉伸试验获得应力-应变曲线，根据试样的伸长量 Δl 追踪其牵引力 F。同样地，由拉伸应变 $\varepsilon = \dfrac{\Delta l}{l}$ 得到对应的正应力 $\sigma = \dfrac{F}{S}$。试验时，使力 F 从 0 开始逐渐增大。

由此可以获得应力-应变曲线，如图 1.1 所示。沿着坐标轴 (σ, ε) 方向，曲线有确定的形状，因为变量的改变成比例对应 S、L 的变形（S 为横截面积，L 为试件的有效长度）。这个无量纲图描述的是材料的特征，与试件本身无关。

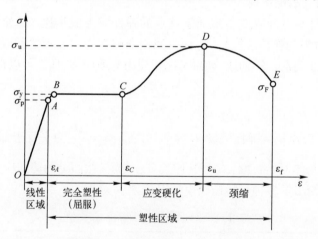

图 1.1 延性材料的应力-应变

σ_u—极限拉伸强度；σ_y—屈服应力；σ_p—比例极限；σ_F—断裂应力；OA—线性区域；AE—塑性区域。

曲线可分解为 4 个阶段，OA 段对应应变可逆的弹性阶段，此时伸长率与应力成正比（胡克定律），即

$$\Delta l = F \dfrac{l}{ES_0} \tag{1.3}$$

式中：E 为杨氏模量；S_0 为长度 L 试件的初始横截面积。

式(1.3)也可以写为

$$\sigma = E\frac{\Delta l}{l} \tag{1.4}$$

式中:$\sigma = \dfrac{F}{S}$。实际上,这个阶段的伸长量 Δl 非常小,并且应力与应变完全成比例。

弹性极限有多种定义,是根据伸长率 0.01%、0.1% 或 0.2% 的情况来选择的,其中 0.2% 是最常用的。

材料卸载后不会出现残余应变的最大应力称为比例极限 σ_p[FEO 69]。

BC 阶段为屈服阶段,在此阶段,试样在基本恒定的牵引力作用下有明显伸长。这个阶段根据材料的不同有不同的长度;在很多记录中这个过程可能不明显。此时的应变是永久的、均匀的。

屈服应力 σ_y 是应力没有明显增大而应变明显增加点(点 B)的应力。试样可承受的最大力 F_{max} 与试样在试验前的初始横截面积 S_0 的比值称为极限拉伸强度(UTS)σ_u(图 1.1),即

$$\sigma_u = \frac{F_{max}}{S_0} \tag{1.5}$$

CD 阶段为强化阶段,表现为在力作用下试样的伸长率增长比弹性阶段要慢。加工硬化对应于金属材料在低于其再结晶温度下的塑性应变(这使得用转化晶粒新结构取代致密的、坚硬的结构成为可能)。

如图 1.2 所示,若力 F 从 0 增到 F_m,点 m 在弧 $\overset{\frown}{CD}$ 上之后降低载荷,可以观察到点从 m 开始沿直线段 mn 运动,平行于 OA。当载荷为 0 时,仍有残余伸长,称为塑性延伸。此应变是永久的。

图 1.2 中,只要点 $(F,\Delta l)$ 在 OA 上,若载荷卸载到 0,伸长量 Δl 沿 OA 反方向变化。OA 是完全的弹性区,不会导致残余伸长。

如图 1.3 所示,若从 n 开始,试样重新加载,则新的图由弧 $\overset{\frown}{nm}$、$\overset{\frown}{mDE}$ 组成。可以发现,加工硬化后的试件的直线部分(弹性阶段)比 OA 段长。因此受拉伸后的材料能够承受更大的载荷而不产生残余应变。

加工硬化后的金属的力学性能改进了很多:弹性极限、破坏载荷和硬度都大大增加,断裂延伸、(腐蚀)抵抗力和颈缩通常减小。

正是在这个区域形成了颈缩,即载荷增大时试样横截面迅速减少,于是便成了未来断裂的区域(颈缩现象)。当这个区域的面积 S 相对减小时,力 F 穿过了最大值(点 D),相当于应力相对增大。

在点 D 和点 E 之间,力 F 减小的同时,杆在伸长(而颈缩区域的平均应力一直在增大)。颈缩现象是指试样的横截面开始显著收缩。颈缩变化尺寸与材

料特性有关。

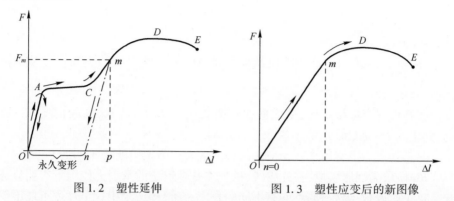

图1.2 塑性延伸　　　图1.3 塑性应变后的新图像

当金属开始颈缩,由于塑性流动,试样的横截面面积减小,导致工程应力-应变曲线的反转;这是因为工程应力是在假设颈缩前的初始横截面积 S_0 下计算得到的。

DE 为颈缩阶段[FEO 69]。在点 E,试样断裂。断裂应力(断裂强度) σ_F 是断裂时的载荷 F_F 和横截面积 S_0 的比值,即

$$\sigma_F = \frac{F_F}{S_0} \tag{1.6}$$

这些定义假设试样的横截面积和长度在加载过程中变化不大。在大多数实际应用中,这种假设产生的结果也足够精确。根据这些定义描绘的应力-应变曲线称为工程应力-应变曲线,如图1.4所示。

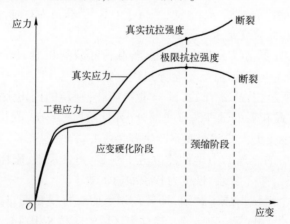

图1.4 应力-应变极限拉伸强度和真实抗拉强度

真实应力-应变曲线

事实上,超过弹性极限后,施加载荷时试样的尺寸会改变,因此用施加的力

除以试样的真实横截面积来定义应力将更加准确。

定义试样所能承受的最大力 F_{max} 与此时试样的真实横截面积 S_{mt} 的比值为真实抗拉强度 σ_{ut}，即

$$\sigma_{ut} = \frac{F_{max}}{S_{mt}} \tag{1.7}$$

真实断裂强度 σ_{Ft} 为断裂时的载荷 F_F 除以试样的真实横截面积 S_{Ft} [LIU 69]，即

$$\sigma_{Ft} = \frac{F_F}{S_{Ft}} \tag{1.8}$$

在这种情况下获得的应力-应变曲线称为真实应力-应变曲线（图1.4）。

就像极限拉伸强度，真实断裂强度可以帮助工程师预测材料的行为，但它不是材料本身的实际强度极限。

若 S_0 为部件的初始横截面积，S_t 为加工硬化后的部件面积，则称比值 $\frac{S_0 - S_t}{S_t} \times 100\%$ 为加工硬化率。

试样断裂时的平均残余应变称为断裂伸长率 $\delta(\%)$，与试样确定的长度有关。若 d 是试验前试件的直径，那么标准长度选定为 $5d = l_0$。

$$\delta(\%) = \frac{\Delta l_0}{l_0} \times 100\% \tag{1.9}$$

δ 值越大，材料塑性越大。δ 表征了材料出现较大残余应变而不断裂的能力。

另外，没有经历明显残余应变就断裂的材料称为脆性材料。

因此，脆性是塑性的对立面。这些材料的应力-应变曲线没有屈服阶段，也没有加工硬化区域。它们对拉力的抵抗实际上与它们的拉伸极限一致（图1.5）。

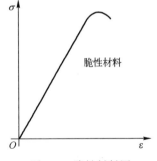

图1.5 脆性材料图

应当注意，在拉伸试验中定义的这些值也可定义在压缩试验中。此外可以发现，对于相同的材料，根据应力性质的不同，这些参数值也不同。

材料在压缩作用下也能自然而然地断裂。上述的塑性材料与受拉力时相同，也存在一条曲线，有弹性区、屈服区、加工硬化区等。此后，曲线没有下降而是迅速上升，因为被压缩的试样桶状畸变后其横截面增大。

材料抵抗其他物体机械侵入的性能为硬度[FEO 69]（布氏硬度、洛氏硬度等）。

这里不研究材料性能随温度的变化。

注：

以上测量都对应力 F 加载十分缓慢的情况。材料在动态载荷下有不同的行为。可用以下两个准则来评估这种类型的载荷：

(1) 如果载荷在应变下传递了很大的速度给物体的部件，以致运动部件的总动能构成外力总功的一个重要组成部分，可以认为载荷变化很快。这一准则用于分析弹性部件振动过程中。

(2) 可以把载荷变化速度与塑性应变变化速度联系起来。在研究材料机械性能过程中，当有快速应变时优先考虑这种处理方法。

1.1.1.3 泊松比

一个杆受到拉力作用产生两种类型的应变：

(1) 沿着轴向的伸长量 Δl_0 或 $\varepsilon_x = \dfrac{\Delta l}{l}$。

(2) 横向减少量 ε_y。试验表明 $\varepsilon_y = -\nu \varepsilon_x$，$\nu$ 是关于材料的常数，为泊松比。对于金属，ν 在 0.25~0.35 间变化；对于钢和铝合金，ν 接近 0.3。

1.1.2 疲劳

19 世纪，随着机器和货车在比以往更大的动态载荷下工作，疲劳现象被发现。当机械单元受到低于极限强度的重复载荷作用，伴随着裂纹的产生和扩展出现疲劳现象[NEL 78]。

根据 H. F. Moore 和 J. B. Kommers 的研究[MOO 27]，德国工程师 W. Albert 是首位发表关于疲劳导致失效文章的研究者，他在 1829 年对煤矿绞车的焊接链进行了重复加载试验。S. P. Poncelet 在 1839 年首次使用了疲劳的概念[TIM 53]。

随着欧洲铁路(汽车轮轴)的发展，在 1850 年发现了最重要的疲劳失效问题。最初的解释是金属在重复载荷作用下结晶直到失效。由疲劳导致断裂的零件表面的粗糙晶体外观是该想法的源头。W. J. Rankine[RAN 43]在 1843 年对该理论提出质疑，Wöhler 在 1852 年—1869 年首次进行了试验[WÖH 60]。

由于疲劳破裂取决于局部应力，因此对结构疲劳的估计比静态加载时更困难[ROO 69]。由于疲劳应力很小，不会产生局部塑性应变以及应力再分布，因此有必要详细分析整个模型的应力和由于应力集中造成的局部高应力。

另外，静态应力的分析只需要定义整体应力场，通过局部变形对局部高应力进行重新分配。3 个必要步骤如下：

(1) 定义载荷；

(2) 应力详细分析；

(3) 考虑载荷的统计变异和材料属性。

疲劳损伤很大程度上取决于载荷的振荡分量、静态分量和应力加载的顺序。

可以通过很多种方法解决疲劳问题，例如：

(1) Wöhler 曲线的研究（应力对循环次数或 S-N 曲线）；

(2) 循环加工硬化的研究（低周疲劳）；

(3) 裂纹扩展速率的研究（断裂力学）。

第一种方法是最常用的，将在下面进行说明。

1.2 动态载荷（或应力）类型

施加到设备的载荷可以有多种不同分类方法：

(1) 周期的或循环的；

(2) 随机的；

(3) 两种稳态之间快速变换（瞬态）。

也可以零平均值、任意平均值、平均值恒定或不恒定。

1.2.1 循环应力

在这个最简单的情况中，施加的载荷以正弦方式围绕平衡位置（零均值）在 $\sigma_{max} \sim \sigma_{min}$ 之间变化。

考虑应力 $\sigma(t)$ 随时间周期变化；在 1 个周期（函数周期性重复最小的部分）内的 $\sigma(t)$ 值称为应力循环。常见的是正弦应力循环，如图 1.6 所示。

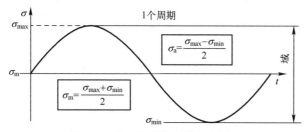

图 1.6 非 0 均值的正弦应力循环

在 1 个循环中最大的应力代数值称为最大应力 σ_{max}，最小的应力代数值（牵引力为正）称为最小应力 σ_{min}。

平均应力 σ_m 是循环应力叠加的恒定（静态）应力。

σ_a 为应力的振荡幅值，$\sigma_a = \sigma_{max} - \sigma_m$。

定义循环系数或应力变化率(或应力比)为

$$R = \frac{\sigma_{\min}}{\sigma_{\max}} \tag{1.10}$$

还定义了另一个参数 A，表示交变应力幅值与平均应力的比，即

$$A = \frac{\sigma_a}{\sigma_m} \tag{1.11}$$

A 和 R 通过下式相联：

$$R = \frac{1-A}{1+A}$$

或

$$A = \frac{1-R}{1+R} \tag{1.12}$$

将

$$\sigma_d = \sigma_{\max} - \sigma_{\min} = 2\sigma_a \tag{1.13}$$

作为应力范围。当 σ_a 在相等的正、负值之间变化时，σ_a 称为纯交变应力。

1.2.2 交变应力

交变应力在正的最大值和负的最小值(两个值的绝对值不同)之间变化(图 1.7)。

在平均应力为零($\sigma_m = 0$)的情况下，$R = -1$，可以说循环是对称的或交替对称的[BRA 81, CAZ 69, RAB 80, RIC 65b]。

循环载荷可以叠加到一个恒定的静载荷 σ_m 上。如果 σ_a 是循环载荷的幅值，则

$$\begin{cases} \sigma_{\max} = \sigma_m + \sigma_a \\ \sigma_{\min} = \sigma_m - \sigma_a \end{cases}$$

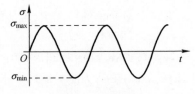

图 1.7　交变应力
(完全相反的加压)

当 $\sigma_{\max}$ 或 $\sigma_{\min}$ 为零时，这个循环称为脉动循环[FEO 69]。

如果有相同的应力比 R，则两个循环是相似的。

当 R 为一般值时，认为这样的循环是下面情况的叠加：

(1) 恒定应力 σ_m；

(2) 幅值为 σ_a 的对称循环应力。

有

$$\sigma_m = \frac{\sigma_{\max} + \sigma_{\min}}{2} = \frac{\sigma_{\max}}{2}(1+R) \tag{1.14}$$

$$\sigma_a = \frac{\sigma_{max} - \sigma_{min}}{2} = \frac{\sigma_{max}}{2}(1-R) \qquad (1.15)$$

一般认为,某一构件的疲劳寿命不依赖于在间隔(σ_{max},σ_{min})中的变化规律。也忽略掉了循环频率的影响[RIC 65b]。

1.2.3 重复应力

当应力在 0 和 $\sigma_{max}>0$ 之间、0 和 $\sigma_{min}<0$ 之间变化,如 $R=0$ 时(图 1.8),我们称其为载荷重复施加($\sigma_m=\sigma_a$)。

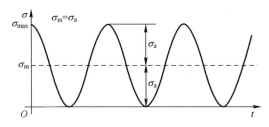

图 1.8 重复应力(从零拉伸的加载)

1.2.4 稳定应力和循环应力的组合

当 $0<R<1$($\sigma_m>\sigma_a$),即 σ_{max} 和 σ_{min} 相似时,应力为稳定应力和循环应力或波动应力的组合。

1.2.5 非对称交变应力

非对称交变应力情况 1:$-1<R<0$,$0<\sigma_m<\sigma_a$,如图 1.9 所示。

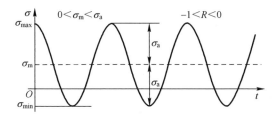

图 1.9 非对称交变应力

非对称交变应力情况 2:$0<R<1$,$\sigma_m>\sigma_a$,如图 1.10 所示。
以上两种循环载荷经常出现在旋转电机中。

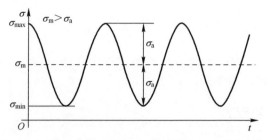

图 1.10　稳定应力和循环应力的组合($0<R<1$)

1.2.6　随机和瞬态应力

在许多情形下,不能把振动看作是正弦振动。例如,飞机甲板的振动或发射装置的振动是振幅随时间随机变化的随机振动,能量分布在很宽的频率范围内而不是集中在给定的频率上(第 1 卷中第 1 章和第 3 卷)。

其他现象如在飞机着陆装置上测量到的冲击,旋转电机的发动和停止,导弹的分段发射阶段等都是瞬态的,能量要么集中在某一给定的频率,要么没有这些载荷,对疲劳实物影响很难由试验评估,特别是以预测的形式。在接下来的章节,将介绍如何评估疲劳影响。

1.3　疲劳损伤

由于循环应力的施加导致裂纹形成,继而引起的材料特性变化,称为疲劳损伤。这种变化可能导致失效。

在这里不讨论裂纹成核以及裂纹增长的机理,仅陈述随塑性变形开始的疲劳,这些疲劳大多集中在宏观缺陷附近(包括制造过程产生的裂纹),此时总应力小于材料的屈服应力。仅仅一次循环对材料性能的影响可以忽略。如果应力是重复的,则每个循环都会产生新的局部塑性区域。根据施加应力的水平,经过多次循环后超微观结构的裂纹就会在新的塑性区域形成。塑性变形从裂纹的根部扩展,一直增长直到肉眼可见,进而导致零件失效。疲劳损伤是一种累积现象。

如果画出应力-应变循环曲线,得到的滞后回线是一条开口曲线,如图 1.11 所示,滞后回线随施加循环的次数的变化而

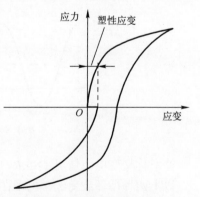

图 1.11　未闭合的滞后曲线

变化[FEO 69]。每个应力循环都产生一定的损伤,连续的应力循环产生累积效应。

损伤总是伴随着机械性能的改变,特别是静态极限抗拉强度 R_m 和疲劳极限强度的降低。

这种现象常出现在几何上不连续的地方或冶金缺陷处。疲劳损伤也与冶金和机械现象有关,此时裂纹的出现和扩展取决于微观组织的变化和力学参数(也可能与环境影响有关)。

可通过以下定义损伤:

(1) 在裂纹末端的塑性区域内,裂纹的变化和塑性变形的能量吸收;

(2) 静态拉伸强度降低;

(3) 失效时对应的疲劳应力极限临界值减小;

(4) 塑性变形随循环次数增加而增加,直至达到一个临界值。

假设疲劳是[COS 69]:

(1) 材料受到动态载荷作用的结果;

(2) 一种统计现象;

(3) 一个累积现象;

(4) 材料和施加在材料上的交变应力幅值的函数。

有几种方法解决疲劳问题:

(1) 建立考虑试验结果的经验模型;

(2) 建立材料的物理现象方程,包括开始于侵入缺陷的裂纹和这些微观裂纹到宏观裂纹的扩展一直至失效。

Cazaud 等[CAZ 69]引用了几种与疲劳有关的理论,主要的理论有:

(1) 机械理论;

(2) 二次效应理论(考虑材料的均匀性,应力分布的规律性);

(3) 伪弹性变形滞后理论(基于胡克定律),如分子滑移理论、加工硬化理论、裂纹扩展理论和内在阻尼理论;

(4) 物理理论,使用始于挤出压入的位错模型考虑裂纹的形成和扩展;

(5) 静态理论,在这个理论中用材料的异质性、应力水平的分布、载荷循环特性来解释结果的随机特点;

(6) 损伤理论;

(7) 低周塑性疲劳,循环数 $N<10^4$ 的疲劳失效。

通过下面的方法开展试件的寿命预计:

(1) 材料特性曲线(给出了不同应力幅值下失效的循环次数),通常是均值为零的正弦曲线(S-N 曲线);

(2) 累积损伤准则。

通过选择描述损伤曲线的数学公式和计算损伤的方法来区分各种复杂的理论。

为了避免在静载荷和动载荷作用下零件的疲劳失效,在确定尺寸时最初会采用一个任意的安全因子。如果此因子选择得不当,即太小或太大,将会导致零件的尺寸和质量过大。

一个理想的设计要求使用的材料位于弹性范围内。不幸的是,塑性变形总是存在于应力集中强的位置。名义变形和应力与施加的载荷呈线弹性关系。这不符合材料临界点的应力和局部变形,这个应力和局部变形控制整个结构的抗疲劳能力。

因此,有必要用简单的载荷,即正弦载荷对试件实施试验来更好地评估动态载荷下抵抗疲劳的能力。在接下来的几章研究如何评估实际中常见的随机振动的影响。

1.4 材料耐久性特征

1.4.1 S-N 曲线

材料耐久性的研究是通过在实验室中对材料施加应力幅值为 σ 的应力(应变)直至断裂,应力通常采用均值为 0 的正弦曲线。

Wöhler[WÖH 60,WÖH 70]对卡车施加轴向扭转弯曲应力,注意到每一个试件疲劳破坏循环次数 N(试件的疲劳寿命或耐久性)取决于应力 σ。绘制的应力 σ 对循环次数 N 的曲线称为 S-N 曲线(应力对循环次数)或 Wöhler 曲线或耐久性曲线。因此耐久性是机械部件抵抗疲劳的能力。

考虑 N 随 σ 变化特别大,横坐标通常为 $\log N$(一般采用十进制的对数),有时也采用双对数坐标。

S-N 曲线由 3 个区域构成[FAC 72,RAB 80](图 1.12):

AB 区:对应低周疲劳区,最大应力高于材料屈服应力。其中 N 为 $10^4 \sim 10^5$(对于轻质钢)次循环的 1/4。在这个区域,严重塑性变形后试件失效。塑性变形 ε_p 与失效时循环次数的关系可以用下面公式表示:

$$N^k \varepsilon_p = C \tag{1.16}$$

对于常见的金属(钢、轻质铝),指数 k 接近于 0.5[COF 62]。

BC 区:在对数-线性坐标(或对数-对数坐标)中近似为直线,在这个区域内应力低于前面的情况,在未出现可测量的塑性形变时就发生断裂。许多学者

提出了 σ 和 N 的关系式来描述这个区域的现象,其中当 σ 减小时, N 增大。这个区域称为有限耐久区或有限寿命区,循环次数介于 10^4 次到 $10^6 \sim 10^7$ 次。

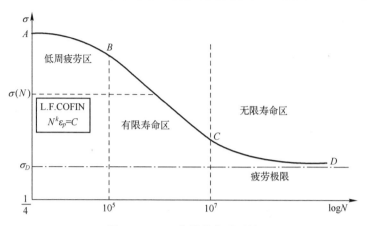

图 1.12　S-N 曲线的主要区域

CD 区:D 点对于含铁金属而言,趋于无穷远处。S-N 曲线在 $10^6 \sim 10^7$ 之间循环附近斜率发生重大变化,在 CD 段的曲线与 N 轴趋于平行。极限处的 σ 值记为 σ_D,此时无论循环多少次都不会发生疲劳失效。σ_D 为疲劳极限,表示在均值为 0 更小幅值的应力作用下不会发生疲劳失效。对于某些材料,疲劳极限不存在或不容易定义 [MEG 00, NEL 78](如高强度钢、有色金属)。

对于抗疲劳性能较强的金属,不大可能评估出未损伤试件所能承受的循环次数 [CAZ 69](耐久性试验时间太长)以及为了解释结果的分散性,因此引入了传统的疲劳极限或耐久性极限的概念。即 N 次循环后发现 50% 的试件失效,则应力 σ 的最大振幅为疲劳极限,记为 $\sigma_m=0, \sigma_D(N)$, N 介于 $10^6 \sim 10^8$ 之间 [BRA 80a, b]。对于钢, $N=10^7$, $\sigma_D(10^7) \approx \sigma_D$,用符号 σ_D 表示。

注:

脆性金属没有明确的疲劳极限 [BRA 81, FID 75]。

对于额外调质钢(当然还有钛合金、铜或铝合金),或者有腐蚀时,疲劳极限只是理论值,而且没有意义,因为疲劳寿命不是无限的。

当平均应力 σ_m 不为 0,将 σ_m 与交变应力的幅值联系起来很重要。在这种情况疲劳极限可以写成 σ_a 或 σ_{aD}(图 1.13)。

定义

耐久比是疲劳极限 σ_D(通常在 10^7 次循环)与材料极限抗拉强度 R_m 的比值,即

$$R = \frac{\sigma_D(N)}{R_m} \tag{1.17}$$

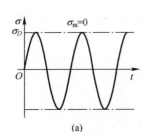
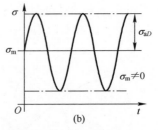

图 1.13 均值为 0 的正弦应力和均值不为 0 的正弦应力
(a) 均值为 0;(b) 均值不为 0。

注：

有时为了更容易地比较不同的材料,将 S-N 曲线绘制在缩小比例的坐标轴 ($\sigma/R_m, N$) 上,如图 1.14 所示。

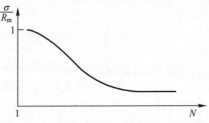

图 1.14 在缩小的坐标轴上的 S-N 曲线

1.4.2 平均应力对 S-N 曲线的影响

根据应力比 R 的值,S-N 曲线有不同的斜率和截距(图 1.15)。

为了考虑平均应力的影响。K. Goloś 和 S. Esthewi[GOL 97] 定义了一个"影响系数",这个系数 $\psi(N)$ 是断裂时循环次数 N 的函数,写作

$$\psi(N) = \eta N^\lambda \tag{1.18}$$

式中:η、λ 分别为在 $R=0$ 和 $R=-1$ 时试验所得的试验参数。

$\psi(N)$ 取决于 Haigh 图上的曲线斜率(图 1.16)[PAW 00]。

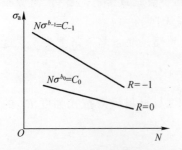
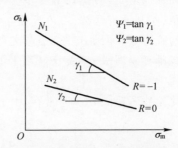

图 1.15 应力比的影响 图 1.16 Haigh 图——影响系数的计算

1.4.3 统计特征

通过 10 根（或更多）试件受多个不同幅值正弦应力作用的试件试验来绘制材料的 S-N 曲线。结果具有很大的分散性，特别是对于长疲劳寿命的情况。对于给定的应力水平，达到失效的最大循环次数与最小循环次数的比值可以超过 10[ROO 69, NEL 78]。

结果的分散性与材料的异质性、表面缺陷、加工精度，特别是冶金因素有关。在这些因素中，杂质是最重要的因素。事实上，分散性是由于金属的疲劳作用导致的，疲劳通常都有很强的局部性。与静载荷的情形相反，只关心材料的一小部分。疲劳速率取决于尺寸、位于临界区域的晶粒取向和化学成分[BRA 80b, LEV 55, WIR 76]。

实际中，用在每个应力水平上只进行一次疲劳试验获得的 S-N 曲线来定义材料的抗疲劳特性是不理想的。更准确的方法是利用统计的方法获得曲线，曲线的横坐标给出 $p\%$ 试件未失效时的耐久次数 N_p [BAS 75, COS 69]。

文献[ING 27]给出了中位耐久曲线（或等概率曲线），表示为 N_{50}（50%试验棒完好），文献[ING 27]给出中位曲线的 $\pm(1\sim3)$ 倍标准差或其他的等概率曲线（图 1.17）。

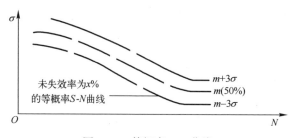

图 1.17 等概率 S-N 曲线

在没有特别指出时，S-N 曲线是中位曲线。

注：
有色金属的疲劳寿命分散性要比钢的小，可能是因为有色金属含有更少的杂质和具有更小的不均匀性。

1.4.4 疲劳极限的分布规律

对于高应力水平，疲劳寿命 N 服从对数正态分布，见文献[DOL 59, IMP 65]。在其他的文献中，横坐标为 $\log N$，$\log N$ 大致服从正态分布（当 σ 更高时，更接近于正态分布），当应力 σ 增大时分散性降低。M. Matolcsy[MAT 69]认为，在 50%失效时，标准方差与疲劳寿命存在指数形式的关系：

$$s(N) = AN_{50}^{\beta} \tag{1.19}$$

式中：A、β 为材料的常数函数。表 1.2 给出几种常见材料的指数 β 的取值。

例 1.1

表 1.2　指数 β 取值例子

材料	β
铝合金	1.125
钢	1.114~1.155
铜线	1.160
橡胶	1.125

G. M. Sinclair 和 T. J. Dolan[SIN 53]发现，描述疲劳变化的统计规律大致服从对数-正态分布（图 1.18），变量（$\log N$）的标准方差随施加应力幅值的变化服从指数规律，如图 1.18 所示。

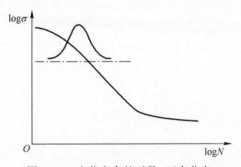

图 1.18　疲劳寿命的对数-正态分布

在接近于 σ_D 的寿命区域，F. Bastenaire[BAS 75]指出，疲劳寿命的倒数 $1/N$ 服从修正的正态分布（截尾）。

文献[YAO 72, YAO 74]提出了其他的统计模型：

(1) 正态分布[AST 63]；

(2) 极值分布；

(3) 威布尔分布[FRE 53]；

(4) 伽马分布[EUG 65]。

对不同试验结果的处理，P. H. Wirshing[WIR 81]发现，对于焊接管材部件，对数-正态分布最实用。对数-正态分布是使用最多的一种准则[WIR 81]。对数-正态分布具有下面的优势：

(1) 容易定义统计特性；

(2) 容易使用；

(3) 适用于大方差系数。

表1.3和表1.4给出了一些材料疲劳失效时循环次数的方差系数的值[LAL 87]。

常用标准方差值0.2(在对数坐标上$\log N$)来计算疲劳寿命(缺口零件或其他零件)[FOR 61,LIG 80,LUN 64,MEH 53]。

表1.3 疲劳失效循环次数的变异系数值举例

作 者	材 料	条 件	$V_N/\%$
Whittaker 和 Besuner[WHIT 69]	钢 $R_m \leq 1650\text{MPa}$(240kpsi)		36
	钢 $R_m > 1650\text{MPa}$(240kpsi)		48
	铝合金		27
	钛合金		36(对数-正态分布)
Endo 和 Morrow[END 67,WIR 82]	钢 4340	低周疲劳($N<10^3$)	14.7
	7075-T6		17.6
	2024-T4		19.7
	钛 811		65.8
Swanson[SWA68]	钢 SAE 1006	窄带和随机噪声下的疲劳	25.1
	马氏体时效钢 200 级		38.6
	马氏体时效钢镍 18%		69.0
Gurney[GUR 68]	焊接结构	均值	52

注：1psi=0.006895MPa。

表1.4 疲劳失效循环次数的变异系数值举例

作 者	材 料	条 件	$V_N/\%$
Blake 和 Baird[BLA 69]	航空航天组件	随机载荷	3~30
Epremian 和 Mehl[EPR 52]	钢	$S_{\log}/m_{\log}$	2.04~8.81(对数-正态分布)
Ang 和 Munse[ANG 75]	焊接		52
Whittaker[WHIT 72]	钢 UTS$\leq$1650MPa		36
	钢 UTS$>$1650MPa		48
	铝合金		22
	钛合金		36
Wirsching[WIR 83b]	焊接(管)		70~150
Wirsching 和 Wu[WIR 83c]	RQC-100Q	塑性应变	15~30
		弹性应变	55
	Waspalog B 含镍超级合金	塑性应变	42
		弹性应变	55

(续)

作　者	材　料	条　件	V_N/%
Wirsching[WIR 83a]	V_N通常为 30%~40%,能达 75%,甚至超过 100%。低周疲劳领域:对大部分金属合金达 20%~40%。当 N 很大时,超过 100%		
Yokobori[YOK 65]	钢	旋转弯曲或牵引压缩	28~130
Dolan 和 Brown[DOL 52]	铝合金 7075.T6	旋转弯曲	44~80
Sinclair 和 Dolan[SIN 53]	铝合金 75.S-T	旋转弯曲	10~100
Levy[LEV 55]	低碳钢	旋转弯曲	43~75
Konishi 和 Shinozuka[KON 56]	有凹口的平板——钢 SS41	交替牵引	18~43
Matolcsy[MAT 69]	多种测试结果的综合		20~90
Tanaka 和 Akita[TAN 72]	银/镍丝	交替弯曲	16~21

1.4.5　疲劳强度的分布规律

疲劳强度分布规律是另一种研究材料抵御 N 次循环的疲劳强度的方法。疲劳强度同样具有统计特性;也定义了 p% 未失效对应的强度和中位强度。

在耐久性试验中,响应曲线描述了将循环次数限制为 N 次的失效概率,曲线取决于应力 σ [CAZ 69,ING 27]。

试验表明,无论循环次数 N 为多少,疲劳强度大致服从正态分布(又名高斯分布),如图 1.19 所示,与 N 无关[BAR 77]。这在对数-线性或对数-对数坐标分布的 S-N 曲线中很明显,且分散性随着 N 增大。不同材料的疲劳强度方差系数值参见文献[LAL 87](表 1.4 和表 1.5)。

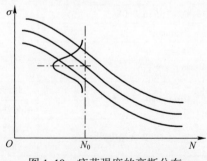

图 1.19　疲劳强度的高斯分布

表1.5 对给定 N 的疲劳强度的方差系数值举例

作 者	材 料	参 量	$V_N/\%$
Ligeron[LIG 80]	钢 多种合金	疲劳极限应力	4.4~9.4
Yokobori[YOK 65]	低碳钢	疲劳极限应力	2.5~11.3
Mehle[MEH 53]	钢 SAE 4340	—	20~95
Epremian[WIR 83a]	多种金属材料	耐久应力(给定 N 的失效)	5~15

对于所有的金属,J. E. Shigley[SHI 72]提出方差系数 σ_D(标准方差与均值的比值)等于 0.08[LIG 80],钢的方差系数为 0.06[RAN 49]。

1.4.6 疲劳极限与材料的静力特性的关系

一些学者试着建立关于疲劳极限 σ_D 和疲劳极限标准方差与材料力学性能(泊松比、杨氏模量等)关系的经验公式。表1.6列出了钢的关系式[CAZ 69,LIE 80]。

表1.6 疲劳极限与材料静力学特性关系举例

Houdremont 和 Mailander	$\sigma_D = 0.25(R_e+R_m)+5$	R_e 为屈服应力; R_m 为极限应力
Lequis、Buchholtz 和 Schultz	$\sigma_D = 0.175(R_e+R_m-A\%+100)$	$A\%$ 为伸长百分率
Fry、Kessner 和 Ottel	$\sigma_D = \alpha R_m + \beta R_e$	α 与 R_m 成正比,β 与 R_m 成反比
Heywood	$\sigma_D = \dfrac{R_m}{2}$ $\sigma_D = 150+0.43R_e$	—
Brand	$\sigma_D = 0.32R_m+121$	—
Lieurade 和 Buthod[LIE 82]	$\sigma_D = 0.37R_m+77$ $\sigma_D = 0.38R_m+16$ $\sigma_D = 0.41R_m+2A$ $\sigma_D = 0.39R_m+S$	(15%附近) S 表示收缩,单位为%
Jüger	$\sigma_D = 0.2(R_m+R_e+S)$	—
Rogers	$\sigma_D = 0.4R_e+0.25R_m$	—
Mailander	$\sigma_D = (0.49\pm0.2)R_m$ $\sigma_D = (0.65\pm0.3)R_e$	—
Stribeck	$\sigma_D = (0.285\pm0.2)(R_e+R_m)$	—

	抗弯钢材	$0.4R_m \leq \sigma_D \leq 0.5R_m$
Feodossiev[FEO 69]	耐高温钢材	$\sigma_D = 4000 + \frac{1}{6}R_m$ (kg/cm²)
	有色金属	$0.25R_m \leq \sigma_D \leq 0.5R_m$

注：关系式中，σ_D、R_e、R_m 单位为 N/mm²。

在完成大量的疲劳试验（对无缺口的试验棒进行扭转弯曲）后，A. Brand 和 R. Sutterlin[BRA 80a]发现，σ_D 与极限强度 R_m（拉力）的关系为

$$0.57 \times 10^{-4} R_m \leq \sigma_{D50\%} \leq 1.2 \times 10^{-4} R_m \quad (800\text{N/mm}^2 \leq R_m \leq 1300\text{N/mm}^2)$$

$$0.56 \times 10^{-4} R_m \leq \sigma_D \leq 1.4 \times 10^{-4} R_m \quad (R_m \leq 800\text{N/mm}^2 \text{ 或 } R_m \leq 1300\text{N/mm}^2)$$

这些公式仅仅建模描述了试验结果，因此并不是通用的。A. Brand 和 R. Sutterlin [BRA 80a]试着建立一种通用的关系式，这种关系与试验的应力和试件的尺寸无关。

$$\sigma_{D_M} = a\log\chi + b$$

式中：a 和 b 与 R_m 有关。

σ_{D_M} 是与名义疲劳极限 $\sigma_{D_{nom}}$ 相关的实际疲劳极限，即

$$\sigma_{D_M} = K_t \sigma_{D_{nom}}$$

式中：K_t 为应力集中因子。

应力梯度定义为缺口根部应力场切线的斜率除以相同点的最大应力值，即

$$\chi = \lim_{x \to 0} \frac{1}{\sigma} \frac{d\sigma}{dx}$$

方差系数定义为

$$v = \frac{s_{\sigma_D}}{\sigma_D} = 6\%$$

式中：v 独立于 R_m。A. Brand 和 R. Sutterlin [BRA 80a]建议取 10%。

1.4.7 S-N 曲线的解析表达

学者们已经提出了各种各样的公式来描述反映材料疲劳强度的 S-N 曲线，这些公式常集中于极限耐久区域（S-N 曲线的定义已经由确定性曲线转变为统计特性的曲线）。

S-N 曲线通常绘制在半对数分布的坐标系中（$\log N$ 和 σ），如图 1.20 所示，材料特性曲线 BC 段近似为直线（在拐点附近），水平渐近线为 $\sigma = \sigma_D$。

在多种复杂或简单的描述中（没有通用的），有以下几种[BAS 75, DEN 71, LIE 80]。

1.4.7.1 Wöhler 公式

$$\sigma = \alpha - \beta\log N \tag{1.20}$$

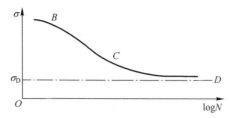

图 1.20　半对数分布坐标系中的 S-N 曲线表示

这个关系没有描述整个曲线,因为当 N 趋于无穷时,σ 没有趋近于疲劳极限 σ_D[HAI 78]。它仅仅描述了 BC 段。也可以写成

$$Ne^{a\sigma} = b \tag{1.21}$$

1.4.7.2　Basquin 公式

Basquin 在 1910 年提出[BAS 10]

$$\ln\sigma = a - \beta\ln N \tag{1.22}$$

即

$$N\sigma^b = C \tag{1.23}$$

式中

$$\beta = \frac{1}{b}, \quad \ln C = \frac{\alpha}{\beta}$$

参数 b 有时称为疲劳曲线的指数[BOL 84],其意义如图 1.21 所示。

在这些分布中,可以考虑真实应力的幅值(不是名义的应力)使得曲线线性化。式(1.23)也可以写成

$$\sigma = \sigma_{RF} N^{\beta} \tag{1.24}$$

或

$$N\sigma^b = \sigma_{RF}^b \tag{1.25}$$

式中:σ_{RF} 为疲劳强度系数。

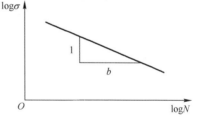

图 1.21　Basquin 公式参数 b 的意义

这个公式适用于高周疲劳($N > 10^4$)。如果平均应力 σ_0 非零,则常数 C 必须被替换成 $C\left(1 - \dfrac{\sigma_0}{R_m}\right)^m$。其中:当 $\sigma_0 = 0$,R_m 为材料的极限强度[WIR 83a]时,C 为常数。

在 $N\sigma^b = C$ 中,当 N 趋于无穷大时,应力趋于零。因此这个公式仅仅描述了 S-N 曲线的 BC 段。此外,在对数坐标中为直线,而在半对数坐标中(对数-线性)不是线性的。许多学者在双对数坐标中描述疲劳试验的结果,BC 段接近于直线[MUR 52]。F. R. Shanley[SHA 52]认为双对数坐标是最适合的。H. P. Lieurade[LIE 80]指出,对于中间区域,Basquin 公式不如 Wöhler 公式合适,在疲劳极限附近

Basquin 公式不是很好[LIE 80]。然而,Basquin 公式是使用最多的。

为了解释疲劳曲线的随机性,P. H. Wirsching[WIR 79]提出将常数 C 看作是平均值 $\bar{C}$ 和标准方差的对数正态随机变量,并给出对应高循环区域的取值:

中值:1.55×10^{12} kpsi。

方差系数:1.36。

(关于金属管连接处 S-N 曲线的统计研究。)

Basquin 公式中参数 b 的一些取值

金属:b 的变化范围为 3~25。常见的是介于 3~10[LEN 68]。M. Gertel [GER 61,GER 62]、C. E. Crede 和 E. J. Lunney [CRE 56b]认为 b 值取 9 适合大多数金属。也可能是这个原因,MIL-STD-810、AIR 等都将 b 值定为 9 作为标准。这个选择适合于大多数轻质铝和铜,但不适合于其他金属。例如,钢,取决于合金,其值介于 10~14。D. S. Steinberg [STE 73]提到 6144-T4 铝合金的 b 值为 14($N\sigma^{14}=2.26\times10^{78}$)。

无论材料的极限强度为多少,对于韧性材料 $b\approx9$,对于脆性材料 $b\approx20$ [LAM 80]。

b 值越低,意味着循环次数增加时疲劳强度降低得越快,这种情况通常是针对严苛的几何形状而言。应力集中越小,b 值越大。根据施加的载荷类型如拉压、扭转等,表 1.7 给出了几种材料的 b 值和平均应力,即 $\sigma_{min}/\sigma_{max}$。

表 1.7 参数 b 取值举例[DEL 72]

材 料	疲劳测试类型	$\dfrac{\sigma_{min}}{\sigma_{max}}$	b
2024-T3 铝	轴向载荷	-1	5.6
2024-T4 铝	旋转弯曲	-1	6.4
7075-T6 铝	轴向载荷	-1	5.5
6061-T6 铝	旋转弯曲	-1	7.0
ZK-60 镁	—	—	4.8
BK31XA-T6 镁	轴向载荷	0.25	8.5
BK31XA-T6 镁	旋转弯曲	-1	5.8
QE22-T6 镁	Wöhler	-1	3.1
4130 钢 标准的	轴向载荷	-1	4.5
4130 钢 强化的	轴向载荷	-1	4.1
6Al-4V 钛	轴向载荷	-1	4.9
铍 热压块	轴向载荷	0	10.8
铍 热压块	轴向载荷	0.2	8.7
铍 热压块	轴向载荷	-1	12.6
铍 横轧板	轴向载荷	0.2	9.4

（续）

材　料	疲劳测试类型	$\dfrac{\sigma_{min}}{\sigma_{max}}$	b
因瓦合金	轴向载荷	—	4.6
退火铜	—	—	11.2
1S1 玻璃纤维	—	—	6.7

R. G. lambert 在没有指出试验条件的情况下给出了 b 取值（表 1.8）。

表 1.8　参数 b 取值举例[LAM 80]

材　料		b
铜线		9.28
铝合金	6061-T6	8.92
	7075-T6	9.65
软焊料（63-37 锡-铅）		9.85
4340 钢	BHN 243	10.5
	BHN 350	13.2
IN718 镍		16.67
AZ31B 镁合金		22.4

需要注意的是，一个零件的 b 值可能明显地不同于组成它的材料。如图 1.22 所示，钢球轴承的 b 值取 4，钢或铝焊接部件取值为 3~6[BRI 80, EUR 93, HAA 98, LAS 05, MAN 04, SHE 05, TVE 03]。

应当谨慎地选取参数 b 的取值，尤其是对于恒定疲劳损伤试验减少试验次数时。

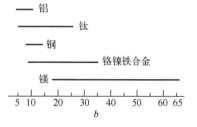

图 1.22　参数 b 取值举例[CAR 74]

电子器件的疲劳失效

电子器件的失效服从传统的疲劳失效模型[HAS 64]，因此建立的结构方程是适用的[BLA 78]。最初对设备上的器件，如电容、电阻、电子管等进行试验期间，发现失效（导致破坏）一般出现在结构的共振频率附近，一般低于 500Hz [JAC 56]。D. L. Wrisley 和 W. S. Knowles [WRI] 对器件试验结果的分析证明了疲劳极限的存在。

电子器件的疲劳强度 b 值优先取 8 或 9，至少对于引线为铜或铝合金的分立元件是这样的。一些学者选择了这样的 b 值[CZE 78]。

几乎没有关于电子器件疲劳强度的数据发表。C. A. Golueke [GOL 58]给出了电阻共振频率下疲劳试验的 S-N 曲线结果，共振频率介于 120~690Hz 之间。结果表明，由各阶共振频率下获得的 S-N 曲线几乎是平行的（图 1.23）。

在$\log N - \log \ddot{x}$(加速度)坐标中,b 取值接近于 2。拥有最高共振频率器件的寿命最长,这也说明了要将器件引线长度减到最小。

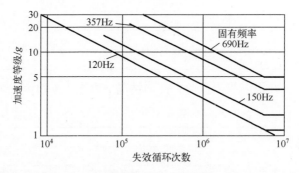

图 1.23　电子器件的 S-N 曲线举例[CAR 74]

试验表明,疲劳强度最脆弱的部位是焊点和连接处,然后是电容器、真空管、继电器(程度较轻)、变压器以及开关。

M. Gertel [GER 61,GER 62]将 Basquin 公式 $N\sigma^b = C$ 写成

$$N \frac{\sigma^b}{\sigma_D^b} = \frac{C}{\sigma_D^b} = C_1 \tag{1.26}$$

式中:σ_D 为疲劳极限。

如果激励是正弦信号[GER 61],结构类似于单自由度系统,则质量为 m 受拉压作用的运动方程为

$$m\ddot{y} = \sigma S \tag{1.27}$$

式中:σ 为横截面 S 的应力。

如果以共振频率激励结构,则

$$\ddot{y} = Q\ddot{x} \tag{1.28}$$

和

$$\ddot{x} = \frac{\sigma S}{mQ} \tag{1.29}$$

特定阻尼能量与应力有关:

$$D = J\sigma^n \tag{1.30}$$

式中:当 $\sigma \leq 0.8 R_e$ 时,$n = 2.4$;当 $\sigma > 0.8 R_e$ 时,$n = 8$。

Q 可以写成

$$Q = K_m K_v \tag{1.31}$$

式中:K_v 为体积应力的无量纲因子;K_m 为材料的无量纲因子,且有

$$K_m = \frac{\pi \sigma^2}{ED}$$

其中:E 为杨氏模量。

有

$$\ddot{x} = \frac{S\sigma}{mK_vK_m} = \frac{S\sigma}{mK_v}\frac{ED}{\pi\sigma^2}$$

$$\ddot{x} = \frac{SE}{mK_v\pi\sigma}J\sigma^n$$

$$\ddot{x} = \frac{SEJ}{mK_v\pi}\sigma^{n-1} \tag{1.32}$$

如果

$$\ddot{x}_e = \frac{SEJ}{mK_v\pi}R_e^{n-1}$$

$$\frac{\ddot{x}}{\ddot{x}_e} = \left(\frac{\sigma}{R_e}\right)^{n-1}$$

且

$$N\frac{\sigma^b}{R_e^b} = C_1$$

则可得

$$N\left(\frac{\ddot{x}}{\ddot{x}_e}\right)^{\frac{b}{n-1}} = C_1 \tag{1.33}$$

得到电阻在 N-σ 坐标轴中的参数 b 的值(代替 N、$\ddot{x}$):

$$b = 2(n-1) \tag{1.34}$$

若 $n=2.4$,则 $b=2.8$。C. E. Crede 等确认了 b 的这些较小的值[CRE 56b,CRE 57,LUN 58]。与不同组件技术有关的[DEW 86,PER 08],参数取值见表 1.9。

表 1.9 参数 b 取值

电阻:$2.4 \leq b \leq 5.8$ 电子管:$b=0.6$	C. E. Crede[GER 61,GER 62]
电容:$b=3.6$(引脚) 电子管:$2.13 \leq b \leq 2.83$	E. J. Lunney 和 C. E. Crede [CRE 56b]
电路板-电气故障,之后失效:$3 \leq b \leq 6$	J. De Winne[DEW 86]
电子设备(假设是铜线):$b=2.4$ 复杂的电子和电气设备物品:$b=4.0$	W. O. Hughes 和 M. E. McNelis[HUG 04]
焊点:$b=5.7$	H. S. Gopalakrishna 和 J. Metcalf[GOP 89]
电气接触事故:$b=4$	D. S. Steinberg[STE 00]

1.4.7.3 其他准则

除了上述疲劳寿命准则外,还有 C. E. Stromeyer 提出的准则[STR 14]:

$$\log(\sigma-\sigma_D) = \alpha - \beta \log N \tag{1.35}$$

或

$$\sigma = \sigma_D + \left(\frac{C}{N}\right)^{1/b} \tag{1.36}$$

或

$$(\sigma-\sigma_D)^b N = C \tag{1.37}$$

当 N 趋于无穷时,σ 趋于 σ_D。

A. Palmgren [PAL 24]指出

$$\sigma = \sigma_D + \left(\frac{C}{N+A}\right)^{1/b} \tag{1.38}$$

或

$$(\sigma-\sigma_D)^b (N+A) = C \tag{1.39}$$

这个公式比 Stromeyer 的公式更适用于试验所得曲线。

根据 W. Weibull [WEI 49]可得

$$\frac{\sigma-\sigma_D}{R_m-\sigma_D} = \left(\frac{C}{N+A}\right)^{1/b} \tag{1.40}$$

式中:R_m 为材料的极限抗拉强度。

式(1.40)没有改进前面的公式,也可以写成

$$\sigma = \sigma_D + \frac{F}{(N+A)^{1/b}} \tag{1.41}$$

式中:F 为常数;A 为对应极限应力的循环次数(不同于 1/4)[WEI 52]。

式(1.41)还有其他形式,例如

$$\sigma - \sigma_D = \left(\frac{C}{N}\right)^{1/n} \tag{1.42}$$

当 $n=1$ 或 $n=2$ 时,有

$$\frac{\sigma-\sigma_D}{R_m-\sigma} = bN^{-a} \tag{1.43}$$

式中:a、b 为常数[FUL 63]。

根据文献[MIL 82]可得

$$(\sigma-\sigma_D) A^{\sigma-\sigma_D} = \frac{C}{N} \tag{1.44}$$

Bastenaire [BAS 75]指出

$$(N+B)(\sigma-\sigma_D) e^{A(\sigma-\sigma_D)} = C \tag{1.45}$$

1.5 影响因子

1.5.1 概述

有许多参数影响着疲劳强度和 S-N 曲线,因此试件的疲劳极限可用下式表示[SHI 72]:

$$\sigma_D = K_{sc} K_s K_\theta K_f K_r K_v \sigma'_D \qquad (1.46)$$

式中:σ'_D 为光滑试件的疲劳极限;K_{sc} 为比例因子;K_s 为表面因子;K_θ 为温度因子;K_f 为形状因子(凹口、孔等);K_r 为可靠性因子;K_v 为多种因子(载荷比、载荷类型、腐蚀、残余应力、应力频率等)。

这些因子可以按照下面定义进行分类[MIL 82]:
(1)载荷条件因子(载荷类型,如拉应力/压应力、交变弯曲、旋转弯曲、交变扭转等);
(2)几何因子(尺寸效应、形状等);
(3)表面条件因子;
(4)冶金性质因子;
(5)环境因子(温度、腐蚀等)。

1.5.2 试件尺寸

从简易性和最小成本的角度来看,应选用小的试件进行确定疲劳强度特性的试验。默认的基本假设是损伤过程施加在试件和整个结构上。用从试件中确定的常数来对大部件估算时,假设比例因子几乎不产生影响。

当试件的尺寸变大时,会出现尺寸效应,包括相关金属体积的变大,零件表面的增加和产生裂纹的概率变大。尺寸效应的起源:
(1)力学:在部件的表面层存在着应力梯度,应力梯度随尺寸变化,对大部件而言梯度变小(不均匀载荷情况,如扭转或交变弯曲)。
(2)统计:大部件存在缺陷的概率很大,在缺陷处会生成微小的裂纹。
(3)工艺:表面质量和材料的异质性。

实际中发现,试件尺寸越大,疲劳极限越小。名义应力相等,试件尺寸越大,疲劳强度下降越大[BRA 80b,BRA 81,EPR 52]。

B. N. Leis [LEI 78], B. N. Leis 和 D. Broek [LEI 81] 证明了在确保临界点严格相似的情况下(缺口根部、裂纹边缘等),可以从实验室的试验结果中得到精确的疲劳寿命预计。因为缺少对控制损伤率因子变化因素的认识,很难实现满足相似的条件。

1.5.3 过载

不同幅值载荷的施加顺序是一个重要的参数。在实际中发现：

(1) 对于光滑的试件,过载导致疲劳寿命降低。J. Kommers [KOM 45] 指出,如果材料开始受到严重的过载作用,然后受到低于疲劳强度的载荷作用,即使最终的应力低于初始疲劳极限,也会断裂。这是因为过载降低了初始疲劳极限。相反,初始受低于极限的载荷作用会提高疲劳极限[GOU 24]。

J. R. Fuller [FUL 63] 指出,与初始 S-N 曲线相比,经受过载的材料的 S-N 曲线在纵坐标为 σ_1 点处顺时针旋转。

过载降低了疲劳极限。如果在应力水平为 σ_1、循环次数为 n_1 后再采用应力水平为 σ_2、循环次数为 n_2,则新的 S-N 曲线为曲线3,如图 1.24 所示。

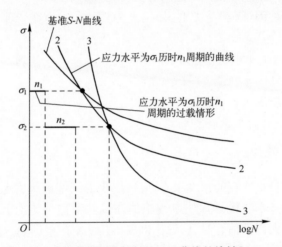

图 1.24 受过载作用的材料的 S-N 曲线的旋转[FUL 63]

旋转角度在数值上与过应力水平 σ_1 上周期数的比值 n_1/N_1 有关。J. R. Fuller 定义了两个载荷水平的分布因子：

$$\beta = \frac{1}{q}\lg\frac{10^q N_A}{N_A + N_a} = 1 + \frac{1}{q}\lg\frac{N_A}{N_A + N_a} \qquad (1.47)$$

式中: q 为常数,通常取 3(高载荷下材料疲劳的缺口敏感度); N_A 为最高应力水平 σ_A 下的循环次数; N_a 为在较低应力水平 σ_a 下的循环次数。

如果 $\beta=1$,则应力水平全部为高应力($N_a=0$)。因子 β 能够描绘峰值在两个极限 σ_A 和 σ_a 之间的分布特征,并且可以用来修正在这种应力类型下估算的疲劳寿命。

(2) 对于有缺口的试件,疲劳导致的裂纹扩展占疲劳寿命的大部分,同样的影响导致疲劳寿命变长[MAT 71]。相反,开始时经受低于疲劳极限的载荷作用加速了裂纹的扩展。由于接下来的载荷变大,加速也更加显著。在随机振动中,这种情况不常有,并且持续的时间比较短,因此低载常常被忽略[WEI 78]。

1.5.4 应力频率

在合理限制范围内的频率并不重要[DOL 57],通常认为只要在部件中产生的热量可以消散,不会影响力学特性,这个因子几乎就没有影响(这里考虑的应力是以给定的频率施加到部件,与包括多种模式的结构的总响应产生的应力不同[GRE 81])。

频率的影响如下[HON 83]:

(1) 公布的结果不总是一致的,特别是因为腐蚀的影响;

(2) 对于某些材料,当频率变化很大时就成为一个很重要的因子,因材料和载荷不同,其表现也不同;

(3) 在高频段影响非常大。

对于大多数钢和铝,当 $f<117Hz$ 时频率影响可以忽略。在低周疲劳区域,在对数坐标系中疲劳寿命与频率呈线性关系[ECK 51]。通常:

(4) 当频率增大时,疲劳极限增大;

(5) 在某一频率处,疲劳极限的值最大。

对于特殊处理的材料,文献[BOO 70,BRA 80b,BRA 81,ECK 51,FOR 62,FUL 63,GUR 48,HAR 61,JEN 25,KEN 82,LOM 56,MAS 66a,MAT 69,WAD 56,WEB 66,WHI 61]中指出了不寻常的影响。I. Palfalvi[PAL 65]理论上证明了极限频率的存在,超过这一极限热释放产生了额外的应力,材料状态发生改变。

频率对于循环次数很大时有比较明显的影响,当应力趋于疲劳极限时影响变小[HAR 61]。在恶劣的环境中会产生很大影响(如腐蚀性介质、温度)[LIE 91]。

1.5.5 应力类型

通常是对试件施加均值为零的正弦载荷(拉应力和压应力,扭转等)来获得 S-N 曲线,也可以绘出随机载荷下的 S-N 曲线或重复冲击载荷下的 S-N 曲线。

1.5.6 非零均值应力

除非特殊说明,假定接下来的 S-N 曲线都是中值曲线。非零均值应力的出现修正了试件的疲劳寿命,特别与交变应力相比平均应力相对更大时。拉伸平均应力降低疲劳寿命,压缩平均应力提高疲劳寿命。

因为在循环次数很多的疲劳试验中交变应力的振幅相对较小,所以在循环次数较少的疲劳试验中,平均应力的影响更为重要[SHI 83]。

如果应力足够大,以至于产生严重的重复塑性应变,就像循环次数较少的疲劳一样,平均应力可以很快释放并且它的影响会变得很小[TOP 69,YAN 72]。

当平均应力 σ_m 不为零时,常用 σ_a、σ_{max}、σ_{min} 和 $R=\sigma_{min}/\sigma_{max}$ 描述正弦应力的特征(图 1.25)。

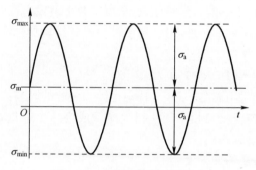

图 1.25 非零均值的正弦应力

尽管这种描述很少用,但通常用横坐标为失效时循环次数的对数、纵坐标为最大应力 σ_{max} 的传统 S-N 曲线来描述,绘出不同的 σ_m 或 R 对应的曲线[FID 75,SCH 74],如图 1.26 和图 1.27 所示。

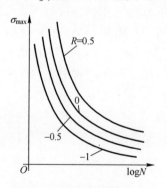

图 1.26 非零均值时 S-N 曲线对应 R 值

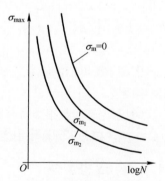

图 1.27 非零均值时 S-N 曲线对应的平均应力

其他的学者给出了不同 σ_m 值的 S-N 曲线,如图 1.28 所示,不同 σ_a 对应的 N,并且提出了常数 C 和 Basquin 公式的 b 和 σ_m 之间关系的经验公式。

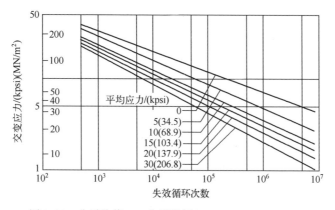

图 1.28 非零均值 S-N 曲线举例（1psi=0.0068948MPa）

例 1.2

铝合金：

$$\lg C = 9.45982 - 2.37677\sigma_m + 1.18776\sigma_m^2 - 0.25697\sigma_m^3$$

$$b = 3.96687 - 0.213676\sigma_m - 0.04786\sigma_m^2 + 0.00657\sigma_m^3$$

（σ_m 单位：10kpsi）

通常仅仅在低于屈服强度的应力（$\sigma_{max}<R_e$）下使用材料，这样限制了 σ_m 对疲劳寿命的影响。施加静态应力导致 σ_a 减小（对于某一材料，某一应力模式和给定的疲劳寿命）。因此，了解 σ_a 如何随 σ_m 变化是很有意义的。在最后提出了几种公式或图表。

对于给定 σ_m 的试验，可以将每一个疲劳极限值 σ_D 与每一个 σ_m 值对应起来。用耐久极限图描述所有的 σ_D 值，可以绘出给定概率的 S-N 曲线[ATL 86]。

1.6　S-N 曲线的其他表示方式

1.6.1　Haigh 图

对于给定的失效循环次数 N[BRA 80b, BRA 81, LIE 82]，用应力幅值 σ_a 和对应的疲劳试验时的平均应力来绘制 Haigh 图。拉应力为正，压应力为负。

图 1.29 为 Haigh 图，σ_m 为平均应力，σ_a 为在 σ_m 基础上的交变应力，σ_a' 为导致相同寿命时的单独施加的纯交变应力（均值为 0），σ_D 为疲劳极限。

图 1.29 中，点 A 是纯交变应力中的疲劳极限 σ_D，点 B 对应着静态试验中的极限应力（$\sigma_a=0$）。图 1.29 中，从原点（半径）开始的直线描述了 σ_a 和 σ_m

可以根据 $R=\sigma_{\min}/\sigma_{\max}$ 来确定。在斜率等于1的直线上的点的坐标是 (σ_m,σ_m)（重复应力[SHI 72]）。

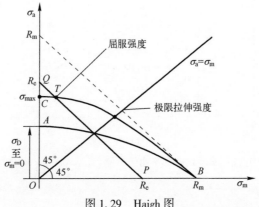

图 1.29　Haigh 图

在试验过程中获得的不同组合 (σ_m,σ_a) 下的疲劳极限轨迹是穿过点 A 和点 B 的弧线。由弧线 $\widehat{AB}$ 和坐标轴界定的区域中的组合 (σ_m,σ_a) 对应的试件的疲劳寿命比 σ_D 对应的疲劳寿命长。

只要 $\sigma_{\max}(=\sigma_m+\sigma_a)$ 低于屈服应力 R_e，σ_a 随 σ_m 变化情况大致为一条直线。当 $\sigma_{\max}\leqslant R_e$ 时，在极限处有

$$\sigma_{\max}=R_e=\sigma_m+\sigma_a$$

$$\sigma_a=R_e-\sigma_m$$

这条线交轴 $O\sigma_m$ 于点 P，点 P 横坐标为 R_e，交 $O\sigma_a$ 于点 Q，点 Q 纵坐标为 R_e。令 C 为轴 $O\sigma_a$ 上的点，其纵坐标为 $\sigma_{\max}(<R_e)$。弧 $\widehat{CB}$ 是拥有相同疲劳寿命的点 (σ_m,σ_a) 的轨迹。这条弧线交直线 PQ 于 T。只有与 PQ 的交点 T 左边的弧线部分（近似直线）才能反映 $\sigma_{\max}\leqslant R_e$ 时 σ_a 随 σ_m 的变化情况。PQ 右边的弧线不再是线性的[SCH 74]。

有几种解析近似法描述曲线 AB，起始于 $\sigma_D(\sigma_m=0)$、σ_a 和 σ_m，以近似的方法来建立图表[BRA 80a，GER 74，GOO 30，OSG 82，SOD 30]（图 1.30）。

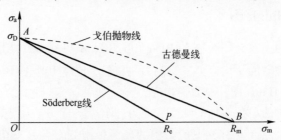

图 1.30　Haigh 图（Gerber、Goodman 和 Söderberg 描述）

J. O. Smith(1942)修正的古德曼(Goodman)线(1930)[SMI 42]:

$$\sigma_a = \sigma_D\left(1 - \frac{\sigma_m}{R_m}\right) \quad (1.48)$$

索德伯格(Söderberg)线(1930):

$$\sigma_a = \sigma_D\left(1 - \frac{\sigma_m}{R_e}\right) \quad (1.49)$$

戈伯(Gerber)抛物线(1874):

$$\sigma_a = \sigma_D\left[1 - \left(\frac{\sigma_m}{R_m}\right)^2\right] \quad (1.50)$$

Haigh 图是在给定的疲劳寿命 N_0 下绘制的,通常固定为 10^7 次循环,但是也可以在任意循环次数下建立。在这种情况,曲线 CTB 可以类似的依据情况用下列公式来描述:

修正的古德曼线:

$$\sigma_a = \sigma_a'\left(1 - \frac{\sigma_m}{R_m}\right) \quad (1.51)$$

索德伯格线:

$$\sigma_a = \sigma_a'\left(1 - \frac{\sigma_m}{R_e}\right) \quad (1.52)$$

戈伯抛物线:

$$\sigma_a = \sigma_a'\left[1 - \left(\frac{\sigma_m}{R_m}\right)^2\right] \quad (1.53)$$

这些模型使得估算等效应力范围 $\Delta\sigma_{eq}$ 成为可能,用下面公式计算考虑非零平均应力的等效应力范围[SHI 83]:

$$\Delta\sigma_{eq} = \frac{1}{a}\Delta\sigma \quad (1.54)$$

式中:$\Delta\sigma$ 为总应力范围;$a = 1 - \sigma_m/R_m$(修正的古德曼线),σ_m 为平均应力,R_m 为极限拉伸强度。

式(1.51)~式(1.53)可以写成下列形式:

修正的古德曼线:

$$\frac{\sigma_a}{\sigma_a'} + \frac{\sigma_m}{R_m} = 1 \quad (1.55)$$

索德伯格线:

$$\frac{\sigma_a}{\sigma_a'} + \frac{\sigma_m}{R_e} = 1 \quad (1.56)$$

戈伯抛物线：

$$\frac{\sigma_a}{\sigma_a'} + \left(\frac{\sigma_m}{R_m}\right)^2 = 1 \tag{1.57}$$

古德曼线和戈伯抛物线被广泛采用。经验表明,试验数据往往落在古德曼线和戈伯抛物线之间。古德曼线因其数学表达式简单且估值略保守而经常被使用。

根据材料的不同,确定其中最适合的表达式。然而,除非接近点 $\sigma_m = 0$ 和 $R_m = 0$,修正的古德曼线被认为非常不精确,结果较为保守(预测的寿命低于真实寿命)[HAU 69, OSG 82]。比较合适脆性材料,而对韧性材料较为保守。

戈伯抛物线用来修正这种保守,它更适用于 $\sigma_a > \sigma_m$ 的试验结果。当 $\sigma_m \gg \sigma_a$ 时,对应着塑性变形。$\sigma_m < 0$(压应力)时,这个公式拟合结果不好。它适用于塑性好的材料。

索德伯格模型解决了后面的问题,但是它比 J. Goodman 的模型更保守。在既没有疲劳失效也没有发生屈服时使用此模型。

E. B. Haugen 和 J. A. Hritz [HAU 69] 发现：

(1) Langer(除去到 $\sigma_m + \sigma_a > R_e$ 的区域)和 Sines 做的修正不显著(图1.31)。

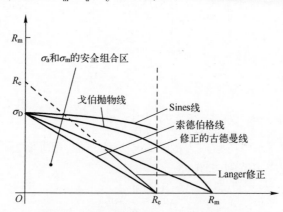

图 1.31　Haigh 图(Langer 和 Sines 的修正)

(2) 在 Haigh 图中,用动态屈服应力替换静态屈服应力更合适。

(3) 曲线不是确定的。在统计问题上,用下面形式的戈伯抛物线更合适：

$$\frac{\sigma_a}{\overline{\sigma}_D} + \left(\frac{\sigma_m}{\overline{R}_m}\right)^2 = 1 \tag{1.58}$$

式中：$\overline{\sigma}_D$ 和 $\overline{R}_m$ 为均值,且有

$$\frac{\sigma_a}{\overline{\sigma}_D \pm 3S_{\sigma_D}} + \left(\frac{\sigma_m}{\overline{R}_m \pm 3S_R}\right)^2 = 1 \tag{1.59}$$

其中:S_{σ_D}和S_R分别为σ_D和R_m的标准方差[BAH 78]。

注:Haigh图可以根据不同的均值应力σ_m的S-N曲线绘制,如图1.32和图1.33所示。

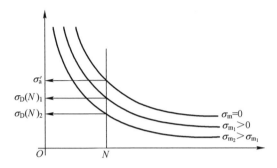

图1.32 用Haigh图建立的非零均值应力的S-N曲线

静力试验可以评估R_m,均值为0的试验可以测得σ_a。对于给定的N,曲线σ_{m_i}纵坐标为$\sigma_D(N)_i$。

其他公式

von Settings-Hencky椭圆或马林(Marin)椭圆[MAR 56]定义为

$$\left(\frac{\sigma_a}{\sigma_a'}\right)^2 + \left(\frac{\sigma_m}{R_m}\right)^2 = 1 \qquad (1.60)$$

$$\frac{\sigma_a}{\sigma_a'} + \left(\frac{\sigma_m}{R_m}\right)^{m_1} = 1 \qquad (1.61)$$

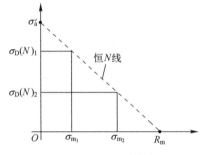

图1.33 Haigh图的建立

式中:当$\sigma_m=0$时,σ_a'为容许应力;对于给定的$\sigma_m\neq 0$,σ_a为容许应力(对于相同的疲劳寿命N);m_1为常数。

$m_1=1$时(对应古德曼曲线),结果是保守的。试验表明$m_1<2$,对于大多数钢,$m_1=1.5$是合适的[DES 75]。

J. Bahuaud [MAR 56]给出:

$$\frac{\sigma_a}{\sigma_D} + \frac{1}{\rho}\left(\frac{\sigma_m}{R_t}\right)^2 + \left(1-\frac{1}{\rho}\right)\frac{\sigma_m}{R_t} = 1 \qquad (1.62)$$

式中:R_t为真实的极限拉压强度;ρ为

$$\rho = \frac{R_{t\ compression}}{R_{t\ tension}}$$

如果强度R_t未知,则可以近似用下式代替:

$$R_t = 0.92 R_m (1+Z_u) \qquad (1.63)$$

式中:Z_u 为收缩系数;R_m 为常用的极限强度。

根据 Dietmann 提出的理论,有

$$\left(\frac{\sigma_a}{\sigma_D}\right)^2 + \frac{\sigma_m}{R_m} = 1 \tag{1.64}$$

这些公式可以整合成如下更一般的形式:

$$\left(\frac{\sigma_a}{k_1 \sigma'_a}\right)^{r_1} + \left(\frac{\sigma_m}{k_2 R_m}\right)^{r_2} = 1 \tag{1.65}$$

式中:k_1、k_2、r_1、r_2 为所选准则中的常数,见表 1.10。

表 1.10 一般准则中的常数值(Haigh 图)

	r_1	r_2	K_1	K_2
Söderberg	1	1	1	R_e/R_m
Modified Goodman	1	1	1	1
Gerber	1	2	1	1
von Mises-Hencky	2	2	1	1
Marin	1	m_1	1	1

注:在旋转弯曲中,当缺少其他数据时,可用下面公式[BRA 80b]:

$$\sigma_{D\text{ rotativebending}} = \frac{\sigma_{D\text{ tension-compression}}}{0.9} \tag{1.66}$$

Morrow[MOR 68]提议对有色材料修正古德曼关系,用材料真实断裂强度 σ_F(拉伸试验真实断裂强度)代替极限强度 R_m:

$$\frac{\sigma_a}{\sigma'_a} + \frac{\sigma_m}{\sigma_F} = 1 \tag{1.67}$$

因此

$$\sigma_a = \sigma'_a \left(1 - \frac{\sigma_m}{\sigma_{fB}}\right) \tag{1.68}$$

作为二次替换,Morrow 也提出用断裂系数 σ'_f 来转化真实断裂强度,σ'_f 为一次逆转的应力寿命曲线的应力截距($N\sigma^b = \sigma'_f$)[BRI 44],有

$$\frac{\sigma_a}{\sigma'_a} + \frac{\sigma_m}{\sigma'_f} = 1 \tag{1.69}$$

得到

$$\sigma_a = \sigma'_a \left(1 - \frac{\sigma_m}{\sigma'_f}\right) \tag{1.70}$$

Dowling[DOW 04]认为这个方法适用于韧性材料。Morrow 方法使用断裂时的真应力,适用于铝合金,不适用于钢。

Walker[WAL 70]给出了一个含有额外参数 γ 的关系：

$$\sigma_a' = \sigma_{\max}^{1-\gamma} \sigma_a^{\gamma} \tag{1.71}$$

参数 γ 为材料特征的拟合常数。这个参数的有趣之处在于它也许比以往方法能更好地表征试验结果。

实际所获得的参数 γ 值在 0.25~0.53 之间[NIH 86]。一般选用经典值 0.5。

若 R 是一次循环中最小应力和最大应力的比值，则根据式(1.15)，式(1.71)也可写为[DOW 04]

$$\sigma_a' = \sigma_{\max}\left(\frac{1-R}{2}\right)^{\gamma} \tag{1.72}$$

或

$$\sigma_a' = \sigma_a\left(\frac{2}{1-R}\right)^{1-\gamma} \tag{1.73}$$

K. N. Smith，P. Watson 和 T. H. Topper[SMI 70]提出了一个关系式，广泛应用于单轴的疲劳计算(SWT 方法)：

$$\sigma_a' = \sqrt{\sigma_{\max}\sigma_a} = \sqrt{\sigma_a(\sigma_m + \sigma_a)} \tag{1.74}$$

该二次方程只有一个正根：

$$\sigma_a = \frac{\sigma_m}{2}\left[\sqrt{\left(\frac{2\sigma_a'}{\sigma_m}\right)^2 + 1} - 1\right] \tag{1.75}$$

根据式(1.15)，式(1.74)也可写为

$$\sigma_a' = \sigma_{\max}\sqrt{\frac{1-R}{2}} \tag{1.76}$$

或

$$\sigma_a' = \sigma_a\sqrt{\frac{2}{1-R}} \tag{1.77}$$

因此，SWT 模型是 Walker 模型的一种特殊情况，当参数 $\gamma = 0.5$ 时，Walker 模型就变成了 SWT 模型。

Bergman 和 Seeger[BER 79]在 Smith-Waton-Topper 关系引进了一个附加参数，包括材料敏感性到平均应力的影响[NIH 86]：

$$\sigma_a = \sqrt{\sigma_a'(k\sigma_m + \sigma_a')} \tag{1.78}$$

σ_a 的计算结果只取一个正根：

$$\sigma_a = \frac{\sigma_m}{2}\left[\sqrt{\left(\frac{2\sigma_a'}{\sigma_m}\right)^2 + k} - k\right] \tag{1.79}$$

SWT 关系式相当于 $k=1$。在实际中获得的真实值在 0.4~0.7 之间。对于

其他方法，$k=0.4$ 时会得到最好的结果。

所有的方法应该仅适用于平均应力值为拉伸的情况。当平均应力相对交变应力很小（$R\ll1$）时，这些方法差别很小。当 R 接近 1 时，模型间有较大差异。由于缺乏在这种条件下的试验数据，屈服准则的建立受到限制。

使用了真实断裂强度 σ_F 的莫罗（Morrow）关系式确实比对多种金属进行修正的古德曼关系式好，但存在 σ_F 值并不总是能得到的缺点。有 σ'_f 的莫罗关系适用于钢，而不适用于铝合金。在预测寿命时，它给出了非保守结果，结果比真实寿命大。

对于一般用途，SWT 方法也是个合理的选择，它避免了之前的困难。它对铝合金非常准确，对铁来说也可以接受，虽然并不如有 σ_F 或 σ'_f 的莫罗关系式好，而且对于压缩平均应力趋于非保守。但对于有色金属来说，SWT 关系式确实比含 σ_F 的莫罗关系式更好[DOW 04]。

Walker 方法能更精确得益于引入了可调节参数 γ。此模型的缺点在于，系数 γ 的确定，需要做很多的试验。

1.6.2　Haigh 图的统计表达

在实际中用统计的形式描述疲劳现象，Haigh 图也可以采用这样的形式。

以戈伯关系式为例，在纵轴和横轴分别为 σ_a、σ_m 的坐标系下，不同的抛物线被用来描述给定概率下的失效周期数对应的应力均值-幅值关系，如图 1.34 所示。

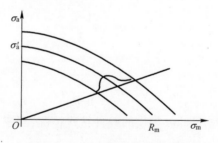

图 1.34　Haigh 图的统计性描述

由图 1.34 可以看出，从原点 O（斜率 σ_a/σ_m）开始的直线穿过抛物线所获得的交变应力的分布近似服从高斯分布[ANG 75]。

1.7　复杂结构的疲劳寿命预测

在结构疲劳寿命预计中存在的一个难题是裂纹萌生位置的多样性和决定结构疲劳寿命的机理。裂纹产生的位置和机理取决于环境的恶劣情况、载荷的幅值和特性。

B. N. Leis [LEI 78]将疲劳分析方法划分为两大类：

(1) 间接法,以远离裂纹萌生潜在区域的应力和变形为基础,依靠外部位移和作用力(黑箱法)来预计疲劳寿命(评估和损伤累积)。

(2) 直接法,以作用在裂纹萌生潜在区域的应力和变形为基础,进行疲劳寿命预计。这些应力和变形是局部的。

间接法没有考虑疲劳产生位置的非弹性作用,而直接法可以引出非线性。

直接法可以正确预测结构中的裂纹萌生前提是要恰当的考虑裂纹萌生位置的多样性和控制疲劳寿命的机理。

1.8 复合材料的疲劳

金属和复合材料的疲劳表现有很大的不同。金属常常因为裂纹的萌生和扩展而断裂,可以利用断裂力学来预测。复合材料表现出几种退化模式,如分层、纤维失效、基体失调、存在真空、基体失效和复合材料失效等。一个结构可以呈现出一种或几种模式,很难说哪种模式是主要导致失效的[SAL 71]。

与金属的另一点不同是低频疲劳行为。对于循环次数较小的情况,金属服从 Coffin-Manson 准则,这个准则将失效循环的次数与应变范围联系起来。形式如下：

$$\Delta \varepsilon_p N^\beta = C \tag{1.80}$$

式中:$\beta \approx 0.5$。

复合材料对应变范围更敏感,相比于低周疲劳复合材料有更好的高周疲劳抗性。如果结构是金属的,则小应力载荷谱都有可能导致结构断裂,而由复合材料构成的相同结构的断裂则是由高载荷导致的。

复合材料的疲劳强度受各种参数的影响,总结如下[COP 80]：

(1) 材料相关的因素:导热系数低,如果频率太高,则温度升得很高,与材料结构不均匀有关的缺陷(气泡)等,与储存条件有关的固有寿命等。

(2) 与试件形状有关的因素:形状、孔洞、缺口(应力集中因子),与金属相同;复合材料表面的不规则性对试件厚度影响很大(对非均匀应力的情形很重要(扭转、弯曲等))。

(3) 应力和环境条件:施加应力的形式(扭转等);频率;平均应力;湿热环境;腐蚀(与腐蚀可比较的聚合物表面劣化)。

R. Cope 和 A. Balme [COP 80]指出,玻璃纤维增强聚酯树脂复合材料或层压板服从疲劳退化模型,因为：

(1) 纤维-树脂界面的劣化;
(2) 裂纹和聚酯树脂损失导致的劣化;
(3) 增强体的渐进损伤。

根据比值 G/G_0(G 为 n 次扭转后的刚性模量,G_0 为试验开始时的刚性模量)的循环次数 n,用一个指数来评估损伤,并且得到一个阈值 n_S。超过这个阈值,材料以不可逆的方式变化,开始承受损伤。

对小变形来说,温度会使阈值 n_S 降低,导致疲劳循环次数增多($t>60℃$)。

平均应力的存在很大程度上增强了疲劳损伤。

通常认为,Miner 准则严重高估了复合材料结构的疲劳寿命[GER 82]。

第 2 章
疲劳损伤累积

2.1 疲劳损伤的演化

从基本原理的角度看,因为缺少对于材料物理现象的理解,疲劳损伤的概念不好定义。

任何零件的组成材料在交变应力作用下都要经历属性退化。根据应力水平和施加的循环次数的不同,退化可能是部分的或者可能持续到失效,直至失效的疲劳损伤累积如图 2.1 所示。

为了理解退化的演变,定义了试件所经受的损伤的概念,在失效瞬间它从 0 上升到 100%。

为了跟踪损伤随时间的变化过程,第一种解决方案是研究试件的特定物理特性的变化[LLO 63]。

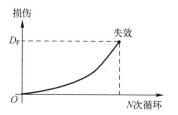

图 2.1 直到失效的疲劳损伤累积

随着应力循环次数的增加,(静态)拉伸强度逐渐减小。测量这些参数的演化遇到了两个困难:①在试件的大部分的寿命中,这些参数的变化很小;②用于这种测试的试验是破坏性的。

在疲劳试验期间,裂纹萌生,扩展直到试件的失效。但是,只有到了试件的疲劳寿命接近尾声时,裂纹才变得可检测和可测量。

此外,用来确定疲劳随弹性、塑性、黏弹性和屈曲特性的演化研究表明:在施加交变应力的循环过程中,这些参数并不变化[LEM 70]。

由于这种方案不可行,疲劳损伤累积的法则被设想成可以基于其他判断标准来建立。许多这类法则被建立起来,它们一般都是基于试验的结果。

2.2 累积准则的分类

如图 2.2 所示,有一些损伤累积准则独立于应力水平 σ。其他的则依赖于应力水平 σ:$D(n)$ 曲线随着 σ 而变化[BUI 80,LLO 63,PRO 48]。对于后者,$D(n)$ 曲线不仅随着 σ 变化,也随着先前一系列施加到材料上的交变应力而变化(损伤交互作用)。

通常,累积损伤准则都是在常温和均值为零的交变载荷下的。然而,也有一些论文在研究高温或平均应力非零这两种特殊情况。

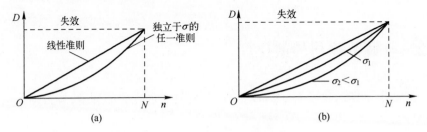

图 2.2 不同的应力累积过程

2.3 Miner 方法

2.3.1 Miner 准则

最古老、最简单、使用最多的准则之一是 Miner 准则[MIN45](或 Plamgren-Miner,因为这个准则最初是在 1924 年由 Palmgren[PAL 24]提出的,在 1937 年又由 Langer 提出[LAN 37])。它基于以下假设:

(1) 在每一循环中,材料的损伤累积只是应力水平 σ 的函数;对于 n 次循环,定义在正弦应力水平 σ 下的损伤(或者疲劳寿命分数)为

$$d = \frac{n}{N} \tag{2.1}$$

式中:N 为 σ 水平下失效时的循环次数。

设 W 为在应力水平 σ 下经过 N 次循环失效后的储存能量,w 为在相同的应力水平下施加 n 次循环后吸收的能量,则

$$\frac{w}{W} = \frac{n}{N} \tag{2.2}$$

(2) 如果能观察到裂纹的出现,则认为是断裂[MIN 45]。

(3) 在 σ 应力水平下,当 $n=N$ 时,即 $d=1$(耐久性)出现失效(以一种确定性的方式)。发现 N 可以与50%失效率下的循环次数(一半试件损坏的循环次数)相符合。N 通常由之前确定的 S-N 曲线定义(通常曲线测定试验在恒幅正弦应力下进行)。比疲劳极限应力低的应力一般不予考虑(N 为无穷大,所以 d 为0)。

(4) 损伤 d 线性累加。如果 k 个等幅或者不同振幅的正弦曲线应力 σ_i 都成功施加到 n_i 个循环中,则试件总的损伤可以写成

$$D = \sum_{i=1}^{k} d_i = \sum_i \frac{n_i}{N_i} \qquad (2.3)$$

假设一个应力水平对其他应力水平的损伤累积没有影响,那么失效时

$$D = \sum_i \frac{n_i}{N_i} = 1 \qquad (2.4)$$

注:

对于失效,线性的假设对于获取 $\sum_i \frac{n_i}{N_i} = 1$ 不是必要的。损伤速率是 $\frac{n}{N}$ 的函数,与循环应力振幅无关[BLA 46]。

因此,Miner 准则是计算试件在每个应力水平下每个循环消耗的疲劳寿命之和。其中,在应力水平 σ 下与一个循环相对应的损伤等于 $\frac{1}{N}$。因此,它是一种独立于应力水平并且没有相互作用的线性准则。

Miner 准则也可以用于随机激励甚至是冲击。在这种情况下,有必要建立应力峰值直方图或表格来表示在应力的有效期内给定振幅的峰值总数(或者包含在某个振幅范围内的)。对于给定的振幅 σ_i,峰值(半个循环)相应的部分损伤为:

$$d_i = \frac{1}{2N_i} \qquad (2.5)$$

当循环数为 n_i 时,振幅峰值为 σ_i 的总损伤为

$$D = \sum_i \frac{1}{2N_i} n_i \qquad (2.6)$$

例 2.1

考虑一个试验,其中每一个试件依次进行以下3个试验:

——一个振幅为 15daN/mm² (1daN = 10N)的正弦曲线应力,频率 10Hz,持续时间 1h。

——一个振幅为 20daN/mm² 的正弦曲线应力，频率 20Hz，持续时间 45min。

——一个振幅为 12daN/mm² 的正弦曲线应力，频率 15Hz，持续时间 90min。

材料的 S-N 曲线如图 2.3 所示。

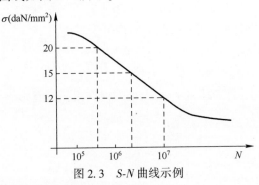

图 2.3　S-N 曲线示例

对于 $\sigma_1 = 15\text{daN/mm}^2$，失效循环次数 $N_1 = 3\times10^6$。对于 $\sigma_2 = 20\text{daN/mm}^2$，$N_2 = 6\times10^5$。对于 $\sigma_3 = 12\text{daN/mm}^2$，$N_3 = 10^7$。

在每一个水平中，循环次数如下：

$$n_1 = f_1 \times T_1 = 10 \times 3600 = 3.6 \times 10^4$$

$$n_2 = 20 \times 2700 = 5.4 \times 10^4$$

$$n_3 = 15 \times 5400 = 8.1 \times 10^4$$

得到

$$D = \sum_i \frac{n_i}{N_i} = \frac{3.6\times10^4}{3\times10^6} + \frac{5.4\times10^4}{6\times10^5} + \frac{8.1\times10^4}{10^7} = 0.1101$$

继续试验直到在第三个试验条件下试件失效。定义补充试验的持续时间为

$$T_c = \frac{n_c}{f_3}$$

式中：n_c 满足

$$\frac{n_c}{N_3} = 1 - D$$

$$n_c = (1-D) \cdot N_3 = (1-0.1101)\times10^7 = 8.899\times10^6 (\text{循环})$$

结果

$$T = \frac{8.914\times10}{15} \approx 5.933\times10^5(\text{s}) \approx 164\text{h}48\text{min}$$

应用

如果 S-N 曲线可以通过 Basquin 关系 $N\sigma^b = C$ 来描述,那么可以写成

$$D = \sum_i \frac{n_i}{N_i} = \sum_i \frac{n_i}{C}\sigma_i^b$$

或

$$D = \frac{\sum_i n_i \sigma_i^b}{C} \tag{2.7}$$

例如,在 N_e 循环下应用一个等价的交变应力 σ_e,可以产生相同的疲劳损伤,即

$$\sigma_e = \left(\frac{\sum_i n_i \sigma_i^b}{N_e}\right)^{\frac{1}{b}} \tag{2.8}$$

式(2.8)中,S-N 曲线唯一的特性参数是指数 b。

在变幅应力下,Miner 准则用来估计疲劳寿命很容易实现。尽管存在很多批评,在设计计算领域,Miner 准则还是使用得很频繁。由于疲劳是一个涉及许多因素的复杂过程,Miner 准则对疲劳描述过于简单,不能提供很精确的估计。然而,对于随机应力下的初始裂纹估算,它计算出来的结果似乎可以接受。

2.3.2 采用 Miner 准则估计损伤到失效的分散性

通过试验进行了许多测试来验证这个准则的正确性。事实上,在失效瞬间 D 值存在着严重的分散性[CUR 71,GER 61]。此外,Miner 准则中失效时损伤 D=1 只是一个平均值。

对失效时 $\sum \frac{n_i}{N_i}$ 总和的分散性的研究是众多工作的目标(见 P. G. Forrest [FOR 74])。

这些工作表明,正弦应力施加顺序会影响试件的疲劳寿命。此外,裂纹扩展速度不仅取决于某一时刻所施加载荷的振幅,还取决于前面周期的振幅[BEN 46,DOL 49,KOM 45]。

当应力水平降低($\sigma_2 < \sigma_1$)时,失效对应的 D<1(由于过载的影响,裂纹加速扩展);当施加的应力水平增大时($\sigma_2 > \sigma_1$)(低载荷下裂纹扩展减弱)失效对应的 D>1。后者的现象远不如前者显著,通常忽略[NEL 78,WEI 78]。

这种行为上的差异可以解释为:当首先施加大振幅循环时,损伤形式是晶粒间产生微小的裂纹,在接下来的低水平应力循环作用下裂纹会继续扩展。

在低应力水平下,第一部分循环不能产生微小的裂纹[NEU 91]。然而在

某些情况下,特别是在有缺口的样品中,可以看到相反的现象[HAR 60,NAU 59]。

D. N. Nelson[NEL 78]认为真实疲劳寿命和利用Miner准则估计的疲劳寿命之间的差异与施加载荷的次序相关,对于光滑的部件,差异小于或等于±50%。

在利用这个准则进行计算时常假设施加的应力低于材料的疲劳极限应力σ_D,无论施加的循环次数为多少,应力对材料的疲劳寿命没有影响。然而试验表明,当试件经受比σ_D水平更高的疲劳循环作用时,应力极限可能会变低,而Miner准则没有考虑这一点[HAI 78]。

根据材料和应力类型获得的损伤D_F在实际中变化范围很大,文献给出其值为0.1~10[HAR 63,HEA 56,TAN 70],0.03~2.31甚至是0.18~23[DOL 49]。但通常观测到的值很窄,如0.5~2[CZE 78,FID 75]。

这些值是文献[BUC 77,BUC 78,COR 59,DOL 49,FOR 61,GAS 65,GER 61,JAC 68,JAC 69,KLI 81,ROO 69,MIN 45,STE 73,STR 73,WIR 76,WIR 77]中的一些例子。

从不同作者的研究成果可以看出:

(1) 根据材料和试验顺序的不同,D_F相对于1一般不会偏离很大,而且当所有的应力水平都比疲劳极限应力高时,D_F通常大于0.3[BUC 78]。当应力幅值接近或者低于极限应力相比高于这个极限应力,D_F沿非保守方向变化更大。此外,需要注意D_F与试样尺寸无关。

(2) 损伤累积低于0.3时,未失效概率等于95%(560个试验数据,不考虑载荷类型不同和应力均值不变,来自不同零件和材料)[BRA 80b,JAC 68]。

实际上,将失效时的累积损伤值设置成下式更准确:

$$D = \sum_i \frac{n_i}{N_i} = C \quad (2.9)$$

式中:C为常量,它是施加应力水平顺序的函数。这种方法假设相同应力水平下的损伤是确定的。然而试验表明在相同条件下的试验结果是分散的。

P. H. Wirsching[WIR 79,WIR 83b]提出了形式如下统计公式:

$$D = \sum_i \frac{n_i}{N_i} = \Delta \quad (2.10)$$

式中:Δ为失效损伤的指数。Δ是中值接近1的随机变量,服从对数正态分布,变异系数V_Δ决定它的分散特性。

这个公式的目的是为了量化与用简单模型描述复杂物理现象相关的不确定性。作者建议分解变异系数V_Δ:

$$1+V_\Delta^2 = (1+V_N^2)(1+V_0^2) \quad (2.11)$$

式中：V_N 为直到失效时恒辐载荷循环次数的变异系数；V_0 为与其他影响有关的变异系数(顺序等)。

当 $D>\Delta$ 时，发生失效的概率为

$$P_f = P(D>\Delta) \tag{2.12}$$

文献[WIR 79]中记录的 Δ 数值如表2.1所列。

表 2.1 描述损伤失效法则特性的统计参数示例

	Δ 均值	Δ 的中值	变异系数 V_Δ
铝($n=389$个试样)	1.33	1.11	0.65
钢($n=90$)	1.62	1.29	0.76
钢($n=87$)	1.47	1.34	0.45
复合材料($n=479$)	1.39	1.15	0.68
复合材料	1.22	0.98	0.73

P. H. Wirsching[WIR 79]建议，在对数正态分布中，中间值取1，变异系数等于0.7。他还给出了偏离这些值的其他结果：7075铝合金，$V_\Delta=0.98$；2024 T4铝合金，$V_\Delta=0.161$。

对于正弦载荷或者随机载荷序列，W. T. Kirkby[KIR 72]从铝合金的试验结果中推论出：$\Delta=2.42$；$V_\Delta=0.98$；标准差为2.38。

其他学者[BIR 68, SAU 69, SHI 80, TAN 75]建议，通过考虑一些特殊情况把统计特性应用于 Miner 准则：

(1) 在应力水平 σ_i 下，失效循环次数 N_i 是一个均值为 $\overline{N}_i$ 的随机变量。

(2) 失效期望值可以由下式获得

$$E\left[\sum_{i=1}^{k} \frac{n_i}{\overline{N}_i}\right] = 1 \tag{2.13}$$

(3) 失效时损伤的概率密度如下：

$$D = \sum_i \frac{n_i}{\overline{N}_i} \tag{2.14}$$

它服从均值为 μ_D、标准差为1的对数正态分布[SHI 80, WIR 76, WIR 77]。

注：以上定义是针对应力均值为0的情况。如果不属于这种情况，则使用考虑平均应力的 S-N 曲线法，此方法可以继续使用。

2.3.3 随机应力下 Miner 准则计算累积损伤的有效性

A. K. Head 和 F. H. Hooke[HEA 56]第一个发布应力幅值随机变化的试验数据。有时 Miner 准则被认为是不能胜任的且估计偏于危险，不适用于随机振幅

载荷[OSG 69]。这种观点并不被普遍接受,大部分都认为 Miner 准则更适用于这种载荷情况。因为施加应力的顺序是随机的,所以影响比正弦情况小得多。

这个结果是很乐观的。许多针对铝合金试件的研究表明,Miner 假设会导致预计的失效寿命比试验中观察到的更长,根据不同个案比率变化范围为 1~1.3 或 1~20,[CLE 65,EXP 59,FRA 61,FUL 63,HEA 56,HIL 70,JAC 68,PLU 66,SMI 63,SWA 63]。因此,失效时有

$$\sum \frac{n_i}{N_i} < 1$$

相反的,其他的研究表明,Miner 准则是保守的[EXP 59,KIR 65a,LOW 62]。事实上,这种情况只是针对轴向载荷和平均拉应力的情况或存在摩擦现象时[KIR 65a]。

在大多数情况下,Miner 准则估计的准确性是可以接受的[BOO 69,BOO 70,BOO 76,KOW 59,NEL 77,TRO 58],然而,尽管 Miner 准则会导致粗糙的结果,且误差较大,许多人仍认为没有比 Miner 准则更合适的方法。其他方法越来越复杂的同时,结果并不显著优于 Miner 准则[FDL 62,FRO 75,ING 27,NEL 78,WIR 77]。Miner 准则是通过试验验证的最优近似方法。误差主要来源于准则本身,也来源于所使用的 S-N 曲线的准确度[SCH 72a]。

其他准则可以给出更精确的结果,但是由于不总是使用已知常数增加了复杂度,这将在后面讨论。这些准则也只是在一些特殊情况下有会更好的结果。

Miner 准则主要用于机械结构,甚至可以用来计算电子设备的疲劳强度。对于这些材料,D. S. Steinberg[STE 73]建议使用下式计算疲劳寿命:

$$\sum_i \frac{n_i}{N_i} = 0.7$$

用 0.7 来代替 1(不是有时提出的 0.3,它会导致过大的质量)。W. Schutz[SCH 74]提出 $\sum_i \frac{n_i}{N_i} = 0.6$,并且在高温下屈服应力确实更低时,$\sum_i \frac{n_i}{N_i} = 0.3$(统计研究结果[OSG 69])。

Miner 准则也可以用来比较一些振动的严酷程度(评判标准是疲劳损伤)。在这种情况下,即使 $\sum \frac{n_i}{N_i}$ 与失效时不一致,也能产生好的结果[KIR 72,SCH 72b,SCH 74]。

注:

评估与 Miner 准则相似的其他可选方案:

$\sum \frac{n}{N_{\min}} = 1$ 的形式并不总是保守的,其中 $N_{\min}$ 是与某一可靠度(如 95%)相

关的数值。

$\sum \dfrac{n}{N_{\text{meam}}}$($N_{\text{mean}}$为在给定应力水平下的平均失效循环次数)也不能给出准确的疲劳寿命估计(顺序影响、非线性累积准则等)。

2.4 修正的Miner理论

2.4.1 原理

为了修正用 Miner 理论计算出的疲劳寿命和试验结果的差异,特别是应用在几个 σ_i 水平的正弦应力中时,计划用一个非线性准则来代替线性累积准则,形式如下:

$$D = \sum_i \left(\dfrac{n_i}{N_i} \right)^x \tag{2.15}$$

式中:x为大于1的常量。

图 2.4 显示,在应力水平 σ_1 和 σ_2 下,损伤 D 随循环次数的变化。对于给定的 σ,假设试件在 $D=1$ 时失效。

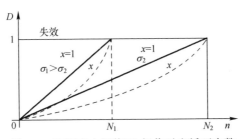

图 2.4　不同应力幅值下,损伤对应循环次数

σ越小,失效循环总数越大。如果损伤是线性累积的(Miner 假设),$D(n)$为一条直线。在修正的 Miner 准则中,在应力 σ 下 $D_x(n)$ 是如下形式:

$$D = an^x \tag{2.16}$$

式中:a为常量。

当 $n=N$ 时,$D=1$,则

$$a = \dfrac{1}{N^x} \tag{2.17}$$

当 $x>1$ 时,$D_x(n)$曲线在线性情况的直线下面(图 2.4 中虚曲线)。

2.4.2 修正的Miner准则计算损伤累积

两种方法[BAH 78,GRE 81]:

(1) 等效循环法:在一个应力水平下,损伤表示成循环次数的函数。

(2) 等效应力法:单独计算每一个应力水平 σ_i 下的损伤 d_i,然后通过 $D = \sum_i d_i$ 计算总的损伤。

这个推论是基于一个给定应力水平 σ 下的损伤曲线(损伤 D 由试件循环次数 n 得出)。选择 σ_1、σ_2 的应力水平作为例子。

2.4.2.1 等效循环法

假设:

(1) 在应力水平 σ_1 下循环 n_1 次,$n = N_1$ 发生失效;

(2) 在应力水平 σ_2 下循环 n_2 次,$n = N_2$ 发生失效。

如图 2.5 所示,在应力水平 σ_2 下循环 n_2 次产生的损伤 d_2 可以等效于应力水平 σ_1 下循环 n_1^* 次:

$$d_2 = \left(\frac{n_2}{N_2}\right)^x = \left(\frac{n_1^*}{N_1}\right)^x \tag{2.18}$$

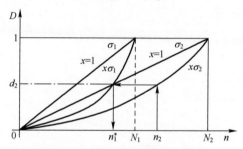

图 2.5 等效循环次数的确定

即对于任意的 x 值,有

$$n_1^* = n_2 \frac{N_1}{N_2} \tag{2.19}$$

假设试件在 σ_1、σ_2 应力幅值下循环 n_1 次和 n_2 次,分别重复 P 次直到失效,则 σ_1 应力下循环 n_{1_R} 次,σ_2 应力下,n_{2_R} 次循环($n_{1_R}^*$ 为等效循环),则

$$\begin{cases} n_{1_R}^* + n_{1_R} = N_1 \\ n_{1_R} + n_{2_R}\dfrac{N_1}{N_2} = N_1 \end{cases} \tag{2.20}$$

$$\begin{cases} N_1 \left(\dfrac{n_{1_R}}{N_1} + \dfrac{n_{2_R}}{N_2}\right) = N_1 \\ \dfrac{n_{1_R}}{N_1} + \dfrac{n_{2_R}}{N_2} = 1 \end{cases} \tag{2.21}$$

令

$$\eta_1 = \frac{n_{1_R}}{n_{1_R}+n_{2_R}}$$

$$\eta_2 = \frac{n_{2_R}}{n_{1_R}+n_{2_R}}$$

则

$$(n_{1_R}+n_{2_R})\left(\frac{\eta_1}{N_1}+\frac{\eta_2}{N_2}\right)=1$$

即

$$N_R\left(\frac{\eta_1}{N_1}+\frac{\eta_2}{N_2}\right)=1 \tag{2.22}$$

式中

$$N_R = n_{1_R}+n_{2_R}=p(n_1+n_2) \tag{2.23}$$

这种方法可以扩展到对包含任意数量应力水平的载荷的研究。如果使用损伤曲线的分析方式，则计算会更容易。

2.4.2.2 等效应力法

通过计算每一个应力产生的损伤来代替单一应力 σ_1 下的等效循环损伤[BAH 78, GRE 81]。用同样的符号，有(失效时)

$$D = d_1+d_2 = \left(\frac{n_{1_R}}{N_1}\right)^x + \left(\frac{n_{2_R}}{N_2}\right)^x = 1 \tag{2.24}$$

得出

$$N_R^x\left[\left(\frac{\eta_1}{N_1}\right)^x+\left(\frac{\eta_2}{N_2}\right)^x\right]=1$$

以及

$$N_R = \frac{1}{\sqrt[x]{\left[\left(\frac{\eta_1}{N_1}\right)^x+\left(\frac{\eta_2}{N_2}\right)^x\right]}} \tag{2.25}$$

Miner 理论是线性损伤条件下这种方法的一个特例。在此假设下，两种方法(等效应力和等效循环)得到的结果一样。

修正后的 Miner 准则计算出的疲劳寿命比原始准则计算的要长，因此在 $\sigma_1<\sigma_2$ 条件下(第一应力水平低于第二应力水平)更加接近试验结果。这个改善只是部分的，因为在 $\sigma_1>\sigma_2$ 时它不能得出任何结果。修正后的 Miner 准则也是独立于应力水平的且不考虑载荷相互作用。

2.5 Henry 法

D. L. Henry[HEN 55]提出：

(1) 钢试样的 S-N 曲线可以通过一个双曲线关系来描述：

$$N(\sigma-\sigma_D) = C \tag{2.26}$$

式中：C 为常数；σ_D 为材料的疲劳极限应力。

(2) 随着疲劳损伤的累积，修正了 C 和 σ_D。疲劳强度降低，C 与 σ_D 成比例变化。

作者的观点是：只要 σ 低于 1.5 倍的 σ_D，式(2.26)就是正确的。这个表述的优点之一和疲劳极限的引入相关。有了这些假设，D. L. Henry 表明试件的损伤 D 根据疲劳极限的相对变化来定义，即

$$D = \frac{\sigma_D - \sigma_D'}{\sigma_D} \tag{2.27}$$

式(2.27)可以写成

$$D = \frac{\dfrac{n}{N}}{1 + \dfrac{\sigma_D\left(1 - \dfrac{n}{N}\right)}{\sigma - \sigma_D}} \tag{2.28}$$

即设 $\gamma = \dfrac{\sigma - \sigma_D}{\sigma_D} =$ 应力比，$\beta = \dfrac{n}{N}$，则

$$D = \frac{\beta}{1 + \dfrac{1}{\gamma}(1-\beta)} \tag{2.29}$$

注意到，当 $\sigma_D' = 0$ 时，$D = 1$；当 $\sigma \to \sigma_D$ 时，$\gamma \to 0$，$D \to 0$。

如图 2.6 所示，曲线 $D(\beta)$ 给出了多个 γ 值，当 γ 值增加时，准则倾向于一个线性关系。

对于给定的比值 β，σ 越高，损伤越大。

该理论认为疲劳损伤是应力水平和应力施加顺序的函数（这个准则依赖于应力水平并且考虑相互作用）。

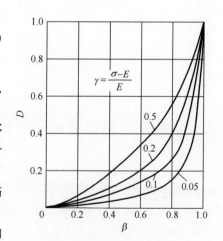

图 2.6 根据 Henry 假设得到的损伤累积

2.6 修正的 Henry 方法

通过增加 D_c 来修正 Henry 关系式[FDL 62,INV 60]:

$$\frac{D}{D_c} = \frac{\dfrac{n}{N}}{1+\dfrac{\sigma_D\left(1-\dfrac{n}{N}\right)}{\sigma-\sigma_D}} \quad (2.30)$$

式中:D_c 为临界疲劳损伤(零件完全断裂时的损伤),考虑了施加载荷超过剩余抗力的情况。疲劳寿命的计算过程与 EFD 法(等效疲劳损伤)相同[POP 62, EST 62]。沿着损伤曲线增加 $\dfrac{n}{N}$;当 $\dfrac{D}{D_c}=1$ 时,发生失效。这个方法需要了解额外参数 D_c。

Henry 准则和这个修正后的准则在使用上都存在限制,即材料疲劳极限应力难以准确定义(特别是铝和轻合金)。

2.7 Corten 和 Dolan 方法

基于可能发生损伤的核心数 m 以及裂纹扩展速率 r,一些学者提出了非线性的累积损伤理论[COR 56,COR 59,DOL 49,DOL 57,HIL 70,LIU 59,LIU 60]。应力水平 i 下的累积损伤可以写为

$$D = m_i r_i n_i^{a_i} \quad (2.31)$$

式中:a_i 为由试验得出的常数;m、r 为在给定应力水平下的常数。

损伤 $D=1$ 时发生失效。D 可以表示为循环次数的函数:

$$D_i = \left(\frac{n_i}{N_i}\right)^{a_i} \quad (2.32)$$

这是一个基于应力水平且考虑交互作用的准则。交互作用的影响体现在裂纹扩展的概念中。在试验中,最大载荷的循环决定了最初的损伤,因为它决定了裂纹形成点的数量。一旦确定了数量,就可以假设裂纹是通过一个无交互作用的累积过程来扩展的。

设 a_i 为 σ_{a_i} 应力下循环的百分比,d 为常数,σ_1 为疲劳寿命为 N_1 的正弦应力的最大振幅,N_g 为试验中总的循环次数,则

$$\alpha_i N_g = n_i \quad (2.33)$$

可得

$$\sum_i \alpha_i N_g \left(\frac{\sigma_{a_i}}{\sigma_{a_1}}\right)^d = N_1 \tag{2.34}$$

$$N_g = \frac{N_1}{\sum_i \alpha_i \left(\frac{\sigma_{a_i}}{\sigma_{a_1}}\right)^d} \tag{2.35}$$

或

$$\sum_i \frac{n_i}{N_1} \left(\frac{\sigma_{a_i}}{\sigma_{a_1}}\right)^d = 1$$

$$\sum_i \frac{n_i}{N_i} \left[\frac{N_i}{N_1}\left(\frac{\sigma_{a_i}}{\sigma_{a_1}}\right)^d\right] = 1 \tag{2.36}$$

这个关系与 A. M. Freudenthal 和 R. A. Heller[FRE 58]提出的关系相比,通过修正的疲劳曲线可以将它化简为 Miner 准则,该曲线以 $\log\sigma$ 和 $\log N$ 为坐标轴,与 y 轴相交于 σ_1 而且斜率为 $-\frac{1}{d}$。曲线方程式为

$$N' \sigma^d = A \tag{2.37}$$

式中:N' 为由修正的曲线得出的疲劳寿命。

由式(2.33),考虑到式(2.37),将 α_i 代入式(2.35),可以计算 σ_1 和 σ_i:

$$N'_i \sigma_i^d = N_1 \sigma_1^d \tag{2.38}$$

式中:$N_1 = 1$。

$$N_g = \frac{N_1}{\sum_i \frac{n_i}{N_g}\left(\frac{\sigma_i}{\sigma_1}\right)^d} = \frac{N_1}{\sum_i \frac{n_i}{N_g}\frac{1}{N'_i}}$$

$$\sum_i \frac{n_i}{N'_i} = N_1$$

可得

$$\sum_i \frac{n_i}{N'_i} = 1$$

B. M. Hillberry[HIL 70]指出,Corten-Dolan 理论就像 Palmgren-Miner 理论一样,在随机应力下过高地估计了疲劳寿命(在 Miner 中因数为 1.5~5,而在 Corten-Dolan 中因数约为 2.5)。

这个结果和其他作者的结果是相符的。根据这两个理论,可以解释对于随机载荷,某一加权平均应力下的损伤累积以及同一应力产生的失效。伴随着这样的载荷,在用统计方式得出的最大峰值水平下,失效可以更早发生。Nelson 的这个观点[NEL 77]已经通过 I. F. Gerks 的试验结果得到证实[GER 66]。

2.8 其他理论

考虑到其他理论数量巨大,本书仅引用这些理论并提供他们各自的参考资料。表 2.2 所列并不能全面地说明所有的理论和参考文献。

注:在提出的所有模型中,只引用一小部分,这些模型在实际应用中很少。尽管 Miner 准则有缺陷,仍然是最简单、最普遍及最广泛使用的准则,并且结果足够准确。其他准则通常使用一些很难找到的常量,而且分析过程复杂,结果不合理(见文献[DEN 62,FUL 6,RIC 65b],其他不同方法的对比)。

表 2.2 一些疲劳损伤累积理论

理 论	年 份	文 献
Miner modified by Haibach	1970	[HAI 70,STR 73]
Marco 和 Starkey	1954	[MAR 54]
Shanley	1952/1953	[MAS 66b,SHA 52]
Langer	1937	[LAN 37]
Kommers	1945	[KOM 45]
Richart 和 Newmark	1948	[COR 59,RIC 48]
Machlin	1949	[MAC 49]
Lunberg	1955	[LUN 55]
Head 和 Hooke	1956	[HEA 56]
Levy	1957	[LEV 57]
Freudenthal 和 Heller	1956—1960	[FRE 55,FRE 56,FRE 58,FRE 60,FRE 61]
Smith	1958—1964	[SMI 58,SMI 64b]
Grover	1959	[GRO 59,GRO 60]
Eshleman,van Dyke 和 Belcher	1959	[ESH 59]
Parzen	1959	[PAR 59]
Gatts	1961—1962	[GAT 61,GAT 62a,GAT 62b]
Valluri	1961—1964	[VAL 61a,VAL 61b,VAL 63,VAL 64]
Poppleton	1962	[POP 62]
Method of equivalent fatigue damage(EFD Method)	1962	[EST 62]
Serensen	1964	[SER 64]

(续)

理 论	年 份	文 献
Lardner	1966	[LAR 66]
Birnbaum 和 Saunders	1968—1969	[BIR 68, BIR 69a, BIR 69b]
Esin	1968	[ESI 68]
Filipino, Topper 和 Leipholz	1976	[PHI 76]
Kozin 和 Sweet	1964—1968	[ESI 68, KOZ 68]
Marsh	1965	[MAR 65]
R. A Heller, A. S Heller	1965	[HEL 65]
Manson, Freche 和 Ensign	1967	[MAN 67]
Sorensen	1968	[SOR 68]
Caboche	1974	[CHA 74]
Dubuc, Bui-Quoc, Bazergui 和 Biron	1971—1982	[BUI 71, BUI 82, DUB 71]
Hashin 和 Rotom	1977	[HAS 77]
Tanaka 和 Akita	1975—1980	[TAN 75, TAN 80]
Bogdanoff	1978—1981	[BOG 78a, BOG 78b, BOG 78c, BOG 80, BOG 81]
Wirsching	1979	[WIR 79, WIR 83b]

第 3 章
用于分析随机时域信号的计数方法

3.1 概述

计数方法最初用来研究航空结构中产生的疲劳损伤。测量的随机应力 $\sigma(t)$ 信号并不总是由介于两个穿过零值之间的单独峰值构成,如图 3.1 所示。相反,通常会出现几个峰值,这使得很难确定结构经历的循环次数。

图 3.1 随机应力

对峰值的计数使建立信号峰值直方图成为可能(纵坐标为应力幅值,横坐标为统计次数),直方图可以转化为应力谱(累计频率分布),从而给出低于给定应力值(纵轴)的循环次数(横轴),即低于给定阈值的峰值数量和相应阈值。因此,应力谱描述了信号幅值作为时间的函数[SCH 72a]的统计分布特性。应力谱一般用于两个方面:

(1) 利用测得的应力开展疲劳寿命计算。

(2) 将复杂的随机应力转化为简单的试验规范,例如由几个恒定幅值的正弦振动组成。几个试验策略都是可能的,如随机序列中恒幅正弦循环的实现或在随机序列中单个周期的施加。这些材料试件都是在载荷控制模式下进行试验的。

在这些研究中,信号分析的重要性以及困难性是很容易理解的,所以提出了大量的方法。

被分析的信号是随时间变化的应力。在这项工作的框架中,可以用同样的方法建立受振动的单自由度系统的相对位移响应峰值直方图,以及计算由其产生的疲劳损伤(假设应力与相对位移成比例)。

这些方法都假设计数的结果包含一个损伤假设,即假设由原始信号与计数重构获得的信号得到的疲劳寿命相同,至少从两组信号开始。对于所有可能的材料组合、应力集中、应力比、表面处理,在这两个信号间都存在一个恒定的疲劳寿命的比值。

此外,对计数结果的评估与特定试验的过程或疲劳寿命预计的理论方法有关(对施加应力水平顺序的修正可能改变疲劳寿命)[BUX 73]。

疲劳损伤的计算包括3个步骤:

(1) 计算循环数;

(2) 选择循环-损伤关系模型;

(3) 对每个循环生成的损伤求和。

多种计数方法,如峰值计数、限制变程的峰值计数、限制载荷水平的峰值计数、均值穿越的峰值计数、变程计数、变程-均值计数、程对计数、有序的全变程计数、循迹计数、穿级计数、修正穿级计数、峰谷峰(PVP)计数、疲劳强度计数、雨流计数、NRL(国家航空实验室)计数和给定计数载荷水平等级下的时间导致了疲劳寿命计算结果的不同,因此会有误差。

这些方法通常分为两大类[WAT 16]:

(1) 基于信号特征简单计数的方法,这些特征并非一定与损伤累积相关(峰值、水平穿越等)。

(2) 基于应力或变形范围的计数方法(变程计数、变程-均值计数、程对计数和雨流计数)。

一般来说第二类方法更好,因为他们用到的参数与疲劳损伤有更直接的关联。

从变程-均值计数和雨流计数可以看出,两种方法具有对每个变程都考虑平均应力水平(或变形)的额外优势。

在所有的方法中,很有必要剔除微小的载荷变化。最初用于去除测量设备噪声的修正,也用于将长持续时间信号转变为更容易使用的信号[CON 78]。低于峰值或变程阈值定义的,在简化结果中不计数。

考虑图3.2中的信号样本$\sigma(t)$。信号有波峰$A, B, \cdots, F$,变程定义为$AB, BC, CD, \cdots, EF$,幅值分别为r_1, r_2, r_3, r_4, r_5,平均值为$m_1, \cdots, m_5$。

像CD这种小的变化,可以通过设置用于计数的阈值忽略掉。变程BC、CD和DE用单个变程$BE(r_2')$代替。

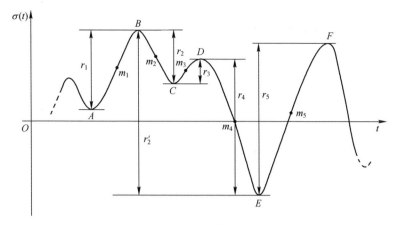

图 3.2　去除小变化的变程

在疲劳损伤表达式中,如果 S-N 曲线的线性部分用 Basquin 公式,最大幅值的指数是 b,即:

$$N\sigma^b = 常数$$

则很容易看出,考虑小变化时计算的总损伤比去除小变化的变程时计算的总损伤小得多。总损伤为:

$$D = \sum_i \frac{n_i}{N_i} = \frac{n_i \sigma_i^b}{C} \quad (3.1)$$

$$r_1^b + r_2^b + r_3^b + r_4^b < r_2'^b \quad (3.2)$$

独立于平均应力。由于小载荷变化低于疲劳极限,因此引起的疲劳损伤可以忽略[DOW 72,WAT 76]。

若降低计数阈值,就要考虑更多小幅值范围,从而导致更小的预计损伤;反之亦然。这种现象不是系统性的,依据信号的形状,这种现象可以忽略(例如,当小循环占主导时)。P. Watson 和 B. J. Dabell[WAT 76]发现,为了避免出现这个问题,可以采用几个阈值来连续计算损伤最后保留最大的值。文献[CON78,KID77,POT77]研究了忽略小载荷变化带来的影响。研究表明,如果对应时间的剩余曲线($\sigma(t)$ 或 $\varepsilon(t)$)中载荷峰值相对不大,就可以忽略低于疲劳极限的载荷循环。

A. Conle 和 H. T. Topper[CON 78]的研究表明,即使采用雨流计数法,由于采用了不包含小变化的信号,而被忽略的损伤比预计的更大。当信号在很高的水平时(载荷或变形),处理小变化的过程中必须十分谨慎。J. M. Potter[POT 73]在试验中发现,抑制那些根据传统的疲劳损伤分析不会导致损伤的载荷水平,会增加疲劳寿命。

将在接下来的章节介绍参考的方法。

3.2 峰值计数法

3.2.1 方法介绍

峰值计数法是最简单、最古老的方法,重要的是在信号周期 T 内获得最大值和最小值[BUX 66,DEJ 70,NEL 78,RAV 70,SCH 63,SCH 77a,STR 73]。

在平均应力之上的峰值为正,反之为负。纵坐标可以用来分组数据和建立柱状图。

可以只选择某阈值(绝对值)之上的峰值,或忽略低于某阈值的小应力变化。这些小变化定义为最大值与最小值之间的变化(或者相反)。在图 3.3 中,以方框标注的峰值不被计数[HAA 62]。

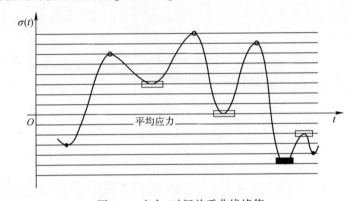

图 3.3 应力-时间关系曲线峰值

结果可以用最大数(或最小数)表示:
(1) 具有给定的幅值。
(2) 位于给定阈值之上,该阈值是可变的以覆盖所有幅值的范围。
(3) 给出峰值出现频率与幅值的关系曲线。

最大值和最小值的曲线通常是对称的(但并非必然)。如图 3.4 所示,是正态过程的例子[RAV 70]。

这种方法彻底丢失了加载顺序、峰值出现的顺序等信息[VAN 71]。

计数之后,不可能知道计数的峰值是否与载荷变化大的相关或与载荷变化小的相关,采用这种方法形成的载荷谱可能受小载荷变化的影响。

当计数完成后,利用峰值直方图重构信号,正波峰与幅值相同的负波峰形成一个完整的循环[HAA 62]。因此可以看出,信号实际偏移的总长度比由直方图重构的信号偏移的小。

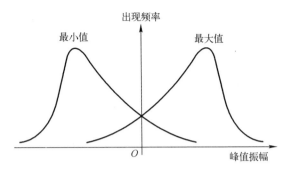

图 3.4 最大值和最小值出现频率

图 3.5 中的波峰 A、B，都被认为是从零开始，到零结束。

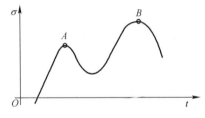

图 3.5 峰值视为完整的半周期

信号重构后比实际信号更加严酷[WEB 66]。这种计数方法通常称为整体峰值计数。与净峰值计数相反，净峰值计数的峰值定义为极值的代数和，其中谷值（最小值）记为负。偏移的长度与这种情况基本相等。

另一种极值计数方法仅考虑正的最大值和负的最小值。对战斗机飞行中振动测量的研究常采用这种方法[LEY 63]。根据上面方法的结果可以对极值进行分类。

峰值计数法有时候是指简单峰值计数法[GOO 73]，与取平均值的两次穿越点间的极值为峰值的计数法截然不同。每个峰值都被记录。它通常是所有方法中限制最少的。通过比较极限值的分布与给定的分布（如瑞利分布），这种方法可以作为描述信号特性的方法。

3.2.2 衍生方法

计数每一幅值分组内出现的最大值（图 3.6）。重构的信号没有考虑波峰的顺序或频率。小应力变化被放大了。为了减小它们的影响，引入了第二个条件，忽略掉与低于给定值的载荷变化相关的极限值（图 3.6 中阴影区域）。

另一种选择是既考虑最大值也考虑最小值，但会导致重构信号的组合非常多，因此不适用[WEB 66]。

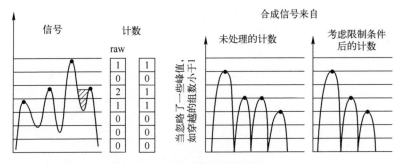

图 3.6 忽略低于给定阈值的小变化

有时仅考虑高于特定水平的最大值(或者低于某一水平的最小值),这种修正没有提高结果的正确性。

O. Buxbaum[BUX 66]建议忽略掉所有变化量低于最大值 5% 的信号,这些信号对疲劳寿命没有影响。F. E. Kiddle 和 J. Darts[KID 77]发现,对于螺栓连接的试样,逐步忽略高于疲劳极限小幅值的波峰对平均寿命没有影响。这个影响与载荷谱中的最大载荷无关,而同样试样的寿命对大载荷特别敏感。

3.2.3 限制变程的峰值计数法

这种方法的目的是对与最大载荷变化相关的最显著的波峰进行计数[MOR 67,WEL 65]。对高于平均阈值的峰值计数(比如一个加速过程,则最小值低于 0,最大值高于 $2g$),同时在之前和之后都有一个变化最小的幅值(如 $1g$),或对超出给定峰值增量百分比(例如 50%)的峰值计数(选择两个结果中最大的)。

峰值增量定义为峰值和平均加载水平之差[GOO 73,MOR 67,WEL 65]。

在图 3.7 中,变程 R_1 和 R_2 比阈值 $R_0 = 1g$ 或 50% 的 ΔL 更高。此方法忽略

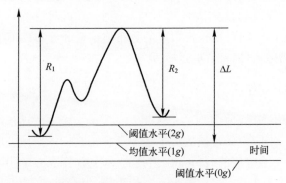

图 3.7 高于给定值的变程计数

中间波动,以及一些不重要的波动。然而,基于最大的极大值和最小的极小值的计数法更加重要。

3.2.4 限制载荷水平的峰值计数法

在定义了载荷等级之后,这个过程如下:

(1) 只有信号下降到比特定阈值[VAN 71,WEL 65]更大的一个值之下,则最大值(主波峰)才会被接受(所有在主波峰之前的穿越都忽略);

(2) 达到波峰之前先穿越阈值的信号被记为峰值。

图 3.8 中,对峰值 A 计数,因为信号在通过最大值 A 之前,穿越了较大阈值 2 之后,再穿越了阈值 $2'$。这种方法与疲劳强度计计数方法采用相同类型的阈值。只考虑前后存在必要阈值的峰值[GOO 73]。然而,与强度计计数不同,所有其他穿越低于阈值 2 以下的过程不考虑。例如,对于相同信号,疲劳-计量方法的结果如图 3.9 所示。

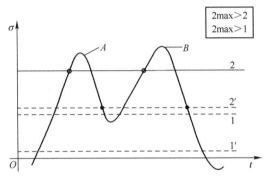

图 3.8 去除未跟随足够大振幅变化的波峰

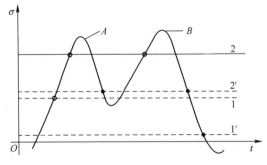

图 3.9 所有阈值交叉点的计数(疲劳-计量方法)

3.3 均值穿越波峰计数法

此方法或许也可称为均值穿越峰值计数法又称为零穿越点之间的最大峰值或峰值计数法[GOO 73,SEW 72],后者对于上述方法的表述是不明确的。

3.3.1 方法介绍

只有在两次均值穿越之间的最大的极大值或极小值被计数,如图 3.10 所示,也就意味着完全忽略两过 0 的穿越点间的应力变化,尽管它们可能比较重要[SCH 72a,WEB 66],如图 3.11 所示。因此,这种信号在两次过 0 的穿越点之间会减少为只有一个峰值。对于相同的信号,计算的峰值数比第一种方法要少[BUX 66,HAA 62,STR 73,VAN 71],由峰值直方图重构的信号的持续时间要比原始信号短。

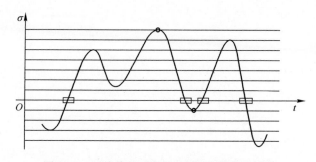

图 3.10 过均值的两穿越点间最大峰值的计数

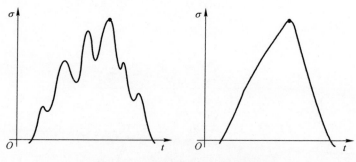

图 3.11 未过均值的小变化的抑制

这种方法的计数值可以从第一种方法的结果中推断出来(消除近 25% 的初始计数峰值)[LEY 63,RAV 70]。本方法有时与计数运输机的乱流扰动载荷方法类似。

这种类型的计数法会导致不准确的结果。信号如图3.12所示,两者获得的计数结果相同,但图3.12(b)所示的信号比图3.12(a)所示的信号更剧烈。

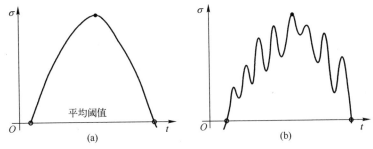

图3.12 造成相同计数结果的两个不同信号

根据假设,所有在零值和最大值之间的次要的载荷变化都忽略,然而,一些次要的载荷变化对整体疲劳损伤有重要的贡献[SEW 72]。

注:已经有一种特殊的测量仪器-VGH-Recorder(NACA)被开发出来,用来实施此类计数[RIC 51,WAL 58,WEB 66]。

这种计数方法等效于对向上穿越信号平均值的交点计数,对于窄带信号,可以计算信号的平均频率(窄带信号的0阈值穿越和峰值数相同)。因此,只推荐在窄带情况下使用该方法。

如果信号的瞬时值还服从高斯分布,则对平均频率的测量可以得出峰值分布或载荷水平穿越曲线。在这种情况下,斜率为正的穿越次数在(第3卷,式(5.60))给出。

$$N^+ = N_0^+ e^{-\frac{a^2}{2\sigma_{rms}^2}}$$

此时

$$N_0^+ = n_0^+ T$$

式中:T 为信号周期;n_0^+ 为平均频率。

3.3.2 小载荷变化的剔除

确定两个参考平均阈值:一个正的,一个负的。在较高阈值,保留两个任意连续穿越点中最大的极大值,在较低阈值的两个穿越点,保留最小的极小值(图3.13)[DON 67]。通过这种修正,静态值附近与小载荷变化有关的峰值被忽略。较小的极大值和较大的极小值也将被忽略。

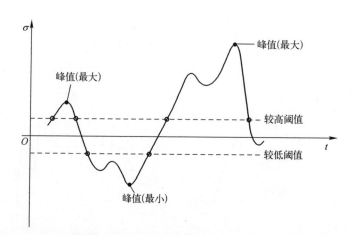

图 3.13 去除均值附近的小变化

3.4 变程计数法

3.4.1 方法介绍

变程计数法也称为不考虑平均值的幅值法。

变程定义为应力(位移)两极值之差,根据转变的方向定义正、负号(最小值到最大值为正"+",最大值到最小值为负"-",如下图 3.14 所示。)[BUX 66,DEJ 70,GRE 81,NEL 78,RAV 70,SCH 63,SCH 72a,STR 73,VAN 71,WEB 66]。

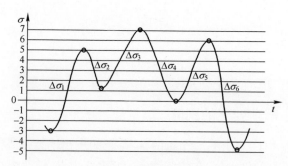

图 3.14 变程计数

注:$\Delta\sigma_1 = 8$;$\Delta\sigma_2 = -3.5$;$\Delta\sigma_3 = 5.5$;$\Delta\sigma_4 = -7$;$\Delta\sigma_5 = 6$;$\Delta\sigma_6 = -10.5$。

与上述方法不同,获得了具有顺序的实际应力变化(但不是最大幅值)[LEY 63,WEB 66]。所有的计数变程关于 0 轴对称[HAA 62]。然后把这些变程看作是正弦应力的半个循环,利用 S-N 曲线或其他方法(如 Basquin),考虑(或不考虑)每半个循环的平均应力的影响(Goodman, Gerber, Söderberg criteria),结合累积损伤准则(如 Miner)来计算损伤[STA 57]。

许多方法都考虑了非零平均应力的影响。例如,给出应力-断裂循环数的曲线,其中 y 轴代表(代替 σ 或 $\Delta\sigma$)量[SMI 42]

$$\frac{\Delta\sigma/2}{1-\sigma_m/R_m}$$

或[MOR 64]

$$\frac{\Delta\sigma/2}{1-\sigma_m/R_f}$$

式中:$\Delta\sigma$ 为应力范围;σ_m 为平均应力;R_m 为极限抗拉强度;R_f 为真实极限拉伸强度(断裂时的载荷除以断裂后的最小横截面)。

当信号为周期信号,此过程的损伤计算相对简单,因为在一个周期内对变程计数即可。如果信号是随机的,则计算十分困难,并且有必要了解信号的统计属性。对于高斯信号,应力范围 $\Delta\sigma$ 的平均应力为

$$\Delta\sigma_m = \dot{\sigma}_{rms}^2 \sqrt{\frac{2\pi}{\sigma_{rms}^2}} = \sqrt{2\pi}\,\sigma_{rms}\frac{n_0}{n_p} \tag{3.3}$$

式中:n_0 为单位时间内的零穿越数(中心信号);n_p 为单位时间内的极限值数;σ_{rms} 为应力 σ 的 rms 值;$\dot{\sigma}_{rms}$ 为 σ 的一阶导数的 rms 值。

$\Delta\sigma_m$ 也可写为

$$\Delta\sigma_m = \sqrt{2\pi}\,\sigma_{rms} r \tag{3.4}$$

式中:r 为不规则因子。

3.4.2 小载荷变化的剔除

这种方法不考虑小于给定阈值的应力变化,以及对疲劳不重要的过程。J. B. De Jonge [DEJ 70]注意到该方法具有一个严重的缺陷。

如图 3.15 中的信号可以计为 3 个变程:

$$\Delta\sigma_1 = \sigma_2 - \sigma_1$$
$$\Delta\sigma_2 = \sigma_3 - \sigma_2$$
$$\Delta\sigma_3 = \sigma_4 - \sigma_3$$

如果是未具体指明的滤波结果,像 $\sigma_2 - \sigma_3$ 这样的小变化被移除,计数将只给出 $\sigma_4 - \sigma_1$ 而不是之前提及的 3 个变程。计数结果很大程度上取决于小载荷变化的幅值。此外,如果正、负变程都计数,则有可能无法使正变程和负变程组成一对。

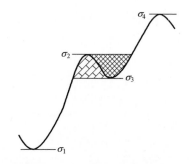

图 3.15　小载荷变化的去除

变程计数方法发现实际出现的载荷变化，但是忽略了平均载荷的变化。将所有的变程以零值为中心，它倾向于没有理由支持谱中的最小载荷的数量[RAV 70,SCH 63]。描述疲劳寿命需要知道变程和平均值(或最大值和最小值)[WEB 66]。

图 3.16 为变程计数的例子。

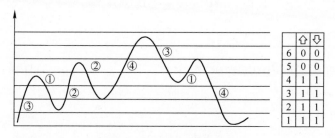

图 3.16　变程计数示例

注：

在高斯过程中，可以通过变程分布准则的近似(增大或减小方向)绘出载荷谱，而不是通过计数。准确确定连续随机过程中的变程分布是很困难的[RIC 65a]。然而，通过某些技术可以获得近似的关系，例如：

——H. P. Schjelderup 和 A. E. Galef[SCH 61a]，将高斯过程的特别情况当作由远程频率的窄带组成的 PSD；

——J. Kowaleski[KOW 59]给出了一个未证实的关于高斯过程的分布准则(然而，被 Rice 等人证明是不对的[RIC 65a])；

——J. R. Rice 和 F. P. Beer[RIC 64,RIC 65a]给出了一个信号自相关函数关系和它的四个衍生公式。

3.5 变程-均值计数法

3.5.1 方法介绍

变程均值计数法也称为变程均值对计数法或均值和幅值法。A. Teichmann [TEI 41]在1939年提出了该方法,消除了一个变程计数方法的缺点(缺少信号均值的测量)。用上面的方法对变程计数,会注意到变程的均值是 $\Delta\sigma$ 的补充 [BUX 66,FAT 77,NEL 78,RAV 70,SCH 63,VAN 71]。

表3.1、图3.17和图3.18是一个变程-均值计数的算例。

表 3.1 变程和均值

	i	$\Delta\sigma_i$	$\Delta\sigma_{mi}$
AB	1	8	1
BC	2	-3.5	3.25
CD	3	5.5	4.25
OF	4	-7	3.25
EF	5	6	3
FG	6	-10.5	0.75

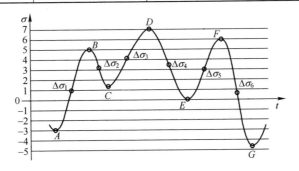

图 3.17 变程和均值计数

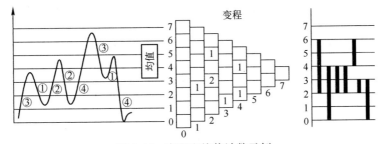

图 3.18 变程和均值计数示例

一些作者更倾向于考虑 $\Delta\sigma_1/2$。利用这些值可以建立一个二维的直方图（每一个均值对应一个变程）[STR 73]。由于获得的数据非常丰富，因此可以用一些其他的方法推导出结果[WEB 66]：变程计数法是变程-均值计数法的特殊情况。在一定程度上，可以对这种计数方法的结果进行转变，来确定峰值计数法或穿级计数法的结果。

平均应力定义为两个连续极限应力的平均值，即

$$\sigma_m = \frac{\sigma_{max}+\sigma_{min}}{2} \tag{3.5}$$

幅值是两个极限值代数和的 1/2。

如图 3.19 所示，对于确定的均值 σ_{m_i}，结果可以用发生频率对应幅值（或半幅值）的曲线来描述。因此，无论均值 σ_{m_i} 是多少，得到的分布形式是一样的。

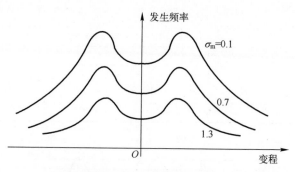

图 3.19　计数结果示例

该方法在疲劳计算中通常被认为是最重要的[LEY 63]，它把疲劳行为是均值附近应力幅值的函数这一假设考虑进来[GRE 81, RAV 70]。

不采用该方法有双重的原因[HAA 62]：

（1）必要的测试设备很复杂。然而已经开发了应用于这种方法的设备（应变分析仪）[VER 56, WEB 66]。

（2）计数载荷的重现不容易。

3.5.2　小载荷变化的剔除

与上面的方法一样，对应力 σ 小变化的抑制并不简单，因为这将导致前后变程的修正。对忽略小应力变化的敏感性，是这些方法的弱点[WEB 66]。将所有低于给定值的变化量都去掉，在出现小变化的曲线上直接计算小波动前后的均值和峰值间隔，如图 3.20 所示。

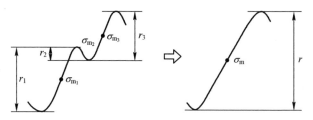

图 3.20 小载荷变化的剔除

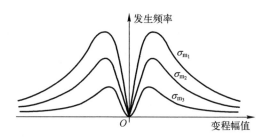

图 3.21 去除小变化后的事件频率

通常来说,这种方法的结果是去除均值附近的小载荷变化,对疲劳影响较小,如图 3.21 所示。

从结果中看出,可以通过以下方法来计算疲劳损伤[STA 57]。图 3.22(a)所示的信号,对该信号做平滑处理以去掉小的不规则(图 3.22(b))。

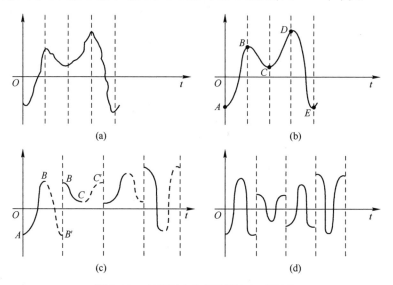

图 3.22 在范围内分解为图(a)~图(d)

信号分为 AB、BC、CD 和 DE 四部分,用于定义循环 ABB'、BCC' 等(图 3.22(c))。

图 3.22(a)所示的信号产生损伤是整体循环(图 3.22(c))产生损伤的 1/2。循环以零均值为中心,通过修正幅值使其符合 Gerber 或 Goodman 等准则(图 3.22(d))。

根据时间轴变换,重构了一个损伤是图 3.22(a)的 2 倍的连续信号(图 3.23),然后用 Miner 准则等对其评估。

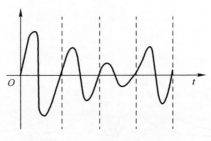

图 3.23　循环重构过程

3.6　程对计数法

程对计数法也称为程对循环计数法或程对偏差计数法。本方法有几种变化形式[BUR 56,BUX 66,FUC 80,GRO 60,JAC 72,RAV 70,SCH 63,SCH 72a,VAN 71],如果一个应力(或应变)与随后的反方向应力(或应变)在幅值上相等,则将这个应力,变程计为一个循环(图 3.24)。

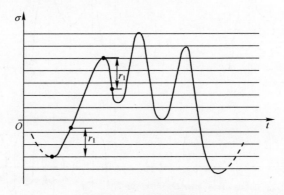

图 3.24　程对计数法

因此,变程以对计数。变程定义为从极值开始的载荷变化量。如果正变程变化超过某一定值 r,则计数一次。同样,如果负变程变化超过相同值 r,也计数一次[STR 73,TEI 55,VAN 71]。忽略中间的变化量 r_e。

图 3.25 展示了程对计数的步骤。

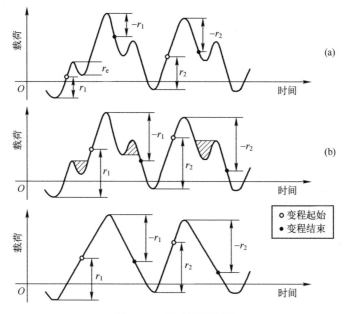

图 3.25　程对计数步骤

对于其他的 r 值，计数步骤重复进行，如图 3.26 所示。

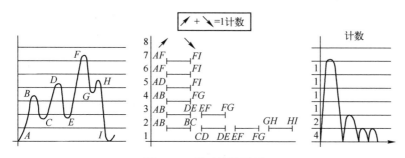

图 3.26　程对计数示例

计数结果可以用超过某 r 值的程对的数量来表示。这种计数方法主要对大载荷波动计数。小载荷波动叠加在大波动中。如果对 $|r|>r_2$ 的程对计数，则中间的 $|r|<r_2$ 正或负变程不影响计数的结果，因此可以忽略。

本方法考虑了加载顺序且对所要考虑的最小载荷变程幅值（计数阈值）不敏感。小载荷变化的可以计数也可以忽略，对于大载荷变程无任何影响[DEJ 70，WEB 66]。本方法将最大载荷增量与随后的最小减少量结合起来，从损伤的观点来看是很重要的。

任何信息都存在计数循环的均值中。变程配对与其发生时间不相关。每个计数单元对变程不敏感,而是对之前所选的载荷水平敏感。所有的载荷偏移量没有被完全计数,如图 3.27 所示。

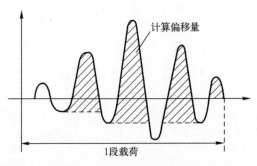

图 3.27　应力增量的组合

通过将塑性变形变程对和应力变程对联系起来,如图 3.28 所示,这种方法可用于塑性变程的分析[KIK 71]。

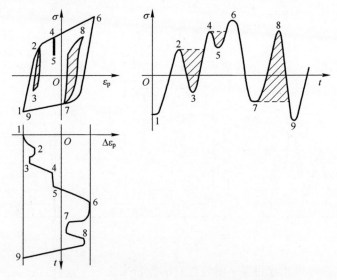

图 3.28　变形变程对和应力变程对的关联

用于此方法的测量设备是应变变程计数器[TEI 55,WEB 66]。

注:

(1) 基于图 3.29,N. E. Dowling [DOW 72]提出根据下面描述的步骤进行计数。

从最小值 1 开始,信号增加到最大波峰 6,这一过程只选择一次。从 6 降到 1′与从 1 升到 6 有着相同的幅值。当从波峰 2 开始时,信号从 2 降到 3 将与 3 升到 2′ 联系起来。这种方法的结果类似于雨流计数法(见 3.12 节)的结果。

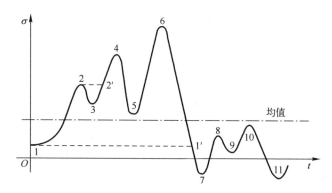

图 3.29　N. E. Dowling 的计数法[DOW 72]

(2) O. Buxbaum [BUX 66]（或 T. J. Ravishankar [RAV 70]）定义了变程 r_i 的等级，r_1 是用于计数的最小幅值，低于 r_1 的忽略掉。

从最小值 1 开始，每次信号以正斜率穿过某一等级，得到一个变程。当穿过相同幅值的负变化时变程结束。如图 3.30 所示，从 A 开始范围 AA'，B 开始范围 BB'，C 开始范围 CC'，在 A'、B'、C' 结束范围。

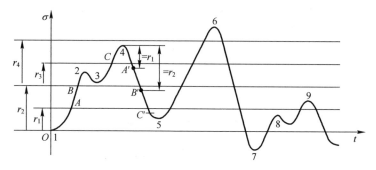

图 3.30　O. Buxbaum 的计数法[BUX 66]

然而对每一个循环对的计数是人为的，如果应力在塑性范围，则可能导致对应力-应变循环的描述不准确，即估算损伤时出现误差[WAT 76]。

3.7　Hayes 计数法

Hayes 计数法与雨流计数法相似，但是更容易可视化[FUC 77, FUC 80, NEL

78]。从最小幅值的循环开始计数,然后从曲线中将这些幅值小的循环去掉再计数更大幅值的循环。以图 3.31(a)中的信号为例。

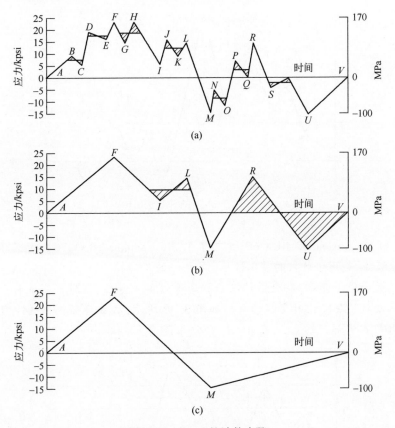

图 3.31 Hayes 的计数步骤

Hayes 首先识别了像 BC、DE 这样的小变程,这些小变程干扰了较大的变程 AF。这样的干扰有:

(1) 像 BC 这样的波峰-波谷对,接在 BC 后面的波峰 D 的值高于波峰 B 的值;

(2) 像 GH 这样的波谷-波峰对,GH 后的波谷 I 的幅值比波谷 G 的小。

阴影部分对应选定变程的循环。在图 3.31 中,计数了 20 个交变(20 个波峰)。在这些峰值中,保留了阴影部分的 14 个来形成了 7 对,然后将它们从曲线上去除(图 3.31(b))。还保留了有 3 个波峰、3 个波谷的 6 个交变(6 个极值)。将阴影循环 I~L 和 R~U 计数,然后移除形成图 3.31(c)中的曲线,只保留波峰 F 和波谷 M。计数的结果可以表达为发生的变程及其可能的均值的表格。

3.8 有序的全变程计数法

有序的全变程计数法也称为跑道计数法。为了验证这种方法,以如图 3.32(a) 所示的信号为例,对其进行处理得到如图 3.32(c) 所示的信号。在图 3.32(b) 中显示的最小的变程被去除了[FUC 80,NEL 77]。

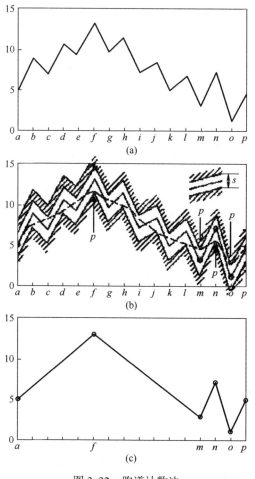

图 3.32 跑道计数法

该方法包括定义一个宽度为 S 的轨迹,受与信号外形一致的分界线限制。只将在轨道上行驶时必须改变方向的点作为极值,如从顶到底的 f 和 n,或者是从底到顶的 m 和 o。轨迹的宽度 S 决定了将被计数信号的交变次数。

该方法最初称为有序全变程计数法[FUC 77,NEL 78]。该方法的目的在于将长而复杂的信号压缩为简单易用的信号。

该过程基于一个假设:信号中最重要的部分是最大的变程,即最大波峰与最低波谷之间的间隔。

假如第二等级的变程与第一级变程有交叉(介于最大波峰与最低波谷之间)或位于由第一级变程极值定义的时间间隔之外,则第二高波峰与第二低波谷之间的距离是另一重要部分。通过此方法计数,既可以确定所有的交替次数,也可以在选定的阈值内停止计数,将所有更小的波峰和波谷忽略掉。

结果以两种方式给出:

(1)直方图形式,以谱的形式或列出变程幅值和发生的频率。如果对所有波峰和波谷进行计数,则该方法与雨流计数法结果相同,与程对计数法的结果非常接近。跑道计数法使得在穷尽所有极值前停止计数和只考虑部分的变程成为可能。在很多情况下,它与完全计数具有相同的结果。

(2)合成曲线形式,重要的波峰和波谷以它们原始顺序列出。如果对所有的极值进行计数,则可以重构初始曲线的所有细节。如果计数被限制,则忽略曲线中的小变化,仍然保留产生最大变程的交变。

压缩后的曲线比谱线包含更多的信息,包括事件的顺序,如果变形产生的残余应力在接下来的交变中还有作用,则顺序就很重要。这个方法最初选择最大的范围,以正确的时间顺序保留它们。将曲线压缩至只保留几个(如10%)产生大部分损伤(一般高于90%)的事件是十分有用的[FUC 77]。压缩的曲线使得缩短计算持续时间和试验时间成为可能,同时关注缩减重要事件的数量。

3.9 穿级计数法

穿级计数法是指简单水平穿越法,如图 3.33 所示。

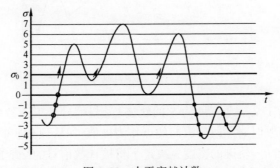

图 3.33 水平穿越计数

统计信号以正斜率穿过某一给定水平 σ_0 的次数[BUX 66,GOO 73,NEL 78,RAV 70,SCH 63,SEW 72,VAN 71],如图 3.34 所示。

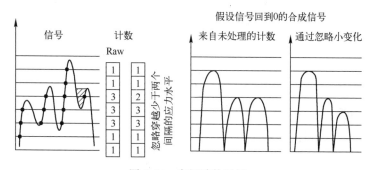

图 3.34　穿级计数示例

用于测量的设备是接触式引伸计(Svenson)[SVE 52,WEB 66]。均值水平(一般为 0)是常用的穿越水平,因为当阈值升高时,穿过阈值的次数就会下降。当极限值增加时,极限的穿越数减少。均值水平之上和之下的正斜率或负斜率部分都可以进行计数(结果是相同的)[GOO 73]。

如果信号是对称分布的,只选一个方向就足够,只对均值水平之上的进行计数[STR 73]。低于某一阈值的那段可以去除。如果低于某一阈值的部分很少,则可以去掉对上穿越的次数没有太大影响的小载荷变化。差别很大的载荷模式也可能有着相同的计数结果[GOO 73]。这种方法的不足在图 3.35 中显示出来[VAN 71]。

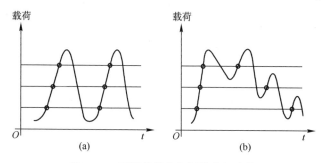

图 3.35　不同信号有相同的穿级次数

尽管上边两个信号完全不同,但两个信号对各应力等级的穿越次数相同。对疲劳过程影响很小的小载荷变化增加了计数次数。为了消除(在某确定点)这种误差,可以忽略与水平穿越有关的低于某一阈值的小载荷变化[GOO 73](参见疲劳强度计计数法)。这就等效于定义宽度为 $\Delta\sigma$,幅值为 σ_i 和 $\sigma_i+\Delta\sigma$ 的等级,通过选择合适的 $\Delta\sigma$,在一个等级内的任何振荡都可以忽略[BUX 66],如图 3.36 所示。

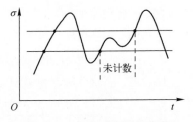

图 3.36　小应力变化的去除

不是所有的小振荡都消失了,仍然考虑两个等级之间穿越极限的小振荡。然而,忽略小交变可能对结果有影响[WEB 66]。

穿级计数法用来与高斯分布信号对比[BUX 66,GRE 81]。

根据向上穿越两个应力水平的差异,这种计数法有时被用来计算这两个载荷水平之间的峰值数。

这步会导致误差[SCH 63,SCH 72a,SVE 52,VAN 71]。

H. A. Leybold 和 E. C. Naumann[LEY 63]指出,在确定幅值间隔下,通过向上穿越载荷水平进行峰值计数可能会因为最大值与最小值的某一补偿,而引起错误。

以图 3.37 中的信号为例,通过比较穿越阈值 2 与阈值 1 交点的不同没有探测到峰值,但实际上存在一个峰值,因此在靠近均值的间隔对峰值进行计数效果不佳。

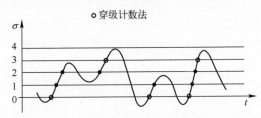

图 3.37　用穿级计数计算峰值数的误差示例

然而,假如信号是窄带稳态高斯信号,阈值远远大于 rms 值,则可以采用这个计算波峰数量的方法。

有时用来绘制发生频率与幅值之间关系的曲线,如图 3.38 所示[LEY 63]。

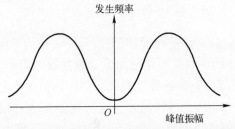

图 3.38　用穿越阈值的计数推断出峰值事件频率

修正的穿级计数法如图 3.39 所示,这种方法有时用于汽车工业,它包括:

(1) 选择载荷水平(应力、位移等);

(2) 在若干连续的零值穿越点间,每次应力水平穿越只进行一次计数(在两个 0 值穿越点之间的应力水平可能被多次穿越,但是只对第一个应力水平的向上穿越计数)。

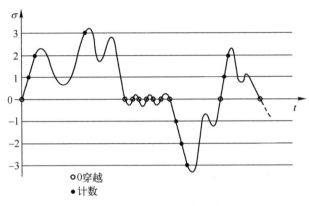

图 3.39　修正的穿级计数法去除小载荷变化

这种方法也有局限性,例如,它将会使图 3.40(a)中信号和图 3.40(b)中信号产生相同的计数结果。在这种情况下,图 3.40(a)中信号比图 3.40(b)中信号造成的损伤更严重。这种方法不适于发现此类载荷间的重要差别。

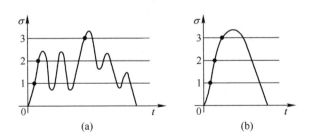

图 3.40　不同信号使用修正的水平穿越计数法得到了相同结果

3.10　峰谷峰计数法

峰谷峰计数法也叫做峰谷对计数法,其定义如图 3.41 所示。

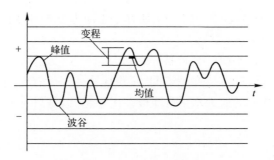

图 3.41　峰谷对计数法

信号(应力或位移)的直接复制通常不现实,因为它太长而很难获得可靠的统计数据[HOL 73]。

在对棒状试件进行材料疲劳试验过程中,涉及使用应力谱的方法通常会导致正弦块状谱无法真实反映实际载荷(幅值和半循环持续时间的波动)。柱状图不能给出关于顺序或均值-变程交互作用的信息,而这些信息对于疲劳寿命是有影响的。

峰谷对计数法考虑了这些因素,并且以一种显著的方式缩短了试验时间。该方法的步骤如下:

(1) 分析测量的信号,并绘出变程柱状图(图 3.42)和均值柱状图(行)(图 3.43)。

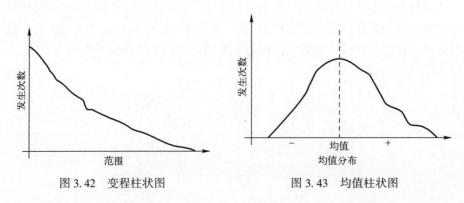

图 3.42　变程柱状图　　　　　图 3.43　均值柱状图

(2) 最后的直方图通过去掉低于疲劳极限的应力水平来修正(图 3.44),并认为对疲劳寿命没有影响。

(3) 利用保留的直方图重构信号。没有采用从应力水平和循环次数方面考虑正弦块状谱的方法,因为这种方法不具有代表性。

峰谷对计数法用到类似图 3.45 中的矩阵,纵轴为波峰值,横轴为波谷值,以水平坐标值和垂直坐标值确定中位载荷水平并进行分级。

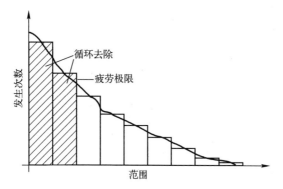

图 3.44 抑制了低于疲劳极限载荷后的变程柱状图

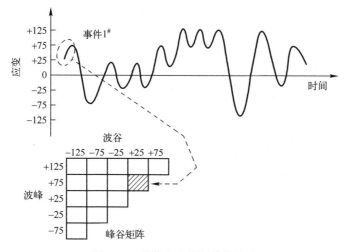

图 3.45 峰值和谷值矩阵的构造

每个事件都放在适当的单元中,如图 3.46 所示。因此通过这个矩阵可以用两个参数变程均值来描述信号:因为每条对角线"1"上均值相等,每条对角线"2"上变程相等,如图 3.47 所示。

		波谷				
		−125	−75	−25	+25	+75
波峰	+125	2	0	1	1	4
	+75	0	1	2	3	
	+25	0	1	3		
	−25	0	0			
	−75	0				

图 3.46 矩阵示例

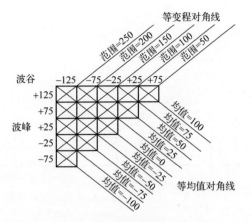

图 3.47 矩阵的对角线 [HOL 73]

利用材料的疲劳属性,人们提出了去掉低于疲劳极限应力水平的方法,这可以很好地压缩试验时间(所给例子里的 90%)。这个过程如下:

(1) 记录使用的材料的疲劳极限和极限强度 $\left(\sigma_D \approx \dfrac{R_m}{2}\right)$。

(2) 为了确定低于 σ_D 的矩阵区域,画出 Goodman 图(纵坐标为应力变程,横坐标为应力均值),如图 3.48 所示。这会导致去掉在柱状图中同时出现变程和均值的值。图 3.49 显示了一个矩阵示例。

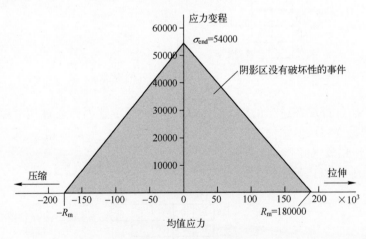

图 3.48 Goodman 图

(3) 生成随机信号。通常从波谷开始,选择矩阵中的一个波谷-波峰变程:如 25 和 75(图 3.50),方格中指示的发生次数减 1 次。

因此,有必要从幅值为 75 的峰值开始寻找变程。这个选择可以在图 3.49

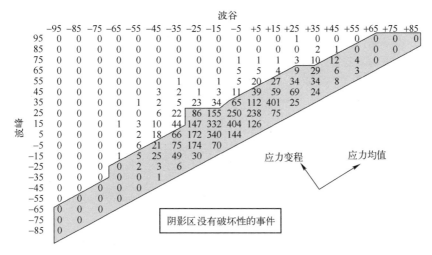

图 3.49 矩阵示例

中阴影部分里的一个格子实施。

在例子中,如图 3.50 所示,跟在 +75 后面的波谷可能为 −75、−25 和 +25 (共有 5 个变程),概率分别为 1/5、2/5 和 2/5。因此选择接下来的变程要考虑这些之前的值。假设选择的变化是 (+75,−25),如图 3.51 所示。接下来的变化将朝着波峰进行,不得不选第三列(图 3.52)。有两种可能:125 和 75,它们有相同的概率。

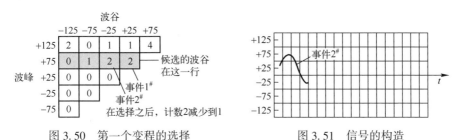

图 3.50　第一个变程的选择　　　　图 3.51　信号的构造

图 3.52　第二个变程的选择

如果选择了125,下一个波谷将在阴影中获得,这种方法将一直进行到表格空了为止。图3.53显示了事件3#相应的信号变程的增加。在信号即将结束时,因为一些格子已经空了,就不能直接连接。在这种情况下,人为的将弧线连接起来使其连续,如图3.54所示。

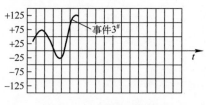

图3.53 增加信号变程

频率

疲劳寿命在一定程度上与频率无关,因此不考虑这个参数。于是,一些作者通过激振器的速度限制来确定每次事件的持续时间。

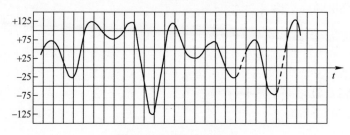

图3.54 连接分离的弧

3.11 疲劳强度计计数法

疲劳强度计计数法也称为去除小波动的穿级计数法或限制穿级计数法或可变复位法。

疲劳强度计是用来研究疲劳的,特别是在航空学中用来测量和记录飞行器在飞行过程中质心的垂直加速度[LAM 73, MEA 54, RID 77]。除了这个特殊的应用,GVH记录仪或疲劳强度计(RAE)等设备的使用是有限制的。该设备使用能够去掉小载荷变化的穿级计数法。

如图3.55所示,只有应力以正斜率在至少一个间隔Δ之前穿越,才对平均应力之上的上穿越计数[GOO 73, NEL 78, RAV 70, SEW 72, SCH 63, SCH 72a, STR 73, TAY 50]。

增量Δ是低于疲劳极限应力的应力间隔,因此从疲劳的角度来看它是可以

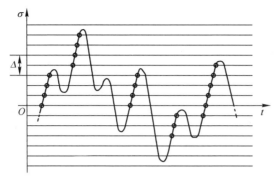

图 3.55 疲劳强度计计数

忽略的[LEY 63]。相当于对以下情况使用了改进的阈值：
（1）对高于均值的应力水平，从给定水平穿过的时间开始计数；
（2）对同一水平上的新穿越，只有在信号下降得非常低，并且在上升之前以负斜率穿过某一更低的水平时才计数，如图 3.56 所示[NEL 78, RAV 70]。

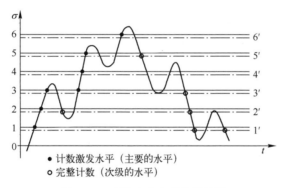

图 3.56 去除小应力变化的计数

对低于均值的应力水平的计数也是类似的。因此，这种方法中引入了一个新的参数——释放阈值，这个参数根据应力水平而变化（因为应力水平越高，它们越大）[GRE 81]。这种方法的优点是可以记录大部分重要的次级载荷变化[SEW 72]。这种方法也导致忽略了一些小载荷变化，丢失了一些与顺序有关的信息，然而小变化并不会影响计数。就像前面介绍的穿级计数法一样，用下一个阈值 $i+1$ 的上穿越次数减去水平 i 的上穿越次数来计算每个应力等级的峰值数是不准确的。

采用这种方法，即使十分不同的信号，仍可能产生相同的结果[VAN 71]如图 3.57 所示。

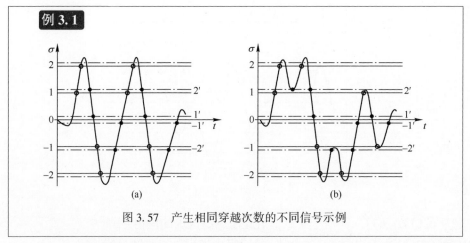

图 3.57 产生相同穿越次数的不同信号示例

这里出现的问题也与小应力变化有关。

阈值水平例子[GOO 73]

从表 3.2 可以看出,主要的应力水平越高,次级的应力水平也越高(阈值也如此)。

表 3.2 主要的和次级的阈值示例

	加速度/g									
主要的	0.05	0.10	0.15	0.20	0.25	0.30	0.35	0.40	0.45	0.50	0.55
次级的	0.00	0.05	0.05	0.10	0.10	0.15	0.15	0.20	0.20	0.25	0.25

3.12 雨流计数法

3.12.1 方法的原理

雨流计数法也称为塔顶法,该方法最初由 M. Matsuiski 和 T. Endo [END 74, MAT 68]提出,用来对应变-时间信号的循环或半循环进行计数。以材料的应力-应变行为基础来进行计数[STR 73]。获取的循环数与用来进行疲劳寿命预计的恒幅试验的循环次数一致。

图 3.58 对此进行了展示。在这个例子中,响应 $\varepsilon(t)$ 可以分为两个半循环 ad 和 de 和一个完整的循环 bcb',这些可以看作是一个更大的半循环的中断。

为了描述这种方法并解释其名称的由来,把时间轴想象成垂直的,把信号 $\sigma(t)$ 描述成有水滴落下的屋顶,如图 3.59 所示。流动规则如下:

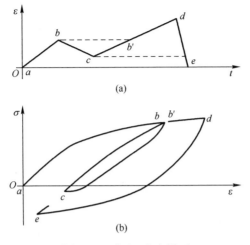

图 3.58 应力-应变循环

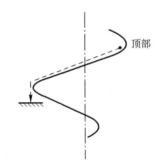

图 3.59 水滴从波峰处开始落下

信号的原点位于信号最大峰值的横坐标处(对一些由该方法衍生出的算法而言,该条件不是必需的)[FUC 80]。水滴按顺序从每一个极值点落下。按照惯例,屋顶的顶部位于轴的右边,而屋顶的底部位于轴的左边。

水滴从波峰开始下落如图 3.60 所示:

(1) 如果遇到比水滴出发时更大的相反峰值,则水滴将会停止。

(2) 如果路线被之前确定的水滴穿过,则水滴将会停止。

(3) 根据规则(1)和(2),水滴将会落在另一个屋顶并继续流下。

注:在前一个路线没有停止之前,不能开始新的路线。

水滴从波谷开始下落[END 74,NEL 78]:

(1) 如果下落时遇上了比初始更加深的波谷,则水滴将会停止,如图 3.61 所示。

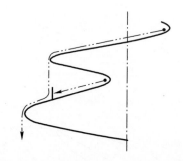

图 3.60　从波峰处开始下落的流动规则

(2) 如果水滴遇上了之前波谷水滴的路线,则水滴将会停止,如图 3.62 所示。

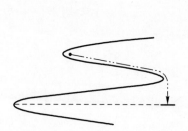 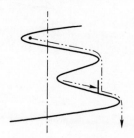

图 3.61　水滴从波谷处开始下落　　图 3.62　水滴从波谷处开始下落的流动规则

(3) 根据规则(1)和(2),水滴将会落到另一个屋顶并继续下落。

每个雨流的水平长度定义了一个变程,该变程等效于恒定幅值载荷的半个循环。

例 3.2

考虑图 3.63 中的信号,时间轴垂直放置。

在图中,变程对能够被识别出来,合在一起等价于一个完整循环。

(1-8)+(8-11)　　序列中的最大循环

(2-5)+(5-C)　　}
(6-7)+(7-B)　　} 中等大小的循环

(3-4)+(4-A)　　}
(9-10)+(10-D)　} 最小的循环

可以通过这些循环计算损伤。中等的变程(2-5)和(5-C)是大变程(1-8)的简单中断。小变程(3-4)和(4-A)是中等变程(2-5)的中断。

这种方法本身很难得出解析公式[KRE 83]。为了进行计数,发展了很多算法(参见 3.12.2 节)[DOW 82, DOW 87, FAT 93, RIC 74, SOC 77]。现在的研究表明,对于在变幅载荷作用下的应变循环,这种方法可以给出最好的疲劳寿命预计[DOW 72, TUC 77]。

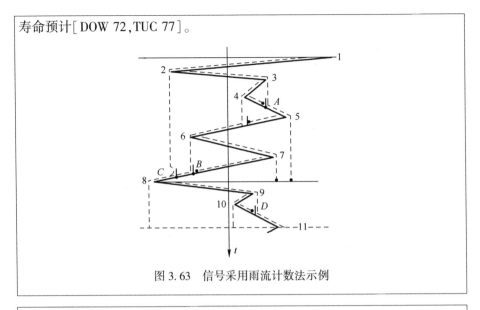

图 3.63　信号采用雨流计数法示例

例 3.3

图 3.64(a)显示信号及其在水滴第一次通过留下的部分,剩下的变程如图 3.64(b)所示。

将该过程应用于剩余的峰值,只剩余如图 3.64(c)中的峰值。计数的结果给出了半循环(25;-14),(14;5),(16;-12)和(7;2)。

除了计数一个小的附加半循环(7;2)外,雨流计数法与程对计数法得出的结果相同。

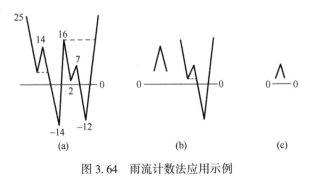

图 3.64　雨流计数法应用示例

当与应变分析结合起来,则雨流计数法会非常有趣[FUC 80]。考虑图 3.65这种情况,只要在计数过程中识别出循环,就能计算每个循环的损伤。

应变时域信号 $\varepsilon(t)$ 的每一部分只计数一次,由大变化应变产生的损伤不受产生小循环中断的影响。

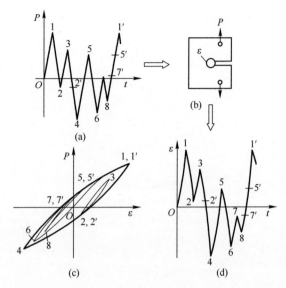

图 3.65 与应变分析相结合的雨流计数法[MAR 65]

对于每一个应力循环,应沿着闭合的迟滞回线回到循环的起点,先前的曲线继续,就好像刚才的循环不存在一样,这是简单的损伤累加。因此,信号 $\varepsilon(t)$ 可以分解成知道终点的半循环,通过这些半循环可以计算平均值。这些数据使得利用累积准则进行疲劳损伤计算成为可能[WAT 76]。

注:

(1) 有些方法与雨流计数法非常相似极大值-极小值过程法、模式分类过程法,并可得到相同的结果。

(2) 雨流计数法与程对计数法非常相似。如果仍以图 3.29 为例,两种方法的不同可以通过对半循环 1-6 的处理来解释。在程对计数法中,6-1′是该半循环的另一半,而 1′-7 这部份丢失了。根据上面方法的介绍,如果构成第二个半循环的变程比 6-1′的范围更大(6-7 就是这种情况),推迟对 1-6 的计数(等待另一个补偿的半循环),开始新的计数 6-7。

此外,在雨流计数法中剩余的半循环还保留着(无法成对),而程对计数法没有注意到这些剩余的半循环。

3.12.2 雨流计数子程序

下面的子程序可以确定信号的变程,从而根据雨流计数法计算疲劳损伤。为了从最大的波峰开始和结束,首先对信号进行修正。总的波峰和波谷的数量必须是偶数,波峰和波谷数组以这种方式构成准备好的信号。

来自波峰的变程的边界值由数组 Peak_Max( ) 和 Peak_Min( ) 给出，Valley_Max( ) 和 Valley_Min( ) 则是波谷变程的边界值。这些值可以用来计算两种类型的变程 Range_Peak( ) 和 Range_Valley( ) 以及它们的均值 $\frac{\text{Peak\_Min}(i)+\text{Peak\_Max}(i)}{2}$ 和 $\frac{\text{Valley\_Min}(i)+\text{Valley\_Max}(i)}{2}$。

```
'峰雨流计数程序
'依据 D. V. NELSON[ NEL 78 ]
'这个程序用作标准输入和标准输出设备文件数据
'Extremum( Nbr_Extrema% +2 ) = Nbr_Extrema% 极值数组
'从最高峰开始并且连续下去
'在输出端,得到
'Peak_Max( Nbr_Peaks% ) 和 Peak_Min( Nbr_Peaks% ) 分别为波峰的范围的极限
'Valley_Max( Nbr_Peaks% ) 和 Valley_Min( Nbr_Peaks% ) 分别为波谷的范围的极限
'这些值可以来计算变程和它们的算术平均值
'Range_Peak( Nbr_Peaks% ) 为和波峰相近的变程的数组
'Range_Valley( Nbr_Peaks% ) 为和波谷相近的变程的数组

PROCEDURE rainflow ( Nbr_Extrema% , VAR Extremum( ) )
LOCAL i% , n% , Q% , Output& , m% , j% , k%
'Separation of peaks and valleys
Nbr_Peaks% = ( Nbr_Extrema% +1 )/2
FOR i% = 1 TO Nbr_Peaks%
Peak( i% ) = Extremum( i% * 2−1 )
NEXT i%
FOR i% = 2 TO Nbr_Peaks%
Valley( i% ) = Extremum( i% * 2−2 )
NEXT i%
'Research of deepest valley
Valley_Min = Valley( 2 )
FOR i% = 2 TO Nbr_Peaks%
IF Valley( i% ) < Valley_Min
```

```
Valley_Min = Valley( i% )
ENDIF
NEXT i%
Valley( Nbr_Peaks% +1 ) = 1.01 * Valley_Min
```
'Treatment of valleys
```
FOR i% = 2 TO Nbr_Peaks%//Initialization of the tables with Peak( 1 )
L( i% ) = Peak( 1 )
LL( i% ) = Peak( 1 )
NEXT i%
FOR i% = 2 TO Nbr_Peaks%
n% = 0
Q% = i%
Output& = 0
DO/Calculation of the Ranges relating to the Valleys
IF LL( i% +n% ) <Peak( i% +n% )
Range_Valley( i% ) = ABS( LL( i% +n% ) - Valley( i% ) )//Array of the Valleys Ranges
Valleys_Max ( i% ) = LL ( i% +n% )//Array of the Minimum of the Ranges of the Valleys
Valleys_Min ( i% ) = Valley ( i% )//Array of the Minimum of the Ranges of the Valleys
Output& = 1
ELSE
IF Valley( i% +n% +1 ) <Valley( i% )
Range_Valley( i% ) = ABS( Peak( Q% ) - Valley( i% ) )
Valley_Max( i% ) = Peak( Q% )
Valley_Min( i% ) = Valley( i% )
Output& = 1
ELSE
IF Peak( i% +n% +1 ) <Peak( Q% )
L( i% +n% +1 ) = Peak( Q% )
n% = n% +1
ELSE
L( i% +n% +1 ) = Peak( Q% )
Q% = i% +n% +1
```

```
n% = n% +1
ENDIF
ENDIF
ENDIF
LOOP UNTIL Output& = 1
m% = i% +1
IF m% <= Q%
FOR j% = m% TO Q%
LL( j% ) = L( j% )
NEXT j%
ENDIF
NEXT i%
'Treatment of peaks
FOR i% = 2 TO Nbr_Peaks% +1//Initialization of the arrays with Valleys
L( i% ) = Valley_Min
LL( i% ) = Valley_Min
NEXT i%
FOR i% = 1 TO Nbr_Peaks%
n% = 0
k% = i% +1
Q% = k%
Output& = 0
DO
IF LL( k% +n% ) > Valley( k% +n% )
Range_Peak( i% ) = ABS( Peak( i% ) -LL( k% +n% ) )//Array of the Ranges of the Peaks
Peak_Max( i% ) = Peak( i% )// Array of the Minimum of the Ranges of the Peaks
Peak_Min ( i% ) = LL( k% +n% )// Array of the Minimum of the Ranges of the Peaks
Output& = 1
ELSE
IF Peak( k% +n% ) > Peak( i% )
Range_Peak( i% ) = ABS( Peak( i% ) -Valley( Q% ) )
Peak_Max( i% ) = Peak( i% )
```

```
Peak_Min(i%) = Valley(Q%)
Output& = 1
ELSE
IF Valley(k%+n%+1) > Valley(Q%)
L(k%+n%+1) = Valley(Q%)
n% = n%+1
ELSE
L(k%+n%+1) = Valley(Q%)
Q% = k%+n%+1
n% = n%+1
ENDIF
ENDIF
ENDIF
LOOP UNTIL Output& = 1
m% = k%+1
IF m% <= Q%
FOR j% = m% TO Q%
LL(j%) = L(j%)
NEXT j%
ENDIF
NEXT i%
RETURN
```

3.13 NRL 计数法

NRL(国家航空实验室)计数法也称为程对-变程计数法

本节关注程对计数法的延伸,考虑了均值信息,因此可以正确地描述极限载荷水平的特点[SCH 72a]。

整个计数过程分为两步:第一步,确定载荷的所有中间循环,通过记录相关的平均值来进行计数,然后从随时间变化的信号中去除计数的中间载荷循环[VAN 71]。该过程一直重复,直到信号中不再有中间载荷循环。第一步最后获得的信号是多重幅值循环的窄带振荡过程,前面是极值,随后是零值穿越。在第二步,根据变程均值计数法对残余载荷进行分析。

例 3.4

以图 3.66(a) 中的信号为例。

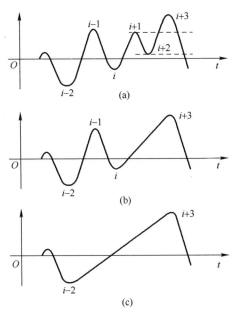

图 3.66 NRL 计数法

第一步：确认四个连续的峰值 i 到 $i+3$，如果 x_{i+1} 和 x_{i+2} 在 x_i 和 x_{i+3} 之间，对幅值为 $\dfrac{x_{i+1}-x_{i+2}}{2}$ 和均值为 $\dfrac{x_{i+1}+x_{i+2}}{2}$ 的两个半循环计数。

从图 3.66 所示信号中移除 x_{i+1} 和 x_{i+2}。对峰值 x_{i-2}、x_{i-1}、x_i 和 x_{i+3} 重复该过程，在计数之后，移除信号中的 x_{i-1}、x_i，得到图 3.66(c) 所示信号[DEJ 70]。

对整个信号重复该过程，在第一步结束后得到如图 3.67 中形式的一个新的信号。

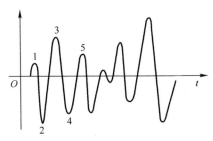

图 3.67 第一步结束后获得的信号

第二步:根据变程-均值方法对变程对计数,即

$$\left|\frac{x_1-x_2}{2}\right| 和 \frac{x_1+x_2}{2}$$

$$\left|\frac{x_2-x_3}{2}\right| 和 \frac{x_2+x_3}{2}$$

将这些计数加在第一步的结果中。

整体结果可以描述成每个 $\Delta\sigma$ 和 σ_m 的组合的循环次数(应力变程 $\Delta\sigma$,应力均值 σ_m)。由于其二维特性,这个表达不是特别方便。疲劳是由主要因素载荷(变程)的幅值和次一级因素均值决定,计算每一个幅值 $\Delta\sigma$ 的均值 $\overline{\sigma}_m(\Delta\sigma)$,并把均值的标准方差作为 σ_m 值的方差信息,即

$$s_m(\Delta\sigma) = \sqrt{\sigma_m^2(\Delta\sigma) - [\overline{\sigma}_m(\Delta\sigma)]^2} \tag{3.6}$$

式(3.6)使得以一维形式表示结果成为可能。对于每一个幅值 $\Delta\sigma$,可获得:循环数;这些循环的均值 $\overline{\sigma}_m(\Delta\sigma)$;这些均值的标准差 $s_m(\Delta\sigma)$。

从疲劳的角度来看,该方法要比其他方法提供更多重要的信息(除了雨流计数法,它更贴近[VAN 71])。它与程对计数法具有相同优势,而没有该方法前面所讨论的缺点[SCH 72a]。

3.14 评估给定载荷水平下消耗的时间

将信号的变化范围分为若干个宽度很小的部分 $\Delta\sigma_i$。对包含在两个水平 σ_i 和 σ_{i+1} 之间的区域,统计位于该区域内信号的时间 Δt_j,如图 3.68 所示。时间 Δt_j 的总和就是所研究信号总时间 T 的一部分。

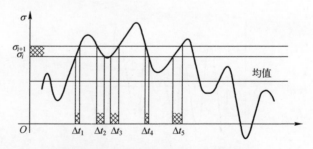

图 3.68 在某给定应力水平间的时间

由于应力分割部分越宽,占总时间的比例越大。为了消除这个缺点,以宽度 $\Delta\sigma_i$ 来度量它。

可以利用获得的结果计算概率密度:

$$p = \lim_{\Delta\sigma_i \to 0}\left[\frac{1}{\Delta\sigma_i}\frac{\sum_j \Delta t_j}{T}\right] \qquad (3.7)$$

通常,该密度近似服从于高斯分布。

该方法基于分割部分 $\Delta\sigma$ 消耗的时间,与信号的一阶导数关系很大。根据信号变化的快或慢,结果也有很大的差异。它几乎不能描述载荷水平出现的频率,因此很少使用[BUX 66]。

3.15 低于疲劳极限的载荷水平对疲劳寿命的影响

综合对合金 2024-T3 和 7075-T6 的研究,T. J. Ravishankar[RAV 70]指出,如果裂纹开始扩展,则比疲劳极限更低的载荷水平也能产生损伤,从而促进裂纹的扩展。因此忽略它们会增加疲劳寿命。

3.16 试验加速

通过增大载荷序列的幅值可以实现试验加速,如图 3.69 所示。建议小心并且只增大平均幅值的循环;增加最高水平的幅值可以改变试件的疲劳寿命[SCH 74]。

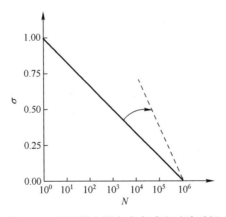

图 3.69　通过增大所有应力减少试验时间

假定信号瞬时值服从高斯分布,峰值服从瑞利分布:

(1) 均匀的增加概率,谱仍保持线性。

最大加载水平出现越频繁,最小载荷的影响越小。这类似于用高于正常情况的频率来穿越最坏道路的情况[BUS 72]。

W. Schütz [SCH 72b]认为,如果试验必须加速,那么不能以增加应力幅值这种方式,而是应忽略低幅值的应力。

为了让试验具有代表性,应该尽可能准确地模拟真实的应力,反映其幅值和顺序。

通过提高频率(窄带噪声的中心频率)来压缩试验时间并没有有益的效果,因为材料的疲劳寿命会跟着增加[KEN 82]。

(2) 另一个方法是忽略低水平载荷[SCH 74](低于静态极限载荷一定百分比,如2%)。

Tedford 等人[TED 73]注意到低于 1.75 倍 rms 值的应力不会对疲劳寿命产生明显的影响。去掉这些应力可以压缩试验时间(注意到 M. N. Kenefeck [KEN 82]将 rms 值的 2.5 倍作为极限)。另外,对环境最高水平应力有更好的了解是十分重要的,因为它们可以产生损伤。

该方法使载荷谱的低幅值部分扭曲,如图 3.70 所示,因为认为低水平加载对疲劳无贡献。这等效于认为车辆没有在最好的路况下行驶。

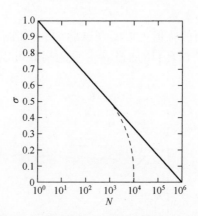

图 3.70 消除最低应力后试验持续时间减少

注:

两种方法的结合(抑制低水平载荷和谱的旋转)是可能的,如图 3.71 所示,类似于在有凹坑和石头的路上颠簸[BUS 72]。

尽管优先认为如此的抑制小载荷并不重要,但也必须小心地实施

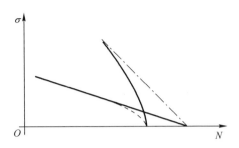

图 3.71　通过抑制最低应力和增大其他应力来减少试验时间

[NAU 64]。

许多研究成果综合表明,比疲劳极限更低的载荷水平仍能够造成损伤。如果忽略了这些,则会增加疲劳寿命。当裂纹产生时,它们促进了裂纹的扩展(随机载荷下的主要现象)[JAC 66,RAV 70]。

3.17　由随机振动试验确定疲劳曲线

正弦加载下的 S-N 曲线描述了在应力幅值 σ(纵轴)下断裂的循环数 N(横轴)。如果是随机振动载荷,则载荷的幅值不再恒定,而最重要的参数(对于不变的 PSD 形状)是 rms 值[BOO 70,BOO 76,KEN 82,PER 74]。

通常很难定义循环次数(除了在两次零点穿越之间为单峰的窄带噪声过程)。存在两种可能被采用:

(1) 以正斜率穿过零水平的通道数量[BOO 66,BOO 70,BOO 76,KEN 82,RAV 70],当这个参数可以代表循环的次数时(r 接近于 1);

(2) 位于均值之上的波峰的数量(如果信号具有对称的正、负分布)[BOO 66,HIL 70,PER 74,RAV 70]。既可以用计数方法评估波峰的数量或者如果信号是高斯分布,也可以从 PSD 的统计结果中获得。

如果是正弦信号,则这两种定义是等效的。

在这些试验里注意到,与正弦载荷的情况相反,并没有获得钢的疲劳极限。这个结果很容易解释,因为对于给定的 rms 值,信号波峰的幅值可能几倍于这个 rms 值。根据试验控制系统的特性,峰值因子可以达到 4~4.5(最大峰值与 rms 值的比值)。

只有修正正弦模式下应力轴的描述,才能够对比正弦载荷和随机载荷下的结果。存在几种描述方式,包括:

(1) 用下面的式子代替 σ_a(正弦交变应力的幅值):

$$\sigma_{rms} = \sqrt{\frac{\sigma_a^2}{2} + \sigma_m^2} \qquad (3.8)$$

式中:σ_m 为平均应力。

(2) 对于给定的 σ_m 值,在正弦中使用 $\dfrac{\sigma_a}{\sqrt{2}}$ [RUD 75],中心信号用 σ_{rms} 计算(最常用的方法)。

第 4 章
单自由度机械系统的疲劳损伤

4.1 引言

本章讨论了随机振动下单自由度线性系统的疲劳损伤,该系统固有频率为 f_0,品质因数为 Q。本章提供了所有与疲劳损伤谱设计有关的(第 5 卷)必要内容。可以通过时域振动信号的采样或者振动的加速度谱密度的统计方式(损伤的均值和标准方差)来计算疲劳损伤。

除非特别说明,我们做出如下假设:
(1) S-N 曲线服从 Basquin 模型(形式为 $N\sigma^b = C$);
(2) 疲劳损伤的线性累积准则(Miner 准则);
(3) 振动平均应力为零;
(4) 振动信号瞬时值服从高斯分布。

在第 6 章将给出一些不同的假设:
(1) 具有极限耐久应力的 S-N 曲线;
(2) 对数-线性坐标下 S-N 曲线为线性函数;
(3) 截断信号;
(4) Corten-Dolan 损伤累积准则;
(5) 平均应力非零;
(6) 激励信号的瞬时值服从其他分布。

4.2 基于时域信号的疲劳损伤计算

考虑某均值为 0 的随机振动施加于固有频率为 f_0、阻尼比为 ξ 的单自由度线性机械系统。如果以模拟或数字形式定义时域中的激励为加速度 $\ddot{x}(t)$,则可以通过定义质量块与固支之间的相对位移来计算单自由度机械系统在 T 时间内信号的响应。

如果阻尼比 ξ 足够小,响应信号的正、负峰值围绕零均值附近振荡,呈现出连续的随机变化。响应频率非常接近于系统的固有频率(窄带噪声)。

在这个简单例子中,将响应信号分解成半个周期,根据响应幅值(直方图)的不同对其进行分类和计数。如果响应比较复杂,峰值的直方图必须通过峰值计数方法如雨流计数法确定[LAL 92] (第3章)。

由于系统是线性的,弹性单元产生的应力与相对位移 z_p 成正比,该相对位移对应 $z(t)$ 的每个极值点(在此点 $\dot{z}=0$):

$$\sigma = K z_p$$

如果材料的 S-N 曲线服从 Basquin 模型[LAL 92]

$$N\sigma^b = C \tag{4.1}$$

式中:N 为试件在幅值为 σ 的正弦应力作用下的疲劳失效循环次数;b、c 为材料属性常数(第1章提供了多个参数 b 的取值)。因此,有

$$N(Kz_p)^b = C \tag{4.2}$$

如图4.1所示,在应力 σ_i 作用下,系统在半个循环过程中产生的损伤为

$$\delta_i = \frac{1}{2N_i} = \frac{\sigma_i^b}{2C} \tag{4.3}$$

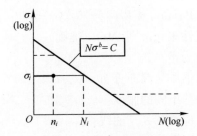

图4.1 S-N 曲线描述

对于应力水平 σ_i 下 n_i 个半循环,有

$$d_i = \frac{n_i}{2N_i} = \frac{n_i \sigma_i^b}{2C} = \frac{K^b}{2C} n_i z_{p_i}^b \tag{4.4}$$

式中:N_i 为应力水平 σ_i 下的疲劳失效循环次数;n_i 为应力水平 σ_i 下的半循环次数(这就解释了因数2)。

如果将应力水平 z_{p_i} 分为 m 级,则产生的总的损伤可以写成(根据 Miner 线性累积准则)

$$D = \sum_{i=1}^{m} d_i = \sum_i \frac{n_i \sigma_i^b}{2C} \tag{4.5}$$

$$D = \frac{K^b}{2C} \sum_{i=1}^{m} n_i z_{p_i}^b \tag{4.6}$$

注：J. W. Miles [MIL 54]指出，结构受随机振动作用，对于疲劳寿命预计，Miner 的假设可以看作是正确的。当应力的幅值在较宽的范围内连续分布时，损伤累积的非线性假设导致疲劳寿命的变化不显著。

4.3 基于加速度谱密度的疲劳损伤计算

4.3.1 一般情况

考虑 $\ddot{x}(t)$ 是均值为零的典型的平稳各态历经的随机振动(加速度)过程，持续时间为 T 和 PSD 为 $G(f)$。设 $q(z_p)$ 为系统对该振动的应力响应的峰值概率密度。最大值(正或负)的平均数为

$$N_p = n_p^+ T \tag{4.7}$$

峰值的平均数(最大值+最小值)等于 $2N_p$。T 时间内，在 σ_p 和 $\sigma_p + d\sigma_p$ 之间，包括应力响应幅值在内的应力响应波峰数 dn 的绝对值为

$$dn = 2n_p^+ T q(\sigma_p) d\sigma_p \tag{4.8}$$

假设应力幅值与相对应变水平 z 成比例：

$$\sigma_p = K z_p \tag{4.9}$$

根据 Miner 准则[CRA 63]，由 dn 波峰产生的疲劳损伤为

$$d\overline{D} = \frac{dn}{2N(\sigma)} \tag{4.10}$$

$$d\overline{D} = n_p^+ T \frac{q(\sigma)}{N(\sigma)} d\sigma \tag{4.11}$$

平均损伤 $\overline{D}$ 是所有 σ 的正值产生的部分损伤之和[BRO 68a, HIL 70, LIN 72](不关注最大负值和最小正值)

$$\overline{D} = n_p^+ T \int_0^{+\infty} \frac{q(\sigma)}{N(\sigma)} d\sigma \tag{4.12}$$

注：

每个峰值的平均损伤为

$$\overline{d} = \frac{\overline{D}}{2n_p^+ T} \tag{4.13}$$

当 $\overline{D} = 1$ 时，预期的疲劳寿命 T 为

$$T = \frac{1}{n_p^+ \int_0^{+\infty} \frac{q(\sigma)}{N(\sigma)} d\sigma} \qquad (4.14)$$

如果材料的 S-N 曲线采用 Basquin 模型 $N\sigma^b = C$,则平均损伤可以写成

$$\overline{D} = \frac{n_p^+ T}{C} \int_0^{+\infty} \sigma^b q(\sigma) d\sigma \qquad (4.15)$$

注:

式(4.15)也可以写成

$$\sigma_{eq} = \left[\int_0^{+\infty} \sigma^b q(\sigma) d\sigma \right]^{\frac{1}{b}} \qquad (4.16)$$

$$\overline{D} = \frac{n_p^+ T}{C} \sigma_{eq}^b \qquad (4.17)$$

如果应力与应变之间的关系是线性的($\sigma = K z_p$),则

$$\overline{D} = \frac{K^b}{C} n_p^+ T \int_0^{+\infty} z_p^b q(z_p) dz_p \qquad (4.18)$$

令

$$u = \frac{z_p}{z_{rms}} = \frac{\sigma_p}{\sigma_{rms}} \qquad (4.19)$$

式中:z_{rms} 为 $z(t)$ 的 rms 值;σ_{rms} 为 $\sigma(t)$ 的 rms 值。

因为

$$Q(z) = \int_{-\infty}^{z} q(z) dz = Q(u) = \int_{-\infty}^{u} q(u) du \qquad (4.20)$$

以及

$$q(z) = \frac{q(u)}{z_{rms}} \qquad (4.21)$$

则

$$\overline{D} = \frac{K^b}{C} n_p^+ T z_{rms}^b \int_0^{+\infty} u^b q(u) du \qquad (4.22)$$

或

$$\overline{D} = \frac{n_p^+ T}{C} \sigma_{rms}^b \int_0^{+\infty} u^b q(u) du \qquad (4.23)$$

平均损伤 $\overline{D}$ 的计算使用相对位移 z_{rms} 的 rms 值(或 rms 应力)和积分。在第 3 卷第 8 章,介绍如何利用直线部分定义的 PSD 来计算 z_{rms}。

设输入信号 $\ddot{x}(t)$(施加于单自由度系统)的瞬态值服从高斯分布。系统响应也是高斯分布,其响应最大值 z_p 的概率密度 $p(z_p)$ 可以解析地表示成高斯分

布和瑞利分布和的形式：

$$q(u) = \frac{\sqrt{1-r^2}}{\sqrt{2\pi}} e^{-\frac{u^2}{2(1-r^2)}} + ure^{-\frac{u^2}{2}} \left[1 - \frac{1}{\sqrt{\pi}} \int_{\frac{ur}{\sqrt{1(1-r^2)}}}^{\infty} e^{-\lambda^2} d\lambda \right] \quad (4.24)$$

式中：r 为不规则因子 n_0^+/n_p^+，是预期频率与每秒最大值平均数的比。

式(4.24)也可以写成

$$q(u) = \frac{\sqrt{1-r^2}}{\sqrt{2\pi}} e^{-\frac{u^2}{2(1-r^2)}} + \frac{ur}{2} e^{-\frac{u^2}{2}} \left[1 + \mathrm{erf}\left(\frac{ur}{\sqrt{2(1-r^2)}} \right) \right] \quad (4.25)$$

式中

$$\mathrm{erf}(x) = \frac{2}{\sqrt{\pi}} \int_0^x e^{-\lambda^2} d\lambda$$

或

$$q(\sigma) = \frac{q(u)}{\sigma_{\mathrm{rms}}} = \frac{\sqrt{1-r^2}}{\sigma_{\mathrm{rms}}\sqrt{2\pi}} e^{-\frac{\sigma^2}{2(1-r^2)\sigma_{\mathrm{rms}}^2}} + \frac{r\sigma}{2\sigma_{\mathrm{rms}}^2} e^{-\frac{\sigma^2}{2\sigma_{\mathrm{rms}}^2}} \left[1 + \mathrm{erf}\left(\frac{r\sigma}{\sigma_{\mathrm{rms}}\sqrt{2(1-r^2)}} \right) \right]$$

(4.26)

从式(4.15)和式(4.26)可以看出

$$\overline{D} = \frac{n_p^+ T}{\sigma_{\mathrm{rms}}} \int_0^{+\infty} \left\{ \frac{\sqrt{1-r^2}}{\sigma_{\mathrm{rms}}\sqrt{2\pi}} e^{-\frac{\sigma^2}{2(1-r^2)\sigma_{\mathrm{rms}}^2}} + \frac{r\sigma}{2\sigma_{\mathrm{rms}}^2} e^{-\frac{\sigma^2}{2\sigma_{\mathrm{rms}}^2}} \left[1 + \mathrm{ref}\left(\frac{r\sigma}{\sigma_{\mathrm{rms}}\sqrt{2(1-r^2)}} \right) \right] \right\} \frac{d\sigma}{N(\sigma)}$$

(4.27)

已知 $\sigma = Kz$，并且 $N = \dfrac{C}{\sigma^b}$ 时，则有

$$\overline{D} = \frac{K^b n_p^+ T}{C z_{\mathrm{rms}}} \int_0^{+\infty} z_p^b \left\{ \frac{\sqrt{1-r^2}}{\sqrt{2\pi}} e^{-\frac{z_p^2}{2(1-r^2)z_{\mathrm{rms}}^2}} + \frac{r z_p}{2 z_{\mathrm{rms}}^2} e^{-\frac{z_p^2}{2 z_{\mathrm{rms}}^2}} \left[1 + \mathrm{erf}\left(\frac{r z_p}{z_{\mathrm{rms}}\sqrt{2(1-r^2)}} \right) \right] \right\} dz_p$$

(4.28)

注：

(1) 根据 r 值，响应峰值服从高斯或瑞利分布或介于二者之间。如果服从瑞利分布，则对应小阻尼情况，响应为窄带类型并且类似于随机调节幅值的正弦曲线。每个正峰值都跟随着一个负峰值，随后接着一个正峰值。

所有学者都认为，在给定 rms 应力水平和预期频率的情况下，严酷的加载情况（单自由度系统）是响应的波峰服从瑞利分布[BRO 70a, SCH 61b]。

图 4.2 显示了 $b = 10$ 时，式(4.23)的积分随参数 r 的变化。

对于恒定的波峰数 $n_p^+ T$，损伤随着 r 增加，即峰值分布服从瑞利分布律。

(2) $\overline{D}$ 的计算需要用到积分形式

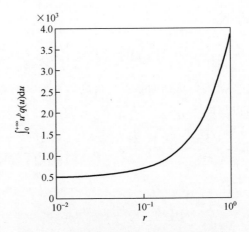

图 4.2 损伤随响应的不规则因子的变化

$$\int_0^\infty y^b e^{-ay^2} dy$$

有近似的表达式可用来计算此积分[SYL 81]（见附录 A3.6）。

4.3.2 宽带响应的特殊情况，即极限 $r=0$

在这种情况[CHA 85]有

$$\overline{D} = \frac{n_p^+ T}{C} \int_0^{+\infty} \sigma^b q(\sigma) d\sigma$$

式中

$$q(\sigma) = \frac{1}{\sigma_{rms}\sqrt{2\pi}} e^{-\frac{\sigma^2}{2\sigma_{rms}^2}} \qquad (4.29)$$

令

$$\alpha = \frac{\sigma^2}{2\sigma_{rms}^2}$$

则上述方程变成

$$\overline{D} = \frac{n_p^+ T}{2C\sqrt{\pi}} (\sqrt{2}\sigma_{rms})^b \int_0^{+\infty} \alpha^{\frac{b-1}{2}} e^{-\alpha} d\alpha$$

积分

$$\int_0^{+\infty} \alpha^{\frac{b-1}{2}} e^{-\alpha} d\alpha$$

是伽马函数（见附录 A1）：

$$\Gamma(x) = \int_0^\infty \alpha^{x-1} e^{-\alpha} d\alpha \qquad (4.30)$$

式中

$$x = \frac{b+1}{2}$$

可得

$$\overline{D} = \frac{n_p^+ T}{2C\sqrt{\pi}} (\sqrt{2}\sigma_{rms})^b \Gamma\left(\frac{b+1}{2}\right) \tag{4.31}$$

4.3.3 窄带响应的特殊情况

4.3.3.1 平均损伤的表达

式(4.27)可以写成

$$\overline{D} = \frac{n_p^+ T}{\sigma_{rms}} \left[\int_0^{+\infty} \frac{\sqrt{1-r^2}}{\sigma_{rms}\sqrt{2\pi}} \frac{\sigma^b}{C} e^{-\frac{\sigma^2}{2\sigma_{rms}^2(1-r^2)}} d\sigma + \right.$$

$$\int_0^{+\infty} \frac{r}{2\sigma_{rms}^2} \frac{\sigma^{b+1}}{C} e^{-\frac{\sigma^2}{2\sigma_{rms}^2}} d\sigma +$$

$$\left. \int_0^{+\infty} \frac{r}{2\sigma_{rms}^2} \frac{\sigma^{b+1}}{C} \mathrm{erf}\left[\frac{\sigma}{\sigma_{rms}}\sqrt{\frac{r^2}{2(1-r)}}\right] e^{-\frac{\sigma^2}{2\sigma_{rms}^2}} d\sigma \right]$$

可以看出,如果 x 较大,则

$$\mathrm{erf}(x) \approx 1 - \frac{1}{x\sqrt{\pi}} e^{-x^2} \tag{4.32}$$

当 $x \geq 0.9$ 时,误差函数的级数展开可仅取两项而不会出现太大的误差,近似值与真实值之比大于90%。可以获得

$$\frac{\sigma}{\sigma_{rms}\sqrt{2(1-r^2)}} \geq 0.9$$

此外,文献[PUL 67]已经表明,当信号为瑞利峰值分布,并且 $\frac{\sigma}{\sigma_{rms}} > 1.85$ 时,损伤的90%由减少的应力 $\frac{\sigma}{\sigma_{rms}}$ 产生,可得

$$\frac{1.85r}{\sqrt{2(1-r^2)}} \geq 0.9$$

$$r^2 \geq 0.3213$$

即

$$r \geq 0.567 \tag{4.33}$$

注:如果 $r^2 = 0.16$,序列的前两项约为真实值的一半。

如果满足此条件,通过近似值替代误差函数,简化后 D 可以写成

$$\overline{D} \approx n_p^+ T \int_0^{+\infty} \frac{r}{\sigma_{\text{rms}}^2} \frac{\sigma^{b+1}}{C} e^{-\frac{\sigma^2}{2\sigma_{\text{rms}}^2}} d\sigma$$

令 $\alpha = \frac{\sigma^2}{2\sigma_{\text{rms}}^2}$,有 $d\alpha = \frac{\sigma d\alpha}{\sigma_{\text{rms}}^2}$,可得[HAL 78]

$$\overline{D} \approx n_p^+ T \frac{r}{C} (\sqrt{2} \sigma_{\text{rms}})^b \int_0^{+\infty} \alpha^{b/2} e^{-\alpha} d\alpha \tag{4.34}$$

此式的积分具有 $x = 1 + \frac{b}{2}$ 时伽马函数的形式,可得[MIL 53]

$$\overline{D} \approx \frac{n_p^+ T}{C} r (\sqrt{2} \sigma_{\text{rms}})^b \Gamma\left(1 + \frac{b}{2}\right) \tag{4.35}$$

注:

对于 $q(\sigma) = \frac{\sigma}{\sigma_{\text{rms}}^2} e^{-\frac{\sigma^2}{2\sigma_{\text{rms}}^2}}$ 有

$$\sigma_{\text{eq}}^b = \int_0^\infty \sigma^b q(\sigma) d\sigma = \frac{1}{\sigma_{\text{rms}}^2} \int_0^\infty \sigma^{b+1} e^{-\frac{\sigma^2}{2\sigma_{\text{rms}}^2}} d\sigma$$

令 $\alpha = \frac{\sigma^2}{2\sigma_{\text{rms}}^2}$,则

$$\sigma_{\text{eq}}^b = (\sqrt{2}\sigma_{\text{rms}})^b \int_0^\infty \sigma^{\frac{b}{2}} e^{-\sigma} d\sigma = (\sqrt{2}\sigma_{\text{rms}})^b \Gamma\left(1 + \frac{b}{2}\right)$$

已知 $n_0^+ = r n_p^+$(第3卷中式(6.48)),则[BRO 68a, CRA 63, LIN 67]

$$\overline{D} \approx \frac{n_0^+ T}{C} (\sqrt{2}\sigma_{\text{rms}})^b \Gamma\left(1 + \frac{b}{2}\right) \tag{4.36}$$

因为 $\sigma = Kz$,所以

$$\overline{D} \approx \frac{K^b}{C} n_0^+ T (\sqrt{2} Z_{\text{rms}})^b \Gamma\left(1 + \frac{b}{2}\right) \tag{4.37}$$

如果激励信号的 PSD 谱是由直线段组成,则损伤 $\overline{D}$ 可以写成(第3卷中式(8.79))

$$\overline{D} \approx \frac{K^b}{C} \frac{n_0^+ T}{[4\xi(2\pi f_0)^3]^{b/2}} \Gamma\left(1 + \frac{b}{2}\right) \left(\sum_{i=1}^n a_j G_j\right)^{b/2} \tag{4.38}$$

如果直线段是水平的,则从公式(4.37)(第3卷中式(8.86))可以得到

$$\overline{D} \approx \frac{K^b}{C} \frac{n_0^+ T (\sqrt{2})^b}{[(2\pi)^4 f_0^3]^{b/2}} \Gamma\left(1 + \frac{b}{2}\right) \left\{\frac{\pi}{4\xi} \sum_{i=1}^n G_i [I_0(h_{i+1}) - I_0(h_i)]\right\}^{b/2} \tag{4.39}$$

注：

（1）如果 PSD 由不连续的直线组成，第 3 卷中的式(8.57)～式(8.59)用来计算 z_{rms}、$\dot{z}_{\text{rms}}$、$\ddot{z}_{\text{rms}}$，然后计算 n_0^+ 和 r。如果激励的 PSD 在所考虑的频率间隔内是常数，则采用第 3 卷中的式(8.61)、式(8.63)和式(8.64)来计算。

（2）缺少对常数 K 和 C 的了解，使得计算损伤 $\overline{D}$ 的真实值变得困难。因此，在实际计算 $\overline{D}$ 时一般都令它们为 1，从而获得一个近似随机的相乘系数。对于给定的 K 和 C，这样的选择通常不重要，因为计算损伤是为了比较相同结构中几种应力的严酷度。

（3）Basquin 模型也可以写成

$$N\sigma^b = A^b \tag{4.40}$$

在给定的假设下，平均疲劳损伤为

$$\overline{D} = \left(\frac{K}{A}\right)^b n_0^+ T (\sqrt{2} z_{\text{rms}})^b \Gamma\left(1+\frac{b}{2}\right) \tag{4.41}$$

式中：$n_0^+ T$ 为导致失效的交变载荷的数目 N。

达到失效的平均时间是 $\overline{D}=1$ 的时间，即

$$\left(\frac{K}{A}\right)^b N(\sqrt{2} z_{\text{rms}})^b \Gamma\left(1+\frac{b}{2}\right) = 1$$

或

$$N(K z_{\text{rms}})^b = \left(\frac{A}{\sqrt{2}}\right)^b \frac{1}{\Gamma\left(1+\frac{b}{2}\right)} = (A')^b \tag{4.42}$$

式(4.42)是单自由度小阻尼系统随机疲劳的 Basquin 公式。在对数坐标下，随机疲劳载荷的 S-N 曲线是一条直线，斜率为 $-1/b$，对于交变疲劳载荷也是如此，A' 可以看作是极限应力（$N=1$）。

输入为白噪声时的特殊情况

振动 $\ell(t)$ 随脉冲信号 Ω 在零到正无穷之间变化，功率谱密度恒定，它的 rms 位移响应为（第 3 卷第 8 章）

$$z_{\text{rms}} = u_{\text{rms}} = \sqrt{\frac{\pi}{2} \omega_0 Q G_{\ell_0}(\Omega)} \tag{4.43}$$

如果 PSD 以频率 f 定义，即

$$z_{\text{rms}} = \sqrt{\frac{\omega_0}{4} Q G_{\ell_0}(f)} \tag{4.44}$$

在后一种情况中，如果输入的是加速度，由于 $\ell(t) = -\dfrac{\ddot{x}(t)}{\omega_0^2}$，则

$$z_{\text{rms}} = \sqrt{\frac{QG_{\ddot{x}_0}(f)}{4\omega_0^3}} \tag{4.45}$$

最终,可以认为响应为窄带响应($r=1$),即

$$\overline{D} = \frac{K^b}{C} n_0^+ T \left(\frac{QG_{\ddot{x}}}{2\omega_0^3}\right)^{b/2} \Gamma\left(1+\frac{b}{2}\right) \tag{4.46}$$

疲劳寿命

由疲劳导致失效发生,根据 Miner 假设,当 $\overline{D}=1$ 时,疲劳寿命的表达式如下:

$$T = \frac{C}{K^b} \frac{1}{n_p^+ \int_0^\infty z_p^b q(z_p) \, \mathrm{d}z_p} \tag{4.47}$$

如果响应为窄带噪声过程,则

$$T = \frac{C}{K^b} \frac{1}{n_0^+ (\sqrt{2}z_{\text{rms}})^b \Gamma\left(1+\frac{b}{2}\right)} \tag{4.48}$$

如果输入为白噪声过程,则

$$T = \frac{C}{K^b} \frac{1}{n_0^+ \left(\dfrac{G_{\ddot{x}}}{4\omega_0^3}\right)^{\frac{b}{2}} \Gamma\left(1+\dfrac{b}{2}\right)} \tag{4.49}$$

4.3.3.2 注解

(1) 根据瑞利假说,损伤也可以用式(4.3),即 $\delta_i = \dfrac{\sigma_i^b}{2C}$ 来计算,$\delta_i = \dfrac{\sigma_i^b}{2C}$ 与半循环有关

$$D = \sum_{i=1}^{N_T} \delta_i = \frac{1}{2C} \sum_{i=1}^{N_T} \sigma_i^b \tag{4.50}$$

式中:N_T 为半循环的总数。

如果 N_T 很大,那么 σ^b 的均值为

$$\overline{\sigma}^b \approx \frac{1}{N_T} \sum_{i=1}^{N_T} \sigma_i^b \tag{4.51}$$

可得[WIR 83b]

$$\overline{D} = \frac{N_T}{2C} \overline{\sigma}^b = \frac{n_p^+ T}{C} \overline{\sigma}^b \tag{4.52}$$

(2) 当 $r=1$ 时,式(4.36)是准确的,应力分布服从瑞利准则。当 r 接近 1 时,用式(4.36)就会获得一个比较满意的损伤近似值。

(3) 当 $r=1$ 时,即对于窄带应力响应,式(4.36)可以从瑞利分布的概率密度中直接获得,即

$$q(\sigma) = \frac{\sigma}{\sigma_{\text{rms}}^2} e^{-\frac{\sigma^2}{2\sigma_{\text{rms}}^2}} \tag{4.53}$$

获得平均频率接近于系统固有频率的单自由度机械系统的窄带响应 ($n_0^+ = f_0$)。

每次只有一个波峰以正斜率穿越平均值[BER 77]。每个最大值(或半循环,因为 $r = \frac{n_0^+}{n_p^+} = 1$)的平均损伤为[POW 58]

$$\bar{d} = \frac{1}{\sigma_{\text{rms}}^2} \int_0^\infty \frac{\sigma}{N(\sigma)} e^{-\frac{\sigma^2}{2\sigma_{\text{rms}}^2}} d\sigma \tag{4.54}$$

对于 $n_0^+ T$ 循环,有

$$\bar{D} = \frac{n_0^+ T}{\sigma_{\text{rms}}^2} \int_0^\infty \frac{\sigma}{N(\sigma)} e^{-\frac{\sigma^2}{2\sigma_{\text{rms}}^2}} d\sigma \tag{4.55}$$

令 $N(\sigma) = \frac{C}{\sigma_b}$,则由式(4.55)可得

$$\bar{D} = \frac{n_0^+ T}{\sigma_{\text{rms}}^2 C} \int_0^\infty \sigma^{b+1} e^{-\frac{\sigma^2}{2\sigma_{\text{rms}}^2}} d\sigma \tag{4.56}$$

变形后得式(4.37)。

(4) 如果在 rms 应力水平 σ_{rms} 下的失效循环次数为 N^*[POW 58],则平均损伤为

$$\bar{D} = \frac{n_0^+ T}{\sigma_{\text{rms}}^2} \int_0^\infty \frac{\sigma}{N(\sigma)} e^{-\frac{\sigma^2}{2\sigma_{\text{rms}}^2}} d\sigma$$

令 $u = \frac{\sigma}{\sigma_{\text{rms}}}$,上式也可以写成

$$\bar{D} = \frac{n_0^+ T}{N^*} \int_0^\infty \frac{N^*}{N(\sigma)} u e^{-\frac{u^2}{2}} du \tag{4.57}$$

令

$$\frac{1}{\eta} = \int_0^\infty \frac{N^*}{N(\sigma)} u e^{-\frac{u^2}{2}} du \tag{4.58}$$

假设失效时的损伤为

$$\bar{D} = \frac{n_0^+ T}{\eta N^*} = 1$$

得到另一种时间-失效的表达式

$$T = \eta \frac{N^*}{n_0^+} = \frac{N_e}{n_0^+} \quad (4.59)$$

式中：$N_e = \eta N^*$ 为对应于应力 σ_{rms} 的失效循环数。

式(4.59)使得根据传统 S-N 曲线建立随机应力 S-N 曲线成为可能。

(5) $\pi(\sigma) = \dfrac{q(\sigma)}{N(\sigma)}$ 可以作为一个(缩放的)概率密度来表示疲劳损伤作为应力的函数是如何分布的：

$$\pi(\sigma) = \frac{C}{\sigma_{rms}^2} \sigma^{b+1} e^{-\frac{\sigma^2}{2\sigma_{rms}^2}} \quad (4.60)$$

图 4.3 显示了当 b 为 10、8 和 6，$C=1$，$\sigma_{rms}=1$ 时的 $\pi(\sigma)$ 的变化。

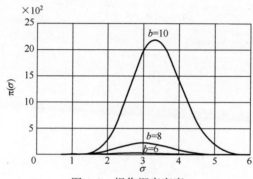

图 4.3　损伤概率密度

该准则有以下特征：

众数：
$$\sigma_{rms}\sqrt{1+b} \quad (4.61)$$

均值：
$$\sqrt{2}\,\sigma_{rms} \frac{\Gamma\left(1+\dfrac{b+1}{2}\right)}{\Gamma\left(1+\dfrac{b}{2}\right)} \quad (4.62)$$

方差：
$$2\sigma_{rms}^2 \left[\frac{\Gamma\left(1+\dfrac{b+2}{2}\right)}{\Gamma\left(1+\dfrac{b}{2}\right)} - \left(\frac{\Gamma\left(1+\dfrac{b+1}{2}\right)}{\Gamma\left(1+\dfrac{b}{2}\right)}\right)^2 \right] \quad (4.63)$$

众数、均值和方差是 σ_{rms} 的线性函数，也是参数 b 的函数[LAM 76]。

图 4.4 给出了 $\sigma_{rms}=1$ 时，不同 b 值下众数、均值和标准差的变化。可以看出，标准差随着 b 的变化很小，近似为 0.7。

这些表达式可以通过标准化的常数除以它们来写成一维的形式：

$$\frac{2^{\frac{b}{2}} \sigma_{rms}^b}{C} \Gamma\left(1+\frac{b}{2}\right)$$

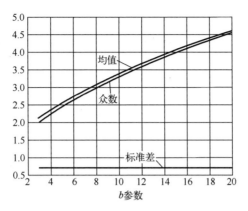

图 4.4 损伤的众数、均值和标准差

（6）在 $r=1$ 的情况下，$\overline{D}$ 可写成[LIN 67, SHE 83]

$$\overline{D} = T\left(\frac{M_2}{M_0}\right)^{\frac{1}{2}} M_0^{\frac{b}{2}} \frac{2^{\frac{b}{2}}}{\sigma_1^b N_1} \int_0^\infty x^{\frac{b}{2}} e^{-x} dx \qquad (4.64)$$

式中：M_0、M_2 分别为激励的零阶矩和二阶矩；σ_1、N_1 为曲线 $N\sigma^b = C$ 上一个特殊点的坐标。

（7）用式（4.36）计算 $\overline{D}$ 的方法：

$$\overline{D} = \frac{n_0^+ T}{C}(\sqrt{2}\sigma_{\text{rms}})^b \Gamma\left(1+\frac{b}{2}\right)$$

通常称为 Crandall 方法[TAN 70]。其他方法稍后介绍，如 M. Shinozuka[SHI 66]，D. Karnopp 和 T. D. Scharton[KAR 66]的方法。

（8）损伤 $\overline{D}$ 随 T 和 σ_{rms}^b 变化。σ_{rms} 的小变化，如激励的幅值，比迟续时间 T 的变化更加敏感。另外，由于应力水平依赖于指数 b，损伤主要是由最高应力水平产生（实际中通常是 rms 值的 4 倍）[POW 58]。

4.3.3.3 伽马函数的计算

如果 b 为正偶数，则

$$\Gamma\left(1+\frac{b}{2}\right) = \frac{b}{2}! \qquad (4.65)$$

如果 b 是奇数，$b = 2\beta+1$，则

$$\Gamma\left(1+\frac{b}{2}\right) = \Gamma\left(\frac{1}{2}+\beta\right) = \frac{1\cdot 3\cdots(2\beta+1)}{2^\beta}\sqrt{\pi} \qquad (4.66)$$

以及

$$\Gamma\left(\frac{1}{2}\right) = \sqrt{\pi}$$

如果 b 为任意值,则

$$\Gamma\left(1+\frac{b}{2}\right) = \frac{b}{2}\Gamma\left(\frac{b}{2}\right) = \frac{b}{2}\left(\frac{b}{2}-1\right)\Gamma\left(\frac{b}{2}-1\right)$$

以及

$$\Gamma\left(1+\frac{b}{2}\right) = \frac{b}{2}\left(\frac{b}{2}-1\right)\left(\frac{b}{2}-2\right)\cdots\left(\frac{b}{2}-n\right)\Gamma\left(\frac{b}{2}-n\right) \quad (4.67)$$

式中,$b/2-n$ 在 1~2 之间。

表 4.1 给出了 $b/2-n$ 在 1~2 之间时,$\Gamma(b/2-n)$ 的值[ABR 70]。

表 4.1 函数 $\Gamma(b/2-n)$ 的值

b	$\Gamma(b/2-n)$	b	$\Gamma(b/2-n)$	b	$\Gamma(b/2-n)$	b	$\Gamma(b/2-n)$
1.25	0.8966	8.50	35.2116	15.75	3.09×10^4	23.00	1.37×10^8
1.50	0.9191	8.75	42.8625	16.00	4.03×10^4	23.25	1.87×10^8
1.75	0.9534	9.00	52.3428	16.25	5.27×10^4	23.50	2.55×10^8
2.00	1.0000	9.25	64.1193	16.50	6.91×10^4	23.75	3.50×10^8
2.25	1.0595	9.50	78.7845	16.75	9.07×10^4	24.00	4.79×10^8
2.50	1.1330	9.75	97.0916	17.00	1.19×10^5	24.25	6.57×10^8
2.75	1.2223	10.00	120.0000	17.25	1.57×10^5	24.50	9.03×10^8
3.00	1.3293	10.25	148.7344	17.50	2.07×10^5	24.75	1.24×10^8
3.25	1.4569	10.50	184.8610	17.75	2.74×10^5	25.00	1.71×10^9
3.50	1.6084	10.75	230.3860	18.00	3.63×10^5	25.25	2.36×10^9
3.75	1.7877	11.00	287.8853	18.25	4.81×10^5	25.50	3.26×10^9
4.00	2.0000	11.25	260.6710	18.50	6.39×10^5	25.75	4.50×10^9
4.25	2.2514	11.50	453.0107	18.75	8.50×10^5	26.00	6.23×10^9
4.50	2.5493	11.75	570.4130	19.00	1.13×10^6	26.25	8.63×10^9
4.75	2.9029	12.00	720.0000	19.25	1.51×10^6	26.50	1.20×10^{10}
5.00	3.3234	12.25	910.9983	19.50	2.02×10^6	26.75	1.66×10^{10}
5.25	3.8245	12.50	1155.3813	19.75	2.71×10^6	27.00	2.31×10^{10}
5.50	4.4230	12.75	1468.7106	20.00	3.63×10^6	27.25	3.21×10^{10}
5.75	5.1397	13.00	1871.2545	20.25	4.87×10^6	27.50	4.48×10^{10}
6.00	6.0000	13.25	2389.4457	20.50	6.55×10^6	27.75	6.24×10^{10}
6.25	7.0355	13.50	3057.8220	20.75	8.82×10^6	28.00	8.72×10^{10}
6.50	8.2851	13.75	3921.5895	21.00	1.19×10^7	28.25	1.22×10^{11}
6.75	9.7971	14.00	5040.0000	21.25	1.61×10^7	28.50	1.70×10^{11}
7.00	11.6317	14.25	64.9010^3	21.50	2.17×10^7	28.75	2.39×10^{11}
7.25	13.8636	14.50	8.38×10^3	21.75	2.94×10^7	29.00	3.35×10^{11}
7.50	16.5862	14.75	1.08×10^4	22.00	3.99×10^7	29.25	4.70×10^{11}
7.75	19.9162	15.00	1.40×10^4	22.25	5.42×10^7	29.50	6.60×10^{11}
8.00	24.0000	15.25	1.82×10^4	22.50	7.37×10^7	29.75	9.29×10^{11}
8.25	29.0214	15.50	2.37×10^4	22.75	1.00×10^8	30.00	1.31×10^{12}

> **例 4.1**
>
> $$\Gamma(6.44) = 5.44\, \Gamma(5.44) = 5.44 \times 4.44 \times 3.44 \times 2.44 \times 1.44\, \Gamma(1.44)$$
> 由于 $\Gamma(1.44) = 0.8858$
> 则得 $\Gamma(6.44) \approx 258.6$

伽马函数也可以从级数展开中近似得到(见附录 A1)。在表 4.1 列出了 $\Gamma(b/2-n)$ 作为 b 的函数在 1.25~30 之间的取值。

4.3.4 当 $G_0\Delta f$ 为常数时,宽度为 Δf 的窄带噪声 G_0 的 rms 响应

一噪声具有恒定的功率谱密度 G_0,宽度为 Δf,中心频率 f_m 限制在 f_1 和 f_2 之间,其中 $f_1 = f_m - \frac{\Delta f}{2}$,$f_2 = f_m + \frac{\Delta f}{2}$,即随着简化坐标 $h = \frac{f}{f_0}$,$h_1 = h_m - \frac{\Delta h}{2}$ 和 $h_2 = h_m + \frac{\Delta h}{2}$。第 3 卷中式(8.61)和式(A 6.20)可以计算 rms 响应 z_{rms}。如果 Δh 很小,则

$$z_{rms}^2 \approx \frac{G_0 \Delta f}{(2\pi)^4 f_0^3 [h_m^4 + (2-\alpha^2) h_m^2 + 1]} \tag{4.68}$$

式中:$\alpha = 2\sqrt{1-\xi^2}$。

或

$$\omega_0^4 z_{rms}^2 \approx \frac{G_0 \Delta f}{h_m^4 + (2-\alpha^2) h_m^2 + 1}$$

要说明的是,z_{rms}^2 随着乘积 $G_0 \Delta h$ 变化。当 f_m 相对于 f_0 很小时,对于通常的阻尼值,可以看出 $\omega_0^2 z_{rms}$ 接近于激励的 rms 值 $\ddot{x}_{rms}$。对于窄带噪声,有

$$\overline{D} = \frac{K^b}{C} n_0^+ T (\sqrt{2} z_{rms})^b \Gamma\left(1 + \frac{b}{2}\right)$$

此外,其他条件相同的情况下,损伤 $\overline{D}$ 是 $(G_0 \Delta h)^{b/2}$ 的函数。如果乘积是常数,则 z_{rms}^2 通常和 D 一样也是常数。如果 $h_m = 1$,则

$$\omega_0^4 z_{rms}^2 \approx \frac{G_0 \Delta f}{4-\alpha^2}$$

如果 $Q = 1, a^2 = 3$,则

$$\omega_0^4 z_{rms}^2 \approx \frac{G_0 \Delta f}{h_m^4 - h_m^2 + 1}$$

如果 $h_m = 1, Q = 1$,则

$$\omega_0^4 z_{rms}^2 \approx G_0 \Delta f$$

4.3.5 Steinberg 方法

Steinberg[STE 00]提出了一个非常简单的关系式,假设应力循环服从高斯分布[BIS 99,KOC 10,RAH 08]。

瞬时加速度介于:

(1) $+1\sigma_{rms}$ 和 $-1\sigma_{rms}$ 水平假设有 68.3% 的时间作用在 $1\sigma_{rms}$ 水平;

(2) $+2\sigma_{rms}$ 和 $-2\sigma_{rms}$ 水平假设有 95.4%、68.3% 或 27.1% 的时间作用在 $2\sigma_{rms}$ 水平;

(3) $+3\sigma_{rms}$ 和 $-3\sigma_{rms}$ 水平假设有 99.73% ~ 95.4% 或 4.33% 的时间作用在 $3\sigma_{rms}$ 水平。

这些值在下边三个带中出现:

(1) 68.3% 的时间在 1 倍 rms 带;

(2) 27.1% 的时间在 2 倍 rms 带;

(3) 4.3% 的时间在 3 倍 rms 带。

在这些情况下,等效应力为

$$\sigma_{eq} = \sigma_{rms}[0.683 \times 1^b + 0.271 \times 2^b + 0.043 \times 3^b]^{\frac{1}{b}} \quad (4.69)$$

式(4.69)代入式(4.17)可得到疲劳损伤为

$$\overline{D} = \frac{n_0^+ T}{C}\sigma_{eq}^b$$

比 3 倍 rms 值都大的峰值被忽略,计算简单且迅速。这个方法目的是研究电子元器件随机振动下的疲劳行为,是一个对比工具。它基于大量的试验结果,证明采用近似的高斯分布可以在合理的精度下分析疲劳失效,且比瑞利分布的相关性更好。

4.4 等效窄带噪声

疲劳损伤估计需要计算响应峰值的直方图。在之前的部分中,响应峰值的概率密度是通过信号的统计特性估算来的。也可以使用许多直接峰值计数法进行计算,常用的是雨流计数法。

另一种方法是等效窄带噪声法,该方法是基于以瑞利峰值分布($r=1$)假设而建立的几种简化公式:

(1) 不论实际分布是什么,都使用式(4.37)获得瑞利峰值分布(r 假设为 1);

(2) 相同的假设并且用单位时间的平均峰值数 n_p^+ 来代替预期频率 n_0^+;

(3) 或将实际峰值概率密度转换成为瑞利分布。

4.4.1 窄带响应公式的使用

即使峰值分布不完全服从瑞利分布,目前为了简化计算,通常将 r 近似为 1。因此响应过程 $z(t)$ 假设为窄带噪声[CHA 85],可以应用式(4.37),即

$$\overline{D} = \frac{K^b}{C} n_0^+ T (\sqrt{2} z_{\text{rms}})^b \Gamma\left(1 + \frac{b}{2}\right)$$

并认为不论 r 真值是多少,上式始终是成立。

因此,假定在相同的时间内与实际的宽带应力具有相同的 rms 值和相同零穿越数(n_0^+)的窄带应力可以给出可接受的损伤估计。该假定的意义在于,如果该假设得到验证,则式(4.37)很容易使用,从而避免使用雨流计数和一些繁杂的数学计算。

瑞利分布近似引起的误差

当 $0.567 \leq r \leq 1$,式(4.37)是一种很好的损伤近似计算公式(4.3.3.1节)。依据参数 r,考虑对于瑞利分布的所有情况(r 为任意值),疲劳损伤估算的误差会达到什么程度。计算由瑞利峰值概率密度 $q(u)$ 计算得到的损伤 $\overline{D}$ 和从一般准则 $q(u)$ 推导出的损伤 $\overline{D}$ 之间的比值 p:

$$p = \frac{\dfrac{K^b}{C} n_0^+ T (\sqrt{2})^b z_{\text{rms}}^b \Gamma\left(1 + \dfrac{b}{2}\right)}{\dfrac{K^b}{C} n_p^+ T z_{\text{rms}}^b \displaystyle\int_0^{+\infty} u^b q(u) \, \mathrm{d}u} \tag{4.70}$$

$$p = \frac{r (\sqrt{2})^b \Gamma\left(1 + \dfrac{b}{2}\right)}{\displaystyle\int_0^{+\infty} u^b q(u) \, \mathrm{d}u} \tag{4.71}$$

如图 4.5 所示,当 r 趋向 1,p 也趋向于 1,对于更大的 b 值该趋势更快。假设采用瑞利准则,则在 $b \in [3,30]$ 且 $r \geq 0.6$ 时,增大的误差仍然低于 4%(图 4.6),因此证明了 Bernstein 的计算[BER 77]。

采用瑞利准则计算的损伤 $\overline{D}$ 通常比用更一般的公式获得的损伤要小(无论 b 和 r 取值为多少)。图 4.7 显示了用瑞利准则近似的可接受范围。

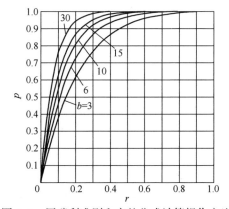

图 4.5 用瑞利准则和完整公式计算损伤之比

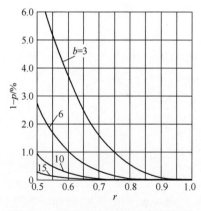

图 4.6 因采用瑞利准则产生的误差　　图 4.7 用瑞利准则得到的近似可接受范围

注：

L. P. Pook [POO 78] 认为疲劳问题，如果 $q \leqslant 0.14$，其中 $q = \sqrt{1-r^2}$，即 $r \geqslant 0.99$，则所有过程都可以认为是窄带过程。对于上述曲线而言，条件看起来十分严酷。

4.4.2　可选方法：每秒极大值的平均个数的使用

上面完整公式和瑞利公式的对比是从式(4.37)开始的：

$$\overline{D} = \frac{K^b}{C} n_0^+ T \left(\sqrt{2}\right)^b z_{\text{rms}}^b \Gamma\left(1+\frac{b}{2}\right)$$

其中，对于 $r=1$，期望频率 n_0^+ 等效于单位时间内最大的平均数 n_p^+。J. T. Broch [BRO 68b, SCH 61b] 通过试验说明，尽管 n_0^+ 和 σ_{rms}（或 z_{rms}）是相同的，r 值不同的两个试验得到的疲劳寿命不同。该趋势也被其他作者证实 [BER 77, FUL 62]。如果 $r \neq 1$，在式(4.37)中用 n_p^+ 代替 n_0^+ 是合理的，因为损伤与波峰数量有关。得到公式

$$\overline{D} = \frac{K^b}{C} n_p^+ T \left(\sqrt{2}\right)^b z_{\text{rms}}^b \Gamma\left(1+\frac{b}{2}\right) \tag{4.72}$$

与用完整方程获得的结果比较，在与之前相同条件下得出如图 4.8 所示的曲线。

然而在许多实际案例中，该方法获得的结果足够精确 [PHI 65, RUD 75, SCH 61a]。

窄带近似法的主要缺点是高估了最大峰值出现的概率，因此导致保守的损伤估计 [[BEN 04, BER 77, BIS 00, BIS 03, CHA 85, FDL 62, KIM 02]。当峰值分布近似于高斯分布时 (r 很小)，该方法的使用还存在争议。

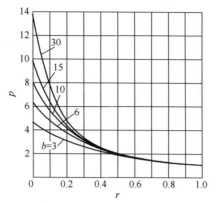

图 4.8 在瑞利准则假设下用波峰平均数和完整公式计算的损伤比

这个结果是合理的,因为假设导致把每个波峰都看作是标准的半循环,而这个假设在 $r \ll 1$ 时明显不成立,如图 4.9 所示。

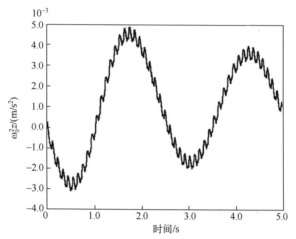

图 4.9 单自由度系统对飞机振动的响应($f=0.4\text{Hz}, \xi=0.55$)

4.5 峰值服从修正的莱斯分布情况下损伤的计算

4.5.1 修正瑞利分布对真实极大值的分布的近似

线性单自由度系统的高斯随机振动响应也是高斯分布,极大值的概率密度为

$$q(u) = \frac{\sqrt{1-r^2}}{\sqrt{2\pi}} e^{-\frac{u^2}{2(1-r^2)}} + \frac{ur}{2} e^{-\frac{u^2}{2}} \left[1 + \text{erf}\left(\frac{ur}{\sqrt{2(1-r^2)}} \right) \right]$$

窄带响应(或结构应力)的参数 r 接近于 1，$q(u)$ 接近于瑞利分布，这会使计算更加简单。

通常情况下，$q(u)$ 的曲线在 $u<0$ 时有一部分弧线，当 $u>0$ 时，依据参数 r，曲线接近瑞利曲线，如图 4.10 所示。为了应用瑞利方法，首先需要移除负的部分，并且 $q(u)$ 乘以一个标准化因子，这样新的概率密度 $q^*(u)$ 在曲线下的面积接近于 1。如果 $Q(u_0)$ 是概率，$u>u_0$，则

$$Q(u_0) = \int_0^\infty q(u)\,\mathrm{d}u$$

即

$$Q(u_0) = \frac{1}{2}\left\{\left[1-\mathrm{erf}\left(\frac{ur}{\sqrt{2(1-r^2)}}\right)\right] + re^{-\frac{u_0^2}{2}}\left[1+\mathrm{erf}\left(\frac{ur}{\sqrt{2(1-r^2)}}\right)\right]\right\} \quad (4.73)$$

当 $u_0 = 0$ 时，$Q(u_0)$ 等同于

$$Q(0) = \frac{1+r}{2} \quad (4.74)$$

当 $u>0$ 时，曲线 $q(u)$ 下的面积为

$$P(0) = 1 - Q(0) = \frac{1-r}{2} \quad (4.75)$$

也就是纵轴左边的部分(图 4.11)。

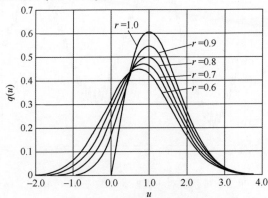

图 4.10　极大值的概率密度

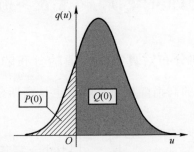

图 4.11　极大值概率密度负值部分的抑制

由于 $r = \dfrac{n_0^+}{n_p^+}$,则

$$Q(0) = \frac{n_p^+ + n_0^+}{2n_p^+} \qquad (4.76)$$

和

$$P(0) = \frac{n_p^+ - n_0^+}{2n_p^+} \qquad (4.77)$$

为了对新密度 $q^*(u)$ 标准化,有必要令[HIL 70,KAC 76]

$$q^*(u) = \frac{2}{r+1} q(u) \qquad (4.78)$$

图 4.12 描述了 r 为 0.6、0.7、0.8、0.9 和 1 时,在定义域 $(0, \infty)$ 内的 $q^*(u)$ 曲线。计算疲劳寿命需要介于应力等级 σ 和 $\sigma + \mathrm{d}\sigma$ 之间极大值数:

$$\mathrm{d}n = n_p^+ T q(\sigma) \mathrm{d}\sigma = n_p^+ T q(u) \mathrm{d}u \qquad (4.79)$$

式中:n_p^+ 为每秒正的极大值的平均个数。

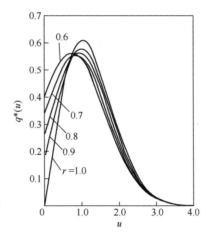

图 4.12 截断和标准化的极大值概率密度

当是窄带过程响应时,$r=1$ 且 $n_p^+ = n_0^+$。在这种情况下更倾向于使用 n_0^+,因为计算它只需要知道 z_{rms} 和 $\dot{z}_{\mathrm{rms}}$(n_p^+ 需要确定参数 $\dot{z}_{\mathrm{rms}}$ 和 $\ddot{z}_{\mathrm{rms}}$)。为了维持这个情况,式(4.79)可以写成

$$\mathrm{d}n = n_p^+ T \left[\frac{1+r}{2} q^*(u)\right] \mathrm{d}u = n_0^+ T \left[\frac{1+r}{2r} q^*(u)\right] \mathrm{d}u = n_0^+ T q^{**}(u) \mathrm{d}u \qquad (4.80)$$

对于和上面相同的 r 值,图 4.13 显示了 $q^{**}(u) = \dfrac{q(u)}{r}$ 的变化。经过两次修正后,可以看到低于 z_{rms} 的极大值数量比利用瑞利分布得到的要多。如果不

知道低水平的极大值对整体损伤的贡献是否可忽略,则考虑瑞利分布可能稍微保守。

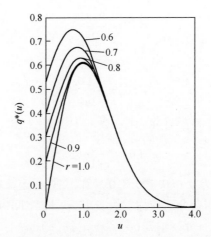

图 4.13 为了使用期望频率而截断、标准化和修正的极大值概率密度

当 $z>2z_{rms}$ 时,所有的分布律都与 $0.6 \leqslant r \leqslant 1$ 的瑞利分布难以区分,这个区间几乎包括所有在实际的单自由度或多自由度结构中能找到的值[KAC 76]。

注:

B. M. Hillberry [HIL 70]根据式(4.23)提出了另一种方法:

$$\overline{D} = \frac{n_p^+ T}{C} \sigma_{rms}^b \int_0^{+\infty} u^b q(u) \mathrm{d}u$$

式中:$u = \dfrac{\sigma}{\sigma_{rms}}$。

当 r 是介于 0~1 之间的任意值时,曲线 $q(u)$ 表示的是 $u<0$ 情况下的值(图 4.14)。

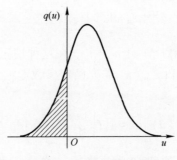

图 4.14 负极大值的抑制

为了对忽略负极大值后新的峰值概率密度进行标准化，B. M. Hillberry 用下列形式描述损伤：

$$\overline{D} = \frac{n_p^+ T \sigma_{\text{rms}}^b \int_0^{+\infty} u^b q(u) \mathrm{d}u}{C \int_0^{\infty} q(u) \mathrm{d}u} \tag{4.81}$$

4.5.2 Wirsching 和 Light 方法

Wirsching 和 Light[PAS 09, WIR 79]基于莱斯分布提出了由宽带随机疲劳过程 $\ddot{x}(t)$ 造成的疲劳损伤的近似公式，假设考虑宽带信号峰值近似。损伤为

$$\overline{D} = \frac{n_p^+ T}{C} 2^{\frac{3b}{2}} \frac{\sigma_{\text{rms}}^b}{1+r} \left[2\sigma_{\text{rms}} \Gamma\left(1 + \frac{b}{2}\right) + \frac{(1-r^2)^{\frac{b+2}{2}}}{\sqrt{\pi}} \Gamma\left(1 + \frac{b}{2}\right) - r \int_0^{+\infty} \lambda^{\frac{b}{2}} \operatorname{erfc}\left(\frac{r\sqrt{\lambda}}{\sqrt{1-r^2}}\right) e^{-\lambda} \mathrm{d}\lambda \right] \tag{4.82}$$

$$\operatorname{erfc}(u) = 1 - \frac{2}{\sqrt{\pi}} \int_0^u e^{-t^2} \mathrm{d}t \tag{4.83}$$

上式中的积分只可进行数值求解。

4.5.3 Chaudhury 和 Dover 方法

Chaudhury 和 Dover[CHA 85]从波峰概率的通用表达式(4.26)推导出一个一般 PSD 形状的应力峰值的概率密度函数，即

$$q(\sigma) = \frac{q}{\sigma_{\text{rms}}\sqrt{2\pi}} e^{-\frac{\sigma^2}{2\sigma_{\text{rms}}^2 q^2}} + \frac{r\sigma}{2\sigma_{\text{rms}}^2} \left[1 + \operatorname{erf}\left(\frac{\sigma}{\sigma_{\text{rms}} q\sqrt{2}}\right)\right] e^{-\frac{\sigma^2}{2\sigma_{\text{rms}}^2}}$$

式中：$q = \sqrt{1-r^2}$。

用 $x\sigma_{\text{rms}}\sqrt{2}\frac{q}{r}$ 替代 σ，可得

$$q(x) = \frac{q}{\sigma_{\text{rms}}\sqrt{2\pi}} e^{-\left(\frac{x}{r}\right)^2} + \frac{xq}{\sigma_{\text{rms}}\sqrt{2}} \left[1 + \operatorname{erf}(x)\right] e^{-\left(\frac{qx}{r}\right)^2} \tag{4.84}$$

误差函数 $\operatorname{erf}(x)$（根据 x 在 0~1 之间变化）可以近似为 1/2：

$$q(x) = \frac{q}{\sigma_{\text{rms}}\sqrt{2\pi}} e^{-\left(\frac{x}{r}\right)^2} + \frac{xq}{\sigma_{\text{rms}}\sqrt{2}} \frac{3}{2} e^{-\left(\frac{qx}{r}\right)^2} \tag{4.85}$$

得到平均损伤为

$$\overline{D} = \frac{n_p^+ T}{C} \int_0^{+\infty} \sigma^b q(\sigma) \, \mathrm{d}\sigma$$

和

$$\overline{D} = \frac{n_p^+ T}{C} (\sqrt{2}\sigma_{\mathrm{rms}})^b \left\{ \frac{q^{b+2}}{2\sqrt{\pi}} \Gamma\left(\frac{b+1}{2}\right) + 0.75 r \Gamma\left(\frac{b}{2}+1\right) \right\} \quad (4.86)$$

如果 $r \to 0 (q \to 1)$，则 $\overline{D}$ 趋向于

$$\overline{D} = \frac{n_p^+ T}{C} (\sqrt{2}\sigma_{\mathrm{rms}})^b \frac{1}{2\sqrt{\pi}} \Gamma\left(\frac{b+1}{2}\right)$$

（在式(4.31)中已经说明），如果 $r \to 0 (q \to 1)$，$n_p^+ = n_0^+$，则

$$\overline{D} = \frac{n_0^+ T}{C} (\sqrt{2}\sigma_{\mathrm{rms}})^b 0.75 \, \Gamma\left(1+\frac{b}{2}\right) \quad (4.87)$$

该方程给出的值要比理论窄带过程的低 25%。这个差异来自于误差函数值的选择。有研究人员（研究近海建筑物的应力）利用雨流计数法对峰值进行计数得到的计算结果符合试验结果。考虑这些计数的结果，他们修正和调整了利用瑞利假设建立的式(4.36)，即

$$\overline{D} = \frac{n_0^+ T}{C} (\sqrt{2}\sigma_{\mathrm{rms}})^b \Gamma\left(1+\frac{b}{2}\right)$$

Chaudhury 和 Dover 也对窄带和宽带随机过程计算平均等效理论应力范围，然后根据雨流计数法结果为几个海洋状态 PSD 提出了一个修正的疲劳损伤关系式：

$$\overline{D} = \frac{n_p^+ T}{C} \sigma_{\mathrm{eq}}^b$$

式中

$$\frac{\sigma_{\mathrm{eq}}}{\sigma_{\mathrm{rms}}} = \sqrt{2} \times \left[\Gamma\left(1+\frac{b}{2}\right) \right]^{\frac{1}{b}}, \quad n_p^+ = n_0^+ \quad (4.88)$$

如果峰值分布为瑞利分布，则

$$\frac{\sigma_{\mathrm{eq}}}{\sigma_{\mathrm{rms}}} = \sqrt{2} \times \left[\frac{1}{2\sqrt{\pi}} \Gamma\left(\frac{b+1}{2}\right) \right]^{\frac{1}{b}} \quad (4.89)$$

如果峰值分布为高斯分布，则

$$\frac{\sigma_{\mathrm{eq}}}{\sigma_{\mathrm{rms}}} = \left\{ \sqrt{2} \times \left[\frac{1}{2\sqrt{\pi}} \Gamma\left(\frac{b+1}{2}\right) \right]^{\frac{1}{b}} + 0.42 \right\} + 4.2 \times \frac{r-0.5}{b+0.5} \quad (4.90)$$

在通常情况下，$0.5 < r < 1$。

可以用 G. K. Chaudhury 和 W. D. Dover 计算的损伤与利用瑞利假设计算的

损伤之间的关系对这两种方法进行比较(图4.15):

$$\frac{\overline{D}_{\text{CH}}}{\overline{D}_{\text{R}}} = \frac{\left[\left\{\sqrt{2} \times \left[\frac{1}{2\sqrt{\pi}}\Gamma\left(\frac{b+1}{2}\right)\right]^{1/b} + 0.42\right\} + 4.2 \times \frac{r-0.5}{b+0.5}\right]^b}{(\sqrt{2})^b \Gamma\left(1+\frac{b}{2}\right)} \quad (4.91)$$

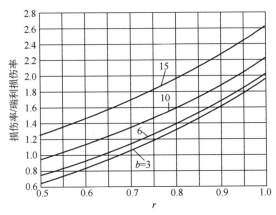

图4.15 用Chaudhury和瑞利假设计算的损伤的比较

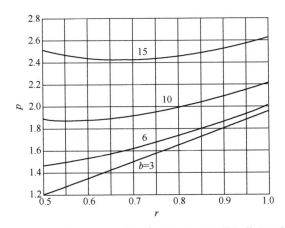

图4.16 用Chaudhury假设和用完整公式计算损伤的比较

也可以用$q(u)$的通用公式计算的损伤作为参考来评估该方法计算的数值(图4.16):

$$p = \frac{\overline{D}_{\text{CH}}}{\overline{D}} = \frac{\left[\left\{\sqrt{2} \times \left[\frac{1}{2\sqrt{\pi}}\Gamma\left(\frac{b+1}{2}\right)\right]^{1/b} + 0.42\right\} + 4.2 \times \frac{r-0.5}{b+0.5}\right]^b}{\int_0^{+\infty} u^b q(u) \mathrm{d}u} \quad (4.92)$$

4.5.4 峰值概率密度的近似表达

L. Pierrat[PIE 04]考虑了式(4.26),确定了二次指数形式的误差函数,即

$$\text{erf}(x) \approx 1 - \frac{1}{n}\sum_{i=1}^{n}\exp[-(A_{n,i}x)^2] \tag{4.93}$$

得到损伤表达式为

$$\overline{D} = \frac{n_p^+ T}{C}(\sqrt{2}\sigma_{\text{rms}})^b \left\{ \frac{q^{b+2}}{2\sqrt{\pi}}\Gamma\left(\frac{b+1}{2}\right) + \text{LP}_n(r,b)\Gamma\left(\frac{b+1}{2}\right) \right\} \tag{4.94}$$

式中:$\text{LP}_n(r,b)$为修正函数,计算它一方面是为了顾及对应的宽带过程($r=0$)和窄带过程($r=1$)的渐近解,另一方面为了考虑近似均值和精确误差函数的一致性。

这个函数的0阶是独立于r和b的常数。修正函数的一阶和二阶可以写成

$$\text{LP}_n = 1 - \frac{1}{2n}\sum_{i=1}^{n}C_{n,i} \tag{4.95}$$

系数$C_{n,i}$和$A_{n,i}$关系为

$$C_{n,i} = \left[1 + \left(\frac{A_{n,i}r}{q}\right)^2\right]^{-\left(1+\frac{b}{2}\right)} \tag{4.96}$$

系数$A_{n,i}$为

$$\begin{cases} A_{1,1} = \dfrac{\pi}{2} \approx 1.571 \\ A_{2,1} = \dfrac{2\pi}{4+\sqrt{2\pi^2-16}} \approx 1.059 \\ A_{2,2} = \dfrac{2\pi}{4-\sqrt{2\pi^2-16}} \approx 3.104 \end{cases} \tag{4.97}$$

误差可以用此比值估算:

$$p = \frac{\overline{D}_{\text{LP}}}{\overline{D}} = \frac{\dfrac{(\sqrt{1-r^2})^{b+2}}{2\sqrt{\pi}}\Gamma\left(\dfrac{b+1}{2}\right) + \text{LP}_n(r,b)\Gamma\left(\dfrac{b+1}{2}\right)}{\int_0^{+\infty} u^b q(u)\,\mathrm{d}u} \tag{4.98}$$

这个近似带来的误差是b在3~25之间变化时进行评估的,在$b=25$时误差最大(图4.17和图4.18)。0阶时,伽马函数的系数为

$$\text{LP}_0 = 1 - \frac{1}{2\sqrt{\pi}} \approx 0.718$$

与 G. K. Chaudhury 和 W. D. Dover[CHA 85](0.75)(式(4.92))得到的很接近。$r=1$ 时会导致一个显著误差,大约为 28%。1 阶近似允许的误差限制在 5% 以内,2 阶近似允许的误差限制在 2% 以内 $(3 \leqslant b \leqslant 25)$。

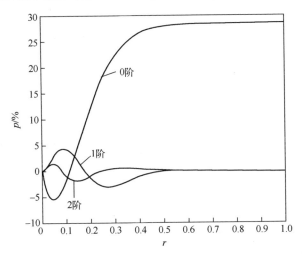

图 4.17　对应参数 r,0 阶、1 阶、2 阶$(b=25)$近似的误差

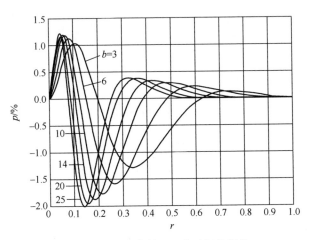

图 4.18　对应参数 r,2 阶近似的误差

4.6　其他方法

为改善窄带解法人们提出了许多表达式,有以下目的[BEN 64]：

(1) 修正其保守性并获得一个更好的宽带噪声下的近似公式。此修正应用于：

① 峰值概率密度或经验域(Dirlik,Wirsching,Abdo,Zhao);
② 乘法修正系数的使用(Madsen,Ortiz,Jiao,Tovo);
③ 基于峰值或应力域分布准则假设进行等效应力的计算。

Tunna(1986)、Hancock(1988)、Kam 和 Dover(1988)提出的关系式都是用这种方法推导出的。

提出了改进的预测模型[JIA 90,LAR 91,LUT 90],它修正了之前取决于更高谱矩和 S-N 曲线指数 b 的因子 λ 导致的结果[PIT 01]。

(2)评估应力变化范围的概率密度而不是峰值的,因此能从一个时间相关的信号得到一个更相近的损伤计算模式(雨流)。

在宽带噪声里,可以看到两次零穿越间有多个小幅值波峰(图 4.19)。如果用峰值分布计算损伤,那么假设两次零穿越间的每个峰值对应半个循环,这会使得关于这些范围计数的损伤增大。

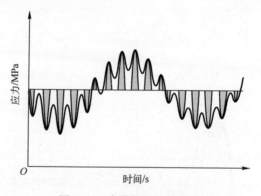

图 4.19 窄带假设的保守性

当不规则系数趋于 1 时(瑞利峰值分布),应力变化范围的分布趋近于峰值分布。当 r 很小时,这两个分布不同,峰值分布的使用会导致不正确的损伤估算。

为了更好地描述雨流半程柱状图,提出多个半程密度近似公式,因此修正了瑞利峰值概率密度的保守性,其保守性会使得疲劳损伤值比雨流计数法的值大。

这些方法基于统计模型,这些模型利用了瑞利分布、威布尔分布、指数分布和应力功率谱密度一阶矩的系数函数的组合。V. Bouyssy、S. M. Naboishikov、R. Rackwitz[BOU 93] 和 D. Benasciutti[BEN 04] 对以上方法进行比较,发现 T. Dirlik 关系式对寿命的评估结果最好。

一些适用于宽带过程,另一些用于窄带过程。假设信号是高斯信号。因瑞利密度的简易性,一般采用瑞利密度作为基础。

已经发表了一些雨流半程概率密度的经验公式,如:

(1) P. H. Wirsching，用因子 λ 修正的关系式(4.37)[WIR 80]；

(2) G. K. Chaudhury 和 W. D. Dover，基于被 b 和 r 的函数项修正的关系式(4.37)[CHA 85]；

(3) T. Dirlik，通过用应力功率谱密度的一阶矩提出了一个经验性表达[DIR 85]；

(4) W. W. Zhao 和 M. J. Baker[ZHA 92]（来自韦伯概率密度和瑞利概率密度的线性组合）；

(5) G. Petrucci[PET 99，PET 00，PET 04，PET 04a]，基于古德曼的等效应力；

(6) D. Benasciutti 和 R. Tovo[BEN 05]（来自高斯载荷的波峰和波谷的合理组合的理论检验）。

大多数这些关系式的建立都与海上平台的设计有关，而在该领域对此技术的兴趣已经存在很多年。这个方法是由功率谱密度利用反傅里叶变换方法生成样本时间历程而来的，然后应力范围的概率密度函数由经验估计。

Wirsching 等[WIR 80]，Chaudhury 和 Dover[CHA 85]，Tunna[TUN 86]，Hancock[HAN 85a，HAN 85b]，Kam 和 Dover[KAM 88]公式的方法推导都使用了所提到的方法，它们都表达为功率谱密度的谱矩，最高达到第四阶。

针对双峰过程的情况，已建立了一些更精确的公式。双峰过程是一种经常发生的特殊的宽带过程，PSD 由两个窄带组成（图 4.20）。

提出频率—范围方法是为了确定此类过程的疲劳损伤，由 Jiao 和 Moan[JIA 90]，Sakai 和 Okamura[SAK 95]，Fu 和 Cebon[FU 00]，Benasciutti 和 Tovo[BEN 07]提出，用不同的原理对与两频率成份相关的损伤进行组合。实际使用时，由 Lotsberg[LOT 05] 和 Huang 和 Moan[HUA 06，GAO 08]提出双峰疲劳损伤也可以用单个损伤表达。

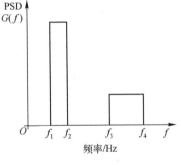

图 4.20 双峰过程示例

4.7 基于雨流计数的疲劳损伤计算

4.7.1 Wirsching 方法

在对几种计数方法进行了比较研究后，P. H. Wirsching[WIR 80a，WIR 80b，WIR 80c，WIR 83a]定义了参数：

$$\lambda_X = \frac{\text{"}X\text{"方法计算的疲劳损伤}}{\text{"等效窄带"方法计算的疲劳损伤}}$$

使用多种方法,绘制了不同 b 值下参数 λ_X 对参数 r(或 $q=\sqrt{1-r^2}$)的曲线。

图 4.21 描述了 $b=3$ 时的曲线,但是无论 b 值是多少,它们都具有相同的形状(曲线间变化增大,但是它们的相对位置关系保持不变)。

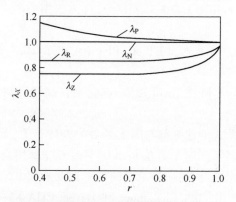

图 4.21　多种峰值计数法得到的损伤率

λ_R:雨流类计数法;λ_P:响应峰值计数;λ_Z:零穿越计数;λ_N:简化的关系($r=1$)。

不论 b 值是多少,不管采用什么方法,当 $r \to 1$ 时,$\lambda_X \to 1$。

通过与雨流计数法对比,该方法为最精确的方法,P. H. Wirsching 指出峰值计数方法和等效窄带方法比较保守。零穿越计数方法给出了非保守结果。

从功率谱密度的四个特别形式,推出了一个经验公式。通过简化窄带关系,可以用雨流计数法进行损伤计算。如果 $\overline{D}_{NB}$ 为窄带损伤,$\overline{D}$ 为雨流计数计算的损伤,则

$$\overline{D} = \lambda_R \overline{D}_{NB} \qquad (4.99)$$

式中:$\overline{D}_{NB}$ 由式(4.37)求得。

λ_R、b、r 之间的经验公式为

$$\lambda_R(b,r) = A(b) + [1-A(b)][1-q]^{B(b)} \qquad (4.100)$$

且

$$\begin{cases} A(b) = 0.926 - 0.033b \\ B(b) = 1.587b - 2.323 \end{cases} \qquad (4.101)$$

通过将由雨流计数法和式(4.12)计算得到的损伤间差异最小化,从包含宽带谱和双峰谱的模拟中经验性的确定这些系数(PSD 由两个窄带组成)[KIM 02]。b 为 3、6 和 10,r 为 0.45~1.0。

如果 $r=1$,$\lambda_R=1$ 和 $r=0$,$\lambda_R=A(b)$。图 4.22 和图 4.23 显示了 λ_R 随 r 和 b

的变化。注意到,对于给定的 b,如果 $r<0.9$,则 λ_R 变化的非常小。

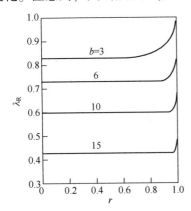

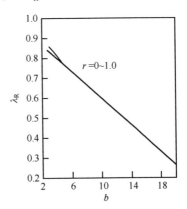

图 4.22 窄带假设下计算损伤的修正因子(对 r)

图 4.23 窄带假设下计算损伤的修正因子(对 b)

研究波浪对近海建筑作用产生的疲劳载荷,其中 $q>0.5(r<0.866)$, $b\approx 3$(焊接接头)。在这个范围,λ_R 变化得很小,只有 b 对其有影响。对于小的 b 值,窄带模型提供了较为保守的寿命估计。

等效应力为

$$\sigma_{eq} = \sqrt{2}\sigma_{rms} r \left[\lambda_R \Gamma\left(1+\frac{b}{2}\right)\right]^{\frac{1}{b}} \quad (4.102)$$

式中:r 包含在内,因为 $n_0^+ = r n_p^+$。

通过下述比率可以评估近似法的准确性:

$$p = \frac{\text{Wirsching 方法计算的损伤}}{\text{通用公式 } q(u) \text{ 计算的损伤}}$$

即

$$p = \frac{\lambda_R \dfrac{K^b}{C}(\sqrt{2}z_{rms})^b n_0^+ T \Gamma\left(1+\dfrac{b}{2}\right)}{\dfrac{K^b}{C} n_p^+ T z_{rms}^b \int_0^{+\infty} u^b q(u)\,du}$$

$$= \frac{\lambda_R (\sqrt{2})^b r \Gamma\left(1+\dfrac{b}{2}\right)}{\int_0^{+\infty} u^b q(u)\,du} \quad (4.103)$$

当 $r\to 0$ 时,利用最通用的公式 $q(u)$ 计算的损伤为

$$\overline{D} = \frac{K^b n_p^+ T}{2C\sqrt{\pi}}(\sqrt{2}z_{rms})^b \Gamma\left(\frac{b+1}{2}\right)$$

和

$$p \approx \frac{A(b)\,r\,\Gamma\!\left(1+\dfrac{b}{2}\right)}{\Gamma\!\left(\dfrac{b+1}{2}\right)} 2\sqrt{\pi} \to 0$$

图 4.24 显示了当 b 为 3、6、10、15 时,$1-p$ 随 r 的变化。

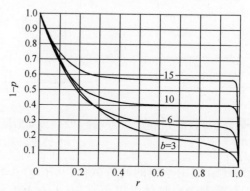

图 4.24 使用 Wirsching 关系式产生的误差

4.7.2 Tunna 方法

为了计算宽带振动造成的损伤,确切地说关于铁路工业,J. M. Tunna 提出使用下边的载荷变程概率密度[BIS 99,KOC 10,NAG 07,RAH 08]:

$$p(\sigma) = \frac{\Delta\sigma}{4rM_0}\mathrm{e}^{-\frac{\Delta\sigma^2}{8rM_0}} \tag{4.104}$$

因此,对于峰值(半程),通过假设一个零平均值有

$$p(\sigma) = \frac{\sigma}{2rM_0}\mathrm{e}^{-\frac{\sigma^2}{2rM_0}} \tag{4.105}$$

因此

$$\sigma_{\mathrm{eq}} = \left[\int_0^\infty \sigma^b q(\sigma)\,\mathrm{d}\sigma\right]^{\frac{1}{b}}$$

$$\sigma_{\mathrm{eq}}^b = \frac{1}{2rM_0}\int_0^\infty \sigma^{b+1}\mathrm{e}^{-\frac{\sigma^2}{2rM_0}}\,\mathrm{d}\sigma \tag{4.106}$$

和

$$\overline{D} = \frac{n_{\mathrm{p}}^+ T}{C}\frac{1}{2rM_0}\int_0^\infty \sigma^{b+1}\mathrm{e}^{-\frac{\sigma^2}{2rM_0}}\,\mathrm{d}\sigma \tag{4.107}$$

设 $\alpha = \dfrac{\sigma^2}{2rM_0}$,则

$$\mathrm{d}\alpha = \frac{\sigma\,\mathrm{d}\sigma}{rM_0}$$

因此

$$\sigma_{eq}^b = \frac{(2rM_0)^{b/2}}{2} \int_0^\infty \alpha^{b/2} e^{-\alpha} d\alpha$$
$$= \frac{(2rM_0)^{b/2}}{2} \Gamma\left(1+\frac{b}{2}\right) \quad (4.108)$$

并且,由式(4.17)可得

$$\overline{D} = \frac{n_p^+ T}{C} \sigma_{eq}^b = \frac{n_p^+ T (2rM_0)^{b/2}}{C \cdot 2} \Gamma\left(1+\frac{b}{2}\right) \quad (4.109)$$

$$\overline{D} = \frac{K^b}{2C} n_p^+ T (2r)^{b/2} z_{rms}^b \Gamma\left(1+\frac{b}{2}\right) \quad (4.110)$$

4.7.3 Ortiz-Chen 方法

为了计算宽带噪声造成的损伤,K. Ortiz 和 N. K. Chen[ORT 87, PAS 09]提出了一个修正因子,将其应用于基于窄带假设建立的损伤表达式(4.37):

$$\lambda_{OC} = \frac{1}{r}\left(\frac{M_2 M_k}{M_0 M_{2+k}}\right)^{\frac{1}{2}} \quad (4.111)$$

式中:M_k 由下式给出(第3卷中式(5.77)),即

$$M_k = \int_0^\infty \Omega^k G_z(\Omega) d\Omega = (2\pi)^k \int_0^\infty f^k G_z(f) df$$

下边 k 值能够以最小误差重现 Wirsching 和 Light[WIR 80b],以及 Lutes 等人[LUT 84]的试验结果:

$$k = 2b^{-0.89}$$

Ortiz 和 Chen 提出偏保守的简化公式:

$$k = \frac{2}{b}$$

4.7.4 Hancock 方法

在海上工业的作业框架内,宽带振动的情况下,J. W. Hancock 对为瑞利分布建立的公式提出了另一个修正[BIS 99, HAN 85a, HAN 85b, KAM 88, KOC 10, NAG 07, RAH 08]。两个修正因子以等效半幅应力参数 σ_{eq} 的形式给出,其中 $\sigma_{eq} = \int \sigma^b p(\sigma) d\sigma$,且

$$\sigma_{eq} = \sqrt{2M_0}\left[r\Gamma\left(1+\frac{b}{2}\right)\right]^{\frac{1}{b}} \quad (4.112)$$

和

$$\sigma_{eq} = \left(1 - \frac{\xi^2}{2}\right)\sqrt{2M_0}\left[\Gamma\left(1 + \frac{b}{1+r^2}\right)\right]^{\frac{1}{b}} \quad (4.113)$$

4.7.5 Abdo 和 Rackwitz 方法

S. T. Abdo 和 R. Rackwitz[ABD 89]根据 Kam 和 Dover 给出的损伤分析推导出其平均损伤,即

$$\overline{D} = \frac{n_p^+ T}{C}(2\sqrt{2}\sigma_{rms})^b\left\{\frac{(\sqrt{1-r^2})^{b+2}}{2\sqrt{\pi}}\Gamma\left(1 + \frac{b}{2}\right) + r\Gamma\left(\frac{b+2}{2}\right)T_\lambda\left(\frac{r}{\sqrt{1-r^2}}\sqrt{\lambda}\right)\right\} \quad (4.114)$$

式中: T_λ 为 $\lambda = b+2$ 自由度的 Student 中心 t 分布。

4.7.6 Kam 和 Dover 方法

Kam 和 Dover 等式[KAM 88]是对宽带振动从 Chaudhury 和 Dover 方法推导出的。通过把下边的等效应力表达式代入式(4.17)获得疲劳损伤。

设 $q = \sqrt{1-r^2}$,则等效应力(半幅)可以写成

$$\sigma_{eq} = \sqrt{2}\sigma_{rms}\left\{\frac{q^{b+2}}{2\sqrt{\pi}}\Gamma\left(\frac{b+1}{2}\right) + \frac{r}{2}\Gamma\left(\frac{b+2}{2}\right) + r\int_0^\infty \mathrm{erf}(x)\left(\frac{qx}{r}\right)^{b+1}\mathrm{e}^{-\left(\frac{qx}{r}\right)^2}\mathrm{d}\left(\frac{qx}{r}\right)\right\}^{\frac{1}{b}} \quad (4.115)$$

式中(第3卷中式(A4.1))

$$\mathrm{erf}(x) = \frac{2}{\sqrt{\pi}}\int_0^x \mathrm{e}^{-u^2}\mathrm{d}u$$

σ_{eq} 的计算是迭代得到的。图 4.25 和图 4.26 分别为等效应力随 b 和 r 变化的情况。

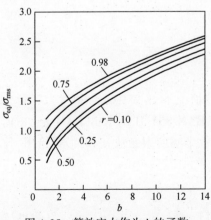

图 4.25 等效应力作为 b 的函数

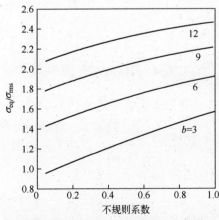

图 4.26 等效应力作为参数 r 的函数

4.7.7 Larsen 和 Lutes(单一矩)方法

从用蒙特卡罗方法得到的许多雨流计数仿真中,Larsen 和 Lutes 提出了"单一矩"方法[LAR 91,LUT 90],它是对瑞利近似的改进,是基于单一谱矩的经验公式[BEN 05,PIT 99]:

$$\overline{D} = \frac{1}{C}\frac{2^{b/2}}{2\pi} T M_{2/b}^{b/2} \Gamma\left(1+\frac{b}{2}\right) \qquad (4.116)$$

式中:秩 $b/2$ 的矩由下式得到,即

$$M_{2/b} = (2\pi)^{2/b}\int_0^\infty f^{2/b} G(f)\,\mathrm{d}f \qquad (4.117)$$

在双峰谱情况下,单一矩法一般结果良好[LAR 91,LUT 90]。它的有效范围比 Rayleigh、Wirsching-Light 和 Ortiz-Chen 方法更广[PIT 01]。

4.7.8 Jiao-Moan 方法

Jiao 和 Moan[JIA 90]扩展了在 PSD 分布中有两个离散波峰的随机过程情况下的窄带近似(双峰分布)。修正因子为

$$\lambda_{JM} = \frac{v_p}{v_y}\left[\lambda_1^{2+\frac{b}{2}}\left(1-\sqrt{\frac{\lambda_2}{\lambda_1}}\right) + b\sqrt{\pi\lambda_1\lambda_2}\frac{\Gamma\left(\frac{b}{2}+\frac{1}{2}\right)}{\Gamma\left(\frac{b}{2}+1\right)}\right] + \frac{v_2}{v_y}\lambda_2^{b/2} \qquad (4.118)$$

式中

$$v_p = \lambda_1 v_1 \sqrt{1 + \frac{\lambda_2}{\lambda_1}\left(\frac{v_2}{v_1}\sqrt{1-\frac{m_{1,2}^2}{m_{0,2}/m_{2,2}}}\right)^2} \qquad (4.119)$$

$$v_y = \sqrt{\lambda_1 v_1^2 + \lambda_2 v_2^2}$$

其中

$$\begin{cases} \lambda_1 = \dfrac{m_{0,1}}{m_{0,1}+m_{0,2}} \\[4pt] \lambda_2 = \dfrac{m_{0,2}}{m_{0,1}+m_{0,2}} \\[4pt] v_1 = \sqrt{\dfrac{m_{2,1}}{m_{0,1}}} \\[4pt] v_2 = \sqrt{\dfrac{m_{2,2}}{m_{0,2}}} \end{cases} \qquad (4.120)$$

m_{ij} 代表窄带过程的第 i 时刻,分别对应着双峰 PSD 函数的峰值 j,且 m 是 S-N 曲线方程的斜率[BEN 04,BEN 05,GAO 08,GAO 08a,PAS 09,WIR 80b]。

因此,由式(4.37)可得

$$\overline{D} = \lambda_{JM} \overline{D}_{NB} = \lambda_{JM} \frac{K^b}{C} n_0^+ T 2^{b/2} z_{rms}^b \Gamma\left(1+\frac{b}{2}\right) \quad (4.121)$$

4.7.9 Dirlik 概率密度

在根据时域信号计算疲劳损伤时可以看出,前面叙述中最先进的计数方法是建立峰-谷直方图和峰-谷变程(一般变程)直方图。令人满意的是雨流计数法,该方法允许定义封闭应力-应变循环。计数的结果是得到一个变程的直方图谱(雨流变程),通过直方图可以确定变程的平均值和波峰的幅值。

对于高斯信号,可以从信号的 PSD 谱计算损伤。在这种情况下,解析公式可以得到单自由度系统响应的峰值概率密度表达式(4.25)。

为了使两种方法的计算更加接近,有必要获得变程的概率密度的解析表达式,这个表达式不是理论上建立的。

T. Dirlik[DIR 85]利用数字仿真建立了一般半程概率密度和雨流法计数的经验公式。该方法包括:

(1) 利用应力的功率谱密度的 0、1、2 和 4 阶矩给出密度的先验公式;

(2) 利用这个密度和从不同形状的 70 个谱的 PSD 中得到的信号直方图之间差异的最小值来确定系数。

为了使对比更加明显,PSD 谱具有相同的 rms 值,并且每秒具有相同的平均峰值数(第 3 卷式(6.34))。

需要注意的是,在该研究中 PSD 是(高斯)应力信号,因此直接描述了系统的机械响应,而不是施加到单自由度系统上的 PSD 谱。为了与前面的章节一致,假设所研究的信号为单自由度系统的相对位移响应(假设其与应力呈线性关系)。

令 $z(t)$ 为单自由度系统(f_0,ξ)对高斯信号的响应,z_{rms} 是 $z(t)$ 的 rms 值,δ 为计数开始时的载荷范围,u 为对应半循环的缩小的变量,则有

$$u = \frac{\delta}{2z_{rms}} \quad (4.122)$$

4.7.9.1 一般半程概率密度

T. Dirlik 确定了一般半程的概率表达式:

$$p_R(u) = \frac{C_1}{A} e^{-\frac{u}{A}} + C_2 \frac{u}{B^2} e^{-\frac{u^2}{2B^2}} \quad (4.123)$$

式中：$C_1 + C_2 = 1$。

通过由几种不同类型信号建立的直方图与经验公式之间的误差的最小化来计算系数，即

$$C_1 = \frac{C - x_{\min}}{r^2}, \quad C_2 = 1 - \frac{C - x_{\min}}{r^2}, \quad x_{\min} = \frac{r(1 + r^2)}{2}$$

$$A = 0.02 + \frac{2(C - x_{\min})}{r}, \quad B = r + \frac{C - x_{\min}}{r}$$

$$C = \frac{M_1}{M_0} \sqrt{\frac{M_2}{M_4}} = \frac{M_1}{2\pi n_p^+ z_{\text{rms}}^2} = \frac{rM_1}{\sqrt{M_0 M_2}}$$

式中

$$r = \frac{M_2}{\sqrt{M_0 M_4}} = \frac{n_0^+}{n_p^+}$$

其中：n_0^+、n_p^+ 为不规则因子，分别是每秒正斜率零穿越次数和每秒极值的平均数（第 3 卷中式(6.6)、式(5.76) 和式(6.13)）。

M_n 是响应 $G_z(f)$ 的 PSD 谱的 n 阶矩（第 3 卷中式(5.77)）：

$$M_n = \int_0^\infty \Omega^n G_z(\Omega) \, \mathrm{d}\Omega = (2\pi)^n \int_0^\infty f^n G_z(f) \, \mathrm{d}f$$

例 4.2

考虑：

（1）由图 4.27 中功率谱密度生成的高斯加速度信号。信号的高斯特性可以通过瞬态值的直方图与高斯概率密度进行对比来检验(图 4.28)。

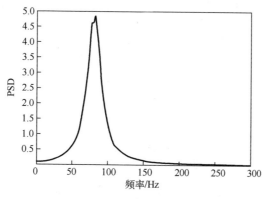

图 4.27　被分析信号的 PSD

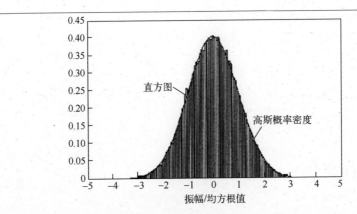

图 4.28 信号瞬时值的简化的直方图

（2）信号具有一个较小的 r 参数，为 0.328（图 4.29 的 PSD）。

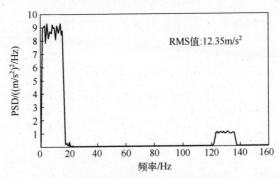

图 4.29 被分析信号的功率谱密度

图 4.30 和图 4.31 为比较前两个例子中的每一个的 Dirlik 密度和一般半程直方图。

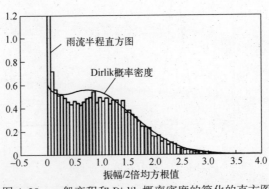

图 4.30 一般变程和 Dirlik 概率密度的简化的直方图

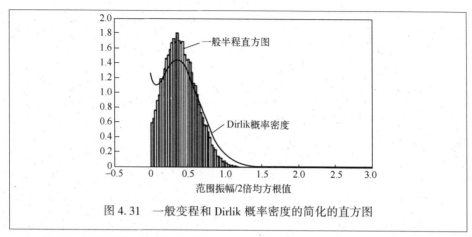

图 4.31 一般变程和 Dirlik 概率密度的简化的直方图

在单自由度系统响应的案例中，M_0、M_1、M_2、M_4 可以使用积分 I_n 来计算（第 3 卷附录 A6）。

如果 f_1 和 f_2 是区间的频率极限，则在这个区间内激励 $\ddot{x}(t)$ 的 PSD $G_{\ddot{x}}(f)$ 由任意斜率的线段定义（线性坐标轴）：

$$M_1 = 2\pi \int_{f_1}^{f_2} f G_z(f) \, df = 2\pi \int_{f_1}^{f_2} f H_{\ddot{x}z}^2 G_{\ddot{x}}(f) \, df \quad (4.124)$$

线性单自由度系统的传递函数为

$$H_{\ddot{x}z}(f) = \frac{1}{\omega_0^2 \sqrt{(1-h^2)^2 + (2\xi h)^2}}$$

式中：$h = \dfrac{f}{f_0}$。

根据假设，在线性坐标中用直线段表示 PSD，则可以写成 $G_{\ddot{x}} = af + b$：

$$M_1 = \frac{2\pi}{\omega_0^4} \int_{f_1}^{f_2} \frac{af^2}{(1-h^2)^2 + (2\xi h)^2} df + \frac{2\pi}{\omega_0^4} \int_{f_1}^{f_2} \frac{bf}{(1-h^2)^2 + (2\xi h)^2} df \quad (4.125)$$

$$M_1 = \frac{2\pi}{\omega_0^4} a f_0^3 \int_{f_1}^{f_2} \frac{h}{(1-h^2)^2 + (2\xi h)^2} dh + \frac{2\pi}{\omega_0^4} b f_0^2 \int_{f_1}^{f_2} \frac{h}{(1-h^2)^2 + (2\xi h)^2} dh \quad (4.126)$$

已知

$$I_1 = \frac{4\xi}{\pi} \int_{f_1}^{f_2} \frac{h}{(1-h^2)^2 + (2\xi h)^2} dh$$

$$I_2 = \frac{4\xi}{\pi} \int_{f_1}^{f_2} \frac{h^2}{(1-h^2)^2 + (2\xi h)^2} dh$$

可得

$$M_1 = \frac{\pi}{4\xi (2\pi)^3 f_0} \left(aI_2 + \frac{bI_1}{f_0} \right) \qquad (4.127)$$

4.7.9.2 雨流半程概率密度

Dirlik 的概率密度为

$$p_R(u) = \frac{D_1}{A} e^{-\frac{u}{A}} + D_2 \frac{u}{B^2} e^{-\frac{u^2}{2B^2}} + D_3 u e^{-\frac{u^2}{2}} \qquad (4.128)$$

式中：$D_1 + D_2 + D_3 = 1$；其他系数可以按上面的计算。

因此，获得的系数如下：

$$D_1 = \frac{2(C - r^2)}{1 + r^2}, \quad B = \frac{r - C - D_1^2}{1 - r - D_1 + D_1^2}, \quad D_2 = \frac{1 - r - D_1 + D_1^2}{1 - B}$$

$$A = 1.25 \times \frac{r - D_3 - D_2 B}{D_1}, \quad C = \frac{M_1}{M_0} \sqrt{\frac{M_2}{M_4}}$$

例 4.3

图 4.32 和图 4.33 证明了，对于 4.7.9.1 节中的两个案例，雨流半程直方图和 Dirlik 公式具有良好的拟合。

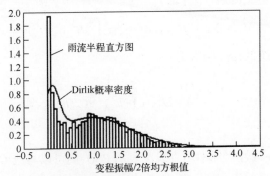

图 4.32 简化的雨流半程直方图和 Dirlik 概率密度（图 4.27 示例）

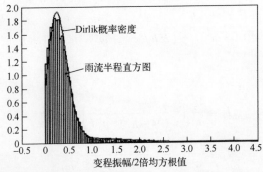

图 4.33 简化的雨流半程直方图和 Dirlik 概率密度（图 4.29 示例）

4.7.9.3 雨流半程分布函数

对式(4.128)积分获得的分布函数为

$$P_R(u) = \int_0^V p_R(u) \, du$$

$$P_R(u) = D_1\left(1 - e^{-\frac{u}{A}}\right) + D_2\left(1 - e^{-\frac{u^2}{2B^2}}\right) + D_3\left(1 - e^{-\frac{u^2}{2}}\right) \tag{4.129}$$

这个表达式可以用来计算极值响应谱(ERS)(第 5 卷)。

函数 $P_R(u)$ 被标准化，因为当 u 趋向于无穷大时，函数值趋向于 1。当 $u = 0$ 时，$P_R(u)$ 为 0。

注：

用 Dirlik 密度计算寿命时，谱集中于一个或两个频率(如在研究风车时观察得到)，这会导致计算寿命比用宽带计算寿命长(具有相同的谱矩)[HEN 03]。基于对大量谱的研究，提出了一个修正函数来降低误差。然而根据相位公式[BIS 95, BUR 01, MOR 90]，离散成分的谐波对损伤有影响，因而这个修正无法保持有效。

4.7.9.4 峰值概率和变程概率的区别

T. Dirlik[DIR 85]指出，普通半程概率密度不同于极值(式(4.25))的概率密度。当不规则因子 r 接近于 1 时，直方图非常接近于瑞利准则。当 r 减小时，除了最大值，其他值还是很接近瑞利概率密度。

半程的雨流概率密度与半程的一般概率密度具有相同的形状，但是有以下不同：

(1) 在接近原点处，半程的雨流密度比一般的半程密度大；
(2) 靠近波峰的值，半程的雨流密度比一般半程密度小；
(3) 对于比较大的值，半程的雨流密度会变得更大，并更缓慢地趋于零，即使 r 值很小。

例 4.4

图 4.34 使得以下对比成为可能：
(1) 从图 4.27 的信号中计算的一般半程直方图；
(2) 定义研究信号 RMS 值的理论瑞利概率密度(式(4.53))；
(3) 完整的峰值概率密度(式(4.25))。

可以看出，小幅值的直方图与两种密度之间的不同。

然而峰值的完整概率密度和直方图非常接近，除了对疲劳损伤几乎没影响的低水平应力不太一样(在例子中，$r = 0.775$)。

雨流计数定义的变程直方图与瑞利密度具有明显的不同(图 4.35)且与完整的概率密度接近。

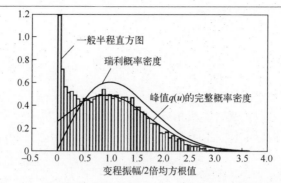

图 4.34　一般半程的简化直方图,完整峰值概率和瑞利概率密度

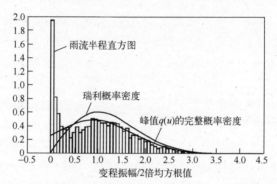

图 4.35　雨流半程的简化直方图,完整峰值概率和瑞利概率密度

例 4.5

本例子中考虑的信号具有一个较小的 r 参数,为 0.328(图 4.29 的 PSD)。

对于该 r 值,一般半程直方图(图 4.36)与雨流半程直方图(图 4.37)与峰值概率密度(完整公式)和瑞利密度非常不同。

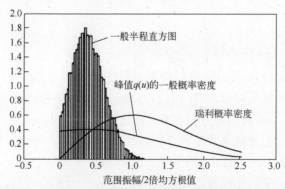

图 4.36　雨流半程的简化直方图,波峰的完全概率密度 $q(u)$ 和瑞利概率密度

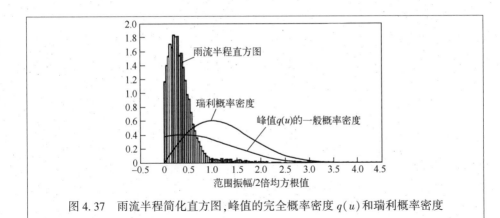

图 4.37 雨流半程简化直方图，峰值的完全概率密度 $q(u)$ 和瑞利概率密度

4.7.9.5 Dirlik 概率密度下疲劳损伤的表达

损伤可以描述成（式（4.22））

$$\overline{D} = \frac{K^b}{C} n_p^+ T z_{rms}^b \int_0^{+\infty} u^b q(u) \, du$$

对于峰值概率密度（式（4.25）），当 $r = 1$ 时，有

$$\int_0^{+\infty} u^b q(u) \, du = 2^{b/2} \Gamma\left(1 + \frac{b}{2}\right) \quad (4.130)$$

采用 Dirlik 密度，表达式变成

$$\overline{D} = \frac{K^b}{C} n_p^+ T z_{rms}^b \int_0^{+\infty} u^b p_R(u) \, du \quad (4.131)$$

积分为

$$\int_0^{+\infty} u^b p_R(u) \, du = D_1 A^b \Gamma(1+b) + 2^{b/2} (D_2 B^b + D_3) \Gamma\left(1 + \frac{b}{2}\right) \quad (4.132)$$

即

$$\overline{D} = \frac{K^b}{C} n_p^+ T z_{rms}^b \left[D_1 A^b \Gamma(1+b) + 2^{b/2} (D_2 B^b + D_3) \Gamma\left(1 + \frac{b}{2}\right) \right] \quad (4.133)$$

如果在线性坐标下激励的 PSD 谱由直线段构成，则损伤可以写成（第 3 卷中式（8.79））

$$\overline{D} \approx \frac{K^b}{C} \frac{n_p^+ T}{[4\xi (2\pi f_0)^3]^{b/2}} \left(\sum_{i=1}^n a_j G_j \right)^{b/2} \frac{D_1 A^b \Gamma(1+b) + 2^{b/2} (D_2 B^b + D_3) \Gamma\left(1 + \frac{b}{2}\right)}{2^{b/2}}$$

(4.134)

注：很多出版物对 Dirlik 概率密度方法很有兴趣。Dirlik 概率密度的使用可以

更好地描述利用雨流计数法建立的载荷变程直方图。在某些情形(当参数 r 很小时,但这不是一种通用的准则),对于某些形状的信号 PSD 谱,计算的疲劳损伤比传统峰值密度更精确。Dirlik 密度对双峰过程给出了很好的结果。对于单峰信号,它似乎不如 Wirsching 方法好[KIM02]。

结果与直接用于计算疲劳损伤的应力或应变有关。当处理的信号是施加在单自由度系统的加速度时,用 Dirlik 公式与用峰值的完全概率密度计算的损伤没有太大的差别。

Dirlik 方法仍然是经验性的,存在缺点是不允许考虑非零平均应力,这使得它不能应用于非高斯分布。

4.7.10 Madsen 方法

不存在解析解能从应力范围准确计算损伤,Madsen 等人提出了一个估算结果[MAD 86]:

$$\overline{D}_{RC} \approx n_p^+ T \frac{1}{C}(\sqrt{2}\sigma_x r)^b \Gamma\left(1+\frac{b}{2}\right) = \overline{D}_{NB} r^{b-1} \qquad (4.135)$$

式中:$\overline{D}_{NB}$ 由式(4.37)得到(作为 n_0^+ 的函数)。

Madsen 等人用了另一个有相同目标的修正因子[MAD 83]:

$$\lambda_M = (0.93 + 0.07 r^5)^b \qquad (4.136)$$

Madsen 修正因子随 r 和 b 的变化分别如图 4.38 与图 4.39 所示。

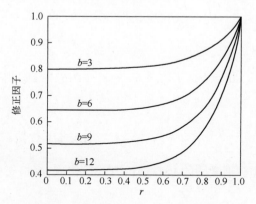

图 4.38 随 r 变化的 Madsen 的修正因子

4.7.11 Zhao 和 Baker 模型

不同于 Dirlik 的主张,Zhao 和 Baker[ZHA 92]在 1992 年提出一种分布,用来评估基于威布尔概率密度和瑞利概率密度线性组合的任意 PSD(宽带或窄

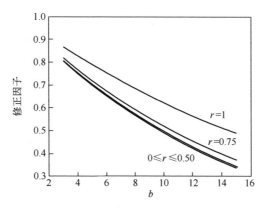

图 4.39 随 b 变化的 Madsen 的修正因子

带)的载荷范围概率密度[BEN 04]：

$$p_z^{zB}(Z) = w\alpha\beta Z^{\beta-1}e^{-\alpha Z^\beta} + (1-w)Ze^{-Z^2/2} \quad (4.137)$$

式中：α、β 为韦伯参数（>0）；Z 为标准化幅值；w 为加权参数，且有

$$w = \frac{1-r}{1-\sqrt{\dfrac{2}{\pi}}\Gamma\left(1+\dfrac{1}{\beta}\right)\alpha^{-1/\beta}} \quad (4.138)$$

其中

$$\alpha = 8 - 7r$$
$$\beta = \begin{cases} 1.1 & (r<0.9) \\ 1.1+9(r-0.9) & (r\geqslant 0.9) \end{cases} \quad (4.139)$$

$$\overline{D}_{ZB} = \frac{n_p^+}{C}T\sigma_{rms}^b\left[w\alpha^{-b/\beta}\Gamma\left(1+\frac{b}{\beta}\right)+(1-w)2^{b/2}\Gamma\left(1+\frac{b}{2}\right)\right] \quad (4.140)$$

对于窄带过程，$r=1$，因此 $\alpha=1$，$\beta=2$ 和 $w=0$，这是个瑞利峰值分布。然而，根据 α 和 β 的定义，当 $r\leqslant 0.130$ 时，得到 $w>1$，这不正确。而实际中，除研究特征频率非常小的机械系统响应时，r 很少会这么小。

4.7.12 Tovo 和 Benasclutti 方法

Tovo[TOV02]通过参考文献中的解析解以及验证多种循环计数方法与频域内预期疲劳损伤的可用分析方法之间的关系，研究了宽带载荷下的疲劳损伤。此外，从雨流损伤估计的功率谱密度分布的知识出发了一个新方法，它对宽带或窄带高斯载荷下的疲劳损伤做出了准确的近似。这项技术基于高斯载荷下波峰和波谷可能的组合的理论检验，它很好的符合疲劳损伤的数值模拟。

最终，在 2002 年，Tovo 和 Benasclutti[BEN 04，TOV 02]认为，雨流法损伤可

以用以下两个损伤值界定:用瑞利假设算出的值 $\overline{D}_{\text{NB}}$[式(4.36)]和用变程-均值计数法得到的值 $\overline{D}_{\text{RMC}}$。Rychlik 所证实的准则可写作

$$\overline{D}_{\text{RMC}} \leq \overline{D} \leq \overline{D}_{\text{NB}} \tag{4.141}$$

Tovo 和 Benasclutti[TOV 05]采用这两个边界值的线性加权组合的形式描述损伤:

$$\overline{D} = B\overline{D}_{\text{NB}} + (1-B)\overline{D}_{\text{RMC}} \tag{4.142}$$

式中:B 为宽带参数的函数,且有

$$B = \frac{(t-r)\{1.112[1+tr-(t+r)]e^{2.1r}+(t-r)\}}{(r-1)^2} \tag{4.143}$$

其中

$$t = \frac{M_1}{\sqrt{M_0 M_2}} \tag{4.144}$$

$$r = \frac{M_2}{\sqrt{M_0 M_4}}$$

Benasclutti 和 Tovo[GAO 08,TOV 05]通过使用窄带和变程计数结果的线性组合,提出了另一个经验公式,它通过频域的封闭形式的表达式很容易就可以获得。损伤 $\overline{D}_{\text{RMC}}$ 的解析表达式不存在。Benasclutti 和 Tovo 使用了 Masden 等人的表达式(4.135)。式(4.142)可以写成

$$\overline{D} = [B+(1-B)r^{b-1}]\overline{D}_{\text{NB}} \tag{4.145}$$

Benasclutti 和 Tovo[BEN 06]也比较了 Dirlik 和 Benasclutti-Tovo 的表达式以及用其他方法得到的表达式。得到如下结论:

(1) 两种方法可得到相似的结果。

(2) 它们对双峰 PSD 时域内用雨流计数获得的疲劳损伤有最精确的估计(但稍微低估了)。通常,精确度并不独立于带宽值,虽然它们都明显低估了一般宽带过程的疲劳损伤,高估了有极大带宽参数的理想多模态过程的疲劳损伤[GAO 08a]。

(3) Benasclutti-Tovo 似乎略微比 Dirlik 方法更精确。

(4) 单一矩法也有不错的结果[BEN 07]。

例 4.6

$b = 8$

$t = 1\text{h}$

$Z_{\text{rms1}} = 5.55 \times 10^{-6}$ m $Z_{\text{rms2}} = 1.31 \times 10^{-6}$ m

表 4.2 展示了在上述条件下采用不同方法计算的疲劳损伤。

表 4.2 比较用不同方法计算得到的损伤

方　　法	关系式	$\overline{D}$ $r=0.198$ $f_0=74.1\text{Hz}$ $z_{\text{rms}}=5.55\times10^{-6}\text{m}$	$\overline{D}$ $r=0.870$ $f_0=500\text{Hz}$ $z_{\text{rms}}=1.31\times10^{-6}\text{m}$
Rice(peaks)	式(4.28)	3.72×10^{-35}	6.13×10^{-39}
Pierrat' approximation	式(4.94)	3.07×10^{-35}	6.13×10^{-39}
Rice with n_0^+(替代 n_p^+)		7.35×10^{-36}	5.34×10^{-39}
Rayleigh with f_0		1.88×10^{-35}	6.07×10^{-39}
Rayleigh with n_0^+	式(4.37)	2.33×10^{-35}	6.13×10^{-39}
Rayleigh with n_p^+	式(4.72)	1.18×10^{-34}	7.04×10^{-39}
Wirsching	式(4.99)	3.72×10^{-35}	6.13×10^{-39}
Dirlik rainflow half-ranges	式(4.133)	1.96×10^{-35}	6.03×10^{-39}
Dirlik ordinary half-ranges	式(4.123)	4.00×10^{-34}	5.06×10^{-39}
Chaudhury Dover	式(4.86)	7.16×10^{-35}	8.88×10^{-39}
Tunna	式(4.110)	8.96×10^{-38}	2.03×10^{-39}
Madsen	式(4.135)	1.05×10^{-35}	4.62×10^{-39}
Hancock	式(4.112)	2.33×10^{-35}	6.13×10^{-39}
Single moment	式(4.116)	1.71×10^{-35}	5.88×10^{-39}
Zhao-Baker	式(4.140)	8.12×10^{-36}	5.79×10^{-39}
Benasciutti-Tovo	式(4.145)	1.99×10^{-35}	5.59×10^{-39}
Steinberg	式(4.69)	1.08×10^{-34}	6.45×10^{-39}

4.8　正弦与随机载荷下 S-N 曲线的对比

选用 Basquin 模型 ($N\sigma^b=C$) 来描述 S-N 曲线的线性部分(对数坐标)，如果应力采用 rms 值代替其幅值来描述，则 Basquin 模型可以写成

$$N\sigma_{\text{rms}}^b = \frac{C}{(\sqrt{2})^b} = C_1 \qquad (4.146)$$

采用上述结果可以得出受窄带应力激励的试件的疲劳损伤为

$$\overline{D} = \frac{n_0^+ T}{C}(\sqrt{2}\sigma_{\text{rms}})^b \Gamma\left(1+\frac{b}{2}\right)$$

当 $\bar{D}=1$ 时,疲劳导致失效,则[ROO 64]

$$N\sigma_{rms}^b = \frac{C}{(\sqrt{2})^b \Gamma\left(1+\frac{b}{2}\right)} = A \qquad (4.147)$$

其中:$N=n_0^+ T$(失效时平均循环次数)。

可得

$$A = \frac{C}{(\sqrt{2})^b \Gamma\left(1+\frac{b}{2}\right)} = \frac{C_1}{\Gamma\left(1+\frac{b}{2}\right)} \qquad (4.148)$$

因此,用于评估随机载荷 S-N 曲线是一条与正弦应力下获得的 S-N 曲线斜率相同的直线,在原点具有较小的纵坐标(曲线在原点处的纵坐标定义为 $N=1$ 的点的纵坐标,即材料的理论极限应力[ROO 64]。在低周循环区域,用直线近似 S-N 曲线是不对的)。

在式(4.147)右边出现的所有参数都是来自于正弦模式下的疲劳试验的结果:这个公式允许用正弦载荷下获得的 S-N 曲线外推随机载荷下的 S-N 曲线。

注:

假设响应的峰值分布服从高斯分布(代替瑞利分布),即 $r=0$,则可以同样的方式获得

$$n_p^+ T \sigma_{rms}^b = \frac{2\sqrt{\pi} C}{(\sqrt{2})^b \Gamma\left(1+\frac{b}{2}\right)} \qquad (4.149)$$

设定 $N=n_p^+ T$。

例 4.7

7075-T6 铝合金。

$b=9.65$。

$C=5.56\times 10^{87}$。图 4.40 描述了下列条件下的曲线 $\sigma(N)$:

$$N\sigma^b = C$$

式中:σ 为正弦模式下最大的应力。

$$N\sigma_{rms}^b = \frac{C}{(\sqrt{2})^b}$$

随机,瑞利分布参见式(4.147)

随机,高斯分布参见式(4.149)

初始 S-N 曲线(正弦模式)和与随机(瑞利)假设有关的曲线是参数 b 值的函数。

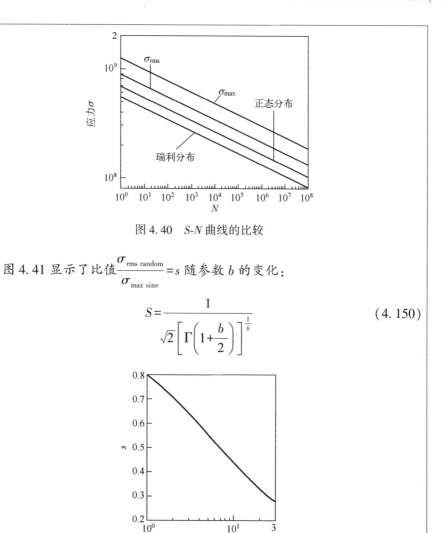

图 4.40　S-N 曲线的比较

图 4.41 显示了比值 $\dfrac{\sigma_{\text{rms random}}}{\sigma_{\text{max sine}}} = s$ 随参数 b 的变化：

$$S = \dfrac{1}{\sqrt{2}\left[\Gamma\left(1+\dfrac{b}{2}\right)\right]^{\frac{1}{b}}} \quad (4.150)$$

图 4.41　正弦模式和随机模式的 S-N 曲线间的变化[ROO 64]

注：

对于峰值分布接近高斯分布这种情况，疲劳计算一般不保守（r 比较小，因此许多低幅值循环叠加到两个零穿越之间的循环上）。R. G. Lambert[LAM 93]提出式(4.148)时考虑这种现象，并且按照下面的形式修正：

$$A = \dfrac{C}{1.2\,(\sqrt{2})^{b}\,\Gamma\left(1+\dfrac{b}{2}\right)} \quad (4.151)$$

更一般的情况

式(4.23)给出疲劳平均损伤：

$$\overline{D} = \frac{n_p^+ T}{C} \sigma_{rms}^b \int_0^{+\infty} u^b q(u) \mathrm{d}u = \frac{n_0^+ T}{rC} \sigma_{rms}^b \int_0^{+\infty} u^b q(u) \mathrm{d}u$$

式中：$q(u)$ 为极值的概率密度函数，如果随机激励的瞬态值是高斯分布，则用式(4.24)描述。设 $N = n_0^+ T$，得到了 $D=1$ 时，σ_{rms} 和 N 之间的关系：

$$N\sigma_{rms}^b = \frac{Cr}{\int_0^{+\infty} u^b q(u) \mathrm{d}u} \tag{4.152}$$

如果 $N = n_p^+ T$ [LAM 76]，则

$$N\sigma_{rms}^b = \frac{C}{\int_0^{+\infty} u^b q(u) \mathrm{d}u} \tag{4.153}$$

图 4.42 和图 4.43 显示了 r 为 0.25、0.5、0.75 和 1 时的曲线 $\sigma_{rms}(N)$，以正弦模式作为参考($b=10, C=10^{80}$)，$n_0^+ T$ 和 $n_p^+ T$ 在横轴上。

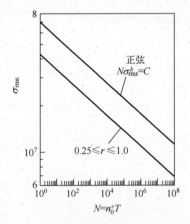 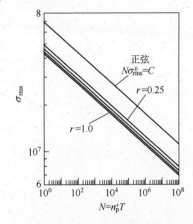

图 4.42 对不同的不规则因子值,将随机 S-N 曲线绘制为具有正斜率的零穿越点数的函数

图 4.43 对不同的不规则因子值,将随机 S-N 曲线绘制为波峰数的函数

由图可见曲线(随机)很紧密，所以对 r 值并不十分敏感。根据选择不同的 N 的定义和 r 值，基于瑞利假设的计算可以是稍微乐观($N = n_0^+ T$)或悲观($N = n_p^+ T$)的。

4.9　理论与试验的对比

在相关文献中发现各种条件下取得的试验结果，例如在零或非零均值的平

稳随机应力下,用来构建 S-N 曲线和计算疲劳寿命[GAS 65,KIR 65a]。结论不总是一致,有时因人而异。通常认为,最能描述随机应力下疲劳的参数是应力的 rms 值(理论证实)[CLE 66,CLE 77,KIR 65a]。

S-N 曲线

试验检验了由 Miner/Rayleigh 方法确定的 S-N 曲线,说明了合理的疲劳损伤分散性[MCC 64,ESH 64]。

在对数坐标中 rms 应力值对疲劳循环数为直线(本书定义了两种 N,即 $N=n_0^+T$ 和 $N=n_p^+T$,也许可以解释结果中的一些差异)。

多数作者同意,随机载荷下的 S-N 曲线位于正弦载荷 S-N 曲线的左边[BRO 70b,CLE 66,CLE 77,ELD 61,HEA56,LAM 76,MAR 68,MCCL 64,PER 74,ROO 64,SMI 63];在 rms 应力值相同的情况下,随机载荷下的疲劳寿命比正弦载荷的小,如图 4.44 所示。这个结果符合逻辑,因为疲劳产生的损伤主要是由超过随机 rms 值 5 倍大的波峰导致的。

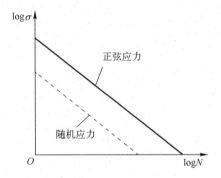

图 4.44　正弦和随机应力确定的 S-N 曲线之间的比较

有时在低应力水平下这个差异更大[PER 74,SMI 63]。R. G. Lambert[LAM 76]在表 4.3 中提供了很多试验结果,可以作为指导。

正弦应力和随机应力下,对于柔性材料,极限应力比 R_S/R_A(在 Basquin 公式,$N=1$ 时对应的应力)接近于 2,对于脆性材料接近于 3(参数 b 越大,材料越脆)。

然而,一些作者在较高的随机应力水平下获得更长的疲劳寿命,在较低的应力水平下获得较小的疲劳寿命[KIR 65b,FRA 59,LOW 62]。

J. R. Fuller [FUL 61], S. R. Swanson [SWA 63], H. C. Schelderup 和 A. E. Galef [SCH 61a]指出,正弦应力和窄带随机应力(峰值分布接近于瑞利准则)的 S-N 曲线在对数坐标中为斜率不同的直线,正弦模式下 S-N 曲线绕轴 $N=1$ 顺时针方向旋转即得到随机模式下的 S-N 曲线(图 4.45)。为了考虑该问题,L. Fiderer[FID 75]建议用从 Basquin 公式推导出的公式来描述 S-N 曲线

($N\sigma^b=C=1$,其中,σ_1^b 为假想的应力水平,由于 $\sigma_1>R_m$,一个应力循环就发生断裂的力,即静力):

$$N\sigma^{\lambda b}=\sigma_1^{\lambda b}$$

式中:常量 λ 考虑了观测到的旋转。理论得到的 S-N 曲线与试验所得 S-N 曲线的相对位置并不能清楚地界定。

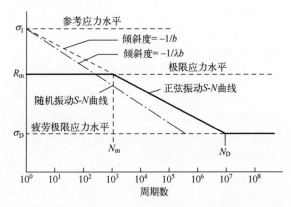

图 4.45　正弦模式 S-N 曲线向随机模式 S-N 曲线的转换

表 4.3　正弦和随机应力的 Basquin 公式中的常数示例(LAM 76)

材　料	b	正弦应力 极限应力 R_S/Pa	正弦应力 常数 C (SI 单位)	随机应力 极限应力 R_A/Pa	随机应力 常数 A/Pa	R_S/R_A
铝合金 6061-T6	8.92	7.56×10^8	1.57×10^{79}	3.43×10^8	1.36×10^{76}	2.20
铜线	9.28	5.65×10^8	1.66×10^{81}	2.54×10^8	9.93×10^{77}	2.22
铝合金 7075-T6	9.65	12.38×10^8	5.56×10^{87}	5.51×10^8	2.25×10^{84}	2.25
G10 环氧玻璃钢	12.08	5.58×10^8	4.56×10^{105}	2.28×10^8	9.20×10^{100}	2.45
锻钢 SAE 4130 BHN267	17.54	12.13×10^8	2.14×10^{159}	4.27×10^8	2.39×10^{151}	2.84
镁合金 AZ31B	22.37	2.99×10^8	3.99×10^{189}	9.38×10^7	2.18×10^{178}	3.19

C. Perruchet 和 P. Vimont[PER 74]的研究结论中显示了重要的差异性:

(1) 试验相对很好地验证了估计的寿命:

a. 不论应力水平如何[ELD 61,KOW 61,MAR 68];

b. 只有在低应力水平下,实际的疲劳寿命比高应力水平下的寿命长[ELD 61,FRA 59,KIR 65b,LOW 62];

c. 只有在高水平应力下,实际疲劳寿命比低应力水平下预期值小[CLE 66,CLE 77]。

第 4 章
单自由度机械系统的疲劳损伤

(2) 无论应力水平为多少,试验疲劳寿命都会偏小,是估计值的 1/2~1/10 [BOO 69,BRO 70b,CLE 66,FUL 62,HEA 56,MAR 68,PER 74,SMI 63]。

(3) 无论应力水平为多少,试验疲劳寿命都要长 2~3 倍(在 $10^4 \sim 10^7$ 次循环之间)[ELD 61,ROO 64]。

通常认为,使用 Miner 准则预计的疲劳寿命更符合随机振动,估算的 *S-N* 曲线的形状是正确的[BRO 70b,MAR 68]。该准则使用相对简单,当需要一个近似的结果时,该方法可以提供满足需要的评估结果[BOO 69]。

注：

McClymonds 和 J. K. Ganoug[MCC 64]对随机、正弦和扫频正弦(基于 Miner 和 Rayleigh 假设)下建立的 *S-N* 曲线做了对比。只有当激励的频率穿过每个系统共振的半功率点之间的频率区间时正弦扫频才会产生严重的损伤。

在整个试验过程中,随机载荷在每个共振处都产生疲劳损伤。在将 *S-N* 曲线与正弦扫频的共振峰对应的载荷和随机谱的 RMS 载荷作为参考的过程中发现,在给定的应力水平下,正弦扫频的疲劳寿命长于正弦的,正弦载荷的疲劳寿命长于随机的。

这个趋势通过计算得到确认。图 4.46 显示了利用下列公式绘制的 *S-N* 曲线：

正弦(式(4.146))：

$$N\sigma_{\text{rms}}^b = \frac{C}{(\sqrt{2})^b}$$

随机(式(4.147))：

$$N\sigma_{\text{rms}}^b = \frac{C}{(\sqrt{2})^b \Gamma\left(1+\dfrac{b}{2}\right)}$$

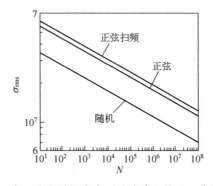

图 4.46 在正弦和随机应力下试验建立的 *S-N* 曲线的比较

对于正弦扫频，M. Gertel 建议建立近似关系计算线性正弦扫频激励下单自由度系统的疲劳损伤：

$$D \approx \frac{\Delta N}{5} \frac{\sigma_{\text{rms}}^b}{C} \Sigma_b \tag{4.154}$$

式中：ΔN 为半功率点之间执行的循环数，且

$$\Sigma_b = 0.996^b + 0.959^b + 0.895^b + 0.82^b + 0.744^b \tag{4.155}$$

对于 $D=1$，可得

$$\Delta N \sigma_{\text{rms}}^b = \frac{5C}{(\sqrt{2})^b \Sigma_b} \tag{4.156}$$

4.10 功率谱密度形状和不规则因子值的影响

一般认为 PSD 的形状和带宽不是非常有影响的参数[BRO 68b, HIL 70, LIN 72]。然而，研究参数 r 的重要性却引出了更中性的结论：

(1) 当 $0.63 \leq r \leq 0.96$ 时，参数 r 的影响很小(在这个范围内，都可以近似为窄带)[CLE 66, CLE 77, FUL 62]。

(2) 除非参数 r 很小，大约 0.3；否则，参数 r 具有很小的影响。我们观察到，缺口试样的疲劳寿命增长了[GAS 72, GAS 77]。

(3) 参数 r 具有显著的影响(除非峰值概率密度函数是类似的)[BRO 68b, LIN 72, NAU 65]。

(4) 当 r 很小时，无论是从裂纹萌生的角度还是裂纹扩展的角度，疲劳寿命都很大[GAS 76]。对于 S. L. Bussa[BUS 67]，该影响在 $r<0.8$ 时尤为敏感。

S. R. Swanson[SWA 69]和 J. Kowalewski[KOW 63]考虑了参数 r 的影响得到了类似的定性的结果，但没研究 r 的约束，也没有能真正的建立疲劳寿命计算方法。

4.11 峰值截断的效果

由于疲劳损伤取决于试件经受应力波峰的次数和幅值，因此推测峰值截断的影响会比较有意义。峰值截断有几种起源。

在理论上，计算时考虑不受限制的峰值分布准则，从而统计可以包含非常大的峰值。在实际中，真实环境下很少能观察到高于标准差(rms 值)6 倍的峰值。在实验室仿真试验中，控制系统通常截断高于 rms 值 4.5 倍的峰值。

在预期分析之前，应该先说明截断信号的一些特性。信号可以是：

(1) 加速度信号,力或施加在结构上的任何其他的量,某点的应力仅仅是此激励的结果;

(2) 直接在试件上测量的应力或应变,或是直接施加在零件上的力的结果(在棒状试件上进行试验的情况)。

4.12 应力峰值的截断

假设用 Basquin 公式 $N\sigma^b = C$ 来描述 S-N 曲线以及使用 Miner 准则进行分析。

在这些假设条件下,不考虑截断的情况,疲劳损伤为

$$\overline{D} = \frac{n_p^+ T}{C} \int_0^{+\infty} \sigma^b q(\sigma) \mathrm{d}\sigma$$

如果峰值在应力水平为 $\sigma(t)$ 下进行截断,如图 4.47 所示,则

$$\overline{D} = \frac{n_p^+ T}{C} \int_0^{\sigma_t} \sigma^b q(\sigma) \mathrm{d}\sigma \tag{4.157}$$

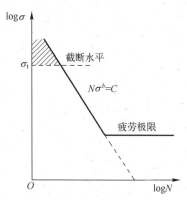

图 4.47 S-N 曲线峰值截断水平

4.12.1 窄带噪声的特殊情况

如果 $\sigma(t)$ 的峰值分布服从瑞利分布($r \approx 1$),则式(4.157)可以写成[POO 78]

$$\overline{D} = \frac{n_0^+ T}{C\sigma_{rms}^2} \int_0^{\sigma_t} \sigma^{b+1} \mathrm{e}^{-\frac{\sigma^2}{2\sigma_{rms}^2}} \mathrm{d}\sigma \tag{4.158}$$

如果考虑疲劳极限 σ_D,则损伤变为

$$\overline{D} = \frac{n_0^+ T}{C\sigma_{rms}^2} \int_{\sigma_D}^{\sigma_t} \sigma^{b+1} \mathrm{e}^{-\frac{\sigma^2}{2\sigma_{rms}^2}} \mathrm{d}\sigma$$

由于在 σ_t 处峰值截断，当 $N\sigma^b = C$ 时，对于损伤计算，高于这个值的幅值取 $\sigma = \sigma_t$，如图 4.48 所示[POO 78]。该损伤为

$$d\overline{D} = n_0^+ T \frac{q(\sigma)}{N(\sigma)} d\sigma$$

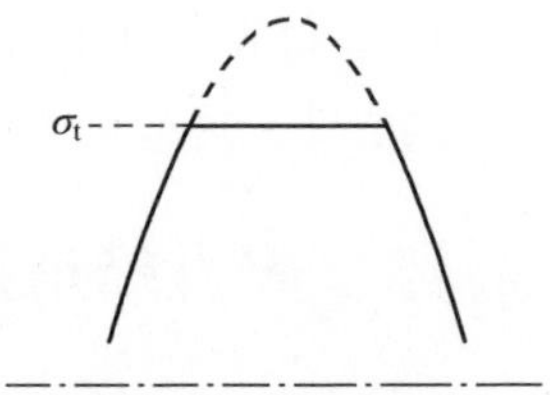

因此可以写成

$$d\overline{D} = \frac{n_0^+ T}{C} \sigma_t^b q(\sigma) d\sigma$$

可得

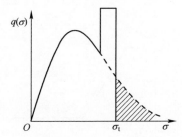

图 4.48 截断峰值

$$\overline{D}_{\sigma > \sigma_t} = \frac{n_0^+ T}{C\sigma_{rms}^2} \sigma_t^b \int_{\sigma_t}^{\infty} \sigma e^{-\frac{\sigma^2}{2\sigma_{rms}^2}} d\sigma \tag{4.159}$$

注：

对 σ_t 的截断等效于在 $\sigma = \sigma_t$ 处加了一个脉冲函数，该函数使得曲线 $q(\sigma)$ 下的截断后面积恢复为 1，这样也可以得到相同的结果，如图 4.49 所示。面积为[LAM 76]

$$a_t = \int_{\sigma_t}^{\infty} q(\sigma) d\sigma = \int_{\sigma_t}^{\infty} \frac{\sigma}{\sigma_{rms}^2} e^{-\frac{\sigma^2}{2\sigma_{rms}^2}} d\sigma = e^{-\frac{\sigma_t^2}{2\sigma_{rms}^2}} \tag{4.160}$$

图 4.49 将 Dirac delta 函数添加到峰值概率密度以补偿截断移除的面积

截断概率密度变成

$$q(\sigma) = \frac{\sigma}{\sigma_{rms}^2} e^{-\frac{\sigma^2}{2\sigma_{rms}^2}} + a_t \delta(\sigma - \sigma_t) \quad (0 \leq \sigma \leq \sigma_t) \tag{4.161}$$

与大于 σ_t 的峰值有关的疲劳损伤为

$$\frac{n_0^+}{C} \underbrace{\int_{\sigma}^{\infty} \frac{a_t}{N(\sigma)} \delta(\sigma - \sigma_t) d\sigma}_{\sigma = \sigma_t \text{的函数值}} = \frac{n_0^+ T}{C} \sigma_t^b e^{-\frac{\sigma^2}{2\sigma_{rms}^2}}$$

在疲劳极限应力时，总的损伤为

$$\overline{D}_t = \frac{n_0^+ T}{C\sigma_{rms}^2} \int_0^{\sigma_t} \sigma^{b+1} e^{-\frac{\sigma^2}{2\sigma_{rms}^2}} d\sigma - \frac{n_0^+ T}{C\sigma_{rms}^2} \int_0^{\sigma_D} \sigma^{b+1} e^{-\frac{\sigma^2}{2\sigma_{rms}^2}} d\sigma + \frac{n_0^+ T}{C} \sigma_t^b \int_{\sigma_t}^{\infty} \sigma e^{-\frac{\sigma^2}{2\sigma_{rms}^2}} d\sigma$$

$$\tag{4.162}$$

下面的项

$$\int_0^{\sigma_t} \frac{\sigma^{b+1}}{\sigma_{\text{rms}}^2} e^{-\frac{\sigma^2}{2\sigma_{\text{rms}}^2}} d\sigma$$

也可以写成

$$(\sqrt{2}\sigma_{\text{rms}})^b \int_0^{\frac{\sigma_t^2}{2\sigma_{\text{rms}}^2}} \alpha^{B-1} e^{-\alpha} d\alpha = (\sqrt{2}\sigma_{\text{rms}})^b \int_0^{\tau} \alpha^{B-1} e^{-\alpha} d\alpha$$

$$= (\sqrt{2}\sigma_{\text{rms}})^b \gamma[B,\tau]$$

式中:$\gamma[B,\tau]$ 为不完全伽马函数。

当 $B = 1 + \dfrac{b}{2}$, $\tau = \dfrac{\sigma_t^2}{2\sigma_{\text{rms}}^2}$ 时,则变为

$$\overline{D}_t = \frac{n_0^+ T}{C}(\sqrt{2}\sigma_{\text{rms}})^b \left[\gamma\left(1+\frac{b}{2}, \frac{\sigma_t^2}{2\sigma_{\text{rms}}^2}\right) - \gamma\left(1+\frac{b}{2}, \frac{\sigma_D^2}{2\sigma_{\text{rms}}^2}\right) + \frac{n_0^+ T}{C}\sigma_t^b e^{-\frac{\sigma^2}{2\sigma_{\text{rms}}^2}} \right] \quad (4.163)$$

和

$$\frac{\overline{D}_t}{\overline{D}_\infty} = \frac{\gamma\left(1+\dfrac{b}{2}, \dfrac{\sigma_t^2}{2\sigma_{\text{rms}}^2}\right) - \gamma\left(1+\dfrac{b}{2}, \dfrac{\sigma_D^2}{2\sigma_{\text{rms}}^2}\right) + \dfrac{\sigma_t^b}{(\sqrt{2}\sigma_{\text{rms}})^b} e^{-\frac{\sigma^2}{2\sigma_{\text{rms}}^2}}}{\Gamma\left(1+\dfrac{b}{2}\right) - \gamma\left(1+\dfrac{b}{2}, \dfrac{\sigma_D^2}{2\sigma_{\text{rms}}^2}\right)} \quad (4.164)$$

函数 γ 可以通过近似方程计算出来。如果 $\sigma_t \to \infty$ [BUS 67, SWA 69],则

$$\gamma\left(1+\frac{b}{2}, \infty\right) = \Gamma\left(1+\frac{b}{2}\right)$$

可得

$$\overline{D}_t \to \frac{n_0^+ T}{C}(\sqrt{2}\sigma_{\text{rms}})^b \left[\Gamma\left(1+\frac{b}{2}\right) - \gamma\left(1+\frac{b}{2}, \frac{\sigma_D^2}{2\sigma_{\text{rms}}^2}\right) \right] \quad (4.165)$$

注:

(1) 式(4.163)也可以写成[WHI 69]

$$\overline{D}_t = \frac{n_0^+ T}{C}(\sqrt{2}\sigma_{\text{rms}})^b \Gamma\left(1+\frac{b}{2}\right) \left\{ P\left[\left(\frac{\sigma_t}{\sigma_{\text{rms}}}\right)^2, b+2\right] - P\left[\left(\frac{\sigma_D}{\sigma_{\text{rms}}}\right)^2, b+2\right] \right\} + \frac{n_0^+ T}{C}\sigma_t^b e^{-\frac{\sigma_t^2}{2\sigma_{\text{rms}}^2}}$$

$$(4.166)$$

(函数 P 以表格的形式)。

(2) 设式(4.165)中的 $\sigma_D = 0$(无疲劳极限),发现变为 Crandall 表达式(4.36)。

截断的效果是减少了与 b 有关的损伤率,$\dfrac{\overline{D}_t}{\overline{D}_\infty}$。

图 4.50 和图 4.51 给出了 $\sigma_D = 0$，$\dfrac{\sigma_D}{\sigma_{rms}} = 3$，以 b（每个步进在 2~10 之间变化）作为参数，比值对 $\dfrac{\sigma_t}{\sigma_{rms}}$ 的变化。

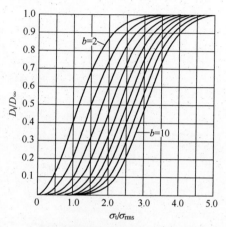

图 4.50　在没有疲劳极限的情况下，截断对损伤的影响

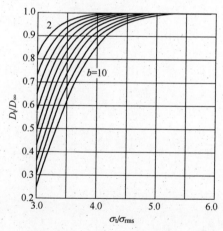

图 4.51　疲劳极限等于 3 倍 rms 值时，截断对损伤的影响

当 $\sigma_D = 0$ 时，如果 $b<7$，则 $\dfrac{\sigma_t}{\sigma_{rms}}>4$ 时的截断影响很小。然而，如果 $b \geqslant 7$，则由疲劳导致的总损伤中至少有 50% 是由超过 $3\sigma_{rms}$ 的响应峰值造成的，尽管它们很少发生[SMA 65]。即使在 $2\sigma_{rms} \sim 3\sigma_{rms}$ 之间产生的损伤很重要[POO 78]，将响应信号截断在 $3\sigma_{rms}$ 对所产生的损伤仍修正了很多。

在某些情形中（如"导弹"环境），大于 $3\sigma_{rms}$ 的响应出现频率要比高斯噪声高得多，峰值也可能超过$5\sigma_{rms}$。

它产生的损伤通常比高斯假设产生的损伤更加重要。为了避免这个问题，可以调整在实验室中生成随机噪声的总幅值，从而使得产生的响应峰值与实际环境中的相似。

当$b<7$，$\sigma_D \neq 0$时，如果$\frac{\sigma_t}{\sigma_{rms}}>4$和$\frac{\sigma_D}{\sigma_{rms}}$为1或2，截断的影响很小[WHI 69]。

当$b<10$，$\frac{\sigma_D}{\sigma_{rms}}>4$（图4.52）时，只要$\frac{\sigma_t}{\sigma_{rms}}>\frac{\sigma_D}{\sigma_{rms}}+1$，则损伤降低很小。在寻找使$\frac{d\overline{D}}{d\sigma}$最大的$\sigma_g$过程中，得到了发生最大损伤的载荷水平$\sigma_g$，即对于$\frac{d^2\overline{D}}{d\sigma^2}=0$，可得

$$\frac{\sigma_t}{\sigma_{rms}}=\frac{\sigma_g}{\sigma_{rms}}\left[\frac{\left(\frac{\sigma_g}{\sigma_{rms}}\right)^2-1}{b+1-\left(\frac{\sigma_g}{\sigma_{rms}}\right)^2}\right]^{\frac{1}{b}} \quad (4.167)$$

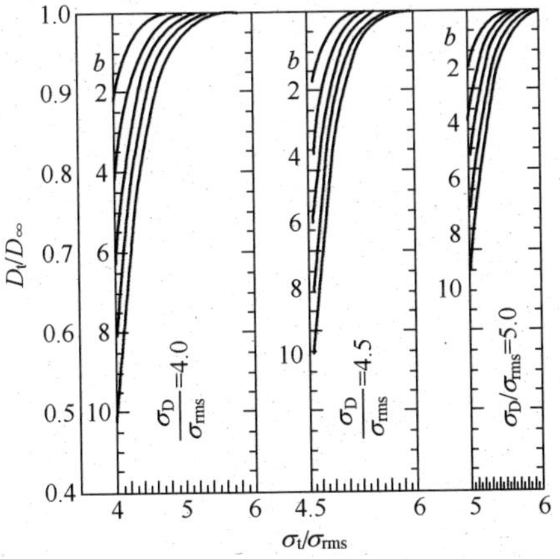

图4.52 损伤作为疲劳极限的函数时截断对其影响

如果$\sigma_t \to \infty$，则

$$\frac{\sigma_g}{\sigma_{rms}} \to \sqrt{b+1} \quad (4.168)$$

如果$\frac{\sigma_t}{\sigma_{rms}}=\frac{\sigma_g}{\sigma_{rms}}$，则

$$\frac{\sigma_g}{\sigma_{rms}}=\left(\frac{b}{2}+1\right)^{\frac{1}{2}} \quad (4.169)$$

当 $\dfrac{\sigma_t}{\sigma_{rms}}$ 很小时(图 4.53),存在一个区域对于每一个 b 值都有 $\dfrac{\sigma_g}{\sigma_{rms}} = \dfrac{\sigma_t}{\sigma_{rms}}$。只有在 $\sigma_D < \sigma_g$ 时这些曲线才有效(如果 $\sigma_D > \sigma_g$,没有损伤)[WHI 69]。

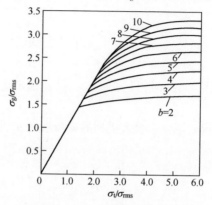

图 4.53 应力导致的最大损伤

这些结果表明不能忽视峰值截断的影响,因此通过试验确定 σ_t 是很重要的。对超过 2.5 倍 σ_{rms} 的峰值进行截断时,对试验结果有显著的影响,将导致更长的疲劳寿命。

对超过 3.5 倍 σ_{rms} 的峰值截断时,对试验结果几乎没有影响[BOO 69]。

使用 Miner 准则和截断信号进行疲劳寿命预计时,截断值介于 $4\sigma_{rms}$ ~ $5.5\sigma_{rms}$ 之间比较好,在 $3.5\sigma_{rms}$ 附近很差,在 $2.5\sigma_{rms}$ 时非常差[BOO 69]。

此外,在没考虑峰值截断的情况下建立的式(4.168)显示,最大的损伤出现在峰值为 2~4.5 倍的 rms 值之间,该最大值是参数 b 的函数(图 4.54)。

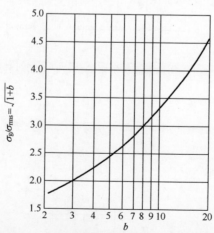

图 4.54 没有截断时应力导致的最大损伤

注:

A. J. Curtis[CUR 82]提出了略有不同的计算方法。对于疲劳极限为 σ_D 且在 $\sigma > \sigma_t$ 时截断的瑞利分布,疲劳损伤的形式为

$$\overline{D} = \sum_i \frac{n_i}{N_i} = \frac{1}{C} \int_{\sigma_D/\sigma_{rms}}^{\sigma_t/\sigma_{rms}} \sigma^b n\left(\frac{\sigma}{\sigma_{rms}}\right) d\left(\frac{\sigma}{\sigma_{rms}}\right)$$

$$= \frac{n_0^+ T}{C} \frac{\int_{\sigma_D/\sigma_{rms}}^{\sigma_t/\sigma_{rms}} \sigma^b q\left(\frac{\sigma}{\sigma_{rms}}\right) d\left(\frac{\sigma}{\sigma_{rms}}\right)}{\int_0^{\sigma_t/\sigma_{rms}} q\left(\frac{\sigma}{\sigma_{rms}}\right) d\left(\frac{\sigma}{\sigma_{rms}}\right)}$$

$$= \frac{n_0^+ T}{C} s^b \frac{\int_{u_D}^{u_t} u^{b+1} e^{-\frac{u^2}{2}} du}{1 - e^{-\frac{u_t^2}{2}}}$$

式中

$$u = \frac{\sigma}{\sigma_{rms}}, \quad u_D = \frac{\sigma_D}{\sigma_{rms}}$$

或

$$\overline{D} = \frac{n_0^+ T}{C} \frac{\sigma_{rms}^b 2^{\frac{b}{2}}}{1 - e^{-\frac{u_t^2}{2}}} \left[\gamma\left(\frac{b}{2} + 1, \frac{u_t^2}{2}\right) - \gamma\left(\frac{b}{2} + 1, \frac{u_D^2}{2}\right) \right] \quad (4.170)$$

式中

$$\gamma\left(\frac{b}{2} + 1, \frac{u_t^2}{2}\right) = \int_0^{u_t} u^{b+1} e^{-\frac{u^2}{2}} du \quad (4.171)$$

A. J. Curtis[CUR 82]指出,当 b 较大时(对于小的 u_D 和 $\frac{\sigma_t}{\sigma_{rms}} = \pm 3$),疲劳寿命修正得更多。表4.4给出了 u_t 在 1.1~4 之间时,下面几个值:

(1) 当 b 为 3.0、-6.5、-9.0 和 25.0 时函数 $\gamma\left(\frac{b}{2} + 1, \frac{u_t^2}{2}\right)$ 的值;

(2) 表达式 $1 - e^{-u_t^2/2}$。

$$\gamma\left(\frac{b}{2} + 1, \frac{u_t^2}{2}\right) = \int_0^{u_t} u^{b+1} e^{-\frac{u^2}{2}} du$$

表 4.4　不完全伽马函数的值[CUR 82]

$$\gamma\left(\frac{b}{2}+1, \frac{u_t^2}{2}\right)$$

u_t	$b=3.0$	$b=6.5$	$b=9.0$	$b=25.0$	$1-e^{-u_t^2/2}$
0.10	0.0000	0.000	0.000	0.000	0.005
0.20	0.0000	0.000	0.000	0.000	0.020
0.30	0.0002	0.000	0.000	0.000	0.044
0.40	0.0007	0.000	0.000	0.000	0.077
0.50	0.0100	0.000	0.000	0.000	0.118
0.60	0.0048	0.000	0.000	0.000	0.165
0.70	0.0100	0.000	0.000	0.000	0.217
0.80	0.0185	0.001	0.000	0.000	0.274
0.90	0.0314	0.004	0.001	0.000	0.333
1.00	0.0498	0.008	0.003	0.000	0.393
1.10	0.0746	0.017	0.007	0.000	0.454
1.20	0.1065	0.033	0.016	0.000	0.513
1.30	0.1460	0.059	0.035	0.000	0.570
1.40	0.1932	0.099	0.072	0.000	0.625
1.50	0.2478	0.159	0.136	0.000	0.675
1.60	0.3092	0.244	0.243	0.000	0.722
1.70	0.3763	0.359	0.413	0.000	0.764
1.80	0.4479	0.510	0.672	0.000	0.802
1.90	0.5227	0.702	1.048	256	0.836
2.00	0.5990	0.937	1.575	256	0.865
2.10	0.6753	1.217	2.284	512	0.890
2.20	0.7501	1.542	3.210	1,280	0.911
2.30	0.8222	1.908	4.380	3,328	0.929
2.40	0.8903	2.310	5.816	8,488	0.944
2.50	0.9536	2.744	7.528	19,968	0.956
2.60	1.0115	3.199	9.517	45,312	0.966
2.70	1.0635	3.667	11.770	98,304	0.974
2.80	1.1096	4.140	14.260	204,288	0.980
2.90	1.1498	4.606	16.950	406,528	0.985
3.00	1.1844	5.058	19.791	776,448	0.989
3.10	1.2136	5.488	22.729	1,427,456	0.992
3.20	1.2380	5.890	25.704	2,530,560	0.994
3.30	1.2581	6.259	28.656	4,333,056	0.996
3.40	1.2744	6.592	31.531	7,179,264	0.997
3.50	1.2874	6.888	34.277	11,527,168	0.998
3.60	1.2978	7.146	36.852	17,960,704	0.998
3.70	1.3058	7.368	39.224	27,195,392	0.999
3.80	1.3120	7.556	41.372	40,066,816	0.999
3.90	1.3167	7.712	43.283	57,502,976	1.000
4.00	1.3202	7.841	44.956	80,484,608	1.000

$\Gamma(1+b/2)$				
$b=3.0$	$b=6.5$		$b=9.0$	$b=25.0$
1.3293	8.285		52.343	1.711×10^9

4.12.2　截断分布下 S-N 曲线的设计

如果 $\sigma_D=0$,σ_t 是任意的,并且 $N_t=n_0^+T$,则有

$$N_t\left[(\sqrt{2}\sigma_{rms})^b\gamma\left(1+\frac{b}{2},\frac{\sigma_t^2}{2\sigma_{rms}^2}\right)+\sigma_t^b e^{-\frac{\sigma_t^2}{2\sigma_{rms}^2}}\right]=C \qquad (4.172)$$

有截断与没有截断的疲劳寿命的比为

$$\frac{N_t}{N}=\frac{\Gamma\left(1+\frac{b}{2}\right)}{\gamma\left(1+\frac{b}{2},\frac{\sigma_t^2}{2\sigma_{rms}^2}\right)+\left(\frac{\sigma_t^2}{2\sigma_{rms}^2}\right)^{\frac{b}{2}}e^{-\frac{\sigma_t^2}{2\sigma_{rms}^2}}} \qquad (4.173)$$

该比率只取决于 $\frac{\sigma_t}{\sigma_{rms}}$ 和参数 b。为了补偿截断并产生相同的损伤,很必要对应力的 rms 值乘以下面的因子:

$$\lambda=\left(\frac{N_t}{N}\right)^{\frac{1}{b}} \qquad (4.174)$$

PSD 的幅值乘以 λ^2

$$\lambda=\left[\frac{\Gamma\left(1+\frac{b}{2}\right)}{\gamma\left(1+\frac{b}{2},\tau\right)+\tau^{b/2}e^{-\tau}}\right]^{\frac{1}{b}} \qquad (4.175)$$

式中:$\tau=\frac{\sigma_t^2}{2\sigma_{rms}^2}$。

表 4.5 给出了不同 b 和 $\frac{\sigma_t}{\sigma_{rms}}$ 对应的 λ。图 4.55 和图 4.56 显示了 λ 随 b 和 $\frac{\sigma_t}{\sigma_{rms}}$ 的变化情况。λ 随着 b 的增大而增大,随着 σ_t 的增大而减少。

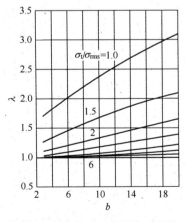

图 4.55 与参数 b 对应的修正因数 λ

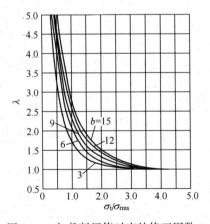

图 4.56 与截断阈值对应的修正因数 λ

表 4.5　截断修正参数 λ 的值

b	$\dfrac{\sigma_t}{\sigma_{rms}}$				
	3	3.5	4	4.5	5
3	1.01	1.0022	1.000377	1.000048	1.00000142
4	1.0159	1.0039348	1.000756	1.00011146	1.0000126
5	1.02336	1.000643	1.001375	1.000224	1.0000279
6	1.032285	1.00976	1.00231	1.000417	1.0000569
7	1.04248	1.01398	1.00364	1.000724	1.000108
8	1.05377	1.0191	1.00543	1.001185	1.000194
9	1.066	1.0250	1.00772	1.0018425	1.000331
10	1.0789	1.03178	1.01055	1.002738	1.000536
11	1.0924	1.0392	1.01393	1.00391	1.000833
12	1.10644	1.04732	1.01784	1.00539	1.001245

注：

峰值截断信号的损伤 $\overline{D}_t$ 与完整信号损伤 $\overline{D}$ 的比为

$$\frac{\overline{D}_t}{\overline{D}} = \mu = \frac{N}{N_t} = \frac{1}{\lambda^b} \tag{4.176}$$

图 4.57 和图 4.58 展示了该比值与截断阈值和参数 b 的关系。

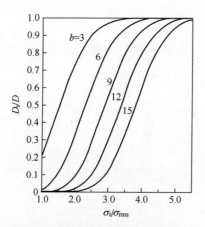

图 4.57　截断和未截断信号的损伤比
与截断阈值的关系

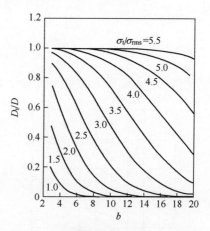

图 4.58　截断和未截断信号的损伤比
与参数 b 的关系

很重要的是在此提醒本节中的截断与应力相关，而不是与施加到所参照的单自由度系统上的加速度信号相关。一些例子显示，对于后者，当截断大于信号的 3 倍 rms 值时，截断的影响很小（第 5 卷）。

第 5 章
疲劳损伤的标准差

前几章介绍了如何利用随机应力的特性、Miner 准则和 S-N 曲线的参数计算单自由度系统的疲劳损伤。当响应的峰值分布可以用解析式描述时,就可以得到平均损伤 D。这意味着,平均损伤的标准差 s_D(或者是变量的方差 s_D^2)可以表征与激励随机特性有关的离散程度。在假设是瑞利峰值分布的情况下,有学者提出了几种用来近似计算 s_D 的方法。

5.1 损伤标准差的计算:Bendat 法

假设信号是平稳且各态历经的,并且每个半周期的响应产生的损伤的自协方差函数为 $s_d^2 \mathrm{e}^{-2\pi k \xi}$,其中 $s_d^2 = \overline{d^2} - \overline{d}^2$,$d$ 是与半周期 k 相关的损伤。J. S. Bendat [BEN 64] 指出,单自由度线性系统经历的损伤的方差可以写成

$$s_D^2 = s_d^2 \left[N_\mathrm{p} + \sum_{k=1}^{N_\mathrm{p}-1} (N_\mathrm{p} - k)\, \mathrm{e}^{-2\pi k \xi} \right] \tag{5.1}$$

式中

$$N_\mathrm{p} = 2 n_\mathrm{p}^+ T = 2 N^+ \tag{5.2}$$

$$\sum_{k=1}^{N_\mathrm{p}-1} (N_\mathrm{p} - k)\, \mathrm{e}^{-2k\pi \xi} = F(\pi \xi) = \frac{(N_\mathrm{p}-1)\mathrm{e}^{2\pi\xi} - N_\mathrm{p} + \mathrm{e}^{-2(N_\mathrm{p}-1)\pi\xi}}{(\mathrm{e}^{2\pi\xi}-1)^2} \tag{5.3}$$

$$s_d^2 = \left(\frac{K^b}{2C}\right)^2 \int_0^{+\infty} z_\mathrm{p}^{2b} q(z_\mathrm{p})\,\mathrm{d}z_\mathrm{p} - \left[\frac{\overline{D}}{N_\mathrm{p}}\right]^2 \tag{5.4}$$

$$\frac{\overline{D}}{N_\mathrm{p}} = \frac{K^b}{2C} \int_0^{+\infty} z_\mathrm{p}^{b} q(z_\mathrm{p})\,\mathrm{d}z_\mathrm{p}$$

$$s_D^2 = \left[\left(\frac{K^b}{2C}\right)^2 \int_0^{+\infty} z_\mathrm{p}^{2b} q(z_\mathrm{p})\,\mathrm{d}z_\mathrm{p} - \left(\frac{\overline{D}}{N_\mathrm{p}}\right)^2 \right] \times$$

$$\left[N_{\text{p}} + 2 \frac{(N_{\text{p}}-1)\mathrm{e}^{2\pi\xi} - N_{\text{p}} + \mathrm{e}^{-2(N_{\text{p}}-1)\pi\xi}}{(\mathrm{e}^{2\pi\xi}-1)^2} \right] \tag{5.5}$$

即

$$s_D^2 = \left[\left(\frac{K^b}{2C}\right)^2 z_{\text{rms}}^{2b} \int_0^{+\infty} u^{2b} q(u)\,\mathrm{d}u - \left(\frac{\overline{D}}{N_{\text{p}}}\right)^2 \right] \times$$

$$\left[N_{\text{p}} + 2 \frac{(N_{\text{p}}-1)\mathrm{e}^{2\pi\xi} - N_{\text{p}} + \mathrm{e}^{-2(N_{\text{p}}-1)\pi\xi}}{(\mathrm{e}^{2\pi\xi}-1)^2} \right] \tag{5.6}$$

式中：$u = \dfrac{z_{\text{p}}}{z_{\text{rms}}}$。

变异系数 v 如下：

$$v^2 = \frac{s_D^2}{\overline{D}^2} = \frac{N_{\text{p}} + 2F(\pi\xi)}{\overline{D}^2} s_d^2 \tag{5.7}$$

$$v^2 = \frac{N_{\text{p}} + 2F(\pi\xi)}{N_{\text{p}}^2} \frac{s_d^2}{\left[\dfrac{K^b}{2C} \displaystyle\int_0^{+\infty} z^b q(z_{\text{p}})\,\mathrm{d}z_{\text{p}}\right]^2} \tag{5.8}$$

例 5.1

图 5.1~图 5.4 显示了固有频率为 100Hz 的单自由度在系统受频率在 1~2000Hz 之间 PSD 为 1.65(m/s²)²/Hz 的随机噪声影响的情况下，v 随 $n_0^+ T$、f_0、ξ 和 b 的变化。持续时间 $T = 3600$s，$b = 10$，$C = 10^{80}$，$K = 6.3 \times 10^{10}$（国际标准单位）。

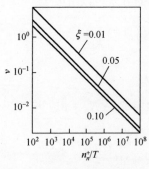

图 5.1 损伤变异系数随循环次数的变化[BEN 64]

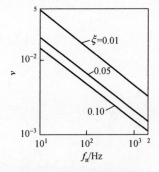

图 5.2 损伤变异系数随固有频率的变化[BEN 64]

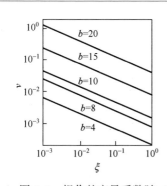
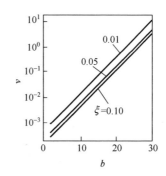

图 5.3 损伤的变异系数随阻尼的变化[BEN 64]

图 5.4 损伤的变异系数随参数 b 的变化[BEN 64]

假设峰值分布服从瑞利分布,即

$$\int_0^{+\infty} z_p^{2b} q(z_p) \mathrm{d}z_p = \frac{1}{z_{\mathrm{rms}}^2} \int_0^{\infty} z_p^{2b+1} \mathrm{e}^{-\frac{z_p^2}{z_{\mathrm{rms}}^2}} \mathrm{d}z_p = (z_{\mathrm{rms}}\sqrt{2})^{2b} \Gamma(1+b) \quad (5.9)$$

$$\frac{\overline{D}}{N_p} = \frac{K^b}{2C} (\sqrt{2} z_{\mathrm{rms}})^b \Gamma\left(1+\frac{b}{2}\right)$$

可得

$$s_d^2 = \frac{K^{2b}}{4C^2} (z_{\mathrm{rms}}\sqrt{2})^{2b} \left[\Gamma(1+b) - \Gamma^2\left(1+\frac{b}{2}\right) \right] \quad (5.10)$$

$$s_D^2 = s_d^2 [N_p + 2F(\pi\xi)] \quad (5.11)$$

和

$$v^2 = \frac{N_p + 2F(\pi\xi)}{N_p^2} \frac{\Gamma(1+b) - \Gamma^2\left(1+\frac{b}{2}\right)}{\Gamma^2\left(1+\frac{b}{2}\right)} \quad (5.12)$$

如果 $2n_p^+ T\xi$ 很大,则有

$$F(\pi\xi) \approx \frac{n_p^+ T}{\pi\xi} \quad (5.13)$$

可得

$$v^2 \approx \frac{1}{2\pi\xi n_p^+ T} \frac{s_d^2}{\left[\frac{K^b}{2C} \int_0^{\infty} z_p^b q(z_p) \mathrm{d}z_p\right]^2} \quad (5.14)$$

和

$$v^2 \approx \frac{1}{2\pi\xi n_p^+ T} \frac{\Gamma(1+b) - \Gamma^2\left(1+\frac{b}{2}\right)}{\Gamma^2\left(1+\frac{b}{2}\right)} \tag{5.15}$$

v 为 b 和乘积 $2\pi\xi n_p^+ T$（因为 $r=1$，所以 $n_p^+ = n_0^+$）的函数，表 5.1 列出了一些 v 的值。

表 5.1 损伤变异系数值 [BEN 64]

$2\pi\xi n_0^+ T$ \ b	2	4	6	8	10	12	14
10	3.162×10^{-1}	7.071×10^{-1}	1.378×10^{0}	2.627×10^{0}	5.010×10^{0}	9.601×10^{0}	18.523×10^{0}
25	2.000×10^{-1}	4.472×10^{-1}	8.718×10^{-1}	1.661×10^{0}	3.169×10^{0}	6.076×10^{0}	11.715×10^{0}
50	1.414×10^{-1}	3.162×10^{-1}	6.164×10^{-1}	1.175×10^{0}	2.241×10^{0}	4.297×10^{0}	8.284×10^{0}
75	1.155×10^{-1}	2.582×10^{-1}	5.033×10^{-1}	9.592×10^{-1}	1.829×10^{0}	3.508×10^{0}	6.764×10^{0}
100	1.000×10^{-1}	2.236×10^{-1}	4.359×10^{-1}	8.307×10^{-1}	1.584×10^{0}	3.038×10^{0}	5.858×10^{0}
250	6.325×10^{-2}	1.414×10^{-1}	2.757×10^{-1}	5.254×10^{-1}	1.002×10^{0}	1.922×10^{0}	3.705×10^{0}
500	4.472×10^{-2}	1.000×10^{-1}	1.950×10^{-1}	3.715×10^{-1}	7.085×10^{-1}	1.359×10^{0}	2.620×10^{0}
750	3.652×10^{-2}	8.165×10^{-2}	1.592×10^{-1}	3.033×10^{-1}	5.785×10^{-1}	1.109×10^{0}	2.139×10^{0}
1000	3.162×10^{-2}	7.071×10^{-2}	1.378×10^{-1}	2.627×10^{-1}	5.010×10^{-1}	9.607×10^{-1}	1.852×10^{0}
2500	2.000×10^{-2}	4.472×10^{-2}	8.718×10^{-2}	1.661×10^{-1}	3.167×10^{-1}	6.075×10^{-1}	1.172×10^{0}
5000	1.414×10^{-2}	3.162×10^{-2}	6.164×10^{-2}	1.175×10^{-1}	2.241×10^{-1}	4.297×10^{-1}	8.284×10^{-1}
7500	1.155×10^{-2}	2.582×10^{-2}	5.033×10^{-2}	9.592×10^{-2}	1.830×10^{-1}	3.508×10^{-1}	6.764×10^{-1}
10000	1.000×10^{-2}	2.236×10^{-2}	4.359×10^{-2}	8.307×10^{-2}	1.584×10^{-1}	3.038×10^{-1}	5.858×10^{-1}
25000	6.325×10^{-3}	1.414×10^{-2}	2.757×10^{-2}	5.254×10^{-2}	1.002×10^{-1}	1.922×10^{-1}	3.705×10^{-1}
50000	4.472×10^{-3}	1.000×10^{-2}	1.949×10^{-2}	3.715×10^{-2}	7.085×10^{-2}	1.359×10^{-1}	2.620×10^{-1}
100000	3.162×10^{-3}	7.071×10^{-3}	1.378×10^{-2}	2.627×10^{-2}	5.010×10^{-2}	9.607×10^{-2}	1.852×10^{-1}
500000	1.414×10^{-3}	3.162×10^{-3}	6.164×10^{-3}	1.175×10^{-2}	2.241×10^{-2}	4.297×10^{-2}	8.284×10^{-2}
1000000	1.000×10^{-3}	2.236×10^{-3}	4.359×10^{-3}	8.307×10^{-3}	1.584×10^{-2}	3.038×10^{-2}	5.858×10^{-2}

5.2 损伤标准差的计算：Mark 方法

W. D. Mark 用下面两种方法来计算损伤方差 [CRA 62, MAR 61, YAO 72]：

(1) 假设在$[0,T]$内循环应力的幅值和循环次数是随机的;

(2) 从仅考虑应力幅值随机性的近似开始。

作如下假设:

(1) 激励为白噪声类型,响应峰值服从瑞利分布;

(2) 受激励的系统是线性的,只有一个自由度,阻尼比远小于1(实际上,小于等于0.05);

(3) 与$1/2\xi$相比,在T时间内,响应的平均循环次数非常大。

当阻尼ξ趋于0时,在情形(1)和情形(2)建立的方差的近似解析表达式趋于同一个表达式(两种假设的平均损伤$\bar{D}$相同,即$n_0^+ \approx f_0$)。

在这两种情形中的问题都是与连续循环的损伤增量有很强的相关性。与相关时间的减少相比只有当T很大时,才有必要运用这种近似方法。

注:

有一种改进的计算方差的方法[SHI 66],该方法假设载荷服从正态分布(数学上比其他分布规律更简单)。

假设半周期的幅值和循环次数是随机的,则方差可以写成

$$s_D^2 \approx \frac{K^{2b}}{C^2} \frac{n_0^+ T}{\xi} (\sqrt{2} z_{rms})^{2b} \Gamma^2\left(1+\frac{b}{2}\right) \left\{ f_1(b) - \frac{f_2(b)}{\xi n_0^+ T} + \frac{\xi f_3(b)}{n_0^+ T} \right\} \quad (5.16)$$

式中

$$f_1(b) = \frac{1}{2\pi} \left[\frac{\left(-\frac{b}{2}\right)^2}{1\,(1!)^2} + \frac{\left(-\frac{b}{2}\right)^2 \left(-\frac{b}{2}+1\right)^2}{2\,(2!)^2} + \cdots + \frac{\left(-\frac{b}{2}\right)^2 \left(-\frac{b}{2}+1\right)^2 \cdots \left(-\frac{b}{2}+n-1\right)^2}{n\,(n!)^2} + \cdots \right] \quad (5.17)$$

$$f_2(b) = \frac{1}{8\pi^2} \left[\frac{\left(-\frac{b}{2}\right)^2}{1^2\,(1!)^2} + \frac{\left(-\frac{b}{2}\right)^2 \left(-\frac{b}{2}+1\right)^2}{2^2\,(2!)^2} + \cdots + \frac{\left(-\frac{b}{2}\right)^2 \left(-\frac{b}{2}+1\right)^2 \cdots \left(-\frac{b}{2}+n-1\right)^2}{n^2\,(n!)^2} + \cdots \right] \quad (5.18)$$

和

$$f_3(b) = \frac{1}{16} \frac{\Gamma(1+b)}{\Gamma^2\left(1+\frac{b}{2}\right)} \quad (5.19)$$

图5.5显示了函数$f_1(b)$、$f_2(b)$、$f_3(b)$相对于b的变化关系。表5.2列出了b介于3~10之间时3个函数的一些函数值。

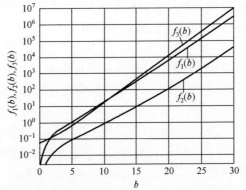

图 5.5 函数 $f_1(b)$、$f_2(b)$、$f_3(b)$ 的变化曲线

表 5.2 函数 $f_1(b)$、$f_2(b)$、$f_3(b)$ 的值

b	$f_1(b)$	$f_2(b)$	$f_3(b)$	b	$f_1(b)$	$f_2(b)$	$f_3(b)$
3.00	0.370	0.029	0.212	12.00	54.980	1.928	57.750
3.50	0.522	0.040	0.281	12.50	72.866	2.417	80.087
4.00	0.716	0.054	0.375	13.00	96.799	3.067	111.146
4.50	0.964	0.070	0.503	13.50	128.886	3.890	154.356
5.00	1.280	0.090	0.679	14.00	171.982	4.951	214.500
5.50	1.684	0.115	0.920	14.50	229.961	6.326	298.256
6.00	2.202	0.144	1.250	15.00	308.087	8.110	414.946
6.50	1.868	0.179	1.704	15.50	413.520	10.433	577.590
7.00	3.730	0.223	2.328	16.00	556.003	13.466	804.375
7.50	4.846	0.250	3.188	16.50	748.811	17.435	1120.719
8.00	6.300	0.340	4.375	17.00	1010.046	22.641	1562.149
8.50	8.198	0.420	6.013	17.50	1364.413	29.485	2178.339
9.00	10.686	0.518	8.278	18.00	1845.653	38.502	3038.750
9.50	13.956	0.641	11.411	18.50	2499.884	50.405	4240.558
10.00	18.268	0.794	15.750	19.00	3390.189	66.146	5919.723
10.50	23.971	0.987	21.763	19.50	4602.919	87.000	8266.515
11.00	31.533	1.230	30.102	20.00	6256.346	114.676	11547.250
11.50	41.586	1.537	41.676				

变异系数为[CRA 63]

$$v \equiv \frac{s_D}{D} = \frac{1}{\sqrt{n_0^+ T \xi}} \left[f_1(b) - \frac{f_2(b)}{n_0^+ T \xi} + \frac{\xi f_3(b)}{n_0^+ T} \right]^{\frac{1}{2}} \tag{5.20}$$

需要指出的是,当 $\overline{D}$ 随振动持续时间 T 线性变化时,标准差 s_D 随 $\sqrt{T}$ 变化。

例 5.2

图 5.6~图 5.8 显示了在输入为 $G=1(\mathrm{m/s^2})^2/\mathrm{Hz}$ 介于 1~2000Hz 之间的白噪声信号,持续时间为 3600s 的特定情况下,v 随 b、f_0 和 ξ 的变化情况。

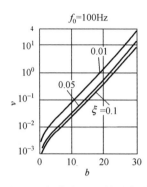

图 5.6 损伤变异系数随参数
b 的变化 [MAR 61]

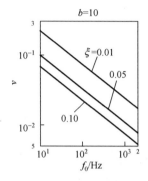

图 5.7 损伤变异系数随固有
频率的变化 [MAR 61]

由式 (5.20) 绘制的这些曲线表明:
(1) v 是 b 的增函数;
(2) 当 f_0 增大时,v 减小;
(3) 当 ξ 增大时,v 减小。

图 5.9 显示 v 随着时间 T(循环次数 $N = n_0^+ T$)的增加而减小。

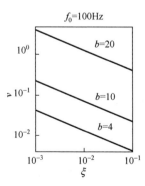

图 5.8 损伤变异系数随
阻尼的变化 [MAR 61]

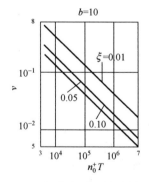

图 5.9 损伤变异系数随循环
次数的变化 [MAR 61]

在很多实际情况下,可以认为 $\xi n_0^+ T > 1$。式 (5.16) 括号内的后两项可以忽略,有

$$s_D^2 \approx \frac{K^{2b}}{C}\frac{n_0^+ T}{\xi}(\sqrt{2}z_{rms})^{2b}\Gamma^2\left(1+\frac{b}{2}\right)f_1(b) \qquad (5.21)$$

则变异系数(或相对离散度)可以写成

$$v = \frac{s_D}{\overline{D}} \approx \sqrt{\frac{f_1(b)}{\xi n_0^+ T}} \qquad (5.22)$$

这个比值会因下列情况变大[CRA 63]:

(1) ξ 更小;

(2) $n_0^+ \approx f_0$ 变小(如:因为 $\xi n_0^+ \approx \frac{f_0}{2Q} = \frac{\Delta f}{2}$,半功率点之间的区间的一半变小);

(3) T 变小。

可以看出,$\overline{D}$ 与 T 有关,s_D 随 $\sqrt{T}$ 变化。

5.3 Mark 和 Bendat 结果的对比

通过例 5.1 和例 5.2 研究 $\dfrac{v(\text{Bendat})}{v(\text{Mark})}$ 随 f_0、b、ξ 和 $n_0^+ T$ 的变化情况。对于窄带响应,这个比值为

$$\rho = \frac{\dfrac{1}{\sqrt{2\pi}\sqrt{\xi n_0^+ T}}\left[\Gamma(1+b)-\Gamma^2\left(1+\dfrac{b}{2}\right)\right]^{\frac{1}{2}}}{\dfrac{1}{\sqrt{\xi n_0^+ T}}\left[f_1(b)-\dfrac{f_2(b)}{\xi n_0^+ T}+\dfrac{\xi f_3(b)}{n_0^+ T}\right]^{\frac{1}{2}}}$$

$$\rho = \frac{1}{\Gamma\left(1+\dfrac{b}{2}\right)}\sqrt{\dfrac{\Gamma(1+b)-\Gamma^2\left(1+\dfrac{b}{2}\right)}{f_1(b)-\dfrac{f_2(b)}{\xi n_0^+ T}+\dfrac{\xi f_3(b)}{n_0^+ T}}} \qquad (5.23)$$

可以注意到如下规律:

(1) 图 5.11 和图 5.12 表明在实际中 ρ 不随 ξ 而变化;b 越大,ρ 就越大。

(2) 图 5.10 和图 5.13 表明当 f_0 从 10Hz 增大到 2000Hz 时(ξ 越大,f_0 增大的越快),ρ 趋于一个恒定的值。忽略分母中的 n_0^+($n_0^+ \approx f_0$)项得到该极限值:

$$\rho_\ell = \frac{1}{\Gamma\left(1+\dfrac{b}{2}\right)}\sqrt{\dfrac{\Gamma(1+b)-\Gamma^2\left(1+\dfrac{b}{2}\right)}{2\pi f_1(b)}} \qquad (5.24)$$

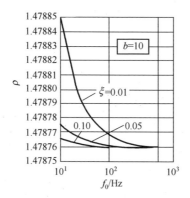

图 5.10　J. S. Bendat[BEN 64]和 W. D. Mark[MAR 61]计算得到的变异系数的比值随固有频率的变化

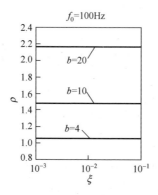

图 5.11　J. S. Bendat[BEN 64]和 W. D. Mark[MAR 61]计算得到的变异系数的比值随阻尼比的变化

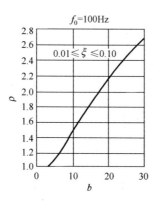

图 5.12　J. S. Bendat[BEN 64]和 W. D. Mark[MAR 61]计算得到的变异系数的比值随参数 b 的变化

例 5.3

由 $b = 10$：

$$\rho_l = \frac{1}{120}\sqrt{\frac{3628800 - 120^2}{2\pi \times 18.26833488}}$$

$$\approx 1.47876$$

同样,当 $n_0^+ T$ 趋于无穷大时,ρ 趋于常数 ρ_l(图 5.13)。

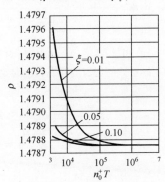

图 5.13　J. S. Bendat[BEN 64]和 W. D. Mark[MAR 61]计算得到 $b = 10$ 时变异系数的比值随循环次数的变化

图 5.14 表明比值 ρ 随 $n_0^+ T$ 的变化非常小。b 变大,ρ 变大。

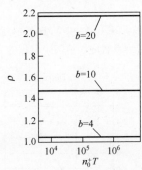

图 5.14　J. S. Bendat[BEN 64]和 W. D. Mark[MAR 61]计算得到 $\xi = 0.05$ 时,变异系数的比值随循环次数的变化

注：

J. P. Tang [TAN 78]给出了一个失效概率的极限,如下：

$$P(D > 1) \leqslant \sqrt{1 + \frac{\sqrt{2}(1 - \overline{D})}{\sqrt{s_D^2}} \exp\left\{-\frac{1 - \overline{D}}{\sqrt{2 s_D^2}}\right\}} \tag{5.25}$$

式中：D 为损伤；$\overline{D}$ 为平均损伤；s_D 为损伤的标准差。

例5.4

考虑一个受拉-压应力的钢结构，这个结构可以与单自由度线性系统比较，固有频率 $f_0 = 100\text{Hz}$，相对阻尼 $\xi = 0.05$。

假设应力 σ 与峰值的相对位移 z_P 有关，$\sigma = Kz_P$，其中 $K = 6.3 \times 10^{10} \text{Pa/m}$，钢的 S-N 曲线中 $b = 10$，$C = 10^{80}$（国际标准单位）。

假设这个结构的底部受一个随机加速度，频率介于 $1 \sim 2000\text{Hz}$ 之间，加速度振幅谱密度为恒定的值 $G_{\ddot{x}} = 1.65 (\text{m/s}^2)^2/\text{Hz}$ 定义。

目的是计算：

(1) 振动50h后的疲劳损伤 $\overline{D}$；

(2) 损伤的标准差 s_D。

对于一个固有频率为 100Hz 的系统，根据初始的激励（看作是白噪声）可以近似得到：

$$z_{\text{rms}} = 1.29 \times 10^{-4} \text{m}, \quad r = 0.664$$

$$\dot{z}_{\text{rms}} = 0.0809 \text{m/s}, \quad n_p^+ = 150.47$$

$$\ddot{z}_{\text{rms}} = 76.48 \text{m/s}^2, \quad n_0^+ = 99.87$$

$$\ddot{y}_{\text{rms}} = 51.147 \text{m/s}^2 \approx (2\pi f_0)^2 z_{\text{rms}}$$

利用上面提到的近似关系式，计算得到：

疲劳损伤（式(4.28)）：$\overline{D} = 0.86270$

瑞利分布下：$\overline{D} = 0.86196$

损伤的标准差（式(5.6)）：$s_D = 0.00577$

Bendat公式：$s_D = 0.00575$

Mark公式：$s_D = 0.003886$

变异系数：$v = \dfrac{\text{Mark 公式得到的} s_D}{\text{瑞利分布下的} \overline{D}} = 0.004508$

$$v = \dfrac{\text{贝达特公式得到的} s_D}{\text{瑞利分布下的} \overline{D}} = 0.0066666$$

$$v = \dfrac{\text{式(5.6)得到的} s_D}{\text{式(4.28)得到的} \overline{D}} = 0.006693$$

失效概率极限 $P(D>1)$：对于由 Bendat 公式得到的 s_D，$P(D>1) < 2.48 \times 10^{-7}$

对于由 Mark 公式得到的 s_D，$P(D>1)<8.83\times10^{-11}$

对于由 Bendat 公式(5.6)和式(4.28)得到的 s_D，$P(D>1)<2.93\times10^{-7}$

通过瑞利假设计算的平均损伤比由式(4.28)计算的值略小。Bendat 近似公式计算的 s_D 值与式(5.6)得到的结果非常接近。Mark 公式得到的值更小。这种不同不是因为建立这些公式所忽略的一些假设造成的（r 为 0.664，而不为 1），即使系数 r 非常接近 1，也会有差异。

平均疲劳寿命：

$$T=\frac{50}{\overline{D}}\approx 57.9(\text{h})$$

平均失效循环次数（随机振动下）：

$$n_0^+ T = 99.87\times 57.9\times 3600 \approx 2.08\times 10^7 (\text{循环})$$

rms 值：

$$\ddot{x}_{\text{rms}}=\sqrt{(2000-1)\times 1.65}=57.43\,\text{m/s}^2$$

$$z_{\text{rms}}=\frac{\ddot{x}_{\text{rms}}}{\omega_0^2\left\{\left[1-\left(\frac{80}{100}\right)^2\right]^2+\frac{1}{10^2}\left(\frac{80}{100}\right)^2\right\}^{\frac{1}{2}}}$$

$$\approx 3.94\times 10^{-4}(\text{m})$$

$$z_m \approx \sqrt{2} z_{\text{rms}} \approx 5.58\times 10^{-4}(\text{m})$$

在具有相同的 rms 值，频率为 80Hz 的正弦应力下，失效循环次数：

$$N(Kz_m)^b=10^{80}$$

$$N=\frac{10^{80}}{(6.3\times 10^{10}\times 5.58\times 10^{-4})^{10}}$$

$$\approx 34694(\text{循环})$$

现在计算正弦应力下的失效循环次数，该正弦应力与随机振动的均方根响应相同。

100Hz 下的随机振动产生的 rms 响应（$Q=10$）：

$$z_{\text{rms}}=1.29\times 10^{-4}\,\text{m}$$

为了得到频率为 80Hz 的正弦激励响应，振幅需要为

$$\ddot{x}_m=\ddot{x}_{\text{rms}}\sqrt{2}=\frac{\omega_0^2 z_{\text{rms}}\sqrt{2}}{Q}$$

$$=\frac{(2\pi\times 80)^2\times 1.29\times 10^{-4}\times\sqrt{2}}{10}\approx 4.61(\text{m/s}^2)$$

$$z_m = z_{rms}\sqrt{2} \approx 1.82\times 10^{-4}(\mathrm{m})$$

得到

$$N = \frac{10^{80}}{(6.3\times 10^{10}\times 1.82\times 10^{-4})^{10}} \approx 2.55\times 10^9(\text{循环})$$

5.4 疲劳寿命的标准差

5.4.1 窄带振动

由 Mark 给出的窄带噪声的标准差公式(5.20),F. B. Sun[SUN 97,SUN 98]基于以下假设计算了疲劳寿命的标准差:如果考虑曲线$\overline{D}$和$\overline{D}\pm 3\sigma_D$,那么可以认为损伤等于1时发生断裂。

这个方法称为"3σ 等价"原则(图 5.15),是 D. J. Wheeler[WHE 95]证明得到的,他注意到不管分布是什么,正常或不正常,99%~100%的数据基本都能在均值附近$\pm 3\sigma$ 区间内观察到。

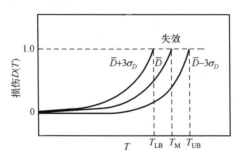

图 5.15 "3σ 等值"原则

考虑用$\pm 3\sigma$的损伤表达式估算疲劳寿命的标准差:

$$D_{-3\sigma}(T) = \overline{D}(T) - 3\sigma_D(T) \quad (5.26)$$

$$D_{3\sigma}(T) = \overline{D}(T) + 3\sigma_D(T) \quad (5.27)$$

$$D_{-3\sigma}(T) = \delta_1 T - 3\delta_2\sqrt{T} \quad (5.28)$$

$$D_{3\sigma}(T) = \delta_1 T + 3\delta_2\sqrt{T} \quad (5.29)$$

根据[式(4.36)]

$$\delta_1 \approx \frac{f_0}{C}(\sqrt{2}\sigma_{rms})^b \Gamma\left(1+\frac{b}{2}\right)$$

因此[式(5.20)]

$$\delta_2 \approx \frac{(\sqrt{2}\sigma_{\text{rms}})^b}{C}\Gamma\left(1+\frac{b}{2}\right)\sqrt{\frac{f_0}{\xi}f_1(b)}$$

令 $D_{3\sigma}(T)=1$:

$$\delta_1 T + 3\delta_2\sqrt{T} = 1 \tag{5.30}$$

计算断裂时的时间 T_{LB},设 $\sqrt{T_{\text{LB}}} = \Theta_{\text{LB}}$,可得

$$\delta_1 \Theta_{\text{LB}}^2 + 3\delta_2\Theta_{\text{LB}} - 1 = 0 \tag{5.31}$$

由于 $\Theta_{\text{LB}} = \sqrt{T_{\text{LB}}}$ 不能是负数:

$$\Theta_{\text{LB}} = \frac{-3\delta_2 + \sqrt{9\delta_2^2 + 4\delta_1}}{2\delta_1} \tag{5.32}$$

且

$$T_{\text{LB}} = \left(\frac{-3\delta_2 + \sqrt{9\delta_2^2 + 4\delta_1}}{2\delta_1}\right)^2 \tag{5.33}$$

同样,由式(5.28)[WIJ 09]可得

$$T_{\text{UB}} = \left(\frac{3\delta_2 + \sqrt{9\delta_2^2 + 4\delta_1}}{2\delta_1}\right)^2 \tag{5.34}$$

设

$$T_{\text{UB}} = T_{\text{M}} + 3\delta_{\text{T}} \tag{5.35}$$

和

$$T_{\text{LB}} = T_{\text{M}} - 3\sigma_{\text{T}} \tag{5.36}$$

式中:σ_{T} 为疲劳寿命的标准差;T_{M} 为平均疲劳寿命。

式(5.35)和式(5.36)相减,可得

$$\sigma_{\text{T}} = \frac{T_{\text{UB}} - T_{\text{LB}}}{6} \tag{5.37}$$

即

$$\sigma_{\text{T}} = \frac{\delta_2\sqrt{9\delta_2^2 + 4\delta_1}}{2\delta_1^2} \tag{5.38}$$

5.4.2 宽带振动

F. B. Sun[SUN 97,SUN 98]用 Wirsching 和 Light 提出的修正公式来评估宽带噪声造成的损伤:

由式(4.99),平均损伤为

$$\overline{D} = \lambda_{\text{R}}(r,b)\frac{n_0^+ T}{C}(\sqrt{2}\sigma_{\text{rms}})^b\Gamma\left(1+\frac{b}{2}\right) \tag{5.39}$$

式中：λ_R 由式(4.100)给出。

当 $\overline{D} = 1$ 时，平均断裂时间为

$$\overline{T} = \frac{C}{\lambda_R \eta_0^+ (\sqrt{2}\sigma_{rms})^b \Gamma\left(1 + \frac{b}{2}\right)} \tag{5.40}$$

损伤的标准差为(式(5.22))

$$\sigma_D \approx \overline{D}\sqrt{\frac{f_1(b)}{\xi n_0^+ T}}$$

根据窄带情况的一个相似的方法，F. B. Sun 表明疲劳寿命的标准差也符合(5.38)的形式：

$$\sigma_T = \frac{\delta_2' \sqrt{9\delta_2'^2 + 4\delta_1'}}{2\delta_1'^2} \tag{5.41}$$

式中

$$\delta_1' \approx \lambda_R \frac{n_0^+}{C} (\sqrt{2}\sigma_{rms})^b \Gamma\left(1 + \frac{b}{2}\right) \tag{5.42}$$

$$\delta_2' \approx \lambda_R \frac{(\sqrt{2}\sigma_{rms})^b}{C} \Gamma\left(1 + \frac{b}{2}\right) \sqrt{\frac{n_0^+}{\xi} f_1(b)} \tag{5.43}$$

5.5 统计的 S-N 曲线

5.5.1 统计曲线的定义

对于高斯随机激励和窄带响应($r = 1$)，损伤可以用式(4.37)表示，即

$$\overline{D} = \frac{K^b}{C} n_0^+ T (\sqrt{2} z_{rms})^b \Gamma\left(1 + \frac{b}{2}\right)$$

通过近似公式得到的标准差如下：

Bendat(式(5.15))：

$$s_D = \frac{\overline{D}}{\sqrt{2\pi \xi n_0^+ T}} \left[\frac{\Gamma(1+b) - \Gamma^2\left(1 + \frac{b}{2}\right)}{\Gamma^2\left(1 + \frac{b}{2}\right)}\right]^{\frac{1}{2}}$$

Mark(式(5.20))：

$$s_D = \frac{\overline{D}}{\sqrt{\xi n_0^+ T}} \left[f_1(b) - \frac{f_2(b)}{\xi n_0^+ T} + \frac{\xi f_3(b)}{n_0^+ T}\right]^{\frac{1}{2}}$$

接下来，考虑由疲劳损伤 $\overline{D}-\alpha s_D$ 和 $\overline{D}+\alpha s_D$ 定义的曲线，其中常数 α 是给定的损伤分布规律(常用的是对数正态分布)下的选定置信度水平的函数。

对于给定的应力水平，可以利用损伤计算失效时的循环次数 $n_0^+ T$。这些曲线仅考虑应力的随机性，没有考虑材料疲劳强度的离散性。其他重要内容不在此赘述，见第 1 章。

5.5.2　Bendat 公式

第一条曲线的方程为

$$D = \overline{D} - \alpha s_D \tag{5.44}$$

对于 $\overline{D} = 1$(失效)也可以写成

$$\overline{D}(1 - \alpha v) = 1 \tag{5.45}$$

即

$$\overline{D}\left[1 - \frac{\alpha}{\sqrt{2\pi\xi n_0^+ T}}\sqrt{\frac{\Gamma(1+b) - \Gamma^2\left(1+\dfrac{b}{2}\right)}{\Gamma^2\left(1+\dfrac{b}{2}\right)}}\right] = 1 \tag{5.46}$$

设 $N = n_0^+ T$，则

$$A = \frac{K^b}{C}(\sqrt{2}z_{\text{rms}})^b \Gamma\left(1 + \frac{b}{2}\right) \tag{5.47}$$

和

$$B = \frac{\Gamma(1+b) - \Gamma^2\left(1+\dfrac{b}{2}\right)}{\Gamma^2\left(1+\dfrac{b}{2}\right)} \tag{5.48}$$

N 变为

$$N = \frac{(2+F) \pm \sqrt{F(F+2)}}{2A} \tag{5.49}$$

式中

$$F = \frac{AB\alpha^2}{2\pi\xi} \tag{5.50}$$

第二个公式($\overline{D}(1+\alpha v) = 1$)得到相同的结果。

例 5.5

考虑介于 1~2000Hz 之间具有恒定 PSD 的随机噪声，振幅 G 先 $1 \leq G \leq 9$ 然后为 $2 \leq G \leq 30$(探究两个范围的应力)。

假设：

$$b = 10$$
$$\xi = 0.05$$
$$f_0 = 100\text{Hz}$$
$$K = 6.3 \times 10^{10} \text{Pa/m}$$
$$C = 10^{80} (\text{国际标准单位})$$

图 5.16 和图 5.17 是由 $\overline{D} = 1$，$\overline{D} - 3s_D = 1$ 和 $\overline{D} + 3s_D = 1$ 时得到的 S-N 曲线。

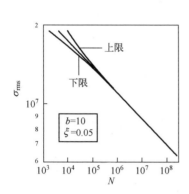

图 5.16 较高 N 值下，
均值±3σ 的 S-N 曲线

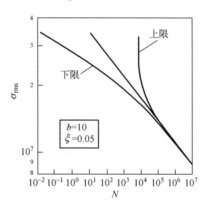

图 5.17 较低 N 值下，
均值±3σ 的 S-N 曲线

可以看出，当 rms 应力 σ_{rms} 较大时，$\overline{D} + 3s_D$ 对应的曲线趋于某一极限，这个极限可以按照下面来计算。

当 G 较大时，A 变大，

$$N[\overline{D} + \alpha\sigma_D] \to \frac{B\alpha^2}{2\pi\xi}$$

然而 $[\overline{D} - \alpha s_D] \to 0$。当 $\alpha = 3$，$\xi = 0.05$ 和 $b = 10$ 时，得到 $B = 251$ 和极限等于 7191 循环。这个极限随 b 的增加迅速增加，随着 ξ 的增加而减小（图 5.18）。

必须指出，在计算 s_D 时，假设 $2\pi n_0^+ T\xi$ 很大。

对于 $N = 1000$，有 $2\pi N \xi = 314$。至少有必要 $2\pi n_0^+ T\xi = 10^4$，即 $N > 3 \times 10^4$，因为这样消除了没有任何物理实际意义的极限。

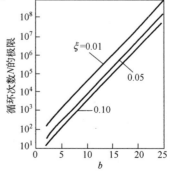

图 5.18 α=3 时疲劳循环次数极限

图 5.16 和图 5.17 表明，高水平的激励下，离散度更大（与材料疲劳强度有关的离散度相反）。

5.5.3 Mark 公式

如前所述，失效公式为：

$$\overline{D} - \alpha s_D = \overline{D}(1 - \alpha v) = 1$$

得到

$$\frac{K^b}{C} n_0^+ T(\sqrt{2} z_{\text{rms}})^b \Gamma\left(1 + \frac{b}{2}\right) \left\{ 1 - \frac{\alpha}{\sqrt{\xi n_0^+ T}} \left[f_b(b) - \frac{f_2(b)}{n_0^+ T \xi} + \frac{\xi f_3(b)}{n_0^+ T} \right]^{\frac{1}{2}} \right\} = 1$$

设

$$N = n_0^+ T$$

和

$$A = \frac{K^b}{C} (\sqrt{2} z_{\text{rms}})^b \Gamma\left(1 + \frac{b}{2}\right)$$

得到

$$N = \frac{\left[2 + \frac{\alpha^2 A}{\xi} f_1(b)\right] \pm \sqrt{\left[2 + \frac{\alpha^2 A}{\xi} f_1(b)\right]^2 + 4\left\{1 + \frac{\alpha^2 A^2}{\xi}\left[\frac{f_2(b)}{\xi} - \xi f_3(b)\right]\right\}}}{2A}$$

(5.51)

若判别式大于等于零或者：

$$\alpha^2 A f_1^2(b) + 4Af_3(b)\xi^2 + \alpha f_1(b)\xi - 4Af_2(b) \geq 0 \quad (5.52)$$

则可以看出，这个表达式总是正的。与条件 $\overline{D} + \alpha s_D = 1$ 下得到的 N 的表达式相同。

> **例 5.6**
>
> 利用前面例子的数值条件，得到 $1 \leq G \leq 9$ 时的曲线（图 5.19），曲线显示相同的趋势，即分散的趋势随 σ_{rms} 增大。比较图 5.19 和图 5.20，可以估计阻尼的影响。
>
> 使用同样的计算标准时 $\xi = 0.01$（而不是 0.05），得到同样的曲线 $\overline{D}$，要求 $0.2 \leq G \leq 1.8$，即一个较弱的激励。另一方面分散的趋势增大。
>
> 当 $b = 8$ 时，为了得到同样的损伤，激励的 PSD 振幅 G 必须更大（图 5.21，$\xi = 0.05$）。

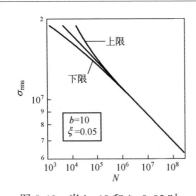

图 5.19　当 $b=10$ 和 $\xi=0.05$ 时，均值 $\pm 3\sigma$ 的 S-N 曲线[MAR 61]

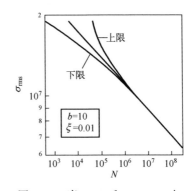

图 5.20　当 $b=10$ 和 $\xi=0.01$ 时，均值 $\pm 3\sigma$ 的 S-N 曲线[MAR 61]

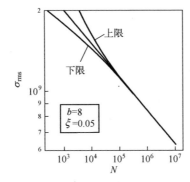

图 5.21　当 $b=8$ 和 $\xi=0.05$ 时，均值 $\pm 3\sigma$ 的 S-N 曲线[MAR 61]

注：

如前所述，所有这些曲线都是在 G 值不太大的条件下绘制的，即是对于低周循环而言的。

考虑第一个例子（$b=10,\xi=0.05$），如果 G 太大（介于 $2\sim 10$ 之间），与 $\overline{D}+3s_D=1$ 相对应的循环次数也会趋于一个（非物理）极限值（图 5.22），即

$$N[\overline{D}-3s_D]\to 0.65$$
$$N[\overline{D}+3s_D]\to 3288 \text{ 循环}$$

这个极限可以通过式（5.51）（$\alpha=3$ 时）计算得到，即

$$N=\frac{1}{A}+\frac{9}{2}\frac{f_1(b)}{\xi}\pm\sqrt{\left[\frac{1}{A}+\frac{9}{2}\frac{f_1(b)}{\xi}\right]^2-\left[\frac{1}{A^2}+\frac{9}{\xi}\left(\frac{f_2(b)}{\xi}-\xi f_3(b)\right)\right]} \quad (5.53)$$

当 G 变大时，A 也变大，有

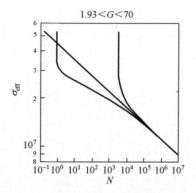

图 5.22 低周循环的 S-N 曲线 [MAR61]

$$N \approx \frac{9}{2}\frac{f_1(b)}{\xi} \pm \sqrt{\left[\frac{9}{2}\frac{f_1(b)}{\xi}\right]^2 - \frac{9}{\xi}\left[\frac{f_2(b)}{\xi} - \xi f_3(b)\right]} \qquad (5.54)$$

循环次数上极限随 b 增加而增大,随阻尼增大而减小。下极限随 b 增加而减小。图 5.22 描绘的曲线是 s_D 的计算结果的近似范围。可以看出须满足 $N \gg \dfrac{1}{2\xi}$,也就是说,在本例中 $N \gg 10$。

从图 5.23 和图 5.24 中可以看出,上极限 N 必须大于 10^4 循环。

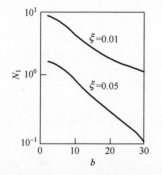
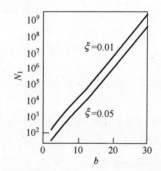

图 5.23 与 $\overline{D} - 3s_D$ 相关的循环次数极限   图 5.24 与 $\overline{D} + 3s_D$ 相关的循环次数极限

第 6 章　使用其他计算假设的疲劳损伤

6.1　对数坐标系中两段直线表示的 S-N 曲线（考虑疲劳极限）

假设 S-N 曲线有如下定义：

$$N\sigma^b = C \quad (\sigma > \sigma_D)$$

或

$$\sigma = \sigma_D \quad (\sigma \leqslant \sigma_D)$$

则对数坐标下的 S-N 曲线如图 6.1 所示。

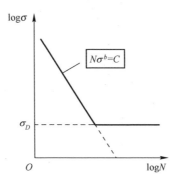

图 6.1　考虑疲劳极限的 S-N 曲线（对数坐标下）

平均损伤为

$$\begin{aligned}\overline{D} &= \int_0^{+\infty} \frac{\mathrm{d}n}{N} = \int_0^{+\infty} \frac{n_p^+ T}{N} q(\sigma)\,\mathrm{d}\sigma \\ &= \frac{n_p^+ T}{C} \int_{\sigma_D}^{+\infty} \sigma^b q(\sigma)\,\mathrm{d}\sigma \end{aligned} \quad (6.1)$$

式(4.26)描述了高斯激励信号的概率密度 $q(\sigma)$。如果认为响应的峰值分布服从瑞利分布,那么

$$q(\sigma) = \frac{\sigma}{\sigma_{\text{rms}}^2} e^{-\frac{\sigma^2}{2\sigma_{\text{rms}}^2}} \tag{6.2}$$

并且

$$\overline{D} = \frac{n_0^+ T}{C} \int_{\sigma_D}^{\infty} \frac{\sigma^{b+1}}{\sigma_{\text{rms}}^2} e^{-\frac{\sigma^2}{2\sigma_{\text{rms}}^2}} d\sigma \tag{6.3}$$

令

$$\alpha = \frac{\sigma^2}{2\sigma_{\text{rms}}^2}$$

$$d\alpha = \frac{\sigma d\sigma}{\sigma_{\text{rms}}^2}$$

则

$$\overline{D} = \frac{n_0^+ T}{C} (\sigma_{\text{rms}} \sqrt{2})^b \int_{\tau_D}^{\infty} \alpha^{\frac{b}{2}} e^{-\alpha} d\alpha \tag{6.4}$$

式中

$$\tau_D = \frac{\sigma_D^2}{2\sigma_{\text{rms}}^2}$$

积分

$$\gamma(a,x) = \int_0^a \alpha^{x-1} e^{-\alpha} d\alpha \tag{6.5}$$

是不完全伽马函数(其中 $x = 1 + \frac{b}{2}$):

$$\overline{D} = \frac{n_0^+ T}{C} (\sigma_{\text{rms}} \sqrt{2})^b \left[\int_0^{\infty} \alpha^{b/2} e^{-\alpha} d\alpha - \int_0^{\tau_D} \alpha^{b/2} e^{-\alpha} d\alpha \right]$$

$$= \frac{n_0^+ T}{C} (\sigma_{\text{rms}} \sqrt{2})^b \left[\Gamma\left(1 + \frac{b}{2}\right) - \gamma\left(\tau_D, 1 + \frac{b}{2}\right) \right]$$

$$= \frac{n_0^+ T (\sigma_{\text{rms}} \sqrt{2})^b}{C} \Gamma\left(1 + \frac{b}{2}\right) \left[1 - \frac{\gamma\left(\tau_D, 1 + \frac{b}{2}\right)}{\Gamma\left(1 + \frac{b}{2}\right)} \right] \tag{6.6}$$

设 $\sigma = K z_p$,则有

$$\overline{D} = \frac{K^b}{C} n_0^+ T (z_{\text{rms}} \sqrt{2})^b \Gamma\left(1 + \frac{b}{2}\right) \left[1 - \frac{\gamma\left(\tau_D, 1 + \frac{b}{2}\right)}{\Gamma\left(1 + \frac{b}{2}\right)} \right] \tag{6.7}$$

当 τ_D 趋向于 0 时，式(6.7)趋向于式(4.37)。

J. W. Miles[MIL 54]估计当应力分布在一个较大范围时，可能可以忽略疲劳极限。

图 6.2 描述了考虑和不考虑疲劳极限下计算得到的疲劳损伤的比值变化

$$\frac{\text{考虑疲劳极限计算得到的疲劳损伤}}{\text{不考虑疲劳极限计算得到的疲劳损伤}} = 1 - \frac{\gamma\left(\tau_D, 1+\frac{b}{2}\right)}{\Gamma\left(1+\frac{b}{2}\right)}$$

绘出在不同 b 值下损伤比 τ_D 的关系图如图 6.2 所示。可以看出，当疲劳极限增加时，损伤减小；当 b 值变小时，减小的速率变快。

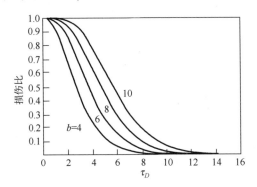

图 6.2　考虑和不考虑疲劳极限条件下计算的损伤比值

6.2　半对数坐标系中两段直线表示的 S-N 曲线

常用半对数坐标系中的两段直线表示 S-N 曲线（图 6.3），其中的水平部分对应疲劳极限。

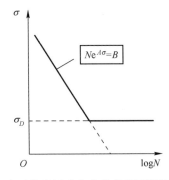

图 6.3　半对数坐标系中考虑疲劳极限的 S-N 曲线

此曲线可表示为[MUS60]

$$\begin{cases} Ne^{A\sigma} = B & (\sigma > \sigma_D) \\ \sigma = \sigma_D & (\text{其他}) \end{cases} \tag{6.8}$$

式中：A 和 B 为与材料相关的常数。

则平均损伤为

$$\overline{D} = \int_0^{+\infty} \frac{dn}{N} = \int_{\sigma_D}^{\infty} n_p^+ \frac{T}{N} q(\sigma) d\sigma \tag{6.9}$$

$$\overline{D} = \frac{n_p^+ T}{B} \int_{\sigma_D}^{\infty} q(\sigma) e^{A\sigma} d\sigma \tag{6.10}$$

式中：$q(\sigma)$ 为应力峰值的概率密度函数，由式(4.26)给出。与瑞利分布对照，则

$$q(\sigma) = \frac{\sigma}{\sigma_{rms}^2} e^{-\frac{\sigma^2}{2\sigma_{rms}^2}}$$

$$\overline{D} = \frac{n_0^+ T}{B\sigma_{rms}^2} \int_{\tau_D}^{\infty} \sigma e^{\left(A\sigma - \frac{\sigma^2}{2\sigma_{rms}^2}\right)} d\sigma \tag{6.11}$$

设 $\tau^2 = \frac{\sigma^2}{2\sigma_{rms}^2}$，则 $d\tau = \frac{d\sigma}{\sqrt{2}\sigma_{rms}}$，可得

$$\overline{D} = 2\frac{n_0^+ T}{B} \int_{\tau_D}^{\infty} \tau e^{(a-\tau^2)} d\tau$$

式中

$$d\tau = \frac{d\sigma}{\sqrt{2}\sigma_{rms}}, \quad \alpha = A\sqrt{2}\sigma_{rms}$$

而

$$\int_{\tau_D}^{\infty} \tau e^{(a-\tau^2)} d\tau = \int_0^{\infty} \tau e^{(a\tau-\tau^2)} d\tau - \int_0^{\tau_D} \alpha e^{(a\tau-\tau^2)} d\tau = I_1 - I_2$$

$$I_1 = \int_0^{\infty} \tau e^{(a\tau-\tau^2)} d\alpha = e^{\frac{a^2}{4}} \int_0^{\infty} \tau e^{-\left(\tau-\frac{a}{2}\right)^2} d\tau$$

设 $u = \tau - \frac{a}{2}$，则有

$$I_1 = e^{\frac{a^2}{4}} \int_0^{\infty} \left(u + \frac{a}{2}\right) e^{-u^2} du$$

$$= e^{\frac{a^2}{4}} \int_0^{\infty} u e^{-u^2} du + \frac{a}{2} e^{\frac{a^2}{4}} \int_0^{\infty} e^{-u^2} du = e^{\frac{a^2}{4}} \left(-\frac{e^{-u^2}}{2}\right)_0^{\infty} + \frac{a}{2} e^{\frac{a^2}{4}} \left[\frac{\sqrt{\pi}}{2}\right]$$

$$= \frac{e^{a^2/4}}{2}\left(1 + \frac{a\sqrt{\pi}}{2}\right)$$

此外

$$I_2 = \int_0^{\tau_D} \tau e^{(a\tau-\tau^2)} d\tau = \int_0^{\tau_D} \tau e^{\frac{a^2}{4}\left(\tau-\frac{a}{2}\right)^2} d\tau$$

$$= e^{\frac{a^2}{4}} \int_0^{\tau_D} \tau e^{-\left(\tau-\frac{a}{2}\right)^2} d\tau$$

$$= e^{\frac{a^2}{4}} \int_{-\frac{a}{2}}^{\tau_D-\frac{a}{2}} \left(u+\frac{a}{2}\right) e^{-u^2} du$$

$$= e^{\frac{a^2}{4}} \left[\int_{-\frac{a}{2}}^{\tau_D-\frac{a}{2}} u e^{-u^2} du + \frac{a}{2} \int_{-\frac{a}{2}}^{\tau_D-\frac{a}{2}} e^{-u^2} du \right]$$

$$= e^{\frac{a^2}{4}} \left[\left(-\frac{e^{-u^2}}{2}\right)_{-\frac{a}{2}}^{\tau_D-\frac{a}{2}} + \frac{a}{2} \left(\int_{-\frac{a}{2}}^{0} e^{-u^2} du + \int_0^{\tau_D-\frac{a}{2}} e^{-u^2} du \right) \right]$$

得到

$$\overline{D} = \frac{n_0^+ T}{B} e^{\frac{a^2}{4}} \left[1 + e^{-\left(\tau_D-\frac{a}{2}\right)^2} - e^{-\frac{a^2}{4}} + \frac{a\sqrt{\pi}}{2} \left(1 - \text{erf}\left(\tau_D-\frac{a}{2}\right) - \text{erf}\left(\frac{a}{2}\right) \right) \right] \quad (6.12)$$

如果 $\tau_D = 0$，则

$$\overline{D} = \frac{n_0^+ T}{B} e^{\frac{a^2}{4}} \left[1 + \frac{a\sqrt{\pi}}{2} \right]$$

$$= \frac{n_0^+ T}{B} e^{\frac{A^2 \sigma_{\text{rms}}^2}{2}} \left[1 + A\sigma_{\text{rms}} \sqrt{\frac{\pi}{2}} \right] \quad (6.13)$$

6.3 非线性损伤累积理论

6.3.1 Corten-Dolan 累积准则

Miner 准则常用来计算疲劳损伤。其他的一些假设也被尝试使用[SYL 81]，如 Corten-Dolan 法则[COR56, COR59]，假设损伤以如下公式非线性形式累积：

$$N_g = \frac{N_1}{\sum_{i=1}^{i} \alpha_i \left(\frac{\sigma_i}{\sigma_1}\right)^d} \quad (6.14)$$

式中：a_i 与 d 为常数。

S-N 曲线可以表示为

$$N'\sigma^d = A \quad (6.15)$$

在随机应力下有

$$\overline{D} = \frac{n_p^+ T}{A} \sigma_{rms}^d \int_0^\infty u^d q(u) \mathrm{d}u \tag{6.16}$$

式中：$u = \dfrac{\sigma}{\sigma_{rms}}$；H. Corten 和 T. Dolan 证明，当 σ_1 变化时，d 为常数，因此常数 A 与 σ_1 相关。

对于未截断的随机载荷或最大峰值未超材料屈服应力时，σ_1 值取决于 rms 应力水平，设 $\sigma_1 = \sigma_1'$，σ_1' 为包含 m 个峰值的区间内最大峰值超过的应力门槛值，若 m 足够大，则 σ_1' 近似等于最大峰值。

修正后的疲劳曲线和传统的疲劳曲线相交于 σ_1'，函数 $N(\sigma) = \dfrac{C}{\sigma^b}$ 和 $N'\sigma^d = A$ 在 $\sigma_1 = \sigma_1'$ 时可被确定，并可写成如下形式：

$$A = C(\sigma_1')^{d-b} \tag{6.17}$$

代入公式(6.16)，得到

$$\overline{D} = \frac{n_p^+ T}{C}(u_1')^{d-b} \sigma_{rms}^d \int_0^\infty u^d q(u) \mathrm{d}u \tag{6.18}$$

式中：$u_1' = \dfrac{\sigma'}{\sigma_{rms}}$。

由于在给定的 rms 水平下，u_1' 及其积分为常数，此表达式与由 Miner 准则得到的表达式仅相差一个常数。

应力被截断或应力峰值超过屈服应力(截断的一种)时，对于不同的 rms 应力水平，σ_1 值是固定的，式(6.16)适用如下常数 A：

$$A = \sigma_1^{d-b} C \tag{6.19}$$

如果存在截断，则随机疲劳曲线平行于修正后的曲线。如果没有截断，则其平行于正弦模式下建立的疲劳曲线。

6.3.2 Morrow 累积模型

R. G. Lambert[LAM 88]使用了由 J. D. Morrow[MOR 83]建立的如下形式的损伤累积模型：

$$\overline{D}_\sigma = \frac{n_\sigma}{N_\sigma} \left(\frac{\sigma}{\sigma_{max}} \right)^d \tag{6.20}$$

式中：σ 为应力幅值；σ_{max} 为最大应力值；n_σ 为在 σ 应力水平下的循环次数；N_σ 为在 σ 应力水平下失效前的循环次数；d 为塑性功指数。

由式(4.11)得到，在线性条件下，基础损伤为

$$\mathrm{d}\overline{D} = \frac{\mathrm{d}n}{N} = \frac{n_p^+ T}{N} q(\sigma) \mathrm{d}\sigma$$

式中：$N = \dfrac{C}{\sigma^b}$。

使用非线性累积法则(式(6.20))，有
$$d\overline{D} = \left(\dfrac{\sigma}{\sigma_{max}}\right)^d \dfrac{dn}{N}$$
$$= \dfrac{n_p^+ T}{C} q(\sigma) \sigma^b \left(\dfrac{\sigma}{\sigma_{max}}\right)^d d\sigma$$

定义 $F = \dfrac{\sigma_{max}}{\sigma_{rms}}$ 为波峰因数，则
$$\dfrac{\sigma}{\sigma_{max}} = \dfrac{\sigma}{\sigma_{rms}} \times \dfrac{\sigma_{rms}}{\sigma_{max}} = \dfrac{\sigma}{F\sigma_{rms}}$$
$$d\overline{D} = \dfrac{n_p^+ T}{C} \dfrac{\sigma^{b+d}}{F^d \sigma_{rms}^d} q(\sigma) d\sigma \tag{6.21}$$
$$\overline{D} = \dfrac{n_p^+ T}{CF^d \sigma_{rms}^d} \int_0^{+\infty} \sigma^{b+d} q(\sigma) d\sigma$$

设 $u = \dfrac{\sigma}{\sigma_{rms}}$，则
$$\overline{D} = \dfrac{n_p^+ T}{CF^d} \sigma_{rms}^d \int_0^{+\infty} u^{b+d} q(u) du \tag{6.22}$$

(另外，积分的上下限可改为 σ_{max} 和 0)，如果 $\sigma = Kz$，则
$$\overline{D} = \dfrac{K^b n_p^+ T}{CF^d} z_{rms}^d \int_0^{+\infty} u^{b+d} q(u) du \tag{6.23}$$

d 值为 $-0.25 \sim -0.20$，实际中积分的上下限可分别为 8 和 0。在此条件下计算得到的损伤比线性假设下得到的损伤大 10%~15%。设 $q(u)$ 为服从瑞利分布的概率密度。

图 6.4 给出了在 $d=0$(线性情况)和 $d=-0.207$(非线性)下被积函数 $u^{b+d+1}/e^{u^2/2}$ 的变化。图示表明了损伤主要由 $(2 \sim 5)\sigma_{rms}$ 的应力峰值造成。

当峰值高于 $5\sigma_{rms}$ 时，会造成极大的破坏。峰值低于 $2\sigma_{rms}$ 的波峰频率很高，但对损伤的贡献不大。

6.4 非零均值的随机振动：使用修正的 Goodman 图

到目前为止，一直假定平均应力为零，当不是这种情况时，H.C.Schjelderup

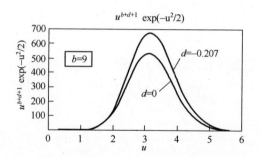

图6.4 采用Corten-Dolan非线性损伤累积准则计算得到的被积函数 u^{b+d+1}、$e^{\frac{-u^2}{2}}$

[SCH 59]提出使用修正的Goodman图或Gerber图(第1章)。这些图可表示如下:

$$\frac{\Delta\sigma}{R_m} = \frac{\Delta\sigma_0}{R_m}\left[1-\left(\frac{\sigma_m}{R_m}\right)^n\right] \quad (6.24)$$

式中: R_m 为极限应力; $\Delta\sigma_0$ 为均值是0的正弦波动的振幅; σ_m 为平均应力(大于0时为拉力,小于0时为压力); n 为常数(Goodman关系中 $n=1$, Gerber关系中 $n=2$)。

式(6.24)可变化为

$$\Delta\sigma_0 = \frac{\Delta\sigma}{1-\left(\frac{\sigma_m}{R_m}\right)^n} \quad (6.25)$$

如果 $N_0(\Delta\sigma)$ 表示平均应力为0的S-N曲线,则平均应力为 σ_m 的S-N曲线可表示为

$$N_m(\Delta\sigma) = N_0\left[\frac{\Delta\sigma}{1-(\sigma_m/R_m)^n}\right] \quad (6.26)$$

通过做如下假设,此结论可以应用到随机振动问题中:
(1)应力峰值的分布不受平均应力变化的影响;
(2)Miner准则是用来计算平均应力下疲劳寿命的一个很好的工具。
在这种情形中,式(6.24)可转换成适用于随机变量的情况:

$$\frac{\sigma_{rms}}{R_m} = \frac{\sigma_{0rms}}{R_m}\left[1-\left(\frac{\sigma_m}{R_m}\right)^n\right] \quad (6.27)$$

式中:σ_{rms} 为均值非 0 的 rms 应力;σ_{0rms} 为均值是 0 的 rms 应力。

用 $\dfrac{\sigma_{rms}}{1-(\sigma_m/R_m)^n}$ 替换 σ_{rms} 考虑了非 0 平均应力的影响。预期疲劳在随机振动或正弦振动中有相似的趋势。受选定假设的约束,结果只适用于低应力水平、长寿命情况。

根据 S. L. Bussa[BUS 67]对受不同频谱形状随机振动作用的缺口试件的试验研究,平均应力的影响与 Goodman 关系式中的一致,此结果由 R. G. Lambert 的工作证实[LAM 93]。

注:

另一种用相同原理考虑平均应力影响的方法:根据[LAM93]修正公式(4.148)中的常数 C_1,即

$$C_{1m} = C_1 \left[1-\left(\dfrac{\sigma_m}{\sigma_f'}\right)^n\right]^b \qquad (6.28)$$

或者直接修正疲劳损伤,即

$$\overline{D}_m = \overline{D} \left[1-\left(\dfrac{\sigma_m}{\sigma_f'}\right)^n\right]^{-b} \qquad (6.29)$$

这些公式中,σ_m 必须小于 σ_f'。如果不是这样,那么交变应力前就发生了静态失效。σ_f' 为极限应力,导致动态循环失效。

图 6.5 和图 6.6 分别为当式(6.29)中 $n=1$ 和 $n=2$ 考虑平均应力计算得到的损伤与不考虑平均应力得到的损伤之比。

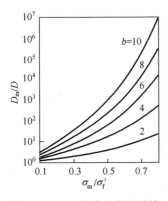

图 6.5 $n=1$ 时采用非零平均应力与零平均应力计算的损伤之比

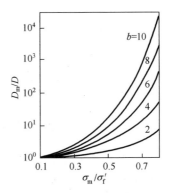

图 6.6 $n=2$ 时采用非零平均应力与零平均应力计算的损伤之比

6.5 信号瞬时值的非高斯分布

通常假设激励信号的瞬时值(或响应瞬值)服从高斯分布,因此激励系统峰值响应服从瑞利分布[BEL 59,MIL 54,SCH 58]。

6.5.1 信号瞬时值分布规律的影响

R. T. Booth 和 M. N. Kenefeck[BOO 76]对棒状钢材试件的一项研究,将得到的结果与3种分布的结果进行了对比,以下列形式的交点曲线来描述它们的特性:

$$N = N_0 e^{-B\left(\frac{\sigma}{\sigma_{rms}}\right)^A} \tag{6.30}$$

式中:$N_0 = n_0^+ T$;对于高斯分布,$A=2$,$B=0.5$,对于指数分布,$A=1$,$B=\sqrt{2}$。

3个分布的特征如下:

(1) 高斯分布截断到4倍 rms 值(σ_{rms})。

(2) 当截断到 $5.5\sigma_{rms}$ 时,试验观测得到的分布接近于在现实环境中对车辆悬架装置的测量结果($A=1.384$,$B=0.955$)。

(3) 另一个分布为对现实环境中的减振器的测量结果($A=1.19$,$B=1.098$),此时截断到 $6.5\sigma_{rms}$。

3种分布下的不规则系数完全一致,约为0.96(PSD 谱形状相同),S-N 曲线中以 σ_{rms} 为纵坐标:

$$N_0(\sigma_{rms} - \sigma_D)^b = C \tag{6.31}$$

式中:σ_D 为疲劳强度。

作者给出了如下说明:

(1) 不同的分布对疲劳强度有重要的影响,因此信号的瞬时值分布为一个重要因素。如不加以检验,假设为高斯信号就可能导致显著误差。

(2) Miner 准则经常得到乐观的结果(在 $\sum_i \frac{n_i}{N_i} < 1$ 时,存在失效),但考虑到疲劳试验的分散性之后,其结果并非不合理。

(3) 如果分布为高斯分布,在高斯假设下的计算结果不同于试验结果,相差约2倍。如果分布函数不是高斯分布,当实际分布包含较多的大幅值的应力峰值时,误差可高达9倍。

6.5.2 峰值分布的影响

R. G. Lambert[LAM 82]的一项关于系统响应(即应力)峰值分布规律对疲

劳损伤影响的研究表明：

（1）通常情况下，损伤基本是由幅值大于 $2\sigma_{\text{rms}}$ 的应力峰值造成的。对于瑞利分布，峰值在 $2\sigma_{\text{rms}} \sim 4\sigma_{\text{rms}}$ 之间；对于指数分布，峰值在 $5\sigma_{\text{rms}} \sim 15\sigma_{\text{rms}}$ 之间。

（2）包含更多大幅值的峰值时，指数分布较瑞利分布更严酷。

6.5.3 使用威布尔分布计算损伤

根据 Miner 准则[NOL 76, WIR 77]，可以得到疲劳损伤为

$$D = \sum_i \frac{n_i}{N_i}$$

已知 $N\sigma^b = C$ 和当应力—应变曲线为非线性时，有 $\sigma = Kz^g$，则上式变成

$$D = \frac{K^b}{C} \sum_i n_i z^{bg} \qquad (6.32)$$

即在连续情况下

$$\overline{D} = \frac{K^b}{C} \int z^{bg} \mathrm{d}n$$

式中

$$\mathrm{d}n = n_p^+ T q(z) \mathrm{d}z \qquad (6.33)$$

和

$$\overline{D} = \frac{K^b}{C} n_p^+ T \int_0^{+\infty} z^{bg} q(z) \mathrm{d}z \qquad (6.34)$$

积分可以看作是 $q(z)$ 的 bg 阶矩。设 z 的分布函数为 $Q(z)$，则

$$q(z)\mathrm{d}z = \mathrm{d}Q(z) \qquad (6.35)$$

如果峰值服从威布尔分布，则

$$Q(z) = 1 - \exp\left[-\left(\frac{z}{\delta}\right)^\eta\right] \qquad (6.36)$$

当 $z > 0$ 时，η 为描述分布类型的常数（$\eta = 1$ 为指数分布，$\eta = 2$ 为瑞利分布），有

$$q(z)\mathrm{d}z = \eta u^{\eta-1} \exp(-u^\eta) \mathrm{d}u \qquad (6.37)$$

如果 $u = \frac{z}{\delta}$，则

$$\overline{D} = \frac{K^b}{C} n_p^+ T \delta^{bg} \eta \int_0^\infty u^{bg+\eta-1} \exp(-u^\eta) \mathrm{d}u \qquad (6.38)$$

式中：$a = bg + \eta - 1$，$b = \eta$。

已知

$$\int_0^\infty X^a \exp(-X^\gamma) \mathrm{d}X = \frac{1}{\gamma} \Gamma\left(\frac{a+1}{\gamma}\right) \qquad (6.39)$$

可得

$$\overline{D} = \frac{K^b}{C} n_p^+ T \delta^{bg} \Gamma\left(1 + \frac{bg}{\eta}\right) \qquad (6.40)$$

注:

K. G. Nolte 和 J. E. Hansford[NOL 76]建立此关系式用来研究遭受高度为 H 的波浪的水中结构的疲劳,将其中的 z 替换成 H 即可满足此特殊情况。海浪高度分布函数一般接近于 $\eta = 2, \sigma = \frac{H_s}{\sqrt{2}}$ 的瑞利分布,(H_s 为海浪高度,表示海的状态),由此得到

$$\overline{D} = \frac{K^b}{C} \frac{n_p^+ T H_s^{bg}}{2^{\frac{bg}{2}}} \Gamma\left(1 + \frac{bg}{2}\right) \qquad (6.41)$$

式中:$n_p^+ T$ 为波浪的总次数。

为了突出非线性在其中的作用($\sqrt{2}z_{\mathrm{rms}}$ 先小后大,分界线为 1),图 6.7 ~ 图 6.9 显示了 η 取不同值时 $\frac{C}{K^b} \frac{D}{n_p^+ T} = (\sqrt{2} z_{\mathrm{rms}})^{bg} \Gamma\left(1 + \frac{bg}{\eta}\right)$ 随参数 b 或 g 的变化。

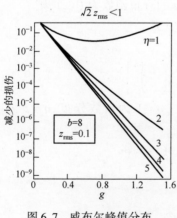

图 6.7 威布尔峰值分布下的损伤减少量

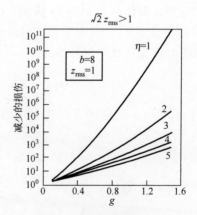

图 6.8 威布尔峰值分布下的损伤减少量

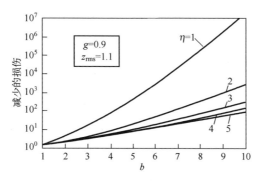

图 6.9 威布尔峰值分布下的损伤减少量随参数 b 的变化

6.5.4 瑞利假设与峰值计数的比较

H. C. Schjelderup[SCH 61b]提出使用一种接近于变程-均值计数法(第 3 章)的方法并假设：

（1）平均应力服从正态分布，即

$$f_1(\sigma_m) = \frac{1}{\sigma_M \sqrt{2\pi}} e^{-\frac{1}{2}\left(\frac{\sigma_m}{\sigma_M}\right)^2} \qquad (6.42)$$

（2）在此均值附近的交变应力（图 6.10）也服从正态分布，即

$$f_2(\sigma_a) = \frac{1}{\sigma_A \sqrt{2\pi}} e^{-\frac{1}{2}\left(\frac{\sigma_a - \overline{\sigma}_a}{\sigma_A}\right)^2} \qquad (6.43)$$

式中：σ 为标准化应力 $\frac{\sigma}{\overline{\sigma}}$；$\sigma_M$ 为标准化平均应力的标准差；σ_A 为标准化交变应力的标准差；$\overline{\sigma}_a$ 为标准化交变应力的均值。

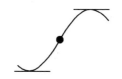

图 6.10 均值附近的交变应力

均值应力 σ_m 和交变应力 σ_a 发生的概率为

$$P(\sigma_m, \sigma_a) = f_1(\sigma_m) f_2(\sigma_a) d\sigma_m d\sigma_a \qquad (6.44)$$

N 次循环中 (σ_m, σ_a) 的发生次数为

$$dn = NP(\sigma_m, \sigma_a) \qquad (6.45)$$

由 dn 次循环造成的损伤为

$$\mathrm{d}\bar{D} = \frac{NP(\sigma_m, \sigma_a)}{N(\sigma_m, \sigma_a)} \tag{6.46}$$

式中:$N(\sigma_m, \sigma_a)$ 为 (σ_m, σ_a) 下的失效循环次数,N 为 $D=1$ 时的总失效循环次数,得

$$\frac{1}{N} = \iint_{\sigma_a \sigma_m} \frac{f_1(\sigma_m) f_2(\sigma_a) \mathrm{d}\sigma_m \mathrm{d}\sigma_a}{N(\sigma_m, \sigma_a)} \tag{6.47}$$

函数 $N(\sigma_m, \sigma_a)$ 可以由修正的 Goodeman 图得到:

$$N(\sigma_m, \sigma_a) = N_0 \frac{\sigma_a}{1 - \frac{\sigma_m}{R_m}} \tag{6.48}$$

式中:R_m 为极限强度。

由以上公式,H. C. Schjelderup 给出了一个例子,表明瑞利分布有更严格的结果,并且该方法似乎更加符合试验结果。

6.6 非线性机械系统

假设使用 Basquin 分布($N\sigma^b = C$),且非线性的形式为 $\sigma = Kz^g$,

$$D = \sum_i \frac{n_i}{N_i}$$

$$= \frac{K^b}{C} \sum_i n_i z_i^{bg}$$

在连续情况下,有

$$\bar{D} = \frac{K^b}{C} \int_0^{+\infty} z^{bg} \mathrm{d}n$$

式中

$$\mathrm{d}n = n_p^+ T q(z) \mathrm{d}z \tag{6.49}$$

$$\bar{D} = \frac{K^b}{C} n_p^+ T \int_0^{+\infty} z^{bg} q(z) \mathrm{d}z$$

如果 $u = \frac{z}{z_{\mathrm{rms}}}$,则

$$\bar{D} = \frac{K^b}{C} n_p^+ T z_{\mathrm{rms}}^{bg} \int_0^{+\infty} u^{bg} q(u) \mathrm{d}u \tag{6.50}$$

如果峰值分布服从瑞利分布,则

$$\bar{D} = \frac{K^b}{C} n_0^+ T (\sqrt{2} z_{\mathrm{rms}})^{bg} \Gamma\left(1 + \frac{bg}{2}\right) \tag{6.51}$$

注:

在 D. Karnopp 和 T. D. Scharton 方法中[KAR 66],通过一个人工的线性过程得到了随机激励下小阻尼非线性滞回系统的响应[KAR 66,TAN 70]。从这个过程开始,他们计算高于某一特点极限的位移平均值作为塑性形变的近似估计。最后,使用 Coffin 准则来估计低周疲劳载荷下系统的平均疲劳寿命。

第 7 章
低周疲劳

7.1 综述

Sachs、Liu、Lyngh 和 Ripling [LIU 48,LIU 69]最早开始研究低周疲劳,也称为少周期疲劳。

当(正弦)应力增大时,失效循环次数减小,疲劳断裂慢慢变为静态断裂。静力特性变为主导因素的条件还不清楚。当使用寿命在 $10^4 \sim 10^5$ 循环之间时,它的影响非常明显;对于 $N<100$ 次循环,静力特性起主导作用。因此认为低周疲劳范围在 1/4 个循环到大约 10^5 循环之间。在这个区域中,当应力增大时,Wöhler 曲线斜率减小,因此曲线不再与一般坐标系中的直线相比较。这种情况下,材料在塑性范围工作。

对于大多数材料,$N<100$ 循环时导致断裂的循环应力接近静态断裂值。低周断裂的形成要求零件的循环塑性应变有大的振幅,振幅应足够大使得施加的应力和产生的应变存在很大的非线性关系[COF 62]。这个效应带来两个结果:

(1) 由于材料特性不再像弹性区域($\sigma=E\varepsilon$)那样一个参数能够控制另一个参数,因此可以通过控制应力或应变来实施试验。应力控制试验结果通常以 S-N 曲线形式表示,这些结果不像应变控制试验结果那样容易分析。应变控制试验中在对数坐标系下断裂循环次数和塑性应变之间存在线性关系,所以对于低周疲劳应选择应变控制试验。

(2) 这种类型的载荷,载荷频率可以比传统疲劳中的频率低很多(一天甚至一周一次循环)。因此,温度变化可能是大塑性应变(不均匀膨胀)和低周疲劳断裂的常见原因[MAN 65,GOE 60]。类似地,在试验中也可以施加准静态载荷或动态载荷。

我们发现材料能够承受的动态载荷循环次数要多于静态载荷循环次数[JU 69]。

7.2 定义

7.2.1 Baushinger 效应

考虑材料的应力-应变曲线,如果在图 7.1 中第一阶段的 D 点停止加载,然后卸载到 0,应力和应变将沿着 OD 段返回至 0,使得点 (ε,σ) 一直保持在 OD 上。如果在图 7.1 中第二段的 B 点停止,减小载荷,应力-应变将沿着 BC 段变化,其中 BC 与 OS 平行。

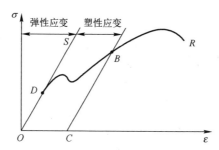

图 7.1 应力-应变曲线:应变硬化现象

如果再次增大应力 σ,点 (ε,σ) 将先沿着 CB 段后沿着 BR 段变化。这个过程就好像弹性极限增大了,此现象被称为材料硬化。经验表明,弹性压缩极限因此而减小,这就是 Baushinger 效应[BAU 81]。

7.2.2 循环硬化

在施加的循环应变下,可以观察到材料循环硬化的类型:
(1) 各向同性的,两个方向的弹性极限都增大;
(2) 随动的,拉伸极限或压缩极限保持常数,等于未硬化的;
(3) 介于两者之间。

7.2.3 循环应力-应变曲线特征

试验结果表明,由程序模块和随机振动得到的应力-应变曲线差异不大:两种曲线相对于实际载荷下的使用寿命都偏向乐观。用正弦载荷绘制的曲线与前两种曲线有很大不同。

正弦载荷与随机载荷的疲劳寿命之间的关系与 J. Kowalewski [KOW 59],

S. A. Clevenson 和 R. Steiner [CLE65]，S. R Swanson [SWA 63]，K. J. Marsh 和 J. A. Mackinnon [MAR 66] 得到的结果本质是一样的。

7.2.4 应力-应变曲线

在低周疲劳区对应的循环载荷作用下，应力-应变曲线表现为一个开放的滞回环，最大应力在第一个循环周期内发生轻微变化。

初始经过硬化处理的金属的交变应力-应变滞回环在疲劳过程中开口会逐渐增大，直到变成稳定的模式。

如果施加的载荷是恒定值为 $2\sigma_{m0}$ 的交变应力，则稳定后的应变为 $2\varepsilon_m$，比初始的应变 $2\varepsilon_{m0}$ 要大。

如果施加的交变应变为 $2\varepsilon_{m0}$，则稳定后的应力为 $2\sigma_{ms}$，比初始应力 $2\sigma_{m0}$ 小[BAR 77]。

图 7.2 表明：

(1) 应变范围为 $\Delta\varepsilon$，循环应变幅值 $\varepsilon_a = \dfrac{\Delta\varepsilon}{2}$；

(2) 应力范围为 $\Delta\sigma$，循环应力幅值 $\sigma_a = \dfrac{\Delta\sigma}{2}$。

图 7.3 中，第一个拉伸载荷作用下得到 AB 段，卸载得到 BC 段，BC 平行于 AB 段的弹性部分[NEL 78]。

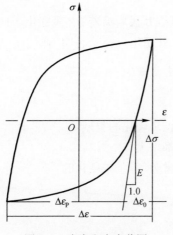

图 7.2　应变和应力范围

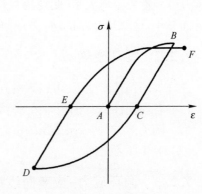

图 7.3　滞回环

施加压缩载荷得到 CD 段，弹性压缩极限减小（Baushinger 效应）[BAU 81]，在 D 点卸载得到 DE 段，再施加应力得到 EF 段。如果继续施加一个新的等幅循环载荷，可以得到一个封闭环，也就是滞回环，如图 7.4 所示。

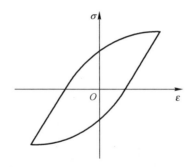

图 7.4 封闭的滞回环

如果对多个试件进行循环加载试验,每个试件应变幅值不同(或者对单一试件进行不同应变幅值的循环试验),可以得到一系列的滞回环。应力-应变曲线定义为达到稳定状态后滞回环上的峰值轨迹[MOR 64a]。

连续的应力循环中,滞回环趋向于稳定和封闭(图 7.5)[MAN 65,PIN 80,RAB 80],拉伸应力会减小,直到试件失效(图 7.6)。

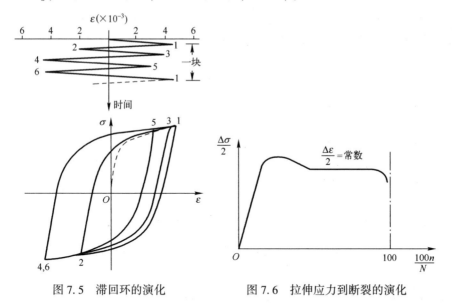

图 7.5 滞回环的演化　　　　图 7.6 拉伸应力到断裂的演化

7.2.5 疲劳迟滞现象和断裂

为什么要将应变滞后与疲劳断裂联系起来?

应力与应变的乘积与做的功或试件储存的能量成正比[FEL 59]:

$$\sigma\varepsilon = \frac{F}{S}\frac{\Delta\ell}{\ell} = \frac{F\Delta\ell}{V} = \frac{\mathrm{d}V}{V} \tag{7.1}$$

式中:V 为体积。

不论应力幅值的大小,即使低于弹性极限,一个循环之后应变也不会返回到初始值(尽管应变很小)。热电偶显示试件温度升高,因此储存在试件中的所有能量并不是守恒的。如果应力很小,能量耗散也很小。

因为微结构连接会被逐渐破坏,即使应力低于弹性极限,历经多次循环载荷后,试件也可能会发生断裂。这种断裂所需的能量与滞回环相关。

7.2.6 疲劳迟滞和断裂的显著影响因素

主要因素如下:

(1) 应力幅值,由 Wöhler 曲线来描述影响。能量耗散(第1卷)为

$$D = J\sigma^n \tag{7.2}$$

式中:$n=3$ [BRO 36,ROW 13],$n=4$ [HOP 12] 或 $n=2$ [KIM 26]。

(2) 应力分布:服从不同分布。

(3) 频率:

循环速率介于 500~2000(循环/min)之间时,对能量的吸收影响较小[KIM 26];F. H. Vitovec 和 B. J. Lazan[VIT 53]注意到频率对塑性应变有重要的影响:如果频率增大,阻尼能量降低。因此,高频下使用寿命更大(如果塑性应变是疲劳的一个判据)。

(4) 温度:对于较大应力,温度升高导致每个循环吸收的能量增加,从而导致塑性应变增大;对于较小应力,可以发现温度影响与频率影响相似。

(5) 试验试件的几何形状。

(6) 表面加工条件,内部缺陷。

(7) 材料构成,晶粒大小,热处理等。

7.2.7 循环应力-应变曲线(循环合并曲线)

将不同应变幅值下(施加于相同的试件)得到的稳定滞回环的峰值连接即可得到循环应力-应变曲线。

由这条曲线可以得到稳态时应变所对应的稳态应力(与一个循环下应力-应变曲线不同),如图 7.7 所示。

施加循环将会起到强化材料的作用,可以使材料的静态拉伸强度加强。

循环应力-应变曲线表征了材料经受了循环载荷的应变稳态状态(图 7.8)。与传统应力-应变曲线相比,可以推断材料性能。

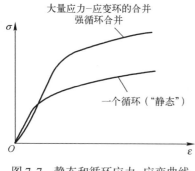

图 7.7 静态和循环应力-应变曲线

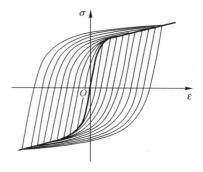

图 7.8 循环应力-应变曲线

7.3 低周范围内循环应变下的材料行为

7.3.1 行为类型

经历低周循环应变的试件可以划分其使用寿命可以划分为不同阶段：

（1）调和阶段：施加塑性应变导致应力幅值在第一个循环内发生很大变化，然后趋于稳定，并随着循环次数缓慢变化。调和阶段占整个使用寿命的 10%~50%。

（2）裂纹萌生：这个过程紧随着调和阶段或者与调和阶段重叠，在这个阶段表面出现裂纹（最长的一个阶段）。

（3）裂纹扩展：其中一个裂纹比其他的裂纹扩展速度更快更稳定，并在寿命结束时加速断裂（稍后讨论）。

高应变静载或交变载荷都会改变金属材料应变硬化状态[BAR 77]。

在这种载荷下，发现有很多种类型的材料行为。因为基于材料所经历的过程（淬火回火、退火、硬化等）用连续塑性应变来修正应力-应变曲线，这些差异表现为构件的适应性（调和）。这些行为可以是：

（1）软化（材料硬化后经历交变应力）；

（2）硬化（初始为软材料）；

（3）稳定行为；

（4）混合行为（硬化、软化），取决于应变场。

这种调和过程的存在使得将应变与该区域施加的变形联系起来成为可能。

7.3.2 循环硬化

对某材料试件施加零均值的交变应变，观察应力变化。第一个可能的行为是随时间推移应力幅值逐渐增大直到稳定,如图 7.9 所示[LIG 80]。

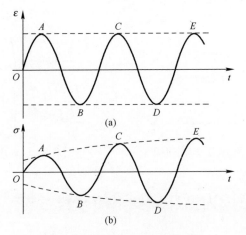

图 7.9 交变应变和相应的应力

图 7.10 和图 7.11 为硬化过程的应力-应变曲线。

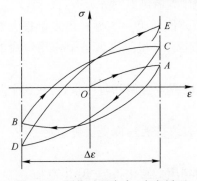

图 7.10 硬化过程应力-应变循环

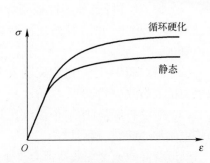

图 7.11 硬化过程应力-应变曲线

材料硬化过程是指在最大应变 ε_{max} 不变的情况下,每个循环的最大应力 σ_{max} 都有所增加,曲线 $\sigma(\varepsilon)$ 斜率增大,表示材料硬化。这种行为是退火金属(铜)的特征。

Smith、Hirschberg 和 Manson[LIG 80]表明,当 $\dfrac{R_m}{R_e} > 1.4$ 时(其中,R_m 为极限拉伸强度,R_e 为屈服应力),材料具有硬化特性。

Morrow 给出了应变硬化指数 n 作为特征参数,当 $n > 0.1$ 时,发生硬化 [LIG 80]。

7.3.3 循环软化

在相同条件下,一些金属表现出相反的行为,如图 7.12 所示。

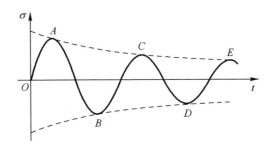

图 7.12 循环软化过程的应力演化

循环载荷下应力-应变曲线在静态应力-应变曲线下方。根据 7.3.2 的指标 $\frac{R_m}{R_e}<1.2$ 或 $n<0.1$，材料表现为软化。

当 $1.2<\frac{R_m}{R_e}<1.4$ 时，可能是硬化，也可能是软化。

采用静态下建立的特性来评估循环特性可能会导致差误，特别是无法预期的塑性变形[LIG 80]。

图 7.13 和图 7.14 为软化过程应力-应变曲线。

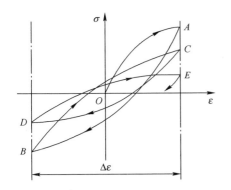

图 7.13 软化情况下的应力-应变循环

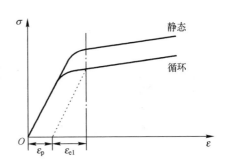

图 7.14 软化情况下的循环应力-应变曲线

7.3.4 循环稳定金属

一些金属在应变循环载荷下表现出比较稳定的行为。

通常，如图 7.15 所示，在恒幅载荷下(疲劳寿命的 20%~40%)下快速硬化或者软化后材料会变得比较稳定不再变化，然过载会大大改变材料性能[LIG 80]。

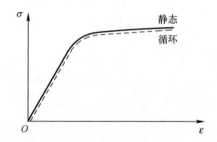

图 7.15　稳定金属材料在循环载荷和静态载荷下的应力-应变曲线

7.3.5　混合行为

根据应变 ε 值的不同,材料可能是软化也可能是硬化,循环载荷下应力-应变曲线会与静态载荷下应力-应变曲线相交(图 7.16)。

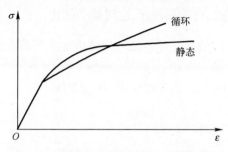

图 7.16　混合行为材料的应力-应变曲线

7.4　应力水平施加顺序的影响

不同材料静态载荷下的应力-应变曲线可能不同于其循环载荷下的应力-应变曲线。

对某循环软化材料施加循环载荷,先施加几个周期 σ_{a1} 载荷再施加 σ_{a2} 载荷其中 $\sigma_{a2} > \sigma_{a1}$,得到的应力-应变曲线如图 7.17 所示。

在应力 σ_{a1} 下,材料处于弹性区域,服从静态应力-应变曲线。当循环次数足够多时,滞后环 a(图 7.18(a))趋于稳定,峰值点对应于循环曲线中塑性点。

如果先施加几个 σ_{a1} 循环,再施加 σ_{a2},得到相同的滞回环(图 7.18(b)),就好像 σ_{a1} 没有施加过一样。

如果先施加载荷 σ_{a2},可以立即观察到一个大的滞回环。再施加 σ_{a1} 产生的滞回环(图 7.18(c))与图 7.18(a)不同,具有更大的塑性应变。这种情况下材料的使用寿命更短。

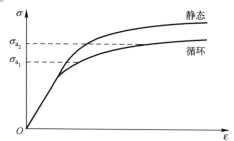

图 7.17 循环软化材料在静态载荷和循环载荷下的应力-应变曲线

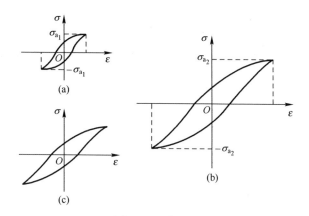

图 7.18 滞回环

7.5 循环应力-应变曲线的发展

由于应力-应变曲线(或应变-硬化曲线)演化的瞬态特性,消耗了一小部分使用寿命后应力-应变曲线才变稳定。对多个试件采用不同应变幅值进行试验可以得到 (σ,ε) 曲线。大约在使用寿命的 50% 可获得稳定的曲线。对于给定的应变幅值 $\Delta\varepsilon$,每次试验都可以绘制出一条滞回环。

如图 7.19 所示,将稳定滞回环的峰值坐标转化到一个图中就可得到曲线 (σ,ε)。

另一种方法是对单一试件施加不同水平的振动来绘制应力-应变曲线 [MOR 64a]。

在对数坐标系中,曲线 (σ,ε) 可以近似以线性的形式描述:

$$\sigma = K'\varepsilon_p^{n'} \tag{7.3}$$

式中:σ 为稳态交变应力幅值;ε_p 为实际塑性应变幅值;K' 为循环强度系数(单

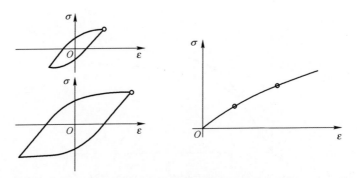

图 7.19 应力-应变曲线的发展

位真实应变下的真实应力);n'为循环应变硬化指数,是一个常数(对数坐标下的直线斜率),通常在 0.1~0.2 之间变化。对于大多数金属材料,不论它们的初始状态如何,n'总是接近 0.15[MOR 64a]。

J. C. Ligeron[LIG 80]给出了 $0.07<n'<0.18$。根据 Jo Dean Morrow 和 F. R. Tuler 的研究[ING 27],对于很多镍合金,有 $0.15<n'<0.18$。

式(7.3)也可以写成应力范围、应变范围的形式:

$$\frac{\Delta\sigma}{2}=K'\left(\frac{\Delta\varepsilon_p}{2}\right)^{n'} \qquad (7.4)$$

7.6 总应变

总应变 ε_t 包括弹性应变 ε_{el} 和塑性应变 ε_p。在应力-应变曲线线性区域有 $\Delta\sigma=E\cdot\Delta\varepsilon_{el}$,但是这个线性区域通常非常小。

在循环载荷下,应力-应变曲线可以由以下关系近似得到:

$$\frac{\Delta\varepsilon_t}{2}=\frac{\Delta\varepsilon_{el}}{2}+\frac{\Delta\varepsilon_p}{2}=\frac{\Delta\sigma}{2E}+\frac{\Delta\varepsilon_p}{2} \qquad (7.5)$$

$$\frac{\Delta\varepsilon_t}{2}=\frac{\Delta\sigma}{2E}+\frac{1}{2}\left(\frac{\Delta\sigma}{K'}\right)^{1/n'} \qquad (7.6)$$

将循环稳定到给定的应力(应变)水平需要一定时间。对于不规则载荷稳定行为只不过是种理想状态概念。

图 7.20 为循环应力-应变图。对于正弦振动,滞回环随循环次数发生缓慢变化,$\Delta\varepsilon_{el}$ 和 $\Delta\varepsilon_p$ 变化,但 $\Delta\varepsilon_t$ 不变。这些变化很小通常忽略不计。当 $\Delta\varepsilon_t$ 很小 ($\leqslant 1\%$)时,$\Delta\sigma$ 常常经过了几千次循环后仍保持不变,$\Delta\varepsilon_p$ 变化很小。当 $\Delta\varepsilon_t$ 很小时,滞回环变得非常窄,$\Delta\varepsilon_p$ 很难精准确定。当 $\Delta\varepsilon_t$ 较大(约为 10%)时,$\Delta\sigma$ 显

著变大。由于 $\Delta\varepsilon_{el} \ll \Delta\varepsilon_p$，则 $\Delta\varepsilon_p$ 近似等于 $\Delta\varepsilon_1$，即为常数[GOD 60]。

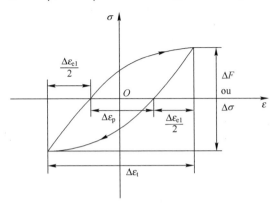

图 7.20　循环应力-应变图

7.7　疲劳强度曲线

在低周疲劳区域，疲劳主要取决于应变，应力对于给定的应变是变化的。一般通过控制应变进行试验来研究疲劳损伤，总应变 ε_t 可分为弹性应变和塑性应变。

疲劳耐久曲线由断裂循环次数与应变坐标描述。对给定的材料，疲劳强度曲线描述某一应变下断裂循环次数[PIN 80]。

在计算时，常将塑性应变乘以弹性模量 E 转换为虚拟的等效弹性应力。

如图 7.21 所示，将总应变、弹性应变和塑性应变分别绘制在一个图中即为 Coffin-Manson 曲线（见 7.8.9 节）。

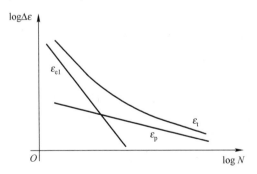

图 7.21　Coffin-Manson 疲劳强度曲线

Basquin 曲线

采用基于循环次数的等效应力法绘制的 Basquin 曲线，与传统试验曲线基本吻合。与传统的寿命曲线一样，低周疲劳强度曲线也是由经验和解析的方法表征的。

7.8 塑性应变与断裂循环次数的关系

7.8.1 Orowan 公式

E. Orowan[ORO 52]给出了以下关系：

$$\varepsilon N = 常数 \tag{7.7}$$

式中：ε 为总变形；N 为在循环载荷作用下断裂循环次数。

7.8.2 Manson 公式

S. S. Manson[MAN 54]，J. H. Gross 和 R. D. Stout[GRO 55]先后给出了上述公式的修正公式：

$$\varepsilon N^m = 常数 \tag{7.8}$$

7.8.3 Coffin 公式

7.8.3.1 Coffin 法则

根据 L. F. Coffin 的研究[BAL 57，COF 54，COF 69a，COF 71]可得：

$$N^\beta \Delta \varepsilon_p = c \tag{7.9}$$

式中：$\Delta \varepsilon_p$ 为塑性应变的变化范围（峰-峰值）；β、c 为材料常数，β 还与温度相关。

通常 β 变化非常小，近似为 0.5（β 取值在 0.5~0.7 之间变化）。常数 c 与断裂过程中实际应变直接相关。

对 L. F. Coffin 公式后续的研究往往会涉及常数 c 的定义。常数 c 与拉伸断裂中真实应变相关。通常认为极限强度是以最少的循环次数导致断裂时的疲劳强度，对应拉伸试验。作者认为，最少循环次数可以为 1/4、1/2 或 1 个周期[YAO 62]。

低周循环 S-N 曲线从极限强度开始。起初凹向底部，然后向顶部，拐点根据材料、几何形状、频率、施加应力的特性和温度变化而变化。

Coffin 认为对数坐标系中直线 $\varepsilon_p N^{1/2} = c$ 通过静态拉伸试验对应的 1/4 个循环的点，因此常数 c 可以通过静态试验得到。在低周循环范围，材料的寿命取决于材料的塑性，Coffin 给出了常数 c 与 ε_f 的函数(拉伸应变断裂)。

如果 ε_f 为断裂延性(实际的断裂变形)，则在 $N=1/4$ 个循环处断裂时：

$$\left(\frac{1}{4}\right)^{1/2}\varepsilon_f = c \tag{7.10}$$

即

$$c = \frac{\varepsilon_f}{2} \tag{7.11}$$

因此，有

$$\varepsilon N^{1/2} = \frac{\varepsilon_f}{2} \tag{7.12}$$

或

$$\Delta \varepsilon N^{1/2} = \varepsilon_f$$

使用拉伸载荷 1/4 个循环时测得的断裂延性 ε_f 是保守的[PRO 48]。

B. Barthememy[BAR 80] 给出了另一个关系式：

$$c = 2^{1-\beta}\log\frac{S_0}{S} \tag{7.13}$$

式中：S_0 为初始的横截面积；S 为断裂时的横截面积。

当施加的塑性应变幅值大于 1% 时，这种方法是可行的。常数 c 也可以通过拉力试验得到的缩颈值 Σ 确定[OSG 82]：

$$\Sigma = \frac{S_0 - S}{S_0} \times 100\% \tag{7.14}$$

$$\log\frac{100-\Sigma}{100} = \log\frac{S}{S_0} = \varepsilon_f \tag{7.15}$$

因此，有

$$c = \frac{1}{2} \times \log\frac{100}{100-\Sigma} \tag{7.16}$$

Coffin 公式也可以写成

$$N^\beta \frac{\Delta \varepsilon_p}{2} = \varepsilon_f' \tag{7.17}$$

式中：ε_f' 为疲劳延性系数(一个循环导致断裂所需要的实际应变)。

对于断裂循环次数较小的试验，常用 $\Delta \varepsilon_t$ 代替 $\Delta \varepsilon_p$(因为 $\Delta \varepsilon_{el} \ll \Delta \varepsilon_p$)。

假设断裂延性在 1/2 个循环条件下定义，则有[MAR 61a]

$$c = \frac{\varepsilon_f}{\sqrt{2}} \tag{7.18}$$

在循环扭转载荷下,同样有[HAL 61]

$$N_f \Delta\gamma_p = \gamma_f \tag{7.19}$$

式中:$\Delta\gamma_p$ 为塑性剪切应变范围;γ_f 为断裂时单调剪切应变。

更一般地,既然 $\varepsilon = \varepsilon_{el} + \varepsilon_p$,那么

$$\varepsilon = \frac{\sigma}{E} + \frac{\varepsilon'_f}{N^\beta} \tag{7.20}$$

根据 Basquin 法则,有

$$N\sigma^b = C = \sigma'^b_f \tag{7.21}$$

式中:σ'_f 为断裂强度系数(一个循环导致断裂所需要的真实应力)。

因此,有

$$\varepsilon = \frac{\sigma'_f}{EN^{1/b}} + \frac{\varepsilon'_f}{N^\beta} \tag{7.22}$$

当 $N = N_t$ 时,弹性应变等于塑性应变,即

$$\frac{\sigma'_f}{EN^{1/b}} = \frac{\varepsilon'_f}{N^\beta}$$

或

$$N_t = \left(\frac{E\varepsilon'_f}{\sigma'_f}\right)^{\frac{b}{1/\beta-1}} \tag{7.23}$$

从图 7.22 中可以看出,当使用寿命很小时,塑性应变占主导,延性系数是重要的参数;当 N 较大时,弹性应变是最重要的,疲劳强度是至关重要的参数。

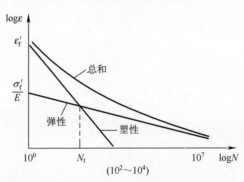

图 7.22 Coffin-Basquin 准则下应变组成随断裂循环次数的变化曲线

理想的材料应该同时具有很好的延性和很高的强度。但是这两个特性通常是不相容的,必须基于特定情况来综合选择材料。

上述关系适用于机械加工的金属材料,当零件内部存在缺陷(铸造、焊接等)时,最好使用断裂力学来分析。

参数 ε'_f、σ'_f、b 和 β 与循环应力-应变曲线(式(7.3))中的参数 n'、k' 相关：

$$n' = \frac{1}{b\beta} \tag{7.24}$$

$$K' = \frac{\sigma'_f}{\varepsilon'^{n'}_f} \tag{7.25}$$

实际上，已知

$$N\sigma^b = \sigma'^b_f \tag{7.26}$$

则有

$$\varepsilon = \frac{\sigma'_f}{EN^{1/b}} + \frac{\varepsilon'_f}{N^\beta} = \frac{\sigma}{E} + \varepsilon'_f \left(\frac{\sigma}{\sigma'_f}\right)^{b\beta} \tag{7.27}$$

已知 $n' = 0.15$。在大多数情况下，可认为参数 ε'_f 和 σ'_f 近似等于真实的断裂延性和断裂强度[MOR 64a,TAV 59]。

如图 7.23 所示，从滞回环的表面通过 O' 点，围成区域的面积 ΔW 为

$$\Delta W = 2\sigma_a \Delta \varepsilon_p - 2\int_0^{2\sigma_a} \varepsilon_{pO'} \mathrm{d}\sigma \tag{7.28}$$

式中：σ_a 为交变应力幅值。

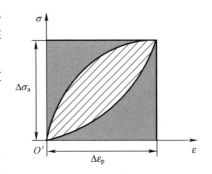

图 7.23 滞回环

Jo Dean Morrow[MOR 64a]表明

$$\Delta W = 2\sigma_a \Delta \varepsilon_p \frac{1-n'}{1+n'} \tag{7.29}$$

式中

$$\varepsilon_{pO'} = \Delta \varepsilon_p \left(\frac{\sigma_{O'}}{2\sigma_a}\right)^{1/n'}$$

已知

$$\frac{\Delta \varepsilon_p}{2} = \varepsilon'_f \left(\frac{\sigma_a}{\sigma'_f}\right)^{1/n'} \tag{7.30}$$

可以推导出

$$\Delta W = \frac{4\varepsilon'_f \frac{1-n'}{1+n'}}{\sigma'^{\frac{1}{n'}}_f} \sigma_a^{\frac{1+n'}{n'}} \tag{7.31}$$

一个循环吸收的能量 ΔW 等于特定的阻尼能量，B. J. Lazan 给出了其表达式：

$$D = J\sigma_a^n = \Delta W \tag{7.32}$$

通过确定这些关系，可以发现指数 n 只是 n' 的函数，如果 $n' = 0.15$，那么 $n \approx 7.7$，这与 B. J. Lazan 给出了大多数金属材料在强循环应力下 $n = 8$ 非常接近（反之，当 $n = 8$ 时，可以推导出 $n' = 0.14286$）。

7.8.3.2　基于能量耗散的疲劳使用寿命

根据式(7.24)、式(7.26)及式(7.31)可得

$$N^{-\frac{1}{b}-\beta} = \frac{\Delta W}{4\sigma_f'\varepsilon_f'\dfrac{b\beta-1}{b\beta+1}} \tag{7.33}$$

$$N = \left(\frac{\Delta W}{W_f'}\right)^{-\frac{b}{1+\beta b}} \tag{7.34}$$

或

$$\Delta W = W_f' N^{-\frac{1+\beta b}{b}} \tag{7.35}$$

式中：W_f' 为一个循环导致断裂所需要的能量，且有

$$W_f' = 4\sigma_f'\varepsilon_f'\frac{b\beta-1}{b\beta+1} \tag{7.36}$$

这些公式将疲劳寿命 N 与每个循环产生的应变能量 ΔW 联系起来。

已知 $n' = \dfrac{1}{b\beta}$，那么这些公式可以写成

$$\Delta W = W_f' N^{-\frac{1+n'}{bn'}} \tag{7.37}$$

7.8.3.3　疲劳断裂所需要的总能量

由于在疲劳试验中每个循环耗散的能量约为常值，因此断裂过程总的塑性应变能近似为[MOR 64a]

$$W_f = \Delta W N \tag{7.38}$$

因此，有

$$W_f = W_f' N^{1-\frac{1+\beta b}{b}} \tag{7.39}$$

$$W_f = W_f' N^{\frac{b-1-\beta b}{b}} \tag{7.40}$$

且

$$N = \left(\frac{W_f}{W_f'}\right)^{\frac{b}{b-1-b\beta}} \tag{7.41}$$

断裂时总的能量随使用寿命增大而增大，可以比静态拉伸试验中试件断裂所需要的能量大得多。

例 7.1

对于钢材,$b = 12$,$n' = 0.15$,且 $N = 10^5$ 次循环,因此

$$\frac{b-1-\beta b}{b} = 1 - \frac{1}{b} - \frac{1}{n'b} = 0.361$$

且

$$\frac{W_f}{W_f'} = (10^5)^{0.361} \approx 64$$

因此,W_f 是静态试验中试件断裂所需要的能量 W_f' 的 64 倍。

注:

上面的公式通常用 $\frac{\Delta \varepsilon}{2}$ 和 $2N$ 来表示,目的是为了在半循环次数下求解。例如,总交变应变为

$$\varepsilon_a = \frac{\Delta \varepsilon}{2} = \frac{\sigma_f'}{E} \frac{1}{(2N)^{1/b}} + \frac{\varepsilon_f'}{(2N)^\beta} \tag{7.42}$$

式中:σ_f'、ε_f'、b 和 β 为循环载荷下材料特征参数,通过试验施加应变来测量。

式(7.42)同样可以写成如下形式[JOH 78,MOR 64a,NEL 78,SMI 69]

$$\varepsilon_a = \frac{\sigma_f'}{E}(2N)^B + \varepsilon_f'(2N)^c \tag{7.43}$$

式中:c 为疲劳延性指数($c = -\beta$);N 为断裂循环次数;B 为疲劳强度指数,且有

$$B = -\frac{1}{b} = -n'\beta = n'c$$

式(7.43)的关系式可以绘制成如图 7.24 所示的图象。

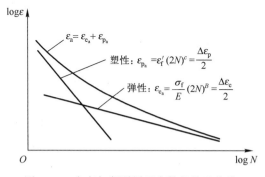

图 7.24 应变与断裂循环次数的关系曲线

对于大多数常用材料,疲劳性能参数 B、c 和 ε_f' 可以通过查表得到[LAN

72,TUC 74]。

常数 c 可近似为[MOR 64a]

$$c \approx -\frac{1}{1+5n'} \quad (7.44)$$

式中：n' 为式(7.24)定义的指数。

根据上述公式，塑性应变在计算较短使用寿命和平均使用寿命时占据优势。在这个例子中，已知半个循环造成的损失 $D = \frac{1}{2N}$，式(7.43)变为

$$\varepsilon_a = \varepsilon'_f (2N)^c = \frac{\varepsilon'_f}{(2N)^\beta} \quad (7.45)$$

D 随着 $\left(\frac{\Delta\varepsilon_p}{2}\right)^{1/\beta}$ 变化，由于参数 $\beta \approx 0.5$，所以 D 随着 $\left(\frac{\Delta\varepsilon_p}{2}\right)^2$ 变化。

对于长使用寿命，弹性应变占主导地位，D 随着 $\left(\frac{\Delta\varepsilon_{el}}{2}\right)^b$ 变化，b 典型值为 10，所以 D 随着 $\left(\frac{\Delta\varepsilon_{el}}{2}\right)^{10}$ 变化。错误估计 b 值的后果比错误估计 c 值的后果严重的多[MOR 64a]。

注：

纯交变载荷的最大应力等于 σ_a：

$$\sigma_{max} = \sigma'_f (2N_f)^b \quad (7.46)$$

将式(7.43)两边同时乘以 σ_{max} 得到

$$\sigma_{max} \Delta\varepsilon = 2 \frac{\sigma'^2_f (2N_f)^{2b}}{E} + 2\sigma'_f \varepsilon'_f (2N_f)^{b+c} \quad (7.47)$$

即

$$\sigma_{max} \Delta\varepsilon = A(2N_f)^a + D(2N_f)^d \quad (7.48)$$

式中：A、D 分别为弹性损伤系数和塑性损伤系数（一次循环对应的弹性曲线和塑性曲线的纵坐标）；a、d 分别为对数坐标下弹性损伤曲线斜率和塑性损伤曲线斜率。

为了评估给定交变载荷下的损伤，通过最后部份的值来计算 $\Delta\varepsilon$，然而应力等于最终的交变应力。这些值相乘用来计算 $2N_f$。$2N_f$ 的倒数为这一循环造成的损伤，叠加得到总损伤。

J. G. Sessler 和 V. Weiss[SES 63]指出，Coffin 公式可以预测使用寿命，但是不能预测试验过程中的损伤。损伤过程取决于两个相互依赖的过程：

（1）硬化导致材料塑性降低；

(2) 裂纹的形成和生长导致断裂。

7.8.4　Shanley 公式

Shanley[SHA 59]公式基于下列假设：
(1) 应变控制试验；
(2) 裂纹在开始施加载荷时产生；
(3) 裂纹扩展速度取决于循环塑性应变的幅值，在较小程度上取决于垂直于裂纹扩展的滑动平面的剪切应力的幅值；
(4) 对应于任意定义的临界裂纹表面的断裂；
(5) 裂纹面积与循环次数的关系为：

$$\frac{dS}{dN} = C(\Delta \varepsilon)^2 \quad (7.49)$$

式中：C 为常数。

7.8.5　Gerberich 公式

W. W. Gerberich[GER 59]将平均应变 ε_m 也考虑进来：

$$N = \left(\frac{\varepsilon'_f - \varepsilon_m}{\Delta \varepsilon_p}\right)^2 \quad (7.50)$$

式中：ε'_f 为表面断裂延性系数。

7.8.6　Sachs、Gerberich、Weiss 和 Latorre 公式

这些作者[MAT 71]提出用 $\Delta \varepsilon_t$（总应变范围）代替 $\Delta \varepsilon_p$ 来修正 Gerberich 公式。

7.8.7　Martin 公式

下式基于塑性区低周疲劳能量准则：

$$N^{1/2} \Delta \varepsilon_p = C \quad (7.51)$$

D. D. Martin[MAR 61a]用迟滞能量消耗理论来解释 Coffin 公式，并发现只有一个常数不同（曲线原点的纵坐标）。

常数 C 是在静力测试中通过比较疲劳断裂所需要的功与静态断裂所需要的功而计算得到的。如果 ε_f 为实际断裂应变，则

$$C = \frac{\varepsilon_f}{\sqrt{2}} \quad (7.52)$$

Coffin 公式为

$$\varepsilon N^{1/2} = \frac{\varepsilon_f}{2} \tag{7.53}$$

Coffin 更适用于高温弯曲试验,而 Martin 方程适用于室温下轴向应变的情况[YAO 62]。

7.8.8　Tavernelli 和 Coffin 公式

公式如下:

$$\sigma = \frac{EC}{2N^{1/2}} + \sigma_D = E\frac{\Delta\varepsilon_t}{2} \tag{7.54}$$

式中:σ_D 为疲劳极限;E 为弹性模量;$C = \frac{\varepsilon_f}{2}$ 为常数,ε_f 为断裂延性系数。

此外

$$\Delta\varepsilon_t = \Delta\varepsilon_p + 2\frac{\sigma_D}{E}$$

$$\Delta\varepsilon_p = \frac{C}{N^{1/2}} \text{(Coffin 公式)}$$

J. F. Tavernelli 和 L. F. Coffin [TAV 62]表明,这种现象可以通过采用 ε_p 代替 $\varepsilon_t = \varepsilon_{el} + \varepsilon_p$ 来精确的描述。

7.8.9　Manson 公式

S. S. Manson[MAN 65]用 $\Delta\varepsilon_{el}$ 和 $\Delta\varepsilon_p$ 表示 $\Delta\varepsilon$ 变形,且发现这两个变量与循环次数 N 在对数坐标系下呈线性关系。因此,有下列形式:

$$N^{k_1}\Delta\varepsilon_{el} = C_1 \tag{7.55}$$

$$N^{k_2}\Delta\varepsilon_p = C_2 \tag{7.56}$$

式中:C_1 为 $\frac{R_m}{E}$ 的函数(R_m 为极限拉伸强度);C_2 为延性系数 $\delta = -\frac{1}{2} \times \ln\frac{100-\Sigma}{100}$ 的函数(Σ 为缩颈值)。

因此

$$\Delta\varepsilon_t = 3.5 \times \frac{R_m}{E} N^{-0.12} + \delta^{0.6} N^{-0.6} \tag{7.57}$$

式中:N 为断裂循环次数。

这些结果是通过对 29 种材料进行研究得到的。

图 7.25 为应变与断裂循环次数关系曲线,由图 7.25 可以观察到下列现象:

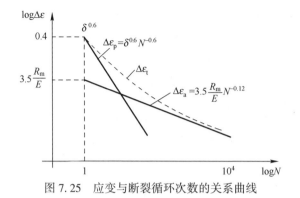

图 7.25 应变与断裂循环次数的关系曲线

（1）当循环次数 N 较小时，总应变 ε_t 定义的强度非常接近于材料的塑性 δ（$\Delta\varepsilon_p(N)$ 占主导地位）

（2）当 N 较大时，强度极大依赖于屈服强度和抗拉强度（$\Delta\varepsilon_{el}(N)$ 占主导地位）。[PIN 80]

7.8.10 Ohji 等提出的公式

这里认为循环次数少（10^3 次循环）、平均应变为零的高应力疲劳损伤是线性累加的[OHJ 66]。

每个循环造成的损伤等于 ε^a，其中 a 为材料常数。

当累积损伤为 $\dfrac{(2\varepsilon_F)^a}{4}$（$\varepsilon_F$ 为基于材料的常数）时，发生断裂，由于拉伸和压缩应变会造成相同的损伤，因此有

$$\varepsilon_p^a N = \frac{(2\varepsilon_F)^a}{4} \tag{7.58}$$

7.8.11 Bui-Quoc 等提出的公式

这是一种与应力控制损伤试验[BUI 71]采用方法相似的统一理论[DUB 71a]，假设损伤累积会导致材料的塑性下降（零或正的平均应变下）。

7.9 频率和温度在塑性区的影响

7.9.1 综述

低周疲劳与传统的疲劳相比较而言，对载荷频率更为敏感。因为在低周区域施加在零件上的应力水平高、应变大，一般在试验中不采用传统疲劳使用的

频率,传统的疲劳频率会造成局部温度升高,改变试验现象。

试验表明,当频率低于 16Hz 时,试验速度(或频率)降低,材料抗疲劳能力下降[YAO 62]。建议试验速度为 0.8~1.7Hz,来避免产生过高的热量,保持合理的试验时间同时将频率的影响降低到最低[BEN 58]。

低周疲劳是频率和温度敏感性研究的主题。

A. Coles 和 D. Skinner[COL 65]从 Cr-Mo-V 合金钢试验中观察到,在常温和高温(565℃)下,Coffin 公式 $\Delta \varepsilon_p N^{1/2} = C$ 预计的使用寿命偏大,偏差随温度升高而增大(蠕变效应)。

7.9.2 频率的影响

J. F. Eckel[ECK 51]给出了铝试件弯曲试验中使用寿命与频率之间的关系:

$$\log T = \log b - m \log f \tag{7.59}$$

式中:T 为使用寿命;f 为频率;b 为 $f=1$ 时的使用寿命;m 为常数。

式(7.59)也可以表示成

$$T = \frac{b}{f^m} \tag{7.60}$$

这个关系适用于频率非常低的情况(大约一天一个循环)。对于铅以外的其他金属,J. F. Eckel 认为在高温条件下可能也有类似的关系。

7.9.3 温度和频率的影响

L. F. Coffin[COF 69,COF 69b]给出

$$C_1^\beta \Delta \varepsilon_p = C_2 \tag{7.61}$$

式中:$C_1 = f^k T = N_f f^{k-1}$(其中,$N_f$ 是使用寿命的循环次数,k 为表征塑性应变的独立参数(基于温度,通常小于 1);f 为试验频率,T 为总试验时间(直到断裂的时间));β 和 C_2 为材料参数,β 为温度的增函数(与频率无关)。

如图 7.26 所示,对于在不同温度下进行试验的特定材料,在对数坐标系下变量 $\dfrac{\Delta \varepsilon_p}{\varepsilon_f}$ 与 C_1 呈线性关系,并且相交于横坐标 25~100 之间(当时间单位为 min 时)的点 C_1。

比交点的 C_1 值到 $C_1 = \dfrac{1}{4}$ 之间,多条线会合成一条,定义 $\beta = \dfrac{1}{2}$(拉伸延性)。

当 $C_1 = \dfrac{1}{4}$ 时[BAR 65a],$\dfrac{\Delta \varepsilon_p}{\varepsilon_f} = 1$。在低温时,$k = 1$,$N_f = \dfrac{1}{4}$ 且 $\Delta \varepsilon_p = \varepsilon_f \left(\dfrac{\Delta \varepsilon_p}{\varepsilon_f} N_f^{1/2} \right) = \dfrac{1}{4} = C_2$。

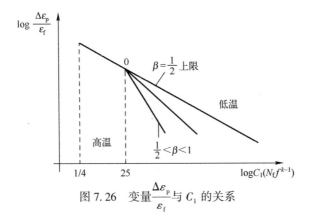

图 7.26 变量 $\dfrac{\Delta\varepsilon_p}{\varepsilon_f}$ 与 C_1 的关系

在高温时,有

$$\Delta\varepsilon_p = C_2 N_f^{-\beta} f^{\frac{1-k}{\beta}} \tag{7.62}$$

或 [COF 69]

$$N_f = \left(\dfrac{C_2}{\Delta\varepsilon_p}\right)^{\frac{1}{\beta}} f^{1-k}$$

式中:C_2 取决于 ε_f 和 O 点坐标。在高温下,常数 k 趋近于零。

然而,J. F. Barnes 和 G. P. Tilly [BAR 65a] 注意到,$C_1 = N_f f^{k-1}$,并没有准确地描述所有频率和温度条件下的材料行为变化。

7.9.4 频率对塑性应变范围的影响

常温下的低周疲劳,塑性应变范围 $\Delta\varepsilon_p$ 与应力范围 $\Delta\sigma$ 具有下列关系 [MOR 64a]:

$$\Delta\sigma = A(\Delta\varepsilon_p)^n \tag{7.63}$$

式中:A 为 $\Delta\varepsilon_p = 1$ 时的应力范围;n 为循环应变硬化指数。

这个方程与频率无关。在高温下,对于给定的塑性应变范围,频率会影响应力范围。L. F. Coffin [COF 69b] 考虑了频率的影响,通过下式来修正公式 (7.63):

$$\Delta\sigma = A(\Delta\varepsilon_p)^n f^{k_1} \tag{7.64}$$

式中:k_1 为高温下的常数,$0.05 < k_1 < 0.15$,在某些情形中 k_1 为负数。

如果材料对频率不敏感,则 $k_1 = 0$。可以根据式 (7.64) 将 $\Delta\sigma$ 除以模量得到弹性应变范围。

7.9.5 广义疲劳公式

根据 7.8.3 节的公式,可得[COF 69b]

$$\Delta\varepsilon = \frac{\Delta\sigma}{E} + \Delta\varepsilon_p \tag{7.65}$$

$$\Delta\varepsilon = \frac{A(\Delta\varepsilon_p)^n f^{k_1}}{E} + C_2 N_f^{-\beta} f^{(1-k)\beta} \tag{7.66}$$

即利用公式 $(N_f f^{k-1})^\beta \Delta\varepsilon_p = C_2$ 将 $\Delta\varepsilon_p$ 消除掉,有

$$\Delta\varepsilon = \frac{A}{E} f^{k_1} \frac{C_2^n}{N_f^{n\beta} f^{n(k-1)\beta}} + C_2 N_f^{-\beta} f^{(1-k)\beta} \tag{7.67}$$

$$\Delta\varepsilon = \frac{A}{E} C_2^n N_f^{-n\beta} f^{k_1-n(k-1)\beta} + C_2 N_f^{-\beta} f^{(1-k)\beta} \tag{7.68}$$

就得到了广义的疲劳方程,可以同时适用于高温条件和低温条件。在高温条件下,必须确定每个温度下的常数 A、C_2、n、β、k 和 k_1。

假设频率没有影响,则 $k=0$ 和 $k_1=0$,就得到了常温下的 Manson 方程。

假设 $\beta=0.6$,$n=0.2$,$C_2=\delta^{0.6}$ 和 $A=3.5\dfrac{R_m}{\varepsilon_f^{0.12}}$($R_m$ 为极限应力,ε_f 为拉伸延性),则得到 Manson 方程:

$$\Delta\varepsilon = \frac{3.5 R_m}{E} N_f^{-0.12} + \varepsilon_f^{0.6} N_f^{-0.6} \tag{7.69}$$

如果 $k=1$,$\beta=0.5$,$C_2=0.5\varepsilon_f$,$k_1=0$,$n=0$ 及 $A=2\sigma_D$(σ_D 为材料的疲劳极限),则得到 Langer 方程:

$$\Delta\varepsilon = \frac{2\sigma_D}{E} + \frac{\varepsilon_f}{2 N_f^{1/2}} \tag{7.70}$$

7.10 累积损伤原理

7.10.1 Miner 准则

一些学者提出试件吸收的能量达到某一临界值[LIE 78,YAO 62]时,疲劳断裂发生,从而试图将滞回导致的能量耗散与疲劳联系起来。然而这个临界值常常遭到质疑,因为整个系统吸收的能量不能准确代表高度局部化的疲劳断裂发生位置吸收的能量。可以指出,所有的机械滞回能量不会导致材料损伤,并且材料的非弹性变形产生的滞回低于疲劳极限也不会产生疲劳损伤。

Miner 准则是指每一 $\Delta\varepsilon_i$ 应变循环都会造成 $\dfrac{1}{N_i}$ 损伤,总损伤为

$$D = \sum_i \frac{1}{N_i} \tag{7.71}$$

当 $D=1$(理论上)时,发生断裂。

J. G. Sessler 和 V. Weiss[SES 63]发现,发生断裂时,

$$D = \sum_i \frac{n_i}{N_i} \tag{7.72}$$

式中:量值 D 在 0.6~1.6 范围内变化(A302 和 4340 钢),当连续施加多个水平的载荷时,这一量值对应变施加的顺序较为敏感。

考虑到 Coffin 方程,损伤表达式可以写成

$$D = \frac{1}{C^{1/\beta}} \sum_i \Delta\varepsilon_{p_i}^{1/\beta} \tag{7.73}$$

如果 $\beta = \dfrac{1}{2}$,则

$$D = \frac{1}{C^2} \sum_i \Delta\varepsilon_{p_i}^2 \tag{7.74}$$

在弹性疲劳领域,经试验证明公式(7.74)比 Miner 方法更为实用[BAR 80]。

很多研究者采用 Miner 方法并发现施加应变的顺序对 D 也有影响。对于 LO-HI 顺序的载荷,损伤 D 偏大[COF 62]。

Ju 等[JU69]提出了适用于剪切应力的方程:

$$\sum_{i=1}^{n} \left(\frac{\Delta\gamma_i}{\gamma_u}\right)^p = 1.0 \tag{7.75}$$

式中:$\Delta\gamma_i$ 为第 i 次循环时塑性剪切应变变化范围,γ_u 为一个载荷循环的剪切断裂应变;p 为经验常数,与材料和载荷速度(频率)有关。

对于轻合金试件(6061-T6),动力学试验,$p=1.26$,静力学试验,$p=1.06$。因此,试件能承受的动载循环次数要比静载循环次数多[COF 62]。

7.10.2 Yao 和 Munse 公式

J. T. P. Yao 和 W. H. Munse[YAO 62a]建立了一个公式来描述钢材使用寿命低于 1000 次循环的塑性应变的疲劳累积损伤:

$$\sum_{i=1}^{n} \left[\left(\frac{\Delta q_i}{\Delta q_{t_1}}\right)^{1/m}\right] = 1 \tag{7.76}$$

式中:Δq_t 为实际拉伸循环塑性应变的变化范围;Δq_{t_1} 为 $n=1$ 时 Δq_t 的值;m 为对数坐标下函数 $\Delta\varepsilon_t(N)$ 的斜率,$\Delta\varepsilon_t$ 为计算得到的循环塑性应变的变化范围;

n 为载荷循环次数。

如果认为损伤是由于零件塑性应变累积造成的,那么可以用 $N^\beta \Delta\varepsilon_p = C$ 来计算损伤。每个循环有[LIE 82a]:

$$\frac{dD}{dn} = \left(\frac{\Delta\varepsilon_p}{C}\right)^{1/\alpha} \tag{7.77}$$

式中:$\alpha \approx \frac{1}{2}$[KIK 71];$C$ 为材料常数,与断裂延性 ε_f 近似成比例。

如果 $D = 1$,则发生断裂:

$$D = \frac{1}{2}\sum_{i=1}^{2N}\left(\frac{|\Delta\varepsilon_{pi}|}{C}\right)^{1/\alpha} = 1 \tag{7.78}$$

式中:$|\Delta\varepsilon_{pi}|$ 为半个循环载荷下的塑性应变范围。

式(7.78)是在施加应变幅值试验中应用 Miner 准则(累积线性准则)得到的。M. Kikukawa 和 M. Jono[KIK 71]发现,这个假设得到结果与多种材料光滑试件在不同载荷下的测得的使用寿命具有很好的一致性。

采用这个方法,可以通过测量总应变来预测在施加应变或载荷下的使用寿命。减去弹性应变 $\frac{\Delta\sigma}{E}$,可由损伤 D 得到 $\Delta\varepsilon_p$。

该方程没有考虑载荷施加顺序的影响,因此仅适用于过载或低载影响不显著的情况。

7.10.3 Manson-Coffin 公式的使用

根据式(7.23),每个循环下的损伤为

$$\frac{dD}{dN} = \frac{1}{2N_t}\left(\frac{\Delta\varepsilon_p}{\Delta\varepsilon_e}\right)^{\frac{1}{\beta - \frac{1}{b}}} \tag{7.79}$$

式中:$2N_t$(半个循环次数)为 Manson-Coffin 图中的弹性和塑性直线交叉点的横坐标。

7.11 平均应变(应力)的影响

如果进行一项试验,其应变 ε 在最小值 ε_{min} 和最大值 ε_{max} 之间变化,那么平均应变为

$$\varepsilon_{mean} = \frac{\varepsilon_{min} + \varepsilon_{max}}{2} \tag{7.80}$$

平均应变一定是非零的,这种平均应变的存在对于试件的行为几乎无影

响:经过第一个循环显著的初始拉伸后,平均应力松弛,试验继续就好像平均应变为零。

在一些 $\varepsilon_{\text{mean}}$ 不随平均应力完全释放的载荷序列中,有时可观察到耐久性(使用寿命)降低。

如果试验中应力均值不为零,则应变将慢慢产生,是否趋向于稳定取决于施加应力的幅值。存在一个调和极限,如果超过这个极限,将不会达到稳定,并且快速的发生断裂[PLE 68]。

对于许多金属[COF 62],同时施加循环应变和永久应变将提高断裂延性。

J. G. Sessler 和 V. Weiss[SES 63]发现低周疲劳试中,平均应变和预应变是等效的。

G. Sachs 等[MAT 71]验证了对于完全交变应变,当 $R = \dfrac{\varepsilon_{\min}}{\varepsilon_{\max}} = -1$ 时,Coffin 方程是正确的。对于 $R \neq -1$,引入预应变来修正 Coffin 方程:

$$N = \left(\frac{\varepsilon_f' - \varepsilon_0}{\Delta \varepsilon}\right)^{1/\beta} \tag{7.81}$$

或

$$N^\beta \Delta \varepsilon = \varepsilon_f' - \varepsilon_0 \tag{7.82}$$

式中:$\varepsilon = \dfrac{1}{2}(\varepsilon_{\max} + \varepsilon_{\min})$ 为预变形;$\Delta \varepsilon = \varepsilon_{\max} - \varepsilon_{\min}$ 为应变范围;ε_f' 为 1/4 个循环载荷下得到的断裂延性系数;β 为常数,$\beta = 0.5$。

T. H. Topper 和 B. I. Sandor[TOP 70]通过试验研究得到以下结论:

(1) 塑性预应变将极大地减小了弹性应变下的使用寿命,但对于塑性应变下使用寿命的影响很小。

(2) 采用下面的经验式来修正拉伸和压缩预应变的影响:

$$\frac{\Delta \sigma^*}{2} = \frac{\Delta \sigma}{2} + \frac{\alpha_0^\alpha}{E} \tag{7.83}$$

式中:E 为模量。

T. H. Topper 和 B. I. Sandor[TOP 70]根据 Miner 准则将损伤结合起来。

因为材料适应了塑性变形区域,所以平均应力的影响很小。平均应力 σ_{mean} 只出现在公式的弹性部分[DEV 86]。

由 Manson-Coffin 得到的修正应力-应变公式(7.43)也可以写成

$$\frac{\Delta \varepsilon}{2} = \frac{\sigma_f' - \sigma_{\text{mean}}}{E}(2N)^B + \varepsilon_f'(2N)^c \tag{7.84}$$

式(7.84)得到的结果与 Goodman 曲线很相似(断裂强度由 σ_f 替换)[DEV

86, LIE 82a, NEL 78]。

其他方法：

（1）断裂强度系数修正。考虑到平均应力会改变应力-应变曲线中的断裂强度系数：如果是拉伸平均应力，则疲劳强度减小；如果是压缩平均应力，则疲劳强度增大。在拉伸平均应力中，有

$$\sigma_a = (\sigma'_f - \sigma_{mean}) N^b \tag{7.85}$$

在压缩平均应力中，有

$$\sigma_a = (\sigma'_f + \sigma_{mean}) N^b \tag{7.86}$$

把这些值代入式(7.22)，可得

$$\varepsilon = \frac{\sigma'_f \mp \sigma_{mean}}{EN^{1/b}} + \frac{\varepsilon'_f}{N^\beta} \tag{7.87}$$

非零平均应力的影响如图 7.27 所示。

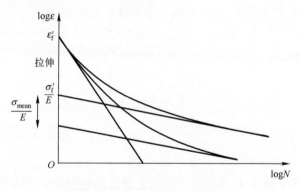

图 7.27 非 0 平均应力的影响

（2）Smith 方程。Smith 等人[SMI 69]提出了下列公式：

$$\frac{\Delta \varepsilon}{2} = \frac{\sigma'_f (2N_f)^b}{\sigma_{max}} \left[\frac{\sigma'_f}{E} (2N_f)^b + \varepsilon'_f (2N_f)^c \right] \tag{7.88}$$

根据 Morrow[MOR 64a]，有

$$\varepsilon_a = \left(\frac{\sigma'_f}{E} \right) (2N_f)^b + \varepsilon'_f (2N_f)^c \tag{7.89}$$

$$\sigma_a = \sigma'_f (2N_f)^b \tag{7.90}$$

7.12 复合材料的低周疲劳

因为复合材料种类繁多，所以这部分内容不在此做详细讨论，只给出 B. D. Agarwal 和 J. W. Dally 对复合材料（SCOTCHPLY-1000 玻璃纤维塑料）研究得到

的结论:

(1) 方程形式

$$N^k \Delta \varepsilon = C \tag{7.91}$$

式中:$\Delta \varepsilon$ 为总应变,这种材料没有塑性应变。

(2) 将数据归一化为 $\dfrac{\Delta \varepsilon}{R_m}$ 和 $\dfrac{\Delta \varepsilon}{\varepsilon_f}$(其中,$\varepsilon_f$ 为极限断裂应变,R_m 为极限断裂应力),应力控制试验和应变控制试验的结果相同。

(3) 模量 $E = \dfrac{\Delta \sigma}{\Delta \varepsilon}$ 随着 $\log N$ 线性地逐渐减小。这是由于纤维逐渐断裂导致的。

A. W. Cardrick[CAR 73a] 通过一些试验发现 Miner 方法也能应用于一定数量的特定的复合材料,对于累积损伤 $D=1$ 的离散性也展开了研究,表明与金属、合金材料无显著区别。

第8章
断裂力学

8.1 综述

在疲劳研究中,经常使用 Wöhler 曲线来定义疲劳极限,在此极限下,裂纹没有萌生,因此没有因疲劳产生的断裂。

某些部件存在制造问题,即使应力比疲劳极限低也会出现裂纹,裂纹会扩展直到断裂[LIE 82]。

人们对经历重复载荷的航空结构进行了大量的研究来试图预测其裂纹扩展。这些研究中指出的最重要的原因是需要:

(1) 尽可能精确地评估在使用中发现裂纹或其他损伤的飞机零件的使用寿命,确定检测的时间间隔。

(2) 考虑使用中可能的渐变,确保飞机安全。

(3) 满足军用和民用施行的与损伤容限相关的项目规范。例如,这类规范要求从安全性角度出发考虑所有主要结构的设计,使得初始存在的损伤,或者在检测中忽略了的损伤,能够在一段时间内不会到达临界尺寸进而产生断裂或造成飞机失事[WOO 73]。

从寿命曲线(Wöhler)可以研究零件的疲劳行为,并结合裂纹扩展方面对疲劳寿命曲线进行检验,保证没有可识别裂纹。

从图 8.1 中,我们发现,光滑试件中裂纹萌生后,与总寿命相比,裂纹的扩展寿命只占试件总寿命的很短一段:根据应力水平,所占比重少于 5%。

然后,对于预制裂纹零件(由于施加的应力,一些结构单元只能在这种条件下工作),裂纹扩展阶段是主导的,几乎构成了零件的全部使用寿命。因此,裂纹扩展作为补充性的研究是十分重要且必要的[LIE 82]。

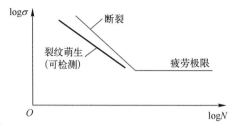

图 8.1　S-N 曲线

断裂力学从脆性断裂中发展而来,即一般由韧性材料构成的结构在低于屈服应力的载荷作用下,没有明显的塑性应变而发生灾难性断裂。

脆性断裂是突然发生的断裂,并且之前没有大应变产生[JOH 53]。

完全脆性的材料在最易碎的点(存在应力集中)出现断裂时,同时会发生完全断裂。

当载荷超出断裂载荷时,没有产生塑性应变就发生脆性断裂,如图 8.2 所示。

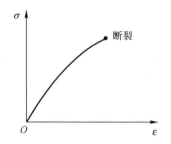

图 8.2　脆性材料的应力-应变曲线

相反,塑性断裂是产生大应变后发生断裂,如图 8.3 所示。理想的塑性材料可以承受无限幅值的应变,伴随的抗力等于断裂强度[JOH 53]。

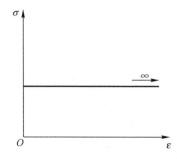

图 8.3　理想塑性材料的应力-应变曲线

可以发现,所有材料的特性都介于这两种极端情况之间。

试验表明,脆性断裂是由于零件在使用寿命中产生的裂纹,或制造过程中焊接产生的裂纹[POO 70]造成的。

断裂力学主要应用于航空和增压密封罐的研究,在这些情形裂纹往往会导致渗漏(如航天飞机)。

应力梯度的定义

应力梯度 χ 是根据缺口根部应力场切线斜率来定义的,以相同位置的最大应力值作为该处的应力值[BRA 80a]:

$$\chi = \lim_{x \to 0} \frac{1}{\sigma_{max}} \frac{d\sigma}{dx} (\text{mm}^{-1}) \tag{8.1}$$

8.2 断裂机理

8.2.1 主要阶段

由于材料内部存在缺陷(由于高应力集中和多晶金属的不均一性,因此缺陷或环境有利于材料的局部结合力下降),交变应力产生微裂纹,这些裂纹很快会在表面增加到几微米(在 10^6 次循环之后)。在零件使用寿命的末期裂纹扩展再次加速之前,扩展的速度会降低[RAB 80]。从微裂纹到断裂,整个扩展阶段寿命可以超过零件总使用寿命的 90%。

损伤可以认为是材料微观结构的渐进变化过程,裂纹的成核和扩展总是经受局部拉伸/压缩交变应力和塑性应变的作用。

循环载荷导致零件的疲劳失效,如图 8.4 所示,零件有效寿命可以分成三个阶段[BAR 80, HEA 53, MAR 58, PAR 62, RAB 80]:

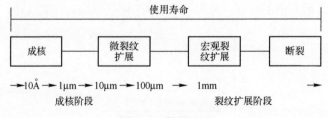

图 8.4 断裂机理

(1) 裂纹萌生。

(2) 裂纹缓慢地扩展。一些作者把微观裂纹和宏观裂纹的扩展区别开来。总的来说宏观裂纹所处的阶段为第二阶段。

(3) 急剧的扩展导致断裂(如静态载荷引起的裂纹扩展)[IRW 58]。

8.2.2 裂纹萌生

在最开始的疲劳阶段,损伤表现为由初始缺陷形成的离散微观裂纹,保证了高应变不相容区域的松弛[FRE 68]。一般而言,有多种原因导致裂纹出现在零件的表面,如在某一载荷条件(扭转、弯曲等)下,表面的应力较大、腐蚀、表面加工缺陷、焊缝、穿孔、缺口等。

在成核阶段,微观结构的随机特性在一定程度上对损伤出现有较大的影响,因此在这个阶段的损伤模型为概率模型。

在一个零件的特定区域,裂纹产生的概率主要取决于该区域局部动应力。几何的、物理的或冶金的现象都对疲劳有显著影响,这些现象增加了该点的应力幅值。

当循环次数 N 较大时,抵抗裂纹产生的力与描述材料特性的极限应力 R_m 直接相关。对于小的 N 值,延展性是一个重要的因素。

基于局部应变幅值,Neuber 系数或应力强度因子,提出了不同的方法来预测裂纹产生所需的循环次数。这些方法只涉及有限数量的参数,很可能远远低于实际数量。由于这种不确定性的存在以及生产过程中结构几乎一般都存在肉眼可见的缺陷,裂纹产生的循环总数可以认为是 0[BAR 80]。

裂纹萌生时间也可以看作是应力(或应变)的循环次数,例如,产生长为 1mm 的裂纹所需的循环次数(微型裂纹能达到 0.5~1mm)[MUR 83]。

当裂纹达到 0.1mm 长时[PAR 63, RAB 80],它就会在这个区域有规律的扩展。这个长度(0.1mm)是常用的,在文献中也有不同的值:0.05 mm[HEA 53],0.5 mm[NOW 63],50~100μm[LIE 82],10mm[SCH 70]。G. Glinka 和 R. I. Stephens[BER 83] 选择 0.25mm,他们认为这个值更合适,但是精确的值对于总的使用寿命(在一个合理的区间)的估计并不是最重要的。

有时认为裂纹的初始尺寸 a 是随机变化的[HAR 83]。考虑裂纹不可能比零件的厚度 h 更大,以此来选择概率密度。

例 8.1

指数 Marshall 准则是下面这种形式如下:[MAR 76]:

$$p(a) = \frac{e^{\frac{-a}{\mu}}}{\mu(1-e^{\frac{-h}{\mu}})} \qquad (8.2)$$

式中:$\mu = 6.25$mm。

对数正态 Becher 和 Hansen 准则[BEC 81, JOH 83]的形式如下:

$$p(a) = \frac{1}{\mu a H \sqrt{2\pi}} e^{-\frac{(\ln\frac{a}{\lambda})^2}{2\mu^2}} \tag{8.3}$$

式中

$$H = 1 - \frac{1}{2}\text{erfc}\left(\frac{\ln\frac{h}{\lambda}}{\mu\sqrt{2}}\right)$$

式中：$\mu = 0.82$；$\lambda = 1.3\text{mm}$。

对于焊接结构，均值 $\bar{a} = 0.15\text{mm}$，标准差 $\sigma_a = 0.083\text{mm}$。

考虑到 $\alpha = \ln a$，α 服从 $N[-2.031;0.267]$ 的正态分布。

从这个观点来看，疲劳极限可以由导致裂纹产生或者裂纹扩展的最小应力来定义。这个定义很主观，而且根据是否考虑材料的微观裂纹的出现或者材料微观结构的变化，定义也会不同。

8.2.3 裂纹缓慢扩展

裂纹的扩展通常很缓慢，取决于材料的塑性。

金属裂纹的扩展取决于晶体结构、环境以及靠近裂纹区域的应力分布。

显微镜下观察到沟槽，在变载荷幅值的试验中每一条沟槽都与某一个载荷循环有关[MIL 67]。

小裂纹的出现并不总是即将断裂的标志。裂纹有时候会停止扩展或者扩展得非常缓慢。然而，由于不能准确预测裂纹是否会停止扩展，通常假设它会继续扩展直到断裂，并且如果该零件很重要，则应该更换。

线弹性断裂力学基于裂纹尖端的弹性应力分布的理论分析结果，它独立于施加的载荷以及结构的几何形状。[PAR 65]。裂纹根部的应力场强度可以根据载荷和几何形状这两个参数来唯一描述。

8.3 临界尺寸：断裂强度

假设有裂纹的零件经历正弦应力 σ；裂纹尺寸会一直增大直至临界值 a_c，此时零件会断裂。σ 值表征了材料的断裂强度，随 a_c 值变化。

参数以载荷度量了材料断裂的强度。相反的，对于给定的应力 σ，曲线的结果对应 a_c。

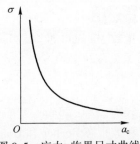

图 8.5 应力-临界尺寸曲线

因此材料潜在的强度是由零件的主裂纹尺寸以及材料的断裂强度来定义的。

与传统的疲劳分析方法相反,断裂力学方法关注的是疲劳裂纹的增长阶段而不是裂纹的萌生或者萌生加扩展阶段。假设已经出现裂纹。这种方法和对应的假设都通过试验得到了很好的证明[TIF 65]。

断裂力学关注的是 N 次循环下从初始尺寸 a_i 到断裂的临界尺寸 a_c 的裂纹扩展(图 8.6)。

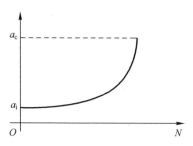

图 8.6　循环次数与相应的裂纹尺寸(正弦等幅应力)

裂纹扩展过程中出现沟槽和波纹,C. Laird、B. Tomkins 和 W. D. Biggs 先后描述了这一现象[TOM 69]。

在一段时间内,随着裂纹的增长,可以观察到零件强度下降(图 8.7)。

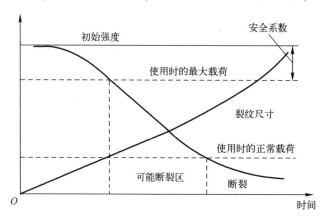

图 8.7　强度随着时间的变化

一段时间之后,零件的强度不再能够支撑最大工作负载。如果最大载荷不出现,加载过程中强度会继续降低直到断裂。

每一个阶段的持续时间都是不同的。对于光滑的试件,阶段 1 的持续时间可以占整个使用寿命的 50%~95%,对于使用寿命在 10^3~10^5 个循环之间的试件,持续时间可以达到 99%[LIE 82]。

8.4 加载模式

应力可以在以下几种模式下增加裂纹的尺寸,这些模式可以按如下方式施加[BRO 78,MCC 64,POO 70,SHE 83a,TAD 73]如图 8.8~图 8.11 所示:

(1) 从 YY' 轴,裂纹张开(Ⅰ型裂纹);

(2) 从 XX' 轴(裂纹边缘沿平面移动)(Ⅱ型裂纹);

(3) 从 ZZ' 轴(撕裂)(Ⅲ型裂纹),垂直于裂纹平面。

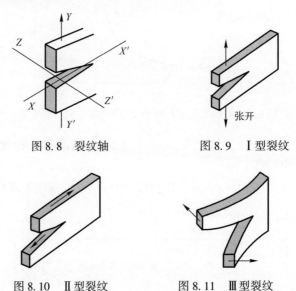

图 8.8 裂纹轴　　图 8.9 Ⅰ型裂纹

图 8.10 Ⅱ型裂纹　　图 8.11 Ⅲ型裂纹

这 3 个模式的叠加足够描述其他更普遍的裂纹张开情况。在计算中,用罗马数字Ⅰ、Ⅱ、Ⅲ来表示相应模式是一种传统的做法。均质脆性材料断裂通常是以Ⅰ型裂纹形式发生的,这也解释了为什么对这个模型关注最多[POO 70]。

8.5 应力强度因子

8.5.1 裂纹尖端应力

L. N. Sneddon 研究过裂纹尖端附近的应力分布[SNE 46],接着是 G. R Irwin[IRW 57,IRW 58a]使用了 H. M Westergaard[EFT 72,WES 39]和 M. I. Williams[WIL 57]提出的计算方法。

考虑一个有裂纹的平板(图 8.12),假设板内所有应力都在弹性区。

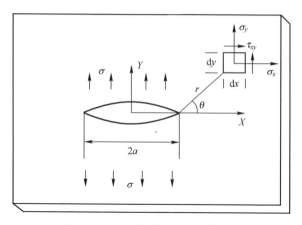

图 8.12　裂纹尖端附近的平板微元

在裂纹轮廓的任何点附近，应力倾向于无限大。

距离裂纹尖端 r，与裂纹平面成 θ 角，长和宽分别为 dx、dy 的板单元，在 X、Y 方向经历正应力 σ_x 和 σ_y 以及剪切应力 τ_{xy}。

应力场的奇异部分只依赖 K_{I}、K_{II}、K_{III} 3 个参数，这 3 个参数与上面提到的 3 个模型相对应。

对于给定的几何形状和载荷，可以通过传统的弹性理论来建立应力分布，在这个条件下，计算的应力值是纯弹性的，并且对应的应变很小。

实际上，过大的应力会导致塑性应变，而塑性应变又会导致硬化，硬化增加弹性极限。

尽管有这些限制，但只要与试验结果联系起来，弹性理论仍然很实用。

应力场由以下渐近展开公式得到（Ⅰ型裂纹）[BRO 78, PAR 61, PAR 62, PAR 65, TAD 73]：

$$\sigma_x \approx \sigma \sqrt{\frac{a}{2r}} \cos \frac{\theta}{2} \left(1 - \sin \frac{\theta}{2} \sin \frac{3\theta}{2}\right) \tag{8.4}$$

$$\sigma_y \approx \sigma \sqrt{\frac{a}{2r}} \cos \frac{\theta}{2} \left(1 + \sin \frac{\theta}{2} \sin \frac{3\theta}{2}\right) \tag{8.5}$$

$$\tau_{xy} \approx \sigma \sqrt{\frac{a}{2r}} \sin \frac{\theta}{2} \cos \frac{\theta}{2} \cos \frac{3\theta}{2} \tag{8.6}$$

由 ZZ' 轴垂直于 XY 平面，得到：

$$\sigma_z = 0 \, (\text{平面应力})$$

或

$$\sigma_z = v(\sigma_x + \sigma_y) \, (\text{平面应变}) \tag{8.7}$$

式中：v 为泊松比（近似可由消去 r 的高阶项所得）。

应力总是平行于表面。平面应变假设可以用在平板问题上,在这种情况下垂直于平面的应力幅值从表面的 0 变化到板内对应的平面应变。因此,中心的塑性区比在表面的更重要。

8.5.2　I 型

弹性应力场[POO 70]定义如下:

$$\sigma_x = \frac{K_\mathrm{I}}{\sqrt{2\pi r}} \cos\frac{\theta}{2}\left(1 - \sin\frac{\theta}{2}\sin\frac{3\theta}{2}\right) \tag{8.8}$$

$$\sigma_y = \frac{K_\mathrm{I}}{\sqrt{2\pi r}} \cos\frac{\theta}{2}\left(1 + \sin\frac{\theta}{2}\sin\frac{3\theta}{2}\right) \tag{8.9}$$

$$\tau_{xy} = \frac{K_\mathrm{I}}{\sqrt{2\pi r}} \sin\frac{\theta}{2} \cos\frac{\theta}{2} \cos\frac{3\theta}{2} \tag{8.10}$$

平面应变描述如下:

$$\sigma_z = v(\sigma_x + \sigma_y) \tag{8.11}$$

$$\tau_{xy} = \tau_{yz} = 0$$

如图 8.13 所示,对于平面应力,$\sigma_z = 0$,对应 X、Y、Z 轴方向的位移如下:

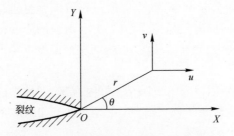

图 8.13　距离裂纹尖端 r 的位移表示法

$$u = \frac{K_\mathrm{I}}{G}\sqrt{\frac{r}{2\pi}} \cos\frac{\theta}{2}\left(1 - 2v + \sin^2\frac{\theta}{2}\right) \tag{8.12}$$

$$v = \frac{K_\mathrm{I}}{G}\sqrt{\frac{r}{2\pi}} \sin\frac{\theta}{2}\left(2 - 2v + \cos^2\frac{\theta}{2}\right) \tag{8.13}$$

$W = 0$,其中 $G = \dfrac{E}{2(1+v)}$(剪切模量)

这些关系式可以写成

$$u = \frac{K_\mathrm{I}}{4\mu}\sqrt{\frac{2r}{\pi}}\left[(k-1)\cos\frac{\theta}{2} + \sin\theta\sin\frac{\theta}{2}\right] \tag{8.14}$$

$$v = \frac{K_\text{I}}{4\mu}\sqrt{\frac{2r}{\pi}}\left[(k-1)\sin\frac{\theta}{2}-\sin\theta\cos\frac{\theta}{2}\right] \tag{8.15}$$

式中

$$2\mu = \frac{E}{1-v} \tag{8.16}$$

在平面应变中,有

$$K = 3-4v \tag{8.17}$$

$$\frac{K-1}{4\mu} = \frac{(1-2v)(1+v)}{E} \tag{8.18}$$

$$\frac{k+1}{2\mu} = \frac{2(1-v^2)}{E} \tag{8.19}$$

在平面应力中,有

$$K = \frac{3-v}{1+v} \tag{8.20}$$

$$\frac{K-1}{4\mu} = \frac{1-v}{E} \tag{8.21}$$

$$\frac{K+1}{2\mu} = \frac{2}{E} \tag{8.22}$$

8.5.3　Ⅱ 型

$$\sigma_x = -\frac{K_\text{Ⅱ}}{\sqrt{2\pi r}}\sin\frac{\theta}{2}\left(2+\cos\frac{\theta}{2}\cos\frac{3\theta}{2}\right) \tag{8.23}$$

$$\sigma_y = \frac{K_\text{Ⅱ}}{\sqrt{2\pi r}}\sin\frac{\theta}{2}\cos\frac{\theta}{2}\cos\frac{3\theta}{2} \tag{8.24}$$

$$\tau_{xy} = \frac{K_\text{Ⅱ}}{\sqrt{2\pi r}}\cos\frac{\theta}{2}\left(1-\sin\frac{\theta}{2}\sin\frac{3\theta}{2}\right) \tag{8.25}$$

在平面应变中,有

$$\sigma_z = v(\sigma_x+\sigma_y) \tag{8.26}$$

$$\tau_{xy} = \tau_{yx} = 0$$

(在平面应力中,$\sigma_z = 0$)

$$u = \frac{K_\text{Ⅱ}}{G}\sqrt{\frac{r}{2\pi}}\sin\frac{\theta}{2}\left(2-2v+\cos^2\frac{\theta}{2}\right) \tag{8.27}$$

$$v = \frac{K_\text{Ⅱ}}{G}\sqrt{\frac{r}{2\pi}}\cos\frac{\theta}{2}\left(-1+2v+\sin^2\frac{\theta}{2}\right) \tag{8.28}$$

$$W = 0$$

8.5.4 Ⅲ型

$$\tau_{xy} = -\frac{K_{\text{Ⅲ}}}{\sqrt{2\pi r}} \sin\frac{\theta}{2} \tag{8.29}$$

$$\tau_{yz} = \frac{K_{\text{Ⅲ}}}{\sqrt{2\pi r}} \cos\frac{\theta}{2} \tag{8.30}$$

$$\sigma_x = \sigma_y = \sigma_z = \tau_{xy} = 0 \tag{8.31}$$

$$w = \frac{K_{\text{Ⅲ}}}{G}\sqrt{\frac{2r}{\pi}} \sin\frac{\theta}{2} \tag{8.32}$$

$$u = v = 0$$

8.5.5 应力场的方程

通过忽略 r 中的最高阶项,建立方程用于描述连续应力场中的静态或缓慢扩展的裂纹。在 (x,y) 平面,当 r 相对于平面 (x,y) 上的其他部分尺寸较小时,这些都是很好的近似方法。当 r 趋于 0 时,它们更准确。

对于 $\theta = 0$,有

$$\sigma_y = \sigma\sqrt{\frac{a}{2r}} = \sigma_x \tag{8.33}$$

如图 8.14 所示,当 $r \to \infty$ 时,$\sigma_y \to 0$(而不是 σ)。当 $r \to 0$ 时,$\sigma_y \to \infty$。

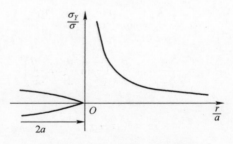

图 8.14　应力-距离 r 变化曲线

以上的方程只能用于裂纹尖端附近。当 r 趋于 0 时,弹性场中应力不能无穷大。

如图 8.15 所示,对于 $\theta = 0$,剪切应力 τ_{xy} 也是 0。主应力 σ_1,σ_2 分别等于 σ_x 和 σ_y。第三主应力垂直于板($\sigma_3 \equiv \sigma_z$)。

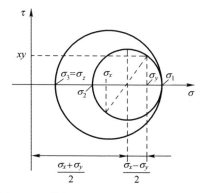

图 8.15　莫尔(Mohr)圆:主应力(任意 θ)

如果 θ 是一般值,在任何点的主应力都可以通过莫尔圆来计算:

$$\sigma_{1,2}=\frac{\sigma_x+\sigma_y}{2}\pm\sqrt{\left(\frac{\sigma_x-\sigma_y}{2}\right)^2+\tau_{xy}^2} \tag{8.34}$$

将 σ_x 和 σ_y 替换为式(8.4)和式(8.7)给出的表达式,有

$$\sigma_1=\frac{K_1}{\sqrt{2\pi r}}\cos\frac{\theta}{2}\left(1+\sin\frac{\theta}{2}\right) \tag{8.35}$$

$$\sigma_2=\frac{K_1}{\sqrt{2\pi r}}\cos\frac{\theta}{2}\left(1-\sin\frac{\theta}{2}\right) \tag{8.36}$$

$$\sigma_3=0$$

或

$$\sigma_3=\frac{2\gamma K_1}{\sqrt{2\pi r}}\cos\frac{\theta}{2} \tag{8.37}$$

8.5.6　塑性区

G. R. Irwin 提出了一种用于计算单一单调载荷作用下的试件裂纹尖端塑性区大小的方法[IRW 60]。

如果保持在弹性应力场内,则式(8.4)~式(8.7)在塑性区的极限处近似准确,这使计算弹性和塑性场边界位置成为可能。

从图 8.16 可以看出,在弹性应力下,当 $r \to 0$ 时 $\sigma_y \to \infty$。在物理上,这种情况是不可能的,因为应力不可能无限地增长而不转移到塑性场。

缺口根部或裂纹边缘的小金属体受高应力作用,在疲劳过程中承受快速塑性演化。在这个区域的边界,形变仍然有轻微的弹性并且受试件其他部分的行为所制约。小塑性区在施加的应变模式下工作,如果这个金属最初经过加工硬化处理,则会导致局部交变应力减小(图8.17)。

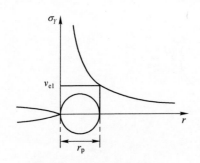
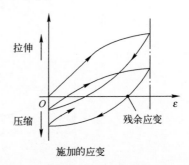

图 8.16　裂纹尖端的塑性区　　图 8.17　施加应变区域的局部交变应力的变化

在裂纹的根部,建立了一个长度为 r_p(图 8.16)的塑性区域,可以近似地得到

$$\sigma_y = R_e = \frac{K_I}{\sqrt{2\pi r_p}} \tag{8.38}$$

因此,在平面应力下,有

$$r_p = \frac{K_I^2}{2\pi R_e^2} \tag{8.39}$$

实际上塑性应力区不能大于 r_p。

平面塑性应变区 r_p^* 比平面塑性应力区小,因为平面应变的有效屈服应力[BRO 78]大于沿轴向的屈服应力。

Irwin[IRW 60a]表明,从 r_p 到 r_p^* 的转换因子等于 $\sqrt{2\sqrt{2}} \approx 1.68$,因此平面塑性应变长度为

$$r_p^* \approx \frac{K_I^2}{6\pi R_e^2} \tag{8.40}$$

8.5.7　其他的应力表征形式

式(8.4)~式(8.7)的应力可以表示为:

$$\sigma_r = \frac{K_I}{\sqrt{2\pi r}} \cos\frac{\theta}{2}\left(1+\sin^2\frac{\theta}{2}\right) \tag{8.41}$$

$$\sigma_\theta = \frac{K_I}{\sqrt{2\pi r}} \cos\frac{\theta}{2}\left(1-\sin^2\frac{\theta}{2}\right) \tag{8.42}$$

$$\tau_{r\theta} = \frac{K_I}{\sqrt{2\pi r}} \sin\frac{\theta}{2}\cos^2\frac{\theta}{2} \tag{8.43}$$

对于Ⅱ型裂纹,有[EFT 72,PAR 65,TAD 73]

$$\begin{cases} \sigma_r = \dfrac{K_{\text{II}}}{\sqrt{2\pi r}}\left(-\dfrac{5}{4}\sin\dfrac{\theta}{2}+\dfrac{3}{4}\sin\dfrac{3\theta}{2}\right) \\ \sigma_\theta = \dfrac{K_{\text{II}}}{\sqrt{2\pi r}}\left(-\dfrac{3}{4}\sin\dfrac{\theta}{2}-\dfrac{3}{4}\sin\dfrac{3\theta}{2}\right) \\ \tau_{r\theta} = \dfrac{K_{\text{II}}}{\sqrt{2\pi r}}\left(\dfrac{1}{4}\cos\dfrac{\theta}{2}+\dfrac{3}{4}\cos\dfrac{3\theta}{2}\right) \end{cases} \quad (8.44)$$

$$\sigma_z = v(\sigma_x + \sigma_y)$$
$$\tau_{xz} = \tau_{yz} = 0 \quad (8.45)$$

对于无限大裂纹板在无穷远处受剪切应力 τ,则 $K_{\text{II}} = \tau\sqrt{\pi a}$。

对于Ⅲ型裂纹,有

$$\sigma_x = \sigma_y = \sigma_z = \tau_{xy} = 0$$

$$\tau_{xz} = \dfrac{-K_{\text{III}}}{\sqrt{2\pi r}}\sin\dfrac{\theta}{2} \quad (8.46)$$

$$\tau_{yz} = \dfrac{K_{\text{III}}}{\sqrt{2\pi r}}\cos\dfrac{\theta}{2} \quad (8.47)$$

8.5.8 一般形式

式(8.4)~式(8.7)可以写成通用的形式:

$$\sigma_{ij} = \dfrac{K_{\text{I}}}{\sqrt{2\pi r}}f_{ij}(\theta) \quad (8.48)$$

对于无限宽金属板,有

$$K_{\text{I}} = \sigma\sqrt{\pi a} \quad (8.49)$$

对于有限尺寸的构件,有

$$K_{\text{I}} = \sigma\alpha\sqrt{\pi a} \quad (8.50)$$

式中:α 为零件几何形状和载荷条件的函数;下标Ⅰ说明这些表达式用于Ⅰ型裂纹(基于沿轴 YY' 的拉力)。

根据弹性理论假设,σ_{ij} 和载荷 σ 成正比。

当半径 r 等于缺口半径 ρ 时,缺口根部应力水平最高,为

$$\sigma_{\max} = \dfrac{2K_{\text{I}}}{\sqrt{\pi\rho}} \quad (8.51)$$

因此,$\dfrac{K_{\text{I}}}{\rho}$ 是裂纹萌生阶段重要的参数。

式(8.51)存在一个极限值,超过这个极限值不会有裂纹产生[BAR 80]。

K_1 为应力强度因子(不要和应力集中系数混淆,应力集中系数定义为 $k_t = \dfrac{\sigma_{max}}{\sigma_{nom}}$,其中,$\sigma_{max}$ 为缺口根部最大实际应力,σ_{nom} 为同一载面的名义应力[ERD 83])。

因子 K_1 很重要,而且广泛应用于断裂力学中。K_1 可以看作是载荷作用以及零件形状对靠近裂纹尖端的应力强度影响的度量,也是裂纹根部应力奇异性的度量[POO 70]。

当载荷变化时,由于裂纹的扩展,几何形状也会随着改变。K_1 值反映了裂纹根部这些变化的影响。

当在这一点的塑性区尺寸和裂纹长度相比很小时,K_1 可以很好地表示缺口根部应力状态。

8.5.9 裂纹张开的宽度

对于如图8.18所示椭圆的裂纹,裂纹张开宽度 e 为

$$e = \frac{4\sigma a}{E} \qquad (8.52)$$

中心的值为

$$e_{max} = \frac{4\sigma a}{E} \qquad (8.53)$$

从 K 的定义中,观察到两个裂纹有相同的常数 $K = \sigma\sqrt{a}$。

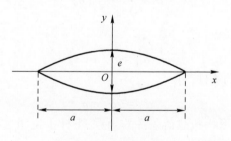

图8.18 椭圆形裂纹

弹性模型导致无限的弹性应力,这与靠近裂纹根部的应力不符。实际上在那个位置可以观察到塑性形变,塑性区域的尺寸可以通过计算(从裂纹根部)弹性应力 σ_y 超过弹性极限 R_e 的距离 r_p 来估算出尺寸。由式(8.33)和式(8.49),对于 $\theta = 0$,有[MCC 64]

$$r_p = \frac{k_I^2}{2\pi R_e^2} = \frac{\sigma^2 a}{2R_e^2} \tag{8.54}$$

即 r_p 仅取决于 K_I 和 R_e。

事实上,塑性区域比通过这个公式预计的要大[BRO 78]。

根据这个关系式,有相同 K_I 的裂纹将有相同的行为。即使考虑裂纹末端附近的塑性区,参数 K_I 同样重要,这个参数是应力和应变的一种度量。

8.6 断裂韧性:临界 K 值

对于静态载荷下的裂纹扩展,有两个充分必要条件:
(1) 必须有足够大的应力来引起一种合适的断裂机制;
(2) 裂纹增长激发的应变能必须等于或者大于形成新的裂纹表面所需的能量[POO 70]。

在增长的载荷作用下,当极限应力和应变到达临界值,或者当 K_I 达到临界值 K_{IC} 时,裂纹开始扩展。只要 $K_I > K_{IC}$,裂纹会一直扩展。

K_{IC} 可以看作是表征材料抵抗脆性断裂的特性。

可以通过查表获得不同材料的断裂韧性[HOF 68]。K_{IC} 由断裂试验来确定,与测试极限抗拉强度的方法相似[COF 69]。

理想情况下,一块无限大板,中心有长为 $2a$ 的裂纹,承受平面应力 σ,应力 σ 作用方式均匀并且垂直于裂纹[LIA 73],在这种情况下有

$$K_I = \sigma\sqrt{\pi a} \tag{8.55}$$

式中

$$\sigma = \sigma_m \pm \sigma_a$$

其中:σ_m 为平均应力;σ_a 为交变应力。

因此,临界值为

$$K_{IC} = \sigma_c\sqrt{\pi a} \tag{8.56}$$

K_{IC} 是材料特性参数,是断裂韧性的度量。由相同材料构成的存在裂纹的零件,如果有相同的 K_{IC},则它们的行为也相同。

事实上,这些关系式都是建立在无限大尺寸的零件基础上。在实际中,有[TAD 73]

$$K_I = \sigma\sqrt{\pi a}\, f\!\left(\frac{a}{L}\right) \tag{8.57}$$

式中:L 为板的宽度。

K_{IC} 是 $\dfrac{a}{L}$ 的函数,当 L 变得非常大时,K_{IC} 趋于 1。

函数 $f\left(\dfrac{a}{L}\right)$ 可以用 $\dfrac{a}{L}$ 的多项式来表示。

对于如图 8.19 所示的拉伸平板，C. E. Feddersen[FED 67]提供了如下关系式（从 M. Isida 的关系式发展而来[ISI 55]）：

$$K_{\mathrm{I}} = \sigma\sqrt{\pi a}\sqrt{\sec\left(\dfrac{\pi a}{L}\right)} \quad (8.58)$$

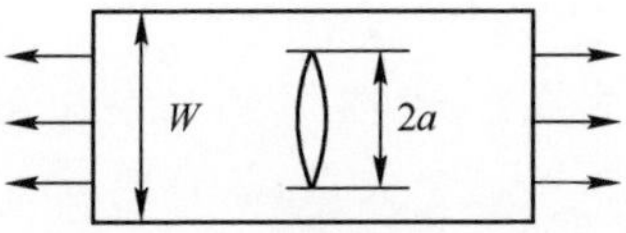

图 8.19 有裂纹的拉伸金属板

假定金属板体积足够大，则在这个方向的位移很小（平面应变）。如果不是这种情况（平面应力），这样 K_{IC} 取决于金属板尺寸[BRO 78]。

K_{IC} 较小的材料只能承受小裂纹。

单位

K_{IC} 单位是 $\mathrm{MPa}\sqrt{\mathrm{m}}$ 或者 $\mathrm{MN/m}^{\frac{3}{2}}$，有如下转换关系：

$1\mathrm{MN/m}^{\frac{3}{2}} = 3.23\mathrm{kg/mm}^{\frac{3}{2}}(=0.925\mathrm{kpsi}\sqrt{\mathrm{in}})$

$1\mathrm{kg/mm}^{\frac{3}{2}} = 0.31\mathrm{MN/m}^{\frac{3}{2}}(=0.287\mathrm{kpsi}\sqrt{\mathrm{in}})$

$1\mathrm{kpsi}\sqrt{\mathrm{in}} = 1.081\mathrm{MN/m}^{\frac{3}{2}} = 3.49\mathrm{kg/mm}^{\frac{3}{2}}$

例 8.2

对于铝合金 7075-T6，有

$$R_{\mathrm{m}} = 560\mathrm{MN/m}^2$$

$$R_{\mathrm{e}} = 500\mathrm{MN/m}^2$$

$$K_{\mathrm{IC}} = 32\mathrm{MN/}\sqrt{\mathrm{m}}$$

可以利用式(8.56)来计算长为 $2a$ 的裂纹阻力，计算结果如图 8.20 所示：

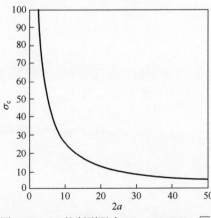

图 8.20　$2a$ 的断裂阻力（$K_{\mathrm{IC}} = 32\mathrm{MN/}\sqrt{\mathrm{m}}$）

$$\sigma_c = \frac{K_{IC}}{\sqrt{\pi a}} = \frac{\sqrt{2}K_{IC}}{\sqrt{2a\pi}} \tag{8.59}$$

当 $\sigma_c = \dfrac{R_m}{2}$ 时，阻力降低 50%。

当 $a = \dfrac{4K_{IC}^2}{\pi R_m^2} = 0.00416(\mathrm{m})$ 时，

$$2a = 8.315 \mathrm{mm}$$

对于 $a = 0$，式(8.59)会导致 σ_c 无穷大。必须修正极小 a 情况下的关系式，此时有 $\sigma_c = R_m$。

8.7 应力强度因子的计算

参数 K_I 的计算问题与所考虑的极限条件有关联。只有极少的情况下才能得出近似的解，特别是对于有限宽度的金属板，裂纹出现在受拉伸载荷的中心或一边(单个裂纹)。

略微详细的表格提供了 K_I 因子[HOF 68，PAR 65，ROO 76，SIH 73，TAD 73]。表 8.1 提供了一些 K_I 值[BRO 78]。

表 8.1 一些 K_I 值

图示	公式	图示
中心裂纹受拉伸 ($2a$, W, σ)	$K_I = \sigma\sqrt{\pi a}\left(\sec\dfrac{\pi a}{W}\right)^{1/2}$ $K_I = \tau\sqrt{\pi a}$ ($\dfrac{a}{W}$较小时)	中心裂纹受剪切 ($2a$, τ)
边裂纹 (W, a, σ)	$K_I = 1.12\sigma\sqrt{\pi a}$ ($\dfrac{a}{W}$较小时) 或 $K_t = Y\sigma\sqrt{a}$ 其中 $Y = 1.99 - 0.49\dfrac{a}{W} + 18.7\left(\dfrac{a}{W}\right)^2 - 38.48\left(\dfrac{a}{W}\right)^3 + 53.85\left(\dfrac{a}{W}\right)^4$ $(1.99 = 1.12\sqrt{\pi})$	
双边裂纹 (a, a, σ)	$K_I = 1.12\sigma\sqrt{\pi a}$ ($\dfrac{a}{W}$较小时) 或 $K_t = Y\sigma\sqrt{a}$ 其中 $Y = 1.99 - 0.76\dfrac{a}{W} - 8.48\left(\dfrac{a}{W}\right)^2 + 27.36\left(\dfrac{a}{W}\right)^3$ $(1.99 = 1.12\sqrt{\pi})$	

(续)

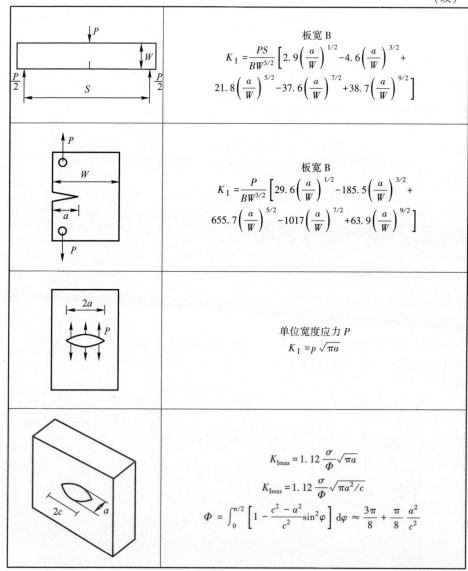

	板宽 B $K_I = \dfrac{PS}{BW^{3/2}} \left[2.9\left(\dfrac{a}{W}\right)^{1/2} - 4.6\left(\dfrac{a}{W}\right)^{3/2} + 21.8\left(\dfrac{a}{W}\right)^{5/2} - 37.6\left(\dfrac{a}{W}\right)^{7/2} + 38.7\left(\dfrac{a}{W}\right)^{9/2} \right]$
	板宽 B $K_I = \dfrac{P}{BW^{3/2}} \left[29.6\left(\dfrac{a}{W}\right)^{1/2} - 185.5\left(\dfrac{a}{W}\right)^{3/2} + 655.7\left(\dfrac{a}{W}\right)^{5/2} - 1017\left(\dfrac{a}{W}\right)^{7/2} + 63.9\left(\dfrac{a}{W}\right)^{9/2} \right]$
	单位宽度应力 P $K_I = p\sqrt{\pi a}$
	$K_{I\max} = 1.12 \dfrac{\sigma}{\Phi} \sqrt{\pi a}$ $K_{I\max} = 1.12 \dfrac{\sigma}{\Phi} \sqrt{\pi a^2/c}$ $\Phi = \int_0^{\pi/2} \left[1 - \dfrac{c^2 - a^2}{c^2} \sin^2\varphi \right] d\varphi \approx \dfrac{3\pi}{8} + \dfrac{\pi}{8} \dfrac{a^2}{c^2}$

有许多方法和软件可以计算 K_I 值[BRO 78,CAR 73,EDW 77]:

(1) 解析法可以用在一些几何形状以及简单的极限条件下[IRW 58,PAR 61]。在二维的问题中,因子 K_I 可以通过常用应力分析方法来得到。这种方法适用于许多形状和载荷条件[POO 70]: Westergaard 应力函数;复杂的应力函数;应力集中;格林(Green)函数。

如果有一个长 $2a$ 的内部裂纹远离试件边缘,则可以通过获得裂纹所在平面内未出现裂纹部分的应力,利用 Green 函数求取因子 K_I。

$$K_I = \frac{1}{\sqrt{\pi a}} \int_{-a}^{a} \sigma_y(x,0) \left(\frac{a+x}{a-x}\right)^{\frac{1}{2}} dx \tag{8.60}$$

可以通过实验的方法或者解析的方法获得应力分布:积分变换[CAR 73];使用基于连续位错模型的方法;数值方法有时候并不简单[PAR 61],如当几何形状和应力很复杂时的有限元法、边界配置法、保角映射法。

(2) 实验法,使用 K 与可测量参数(应变、刚性)之间的关系:柔度(测量施加载荷,载荷施加点产生的位移,仿真裂纹的长度,应变测量);光弹性;疲劳裂纹增长率。

(3) 近似法,使用其他结构获得的强度因子的组合,并且误差小于 10%[CAR 74a]。

注:

与疲劳其他特性一样,参数 K 也服从统计规律[JOH 82]。所观察到 K 的变化是由冶金方面原因、杂质或是生产制造过程中引起的[WOO 71]。

没有说明时,给出的是平均值(疲劳的概率为 50%)[SCH 74]。对于确定的材料,文献[HEY 70]给出了 K 值的统计评估。H. Leis 和 W. Schütz[LEI 69,LEI 70]指出,在航空学中使用的大多数材料的 K_{IC} 的标准方差的包络值对于同一个板中提取的试样来说为 0.05,如果不是这种情况,那么离散度可能大很多。

一些学者使用断裂准则提出了其他的一些围绕裂纹或缺口的应力分析方法[BAR 62, KUH 64, MET 76]。

这些方法与之前描述的一样,都是基于弹性应力分析来重新计算裂纹周围载荷的分布。这些方法也考虑了一种特殊的现象,即当裂纹达到临界值时,将导致快速的断裂,在这种情况下,与使用因子 K 的理论是等价的[PAR 65]。

参数 K_I 随材料的温度变化。文献[JOH 83]提出了 K_I 与温度不同的关系式。

为了简化符号,接下来的章节中将省略下标 I。

8.8 应力比

根据 1.2 节介绍的定义,应力比为

$$R = \frac{\sigma_{min}}{\sigma_{max}} = \frac{\sigma_{mean} - \sigma_a}{\sigma_{mean} + \sigma_a} \tag{8.61}$$

式中:$\sigma_{min} = \sigma_{mean} - \sigma_a$。如果 $R=0$,则 $\sigma_{min}=0$,$\sigma_{mean}=2\sigma_a$。

应力强度因子的变化范围为

$$\Delta K = K_{\max} - K_{\min} \tag{8.62}$$

同时,有

$$R = \frac{K_{\min}}{K_{\max}} \tag{8.63}$$

如果 $R=0$,则 $\Delta K = K_{\max}$。

对于无限大平板,有

$$K = \sigma \sqrt{\pi a} \tag{8.64}$$

为了简化,忽略下标 I,有

$$K_{\max} = \sigma_{\max} \sqrt{\pi a} \tag{8.65}$$

$$K_{\max} = (\sigma_{\text{mean}} + \sigma_a) \sqrt{\pi a} \tag{8.66}$$

当 $R=0$ 时,有

$$\Delta K = K_{\max} = 2\sigma_a \sqrt{\pi a} \tag{8.67}$$

$$K_{\min} = \frac{\Delta K}{1-R} \tag{8.68}$$

和

$$K_{\min} = R K_{\max} = R \frac{\Delta K}{1-R} \tag{8.69}$$

8.9 裂纹扩展:Griffith 准则

末端受拉应力 σ(图 8.21),单位宽度,裂纹长为 $2a$ 的一个无限大板,以图 8.22 的形式绘出处于弹性场内的载荷-变形曲线。

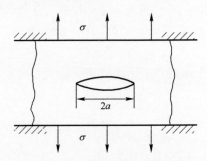

图 8.21 极限状态下带裂纹的平板

在载荷 C_1 下,得到直线 OA,把 OAD_1 的面积称为储存在板子中的弹性应变能。

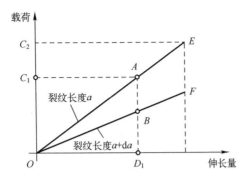

图 8.22　载荷-变形随裂纹大小的演化关系

当裂纹的尺寸增加 da，构件刚性下降，表示载荷与变形关系的直线变为 OB。因为板子的两个末端是固定的，释放了一部分载荷。

现在 OBD_1 的面积代表弹性能，da 对应的能量变化量为 OAB 的面积（释放的能量）。如果载荷增加（C_2），裂纹的增长量相同，则更多的能量（OEF）被释放。

A. A. Griffith[GRI 21,GRI 25]假设，如果由裂纹增长产生的能量 U 足以提供裂纹扩展所需的所有能量 W，则裂纹将扩展。

因此，裂纹扩展的条件是：

$$\frac{dU}{da} = \frac{dW}{da} \tag{8.70}$$

从 C. E. Inglis[ING 13]在椭圆裂纹情形下得到的结果中，A. A. Griffith 得到

$$\frac{dU}{da} = \frac{2\pi\sigma^2 a}{E} \tag{8.71}$$

式中：E 为弹性模量。

弹性能释放率（或裂纹扩展力）定义为[BRO 78]

$$G = \frac{1}{2}\frac{dU}{da} = \frac{\pi\sigma^2 a}{E} \tag{8.72}$$

裂纹扩展吸收的能量 $R_F = \frac{dW}{da}$（裂纹阻力）。

假设 R 对于所有增量 da 都是相同的，为了使裂纹产生，$2G \geq R_F$ 必须成立。

因为 R_F 为常数，则 G 必须比临界值 G_{IC} 大，即

$$G_{IC} = \frac{\pi\sigma_c^2 a}{E} \tag{8.73}$$

G_{IC} 可以通过测量裂纹长度为 $2a$ 的板条断裂时所需要的 σ_c 来计算。

对于脆性材料(玻璃),R_F 为表面能量。对于韧性材料(金属),R_F 主要是在裂纹增长 da 过程中使裂纹边缘的材料发生变形所必需的塑性能。

D. Broek 指出, A. A. Griffith 用来建立裂纹扩展模型所用到的能量判据与之前章节基于应力(因子 K)的判据有关,由式(8.49)和式(8.73)可得

$$G = \frac{K^2}{E} \tag{8.74}$$

此式为平面应力状态,在平面应变的情况下,有

$$G_{\mathrm{I}} = \frac{K^2}{(1-v^2)E} \tag{8.75}$$

8.10 裂纹萌生的影响因素

这些因素包括:存在夹杂物;晶粒尺寸;尖角;孔洞;焊接缺陷;表面缺陷(机械加工等);环境(腐蚀等)。

8.11 裂纹扩展的影响因素

裂纹的扩展对很多参数敏感,其中包括[WEI 78]力学因素、几何因素、金相因素或与环境有关的因素。

8.11.1 力学因素

包括:

(1) 载荷类型;

(2) 最大应力 $\sigma_{\max}$(或 $K_{\max}$);

(3) $\Delta\sigma$(或 ΔK);

(4) 应力比 R(应力比是一个重要的因素[PAR 62],但不是裂纹扩展的第二阶段的重要影响因素[HAU 80];扩展速度随 R 增大);

(5) 频率。

Schijve 等人[SCH 61c]的一项研究表明,高频率导致更长的使用寿命,或者更慢的裂纹扩展速度(研究的是加载频率介于 0.3~37Hz 之间的合金材料 ALCLAD 2024 的裂纹扩展速度)。频率的影响不是很显著,因此用更高的频率测试来模拟低频的工作载荷是可能的。

在 A. J. McEvily 和 W. Illg[MCE 58]提供的结果中频率起着重要的作用(如铝 2024-T3),在一些情况下频率的影响反而非常小(如铝 7075-T6)。

8.11.1.1 其他结果

W. Weibull[WEI 60]得到与 J. Schijve 相同的结果,只是对材料铝合金 2024 的影响更加明显。

J. Schijve[SCH 71,SCH 72c]在 10Hz、1Hz 和 0.1Hz 下分别对轻质铝合金做试验证明频率对疲劳寿命有轻微的影响,并且频率的影响并不完全成体系。

J. Branger[BRA 71]证明在 1.6Hz 下的疲劳寿命略微小于 2.9Hz 下的疲劳寿命。然而,在 3.5Hz、0.7Hz 和 0.09Hz 下的一系列试验却得到了相反的结果(频率越小,寿命越长)[PAR 62]。

K. C. Valanis[VAL 81]分析指出,频率降低,使用寿命缩短(疲劳性能随着频率的增加而降低,随着变形速度的增加而增加)。

波动或者循环的形式也有影响。

H. P. Lieurade 和 P. Rabbe[LIE 72]指出,载荷波动和循环的形式的影响不显著(对于正弦、矩形、三角形形式的循环)。

应力施加顺序的影响[FUC 80](过载)遵循同样的准则:

(1) 在裂纹的萌生中;

(2) 在裂纹的扩展过程中。

根据线性累积准则,如果在较低应力试验之前施加大的应力循环,则光滑试样的疲劳寿命比预想的降低更多。

这种影响与对有缺口试件的影响很小。

相反[LIE 82]如图 8.23 和图 8.24 所示,对于有裂纹的试件,如果开始时施

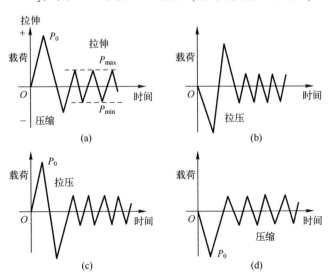

图 8.23 四种不同的过载模型

(a) 拉伸;(b)、(c) 拉伸和压缩;(d) 压缩。

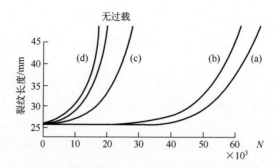

图 8.24 过载与否和不同循环次数下的裂纹长度

加过载而不是在结尾时施加过载,疲劳寿命能提高 10~100 倍。当 R 增大时,裂纹扩展减慢就不那么重要。如果过载低于载荷的 10%,裂纹扩展减慢程度低。然而过载顺序是很重要的,特别是低应力之前最后的过载方向。

8.11.2 几何因素

只要在裂纹末端附近的塑形区不是非常显著,几何因素的影响就微不足道 [LIE 72]。

$$r_n = \frac{(\Delta K)^2}{2\pi(2R_e)^2} \quad (8.76)$$

式中:R_e 为屈服应力。

试件的宽度须满足:

$$B > 2.5\left(\frac{\Delta K}{2R_e}\right)^2 \quad (8.77)$$

或根据

$$\Delta K < 2R_e\sqrt{\frac{B}{2.5}}$$

限制 ΔK。

如果满足以上条件,则宽度 B 对裂纹的扩展影响很小。

8.11.3 冶金因素

冶金因素包括:合金成分;合金元素的分布;杂质;热处理;机械处理;机械性能;材质(晶粒的方向)。

8.11.4 环境相关因素

与环境有关的因素包括:温度;气体、液体环境等;环境气体压力;pH;环境黏度;湿度;腐蚀。

腐蚀(如海上钻探用的钢)条件下裂纹扩展的特点由于应力强度高于或低于裂纹产生时的静载荷的临界值(K_{ISCC})而不同。

当$K<K_{ISCC}$时,为真正的腐蚀疲劳,当$K>K_{ISCC}$时为应力腐蚀疲劳[AUS 78]。

对于在静载条件下不会腐蚀的材料,则会出现真正的腐蚀疲劳。

应力腐蚀疲劳是由于腐蚀伴随周期性载荷导致。

当频率降低时,腐蚀的影响增强,频率的临界值为10Hz,低于10Hz时,频率几乎没有影响[LIE 82]。

最后得到:

(1) 对于给定的ΔK,扩展速度随着杨氏模量E的增加而减小;

(2) 材料的弹性极限对某些材料(如钢和黄铜)而言影响很小。

8.12 裂纹扩展的速率

已经了解了力学中静态载荷下的公式(8.51),用式(8.49)定义线弹性断裂,即应力强度因子:

$$K = \sigma \sqrt{\pi a}$$

式中:σ为名义应力;a为裂纹的长度。

当裂纹根部的塑形区尺寸比裂纹的长度小时,应力强度因子可以很好地表示裂纹根部的应力状态或裂纹的扩展速率。

裂纹的扩展速率以裂纹长度变化除以循环次数$\dfrac{da}{dN}$来表征,这通常是根据应力强度因子的范围来表述的:

$$\Delta K = K_{max} - K_{min} \tag{8.78}$$

则有

$$\frac{da}{dN} = f(\Delta K) = f\left[(\sigma_{max} - \sigma_{min})\sqrt{\pi a}\right] = f\left[2\sigma_a \sqrt{\pi a}\right] \tag{8.79}$$

式中:σ_{max}、σ_{min}为一个循环中的最大应力和最小应力;σ_a为交变应力的振幅[PAR 61]。

在循环载荷中,裂纹的尺寸可以增长到临界尺寸,从而导致结构性能下降甚至断裂。既然无法阻止服役时裂纹的产生,就有必要通过一种方法来评估裂纹对给定结构的影响。这种方法将有助于将它们的行为降至最低,并预测含裂纹结构在裂纹扩展到断裂这一过程的行为[ROO 76]。

在提出的所有开裂模式,均假设$\dfrac{da}{dN}$是外部载荷、零件尺寸和材料性能的连续函数[ERD 68]。

ΔK 可以写成如下形式：

$$\Delta K = 常数 \times \Delta\sigma\sqrt{\pi a} = A\Delta\sigma\sqrt{\pi a} \tag{8.80}$$

其中：A 为无量纲的常数，是零件和裂纹几何尺寸的函数；$\Delta\sigma$ 为正弦动态应力的峰-峰幅值，a 为裂纹长度的一半。（原文中缺少 a）

例 8.3

宽度为 $2b$（图 8.25）的零件受拉应力[LAM 78,LAM 80a]可以描述为

$$A = \sqrt{\pi}\sqrt{\sec\left(\frac{\pi a}{2b}\right)} \tag{8.81}$$

试验表明，$\dfrac{\mathrm{d}a}{\mathrm{d}n}$ 根据图 8.26 描绘的准则随 ΔK 变化。这个准则不是很著名。

将裂纹扩展分为三个阶段[SAN 77]：

（1）在低于某一临界值 ΔK_S 时，最初的裂纹不会扩展（或扩展很慢）：

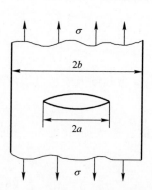

图 8.25 拉伸应力下的开裂零件

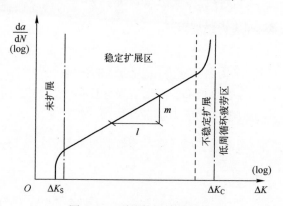

图 8.26 裂纹扩展阶段划分

$$\Delta K = A\Delta\sigma\sqrt{a_i} \leqslant \Delta K_S \tag{8.82}$$

式中：a_i 为裂纹初始长度的一半。

这个临界值可以用来确定可容忍的缺陷尺寸，它不能使初始的裂纹（缺陷）扩展 $\left(\dfrac{\mathrm{d}a}{\mathrm{d}N} \leqslant 10^{-7}\mathrm{mm}/循环\right)$[LIG 80]。

根据试验来确定这个临界值并不容易[BRO 78]。J. P. Harrison[BAR 80, HAR 70] 指出，对于大多数材料，临界值介于 $(2.4 \sim 2.9) \times 10^{-5} Em^{0.5}$（其中 E 为杨氏模量）之间[LIG 80]。表示 ΔK_S 与 R 的关系和 ΔK_S 与 ΔK_{s0}（$R=0$ 时的 ΔK_S 值）关系的不同的经验公式被提出[BAR 80]。

在这个区域,微观结构、平均应力和环境对其有很大的影响。

(2) 当 ΔK 值很大时,可观察到一个区域,当达到临界值 ΔK_{Ic} 时,这个区域的裂纹不稳定,裂纹扩展很快直到零件断裂。微观结构、平均应力和零件的尺寸有重要的影响,环境条件影响很小。

(3) 在这两个极限之间,有一个裂纹稳定扩展的区域,可以在对数坐标系中用直线表示[LAM 78,PAR 63,PAR 64,SHE 83a]:

$$\frac{da}{dN} = C\Delta K^m \quad (\text{m/循环}) \tag{8.83}$$

式中:给定载荷(R)和环境条件下,C 和 m 为常数。

式(8.83)称为 Paris 公式,使用最为广泛。然而,它并不是唯一的,作为一种粗略的指导,下面将介绍一些由其他作者提出但没有详述的公式。其中一些是 σ 的函数,另一些只是 ΔK 或 ΔK 和 R 的函数(等价于 ΔK 和 K_{max} 的函数)。当 $R<0$(压缩)时,有[BRO 78]

$$\frac{da}{dN} = f(K_{max}) \tag{8.84}$$

Paris 公式仅涉及中间阶段的裂纹扩展速率而没有包括最初和最终阶段[AUS 78]。

R 定义为 $\sigma_{min}/\sigma_{max}$。由式(8.63)和式(8.78)可得

$$\Delta K = K_{max} - K_{min} = \left(1 - \frac{K_{min}}{K_{max}}\right) K_{max} \tag{8.85}$$

$$\Delta K = (1-R) K_{max} \tag{8.86}$$

在这个区域,微观结构、平均应力、环境和尺寸的都有些许影响。

注:

声波透射(当材料在内应力或外应力下发生塑性变形)可以用来探测疲劳裂纹的存在和扩展。它与应力强度因子直接相关[DUN 68]:

$$N = AK^m \tag{8.87}$$

式中:N 描述声波透射的特征;K 为应力强度因子;A 为常数;对于给定的材料和厚度,m 是常数,m 介于 4~8 之间(试验值),数值 4 是通过声波透射、裂纹尖端的塑形区体积和塑形区尺寸与 K 的简化关系模型得出的。

可知

$$\frac{da}{dN} = C\hat{K}^q \tag{8.88}$$

式中:$q \in [2,6]$,$K = \sigma\sqrt{\pi a}$。

得到

$$a = a_0 \left[1 - \frac{q-2}{2} a_0^{q-2} C \sigma_w^q \pi^{q/2} n\right]^{-\frac{2}{q-2}} \tag{8.89}$$

式中：σ_w 为工作应力。

$$N = A(K_p^m - K_w^m) = A[(\sigma_p \sqrt{\pi a})^m - (\sigma_w \sqrt{\pi a})^m] \tag{8.90}$$

式中：σ_p 为周期性过应力（$\sigma_p > \sigma_w$）。

则有

$$N = A\pi^{m/2} \sigma_p^m \left[1 - \left(\frac{\sigma_w}{\sigma_p}\right)^m\right] a_0^{m/2} \left[1 - \frac{q-2}{2} a_0^{q-2} C \sigma_w^q \pi^{q/2} n\right]^{-\frac{m}{q-2}} \tag{8.91}$$

由于声波透射的不可逆性，对于 $K < K_w$ 时的 N 可以忽略。

如果 $m = \mu = 4$（常用值），则有

$$N = A\pi^2 a_0^2 (\sigma_p^4 - \sigma_w^4)(1 - a_0 C \sigma_w^4 \pi^2 n) \tag{8.92}$$

实际上，K 的表达式比 $\sigma \sqrt{\pi a}$ 更复杂，根据对零件几何形状的研究，必须估算一个修正因子。由 Harris 等人[HAR]确定的经验相关性就是一个很好的理论。

8.13 非零平均应力的影响

非零平均应力的影响如下：
(1) 减少裂纹萌生的持续时间（平均应力越大，裂纹出现越快）[FAC 72]；
(2) 提高裂纹扩展的速率[PRI 72]，从而导致使用寿命的减少。

D. Broek 和 J. Schijve[BRO 63]指出，裂纹扩展的速率与平均应力功率成正比（大概是 1.5）。

N. E. Dowling[DOW 72]证实平均拉应力缩短了使用寿命，但是压应力延长了使用寿命。

基于平均应力，可以得到较小 ΔK 值时 Paris 公式[RIC 72]的不同的指数 m 值：

$$\frac{\mathrm{d}a}{\mathrm{d}N} = C\Delta K^m \tag{8.93}$$

8.14 裂纹扩展准则

裂纹扩展的一般准则应该考虑以下 5 个因素[PEL 70]：
(1) 几何形状（零件的尺寸、裂纹的长度等）；
(2) 载荷（振幅、方向等）；

(3) 材料性能(弹性、断裂强度、模量、延展性等);
(4) 时间(循环次数);
(5) 环境。

在前面几节列出的大多数公式仅考虑后面的两个因素。

提出的准则主要有 4 个来源[PEL 70]:

(1) 基于量纲分析理论准则;
(2) 应力强化和疲劳损伤模型的理论关系;
(3) 将裂纹扩展速率和裂纹尖端张开位移联系起来的理论方程;
(4) 半经验准则。

没有单一的经验准则可以解释所有的实验结果。每个准则都有其适用的领域,使用者必须根据实际选择[WOO 73]。

下面用一些准则来描述裂纹扩展速率。

8.14.1 Head 准则

Head 准则是第一个考虑裂纹根部的塑形区以及无限大板其余部分的弹性行为的模型。假设该材料在有应变的塑形区发生硬化,直到它失去延展性而断裂:

$$\frac{\mathrm{d}a}{\mathrm{d}N} = \frac{C_1 \sigma^3 a^{3/2}}{(R_e - \sigma) r_p^{1/2}} \quad (8.94)$$

式中:C_1 为构件应变硬化、屈服应力和极限应力的函数;R_e 为材料的屈服应力;a 为裂纹长度的一半;r_p 为靠近裂纹尖端的塑形区的尺寸,假设在裂纹扩展过程中 r_p 为常数。

8.14.2 修正的 Head 准则

N. E. Frost[FRO 58]指出,塑性区的尺寸与裂纹扩展长度成正比。
G. R. Irwin[IRW 60]给出

$$r_p \approx \sigma^2 a \quad (8.95)$$

得到

$$\frac{\mathrm{d}a}{\mathrm{d}N} = \frac{C_1 \sigma^2 a}{R_e - \sigma} \quad (8.96)$$

8.14.3 Frost 和 Dugsduale 准则

注意到改进的 Head 准则是 a 的函数,N. F. Frost 和 D. S. Dugsdale 提出了一种新的裂纹扩展准则。从量纲角度分析,得到公式

$$\frac{\mathrm{d}a}{\mathrm{d}N} = Ba \tag{8.97}$$

式中：B 为常数，是施加应力的函数。

为了满足试验的结果，推断

$$B = \frac{\sigma^3}{C_4} \tag{8.98}$$

因此

$$\frac{\mathrm{d}a}{\mathrm{d}N} = \frac{\sigma^3 a}{C_4} = 常数 \times \sigma^3 a \tag{8.99}$$

式中：C_4 为表征材料特性的参数。

该准则可以概括为

$$\frac{\mathrm{d}a}{\mathrm{d}N} = \frac{\sigma^n a}{N_s} \tag{8.100}$$

对于给定的材料和平均应力，N_s 是常数，n 是常数（对于所有的轻质合金和软钢，$n=3$），得出

$$\frac{\mathrm{d}a}{\mathrm{d}N} = (P + Q\bar{\sigma}) \Delta \sigma^3 a \tag{8.101}$$

式中：P、Q 为常数；$\Delta \sigma$ 为应力变化范围；a 为裂纹长度。

8.14.4 McEvily 和 Illg 准则

从下面公式开始

$$\frac{\mathrm{d}a}{\mathrm{d}N} = f(K_n, \sigma_n) \tag{8.102}$$

式中：K_n 为 Nerber 理论弹性应力集中因子，且有

$$K_n = 1 + 2\left(\frac{a}{\rho_1}\right)^{1/2} = \frac{\sigma_0}{\sigma} \tag{8.103}$$

其中：ρ_1 为裂纹根部的曲率半径。

σ_n 为裂纹截面应力，且有

$$\sigma_n = \frac{\sigma}{1-\lambda} \tag{8.104}$$

式中：$\lambda = \frac{2a}{w}$（w 为试样的尺寸）；σ 为未开裂区域的应力。

A. J. McEvily 和 W. Illg[MCE 58]提出了经验准则：

$$\lg\left(\frac{\mathrm{d}a}{\mathrm{d}N}\right) = 0.00509 K_n \sigma_n - 5.472 - \frac{34}{K_n \sigma_n - 34} \tag{8.105}$$

8.14.5 Paris 和 Erdogan

有

$$\frac{da}{dN} = C(\Delta K)^m \tag{8.106}$$

式中：ΔK 为应力强度因子的变化范围；对于给定的材料，C 和 m 为常数。

这个准则在实际中应用得非常广泛，但是没有强调模量、应力强化系数或屈服应力(非重要参数)的影响[PAR 62, PAR 63, PAR 64]。

对于钢材料，有

$$2 \leqslant m \leqslant 10 \tag{8.107}$$

对于轻质合金，有

$$3 \leqslant m \leqslant 7 \tag{8.108}$$

H. P. Lieurade[LIE 82]给出

$$2 \leqslant m \leqslant 7 \tag{8.109}$$

对于钢材料，W. G. Clark 和 E. T. Wessed[CLA 70]给出

$$1.4 \leqslant m \leqslant 10 \tag{8.110}$$

以及

$$2 \times 10^{-51} \leqslant C \leqslant 2.9 \times 10^{-12} \tag{8.111}$$

(ΔK 的单位为 psi $\sqrt{in}$，$\frac{da}{dN}$ 的单位为 in/循环)。

除了裂纹扩展速度很快的情况以外，在很多时候 $m = 4$ 可以得到很好的结果。其他作者估计在很多情况下取 $m = 3$ 误差会很小[FRO 75]。

与裂纹的长度和板的尺寸相比，塑形区的尺寸很小时，从裂纹根部材料经受的应力和应变考虑(ΔK 小)，$m = 2$。对于较大的 ΔK，m 的取值较大，可以达到 5[PAR 64]。

表 8.2 列出了不同材料的 m 值[HAU 80]。

表 8.2 指数 m 的一些数值

材　　料	m 的范围	$\overline{m}$
低阻钢和普通阻钢	2.3~5.2	3.5
高阻钢	2.2~6.7	3.3
钛	3.3~3.7	3.5
铝合金 2024-T3	2.7~3.8	3.4
不锈钢 305	2.8~4.5	3.3
70-30 黄铜	3.6~4.9	4.1
	范围:2.2~6.7	平均数:3.5

J. E. Throop 和 G. A. Miller[THR 70]尝试测量 Paris 公式中的参数 m 的分散性,写作如下形式

$$\frac{\mathrm{d}a}{\mathrm{d}N} = CK_{\max}^m \qquad (8.112)$$

69 个测量值的平均值为 3.5,标准方差为 0.65。

通过研究常数 C 和力学性能的关系,J. F. Throop 和 G. A. Miller 得出

$$C = \frac{B}{ER_e K_C} \qquad (8.113)$$

式中:对于 4340 号钢,$K_C > 40\mathrm{psi}\sqrt{\mathrm{in}}$;$B$ 为常数;R_e 为屈服应力;E 为杨氏模量。

基于材料的静态或动态的力学性能,进行了不同的试验来估算 Paris 准则中的常数 C 的近似值,包括[LIG 80]:

F. A. McClintock 给出[MCC 63]

$$C = \frac{0.76}{\rho_i E^2 R_m^2 \varepsilon_f^2} = \frac{\text{常数}}{E^2 R_m^2 \varepsilon_f^2} \qquad (8.114)$$

式中:R_m 为极限拉应力(kpsi);R_e 为在 0.2%(kpsi)时的屈服应力;K_C 为应力强度因子(kpsi$\sqrt{\mathrm{in}}$);ε_f 为断裂处的应变;ρ_i 为闭合区间。

J. M. Krafft 给出[KRA 65]

$$C = \frac{16 \times 10^6 \times (1+\gamma)^4 [1-(1-\gamma)^2]}{7E^3 K_C^2 n} \qquad (8.115)$$

式中:n 为应力强化指数;$\gamma = \dfrac{\Delta K}{K_{\max}}$。

A. J. Evily 和 T. L. Johnston[MCE 65]给出

$$C = \frac{\text{常数}}{\dfrac{R_e + R_m}{2} \varepsilon_u R_m^2 E} \qquad (8.116)$$

式中:ε_u 为拉伸强度下的应变。

B. S. Pearson 给出[PEA 66]

$$C = \frac{\text{常数}}{E^{3.6}} \qquad (8.117)$$

同时发现

$$m = 20n' \qquad (8.118)$$

式中:n' 为材料的循环应力强化指数[LIE 78](在式(7.3)中定义:$\sigma = K'\varepsilon_p^n$)。

Virkler 等人[VIR 78]根据对 Paris 的 69 个值的研究后所得出的 m 值给出了 C 的一个表达式,利用线性回归得到

$$\log C = b_0 + b_1 \log m \tag{8.119}$$

式中：$b_0 = -5.7792$；$b_1 = -4.6150$。

V. M. Radhakrishnan[RAD 80]建议对铝合金使用同样形式的 m 和 C 的关系式，T. R. Gurney[GUR 79]建议对钢使用相同的公式：

$$\log C = -qm + r \tag{8.120}$$

对于确定材料，q 和 r 是常数，包含了应力比或温度的影响。

对于钢，F. Koshiga 和 M. Kawahara[KOS 74]提供了一个例子，$q = 1.84$，$r = -4.32$。其他的一些组合值列在表 8.3 中，其中应力的单位为 kg/mm^2，裂纹长度单位为 mm。

表 8.3 常数 q 和 r 的一些值

材　料	q	r	参考文献
普通阻钢	1.25 1.74	-4.30 -4.30	[KOS 74] [KIT 71]
碳素钢，合金钢	1.84	-4.07	[NIS 77]
铝合金	1.25 1.74	-4.00 -4.00	[KOS 74] [KIT 71]
超高阻钢	1.35	-4.03	[LIE 78]

注：

一些研究表明，达到给定的裂纹长度所经历的时间（循环次数），其分布服从统计规律。

Paris 则可看作是统计规律，在这种情况下，常数 C 和 m 为随机变量[JOH 83]。试验表明，这两个参数之间有联系，因此一个分布即可。

对公布的几个不同结果分析之后，T. R. Gurney[GUR 79]认为 C 和 m 的最好关系式为

$$C = \frac{1.315 \times 10^{-4}}{(895.4)^m} \tag{8.121}$$

（ΔK 单位为 $MPa \cdot \sqrt{m}$，$\dfrac{da}{dN}$ 单位为 m/循环）

G. O. Johnston[JOH 83]假设对于给定的 m，C 的分布是相同的，因此只研究了 $m = 3$ 这种情况。得到了参数 C 服从，对数正态分布：

$$\mu = -29.31, \sigma = 0.24$$

式中：μ、σ 分别为 $\log C$ 的均值和标准差。

G. O. Johnston 指出，当 $m = 2$ 时，C 大致服从正态分布 $N[1.716 \times 10^{-10}, 1.588 \times 10^{-21}]$，但对数正态分布可能效果会更好。

E. K. Walker[WAL 83]推断 C 近似服从对数正态分布(在置信度为 0.9 时,标准差 $\sigma_{\log}<0.2$)。

下面是其他人给出的裂纹扩展速度表达式。

Weibull[WEI 54]:

$$\frac{\mathrm{d}a}{\mathrm{d}N}=k\sigma_{\mathrm{n}}^{b} \tag{8.122}$$

式中:对于给定的材料,k 和 b 为常数;σ_{n} 为假定没有裂纹区域的名义应力。

Paris[PAR 57]:

$$\frac{\mathrm{d}a}{\mathrm{d}N}=f(\sigma a^{1/2}) \tag{8.123}$$

Walker[IRW 60a]和 Erdogan[ERD 67]:

$$\frac{\mathrm{d}a}{\mathrm{d}N}=CK_{\max}^{m}\Delta K^{p} \tag{8.124}$$

$$\frac{\mathrm{d}a}{\mathrm{d}N}=C\overline{\Delta K} \tag{8.125}$$

$$\overline{\Delta K}=S_{\max}(1-R)^{m}\sqrt{\pi a} \tag{8.126}$$

Liu[LIU 61]:

$$\frac{\mathrm{d}a}{\mathrm{d}N}=f(\Delta\sigma,\sigma_{\mathrm{m}})a \tag{8.127}$$

式中:f 为应力范围和平均应力的函数。

Modifiel Liu 准则:由一个用理想的塑性弹性应力-应变图和滞回能量吸收的概念建立的扩展模型。H. W. Liu[LIU 63]表明:$f(\ )=C\sigma^{2}$,因此

$$\frac{\mathrm{d}a}{\mathrm{d}N}=C\sigma^{2}a \tag{8.128}$$

P. C. Paris 和 F. Erdogan[PAR 63]指出,Head、Frost、Liu、Paris、Gomez 和 Anderson 准则[PAR 61]可以写成更一般的形式,即

$$\frac{\mathrm{d}a}{\mathrm{d}N}=\frac{\sigma^{n}a^{m}}{\sigma_{0}} \tag{8.129}$$

McEvily 和 Boettner[MCE 63]:

$$\frac{\mathrm{d}a}{\mathrm{d}N}=A\sigma^{2n}a^{n} \tag{8.130}$$

式中:A 为常数;$2a$ 为裂纹的长度;σ 为应力;n 为常数,$1\leqslant n\leqslant 3$。

Liu[LIU 63a]:

$$\frac{\mathrm{d}a}{\mathrm{d}N}=A\Delta\sigma^{2}a \tag{8.131}$$

式中:A 为常数(与应力不一定独立);$2a$ 为裂纹的长度;$\Delta\sigma$ 为应力的范围。

$$\frac{\mathrm{d}a}{\mathrm{d}N}=A\Delta\sigma^2\frac{W}{\pi}\tan\frac{\pi a}{W} \tag{8.132}$$

式中:W 为试件的宽度。

McLintock[MCC 63]:

$$\frac{1}{\rho}\frac{\mathrm{d}a}{\mathrm{d}N}=\frac{7.5}{16}\frac{(\Delta K)^4}{\varepsilon_f E^2 R_e^2 \rho^2} \tag{8.133}$$

式中:R_e 为屈服应力;E 为弹性模量;ρ 为裂纹根部的塑形区的半径(在这个区域出现扩展);ε_f 为延展性,根据 Coffin 准则,$N^{1/m}\varepsilon_p=\frac{\varepsilon_f}{2}$。

这个模型基于对应力硬化的分析和裂纹根部周围塑性区的疲劳损伤的累积(Coffin 准则)。

Valluri 等人[VAL 63,VAL 64]:

$$\frac{1}{C}\frac{\mathrm{d}a}{\mathrm{d}N}=(\sigma_p-\sigma_i)^2(\sigma_p-\sigma_p')^2\frac{W}{\pi}\tan\frac{\pi a}{W} \tag{8.134}$$

式中:C 为常数;W 为试件的宽度;σ_p 为裂纹根部的最大塑性应力;σ_p' 为裂纹根部的最小塑性应力;σ_i 为内部应力的瞬态平均值。

$$\frac{1}{C}\frac{\mathrm{d}a}{\mathrm{d}N}=(K_n\sigma-\sigma')^2(K_n\sigma_p-\sigma_0')^2 a \tag{8.135}$$

式中:K_n 为裂纹根部应力集中因子;σ_0' 为名义疲劳极限;σ 为最大应力;σ' 为最小应力。

Broek 和 Schijve[BRO 63]:

$$\frac{\mathrm{d}a}{\mathrm{d}N}=C_1 e^{-C_2 R}\sigma_{max}^2 l^{3/2}\left(1+10\frac{l^2}{W^2}\right) \tag{8.136}$$

式中:l 为试件长度;W 为试件宽度;σ_{max} 为一次循环中最大的应力 $\sigma_{mean}+\sigma_{alternating}$;$R=\frac{\sigma_{min}}{\sigma_{max}}$,$\sigma_{min}=\sigma_{mean}-\sigma_a$。

$$\frac{\mathrm{d}a}{\mathrm{d}N}=C_1\left(\frac{\Delta K}{1-R}\right)^3\exp(-C_2 R) \tag{8.137}$$

式中:C_1 和 C_2 为常数。

$$\frac{\mathrm{d}a}{\mathrm{d}N}=C K_{max}^2 \Delta K \tag{8.138}$$

上式考虑了铝合金 CLAD2024-T3 和 7075-T6 的非零平均载荷。

Krafft[KRA 65]：

$$\frac{da}{dN} = \frac{A}{E^3 K_{IC}^2 n'} f\left(\frac{\Delta K}{K_{max}}\right) K_{max}^4 \qquad (8.139)$$

式中：n' 为应力强化指数。

Morrow[MOR 64a]：

$$2N = \left(\frac{\Delta \varepsilon_p}{2\varepsilon_f'}\right)^{-(1+5n')} = \left(\frac{\sigma_a}{\sigma_f'}\right)^{-\frac{1+5n'}{n'}} \qquad (8.140)$$

或者用之前采用的符号

$$\beta = \frac{1}{1+5n'}, b = \frac{1+5n'}{n'} \qquad (8.141)$$

这几个公式将裂纹的长度和循环（滞回）转化的能量联系起来或与含裂纹零件的使用寿命联系起来。

Smith[SMI 63a, SMI 64b]：

提出了两个理论：

（1）线性变形理论：切口根部的应变等于 $K_t \varepsilon_{nominal}$（塑性局部变形后）。通过应力应变曲线，定义了切口根部的残余应力，因此切口根部的应力为

$$\sigma = K_t \sigma_{nominal} + \sigma_{residual} \qquad (8.142)$$

不同的 R 值，通过 S-N 曲线（相对光滑试件而言）得到不同的断裂循环次数 N。这些循环次数用于 Miner 准则。

（2）只要出现塑性应变，切口根部的最大应力就大致与屈服应力相等。采用变幅振动试验中最大载荷循环作为恒幅载荷对试件进行振动试验来确定残余应力。在试验中获得的有效寿命，假设关注切口根部的最大应力 σ_{max}，结合光滑试件的 S-N 曲线，然后预测施加的 R 值和切口根部的 σ_{min}。对于变幅载荷试验，这些足够确定切口根部的应力变化。了解 K_t 没有必要。用到准则和光滑试件的疲劳数据。

在以上两种情况中，C. R. Smith 假设材料一旦发生弹性变形则切口根部在最大载荷循环中产生的塑性应变便已经引起了残余应力，同时认为没有松弛影响。

Boettner 等人[BOE 65]：

$$\frac{da}{dN} = A(\varepsilon_r \sqrt{a})^m \qquad (8.143)$$

式中：a 为裂纹的长度；A 为常数；ε_r 为总塑形应变（拉伸-压缩）；不管什么材料，$m \approx 2$。

因此

$$\varepsilon^2 N = \frac{1}{A} \log \frac{a_R}{a_i} \tag{8.144}$$

式中：a_R 为断裂处的裂纹长度；a_i 为裂纹的初始长度。

McEvily[MCE 65]:

$$\frac{da}{dN} = A \frac{(\Delta\sigma\sqrt{a})}{\frac{R_e+R_m}{2}ER_m^2\varepsilon_f} \tag{8.145}$$

式中：R_m 为极限拉伸应力；ε_f 为延展性；E 为弹性模量；R_e 为屈服应力。

Weertman[WEE 65]:

$$\frac{da}{dN} = \frac{(\Delta\sigma\sqrt{a})}{2\gamma GR_e^2} \tag{8.146}$$

式中：γ 为与塑形应变能有关的常数；G 为剪切模量。

式(8.146)由无穷小位移理论得到，其为连续分布，应用于裂纹的扩展。

Pearson[PEA 66]:

$$\frac{da}{dN} = 3.43 \times 10^7 \left(\frac{K}{E}\right)^{3.6} \tag{8.147}$$

式中：$\frac{da}{dN}$ 单位为 in/循环；K 单位为 $lb/in^2 \sqrt{in}$；E 单位为 lb/in^2。

McClintock[MCC 66]:

裂纹扩展率与裂纹张开(位移)的相互关系。

Frost 和 Dixon[FRO 67]:

$$\frac{da}{dN} = \frac{\Delta\sigma^2 a}{E^2}\left[\ln\left(\frac{4E}{\Delta\sigma}\right) - 1\right] \tag{8.148}$$

式中：A 为裂纹长度的一半；E 为弹性模量。

$$\frac{da}{dN} = \frac{32\Delta\sigma^3 a}{E^2 R_e} \tag{8.149}$$

式中：R_e 为屈服应力。

Forman 等[FOR 67, FOR 72]和 Hudson[HUD 69]:

一些公式考虑区域Ⅲ裂纹扩展的加速，引进一个乘数因子 ΔK^m，当 $K_{max} \to K_C$ 时，$\frac{da}{dN}$ 趋于无穷大。这种情况适用于 Forman 等人确定的公式，K 值取断裂处的 K_C 和 R。

$$\frac{da}{dN} = \frac{C\Delta K^m}{(1-R)K_{IC} - \Delta K} = \frac{C\Delta K^m}{(1-R)(K_{IC} - K_{max})} \tag{8.150}$$

或

$$\frac{\mathrm{d}a}{\mathrm{d}N} = \frac{C\Delta K^m K_{\max}}{K_{\mathrm{IC}} - K_{\max}} \qquad (8.151)$$

当 $\Delta K \rightarrow \Delta K_\mathrm{C}$ 时,$\frac{\mathrm{d}a}{\mathrm{d}N} \rightarrow \infty$。

Forman 等[FOR 67,FOR 72]和 Hudson[HUD 69]:

注意到模型与铝的试验结果之间存在很好的相关性。这一观点被其他的一些研究[SCH 74]确认,表明这一公式对于大多数航空材料都可以得到最好的结果。

由单一应力峰值和平均值确定的常数 C 和 m 可以用于其他的最大和平均应力的情况且误差很小,只要 $R=0$。对于 $R \leqslant 0$,必须用 $R=-1$ 的实验来重新评估。虽然它是针对恒幅试验而定义的,但是只要一个循环一个循环地计算,忽略高应力循环产生的迟滞[SCH 74],此关系式也可以用于变幅载荷的情况。也可以去考虑这种延迟,例如 Willenborg 等[WIL 71]的方法。

可以看到 S. Pearson 等也尝试通过一些类似于 Forman 所用的因子来描述扩展曲线与区域Ⅲ的关系。

Lardner[LAR 68]:

$$\frac{\mathrm{d}a}{\mathrm{d}N} = \pi \frac{1-\nu}{4GR_\mathrm{e}} (\Delta K)^2 \qquad (8.152)$$

式中:G 为剪切模量;ν 为泊松比;R_e 为屈服应力。

这个模型是基于裂纹根部的塑性应变的强度。

Tomkins[TOM 68]:

对低周疲劳,有

$$\frac{\mathrm{d}a}{\mathrm{d}N} = \frac{\pi^2}{8} \left(\frac{k}{2\bar{T}}\right)^2 \Delta\varepsilon_\mathrm{p}^{2\beta+1} a \qquad (8.153)$$

式中:K、β 为常数;$\bar{T}=2\bar{S}$,$\bar{S}$ 为塑性区断裂处的平均拉伸应力;k 为常数。

对高周疲劳,有

$$\frac{\mathrm{d}a}{\mathrm{d}N} = \frac{\pi^2}{4} \frac{1}{(k\bar{T})^2} \Delta\sigma^3 \sigma_\mathrm{m} a \qquad (8.154)$$

式中:σ_m 为平均应力。

Broch[BRO 68a]:

$$\frac{\mathrm{d}a}{\mathrm{d}N} = C\Delta\varepsilon^p a^m \qquad (8.155)$$

式中:$\Delta\varepsilon$ 为应力变化范围;对于给定材料,C 为常数;

m 和 p 为常数(大多数情况,$p=2$,$m=1$)。
Hahn 等人[HAH 69]:

$$\frac{da}{dN} = C_1 \frac{\Delta K^2}{ER_e} \tag{8.156}$$

式中:C_1 为常数;E 为弹性模量;R_e 为屈服应力。
或

$$\frac{da}{dN} = C_2 \left(\frac{\Delta K}{E}\right)^2 \tag{8.157}$$

式中:C_2 为常数。

Walker[WOO 73]:

$$\frac{da}{dN} = C[(1-R)^l K_{\max}]^m \tag{8.158}$$

这个准则有时优于 Forman 的公式,因为对于很多材料它更接近试验结果。

IRSID[LIG 80]:

$$\frac{da}{dN} = 10^{-4} \left[\frac{\Delta K}{K_0\left(1-\frac{R}{2}\right)}\right]^m \tag{8.159}$$

式中:$R = \frac{K_{\min}}{K_{\max}}$;$K_0$ 对应 $R=0$ 时,$\frac{da}{dN} = 10^{-7}$ mm/循环时的 ΔK 的值。

Erdogan、Ratwani[ERD 70]和 Erdogan[ERD 83]:

$$\frac{da}{dN} = \frac{C(1+\beta)^\alpha (\Delta K - \Delta K_S)^m}{K_C - (1+\beta)\Delta K} \tag{8.160}$$

式中:K_S 为裂纹扩展的阈值;K_C 为临界应力强度因子;分为

$$\beta = \frac{1+R}{1-R} = \frac{K_{\max} + K_{\min}}{K_{\max} - K_{\min}} = \frac{2K_{\text{moy}}}{\Delta K}$$

这是关于对受轴向拉伸载荷,边缘有裂纹的圆柱形试件的研究(α、m 和 C 都为常数)。

Lukas 等[KIE 71],Lukas 和 Klesnil[KLE 72]:
对于钢,有

$$\frac{da}{dN} = C(\Delta K^m - \Delta K_S^m) \tag{8.161}$$

对于不同的钢,$m = (2.5 \sim 3)$,C 是常数。$K_C(2 \sim 4\text{MN} \cdot \text{m}^{-3/2})$ 值取决于平均应力,对于延展性很好的材料认为是常数。

ΔK 值很小,平均载荷为零。如果与 ΔK 相比 ΔK_S 很小,则

$$\frac{\mathrm{d}a}{\mathrm{d}N} = C\Delta K^m \tag{8.162}$$

Priddle[PRI 72]:

$$\frac{\mathrm{d}a}{\mathrm{d}N} = C(\Delta K - \Delta K_S)^m \tag{8.163}$$

式中:ΔK_S 为 R 的函数。

Lieurade 和 Rabbe[LIE 72]:

$$\frac{\mathrm{d}a}{\mathrm{d}N} = 10^{-4} \left[\frac{\Delta K}{\Delta K_0}\right]^m \tag{8.164}$$

式中:ΔK_0 为 $R=0$ 时纵坐标为 10^{-4} mm/循环的点对应的横坐标;m 是这点所在直线的斜率(对数坐标)。如果 $R<0$,试验表明,可以利用 Paris 公式

$$\frac{\mathrm{d}a}{\mathrm{d}N} = CK_{\max}^m;$$

裂纹扩展速率只与零件的拉伸循环有关。

当 R 非零时,有

$$\frac{\mathrm{d}a}{\mathrm{d}N} = 10^{-4} \left[\frac{\Delta K}{K_0\left(1-\frac{R}{2}\right)}\right]^m \tag{8.165}$$

Richardson 和 Lindley[RIC 72]:

对于钢,有

$$\frac{\mathrm{d}a}{\mathrm{d}N} = A\left[\frac{(\Delta K - \Delta K_S)^4}{R_m^2(\Delta K_C^2 - \Delta K_{\max}^2)}\right]^m \tag{8.166}$$

或[MCE 73]

$$\frac{\mathrm{d}a}{\mathrm{d}N} = A\left[\frac{\Delta K^4}{R_m^2(\Delta K_C^2 - \Delta K_{\max}^2)}\right]^m \tag{8.167}$$

式中:K_C 为临界应力强度因子;$K_{\max}$ 为最大应力强度因子;R_m 为极限拉伸应力;A 为常数。

Pearson[PEA 72]:

$$\frac{\mathrm{d}a}{\mathrm{d}N} = C\frac{\Delta K^m}{[(1-R)K_C - \Delta K]^{1/2}} \tag{8.168}$$

对 Forman 公式[FOR 67]的修正。

McEvily[MCE 73, HAU 80, SIG 73]:

对于低弹性合金,当前的一些结构钢,有

$$\frac{\mathrm{d}a}{\mathrm{d}N} = \frac{4C}{\pi E \sigma_y}(\Delta K^2 - \Delta K_S^2)\left[1 + \frac{\Delta K}{K_C - \frac{\Delta K}{1-R}}\right] \tag{8.169}$$

式中：σ_y 为弹性极限应力的均方根；对于给定材料，C 为无量纲的常数，Hausammann[HSU 80]提供了不同型号钢 C 的取值；K_S 为应力强度因子阈值；K_C 为临界 K 值。

$$\frac{da}{dN} = \frac{C'}{E^2}(\Delta K - \Delta K_S)^2 \left[1 + \frac{\Delta K}{K_C - \frac{\Delta K}{1-R}}\right] \quad (8.170)$$

这两个关系式是基于对裂纹张开位移研究的结果。他们用下面的式子描述了平均应力的影响 $K_{max} = \frac{\Delta K}{1-R}$。

同样对于阈值 ΔK_S，鉴于下面的经验公式，假设 ΔK_S 是 R 的函数：
根据式(8.169)，有

$$\Delta K_S = \frac{1.2\Delta K_{S0}}{1 + 0.2\frac{1+R}{1-R}} \quad (8.171)$$

式中：ΔK_{S0} 为 $R=0$ 时的阈值。
根据式(8.170)，有

$$\Delta K_S = \left(\frac{1-R}{1+R}\right)^{1/2} \Delta K_{S0} \quad (8.172)$$

Nicholson[NIC 73]：

$$\frac{da}{dN} = A\frac{(\Delta K - \Delta K_S)^m}{K_C - K_{max}} \quad (8.173)$$

当 $K_{max} \to K_C$ 时，从线性准则中获得的更多，$\frac{da}{dN}$ 快速增长到断裂。对于给定的 ΔK，$\frac{da}{dN}$ 随着平均应力(随着 R)增大而增大。

式(8.173)描述裂纹曲线的经验公式考虑了平均应力的影响。

Sih[SIH 74]：

$$\frac{da}{dN} = C(\Delta S_{min})^m \quad (8.174)$$

式中：M、C 为常数；ΔS_{min} 为最低应变的能量密度幅值；S 为由角度 ϕ 和 θ 决定的方向上距裂纹顶端长为 r 处单位体积的应变能量密度，$S = r\frac{dW}{dV}$。如图 8.27 所示。

$$\Delta S_{min} = \frac{1}{16\pi G}[a_{11}(K_{I\,max}^2 - K_{I\,min}^2) + 2a_{22}(K_{I\,max}K_{II\,max} - K_{I\,min}K_{II\,min}) +$$
$$a_{22}(K_{II\,max}^2 - K_{II\,min}^2)] \quad (8.175)$$

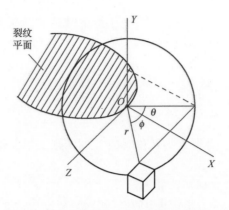

图 8.27 距离裂纹尖端 r 的体积单元

式中: $G = \dfrac{E}{2(1+\nu)}$ 为剪切应力的弹性模量,其中 ν 为泊松比; $a_{11} = (K-\cos\theta)(1+\cos\theta)$; $a_{12} = (2\cos\theta - K+1)\sin\theta$; $a_{22} = (K+1)(1-\cos\theta) + (1+\cos\theta)(3\cos\theta - 1)$; 在平面应变情况下, $K = 3-4\nu$; 在平面应力下, $K = \dfrac{3-\nu}{1+\nu}$。

如果包含模式Ⅲ载荷,则 $\Delta S_{\min}$ 必须增加下面的项:

$$\frac{a_{33}(K_{\text{Ⅲmax}}^2 - K_{\text{Ⅲmin}}^2)}{16\pi G}$$

假设模式Ⅰ和模式Ⅱ中的裂纹增长方向和断裂韧性为恒定的[BAR 80],模型Ⅰ和模型Ⅱ都受临界应变密度因子的影响。

因此该方法可以与 3 种工作方法一起使用,但是不允许模式Ⅲ常值载荷和模式Ⅰ周期载荷叠加(实际最常见的情况)。

Sullivan 和 Crooker[SUL 76]:

$$\frac{\mathrm{d}a}{\mathrm{d}N} = A\left(\frac{1-bR}{1-R}\right)^m \Delta K^m \tag{8.176}$$

式中:对于钢, $-2 \leqslant R \leqslant 0.75$; b 为常数。

Speer[TOP 69a]:

$$\frac{\mathrm{d}a}{\mathrm{d}N} = C\frac{(\Delta K - \Delta K_{\mathrm{S}})^m}{(1-R)K_{\mathrm{C}} - \Delta K} \tag{8.177}$$

Austen[AUS 77, AUS 78]:

$$\frac{\mathrm{d}a}{\mathrm{d}N} = \frac{\Delta K^2}{4\pi E R_{\mathrm{e}}}\left(\frac{\Delta K - \Delta K_{\mathrm{S}}}{K_{\mathrm{IC}} - \dfrac{\Delta K}{1-R}}\right)^{1/2} \tag{8.178}$$

式中:对于结构钢, $\Delta K_{\mathrm{S}} = \Delta K_{\mathrm{S0}}(1-R)^{\gamma}$,单位为 MPa·m$^{0.5}$; ΔK_{S0} 为 $R = 0$ 时的

ΔK_S 值。

Hobbacher[HOB 77]:

$$\frac{da}{dN} = \begin{cases} C_0 \Delta K^m & (\Delta K > \Delta K_S) \\ 0 & (\text{其他}) \end{cases} \quad (8.179)$$

或

$$\frac{da}{dN} = C_0 (\Delta K - \Delta K)^m \quad (8.180)$$

Hobbacher 用非量纲的形式给出 Paris 准则:

$$\frac{da}{dN} = \begin{cases} C(\Delta \sigma \sqrt{\alpha})^m & (\Delta \sigma > \sigma_L) \\ 0 & (\text{其他}) \end{cases} \quad (8.181)$$

或

$$\frac{d\alpha}{dN} = C \Delta \mathscr{R}^m \quad (8.182)$$

考虑了等效的疲劳极限,由应力强度因子阈值确定:

$\alpha = \dfrac{a}{a_i}$ 从 1(初始值)开始变化,到 $\alpha_L = \dfrac{a_c}{a_i}$

(a_i 为裂纹的初始尺寸, a_c 为断裂时裂纹的尺寸); $\Delta \mathscr{R}$ 为标准化的应力强度因子; $C = C_0 a_i^{(m-2)/2}$。阈值为

$$\Delta \mathscr{R}_S = \Delta \sigma \sqrt{\alpha_i} = \Delta \sigma$$

因为 $\sqrt{\alpha_i} = 1$,所以 $\Delta \sigma \sqrt{\alpha} > \alpha_L$。

从 1 到 a_c(无限的)对 a 积分,有

$$N = \frac{2}{(m-2)C \Delta \sigma^m} \quad (8.183)$$

Chakrabarti[CHA 78]:

对合金 Ti-6Al-2Sn-4Zr-2Mo 的试验研究,基于假设:在 Δt 时间内零件所吸收的能量必须高于或等于裂纹增长 Δa 发热转变的能量,裂纹根部的塑性应变能量和裂纹扩展能量之和。这种方法涉及很多影响因子。

Davenpor 和 Brook[DAV 79]:

Paris 公式在对数坐标系中为一条直线。

$$\frac{da}{dN} = C \Delta K^m$$

实际中,用 S 形曲线代替,因为存在更高的上限和更低的下限。

当 $\Delta K \to \Delta K_S$(阈值)时,$\dfrac{da}{dN} \to 0$。当 $\Delta K \to (1-R)\Delta K_C$(不稳定的情况)时

$$\frac{\mathrm{d}a}{\mathrm{d}N} \to \infty \, \text{。}$$

Davenport 和 Brook[DAV 79]:

经验关系式可以概括为以下形式:

$$\frac{\mathrm{d}a}{\mathrm{d}N} = C \frac{(\Delta K^m - \Delta K_S^m)^p}{[(1-R)K_C - \Delta K]^r} \tag{8.184}$$

一般而言,常数 m 和 r 都等于 1。如果 $\Delta K_S = 0$,则得到 Forman 公式[FOR 67]。如果 $\Delta K_S \neq 0$,$m=1$,$p=r$,则得到 Nicholson 公式[NIC 73]。

Oh[OH 80]:

K. P. Oh 定义了一种分布模型来估算在随机状态下的裂纹扩展和零件的平均使用寿命,这个模型考虑了材料特性的随机变化。

Hausamann[HAU 80]:

对钢试样的研究,得到

$$\frac{\mathrm{d}a}{\mathrm{d}N} = C_1 (\Delta K^{m_1} - \Delta K_S^{m_1}) \tag{8.185}$$

接近阈值,当 $\Delta K \to \Delta K_S$ 时,$\frac{\mathrm{d}a}{\mathrm{d}N} \to 0$,常数 C_1 和 m_1 在给定的点 ΔK_1,速率 $\frac{\mathrm{d}a}{\mathrm{d}N}$ 与 Paris 准则一样,这一点的斜率也是 Paris 曲线的斜率。

接近临界区域,有

$$\frac{\mathrm{d}a}{\mathrm{d}N} = C_2 \left[\frac{1}{K_C(1-R) - \Delta K} \right]^{m_2} \tag{8.186}$$

当 $K_{max} \to K_C$ 时,$\frac{\mathrm{d}a}{\mathrm{d}N} \to \infty$。

在给定的点 ΔK_2,两条曲线以相同的斜率连接(使得估算 C_2 和 m_2 成为可能)。

Socie 和 Kurath[SOC 83]:

$$\frac{\mathrm{d}a}{\mathrm{d}N} = C \frac{\Delta K^m}{(1-R)^k} \tag{8.187}$$

式中:R 为应力比;k 为材料的常值函数

随机模型是最近发展起来的,考虑了裂纹扩展的随机性以及试验结果观测到的离散性。[KOZ 89,LIN 88,ORT 88]。

8.15 应力强度因子

在许多情况下,与之前的假设一样,当应力低于屈服应力时裂纹不发生扩展;裂纹扩展发生在塑性范围,类似于低周疲劳。

A. J. McEvily[MCE 70]以类似于应力强度因子的方式定义了应变强度因子 K_ε。如果 ε_R 是总应变范围,则(类似于 $K_\sigma = \sigma\sqrt{a}$)对于长度为 $2a$ 无限宽板,有

$$K_\varepsilon = \varepsilon_R \sqrt{a} \tag{8.188}$$

使用 K_ε 与使用 K_σ 类似,(对数坐标)直线的斜率 m,表示为

$$\frac{da}{dN} = A(\varepsilon_R \sqrt{a})^m \tag{8.189}$$

在弹性范围 m 介于 2~6 之间。在塑性范围,$m \approx 2$。
McEvily 指出表达式

$$\frac{da}{dN} = A(\varepsilon_R \sqrt{a})^2 \tag{8.190}$$

的积分形式与 Manson-Coffin 准则形式类似。

8.16 结果的分散性

不可能在一次确定必要参数的试验中准确描述在裂纹扩展数据中出现的分散性。观测的分散性尤其取决于所用的测试方法[POO 76]。

可以利用得到的数据点来拟合直线,推测出平均断裂时间,但试验结果无法估计其分散性。

J. Branger[BRA 64]注意到在缺口试件上观察到的分散性小于平滑试件,且当缺口增多时,分散性减小。

分散性随着试件复杂程度的增加而减少。此结果被零件的制造公差所掩盖。

8.17 试样测试:外推到结构

A. M. Freundenthal[FRE 68]认为,对小试件的疲劳试验只能提供材料疲劳行为的一般定性的和相对的信息。

要想对比研究裂纹的产生和扩展速度,需要尺寸足够大的试件,且试件的设计能体现出重要的失效问题。

A. M. Freundenthal 强调了大尺寸试件试验中再现实际载荷分布的重要性。

在服役过程中的断裂时间也经常小于大尺寸试件试验结果(通常是在高于平均水平的更好的结构上进行试验)。疲劳的线性累积法则高估了大尺寸试件试验的真实损伤容限(2~3 倍)。

8.18 扩展阈值 K_S 的确定

裂纹扩展阈值由以下确定[LIA 73]：

(1) 如图 8.28 所示，施加固定应力比 R 的循环应力，逐步缓慢降低应力均值，确保每次应力调整间的裂纹扩展不少于 0.5mm，应力降低幅度超过前面载荷的 10%。K_S 值对应着扩展速度为 10^{-7}mm/循环时的 ΔK 值(一些学者认为 10^{-8}mm 循环时的 ΔK 值)。

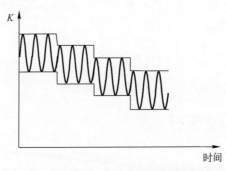

图 8.28 R 保持不变均值减小的循环应力

该方法过程漫长且没考虑材料。

一些额外条件被提出：

(2) 两次应力水平间的裂纹最小扩展是应至少等于前一应力水平下的平面应力塑性区大小的 10 倍；或

(3) ΔK_S 受晶粒尺寸的影响，故每个应力水平下的最小裂纹增加量应大于材料晶粒直径 d 的 5 倍以上，避免晶粒结晶方向对 ΔK_S 的影响。

$$\Delta a_i \geqslant 0.5\text{mm}$$
$$\Delta a_i \geqslant 5d \tag{8.191}$$
$$\Delta a_i \geqslant \frac{10}{\pi} \frac{K_{\max i-1}^2 - K_{\max i}^2}{R_e^2}$$

采用不同方法优化试验时间[VAN75]。

提出了不同的关系式利用 $R=0$ 情况下的应力强度因子阈值，来估计任意 R 值下的应力强度因子阈值：

Davenport 和 Brook[DAV 79]：

$$\Delta K_S = \Delta K_{S0}\sqrt{1-R} \tag{8.192}$$

Masounave 和 Bailon[MAS 75]：

$$\Delta K_S = \Delta K_{S0}(1-R) \tag{8.193}$$

Lukas 和 Klesnil[KLE 72a]：

$$\Delta K_S = \Delta K_{S0}(1-R)^\gamma \tag{8.194}$$

式中：$\gamma \approx 0.71$。

McEvily[MCE 77]：

$$\Delta K_S = \Delta K_{S0}\sqrt{\frac{1-R}{1+R}} \approx \Delta K_{S0}(1-2R)^{1/2} \tag{8.195}$$

Wei and McEvily[WEI 71]：

$$\Delta K_S = \Delta K_{S0}\frac{K_C(1-R)}{(1-R)K_C + R\Delta K_0} \tag{8.196}$$

$$\Delta K_S = \Delta K_{S0}\left[1 - \frac{R\Delta K_0}{(1-R)K_C}\right] \tag{8.197}$$

8.19 低周疲劳范围的裂纹扩展

在低周疲劳过程中，以裂纹扩展为主导现象（90%以上的使用寿命）[MUR 83]。

A. K. Head[HEA 56a]将起初发展于高周疲劳中的裂纹扩展理论推广到低周疲劳[YAO 62]。

该理论基于理想材料，并有：

(1) 裂纹可以萌生于疲劳试验的第一阶段；

(2) 裂纹长度平方根的倒数和循环次数呈线性关系；

(3) 拟合直线的斜率是施加应力幅值的函数。

McClintock[MCC 56]也提出：

(1) 裂纹趋向于剩余部分的中心生长，更趋向于开口表面的最远点。

(2) 裂纹扩展取决于绝对应变积分的增量，与循环次数和塑性应变增量无关。

(3) 在两个几何形状相似、受相同名义应变作用的试件中，较大的试件裂纹增长较快；

(4) 初始裂纹扩展速度独立于缺口的角度。

在初始几次循环后裂纹开始出现，此后裂纹扩展速度保持不变直到试件使用寿命的一半，此后扩展速度越来越快[SCH 57]。

Manson-Coffin 法则与微裂纹（大约 1mm）扩展法则一致。

Miner 法则必须从微裂纹扩展角度考虑，且有如下条件[MUR 83]：

(1) 在试件裂纹将扩展到的区域，先前累积的疲劳对接下来的疲劳损伤没有影响（其中没有过载和欠载的影响），但其对接下来的裂纹扩展速度影响很大。为了应用 Miner 准则,先前的疲劳不应该视为疲劳损伤。

(2) 裂纹扩展速度与裂纹长度成线性比例。

Murakami 等人给出了基于量纲分析的线性扩展法则:

$$\frac{\mathrm{d}a}{\mathrm{d}N} = 常数 \times a \tag{8.198}$$

8.20　J 积分

在大应变、小循环次数断裂的情况下,上述的表达式不再精确。

假设裂纹尖端的塑性很小,线弹性断裂力学可以适用,释放的能量不受塑性应变的影响[BRO 78]。

N. E. Dowling 和 J. A. Begley[DOW 76]基于 J 积分的概念提出了一种更准确的计算公式,该公式考虑了塑性的影响。J 积分最初用于载荷-变形曲线中的非线性弹性情况[RIC 68]。对于给定的变形 Z_0,裂纹长度增长 $\mathrm{d}a$ 所造成的势能变化 $\mathrm{d}U$,与 J 的关系为:

$$J = -\frac{1}{B}\frac{\mathrm{d}U}{\mathrm{d}a} \tag{8.199}$$

式中:B 为试样尺寸。

如果材料为线性,则

$$J = G = \frac{K^2}{E} \tag{8.200}$$

式中:G 为线弹性应变能释放率。

J 与 K 有关,对于弹塑性材料,U 定义为使试件发生弹塑性应变所必需的能量。

如图 8.29 所示的缺口试件在拉伸和弯曲情况下的 J 可近似通过下式计算:

$$J = \frac{2}{Bb}\int_0^{Z_0} P\mathrm{d}z \tag{8.201}$$

式中:P 为负载。

图 8.29　缺口试件

N. E. Dowling 和 J. A. Begley[DOW 76]建立了钢 A533B 的关系式:

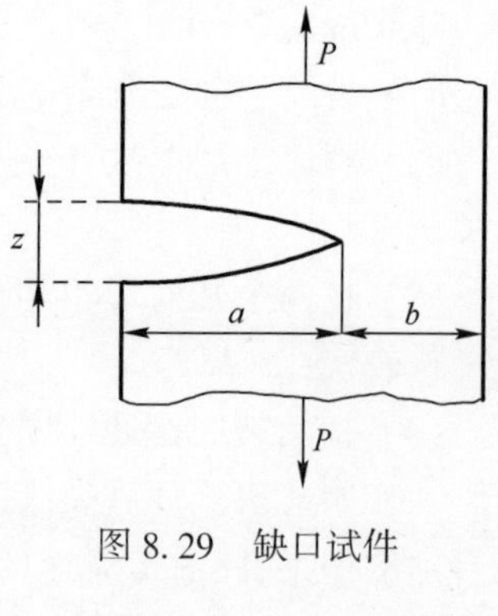

$$\frac{\mathrm{d}a}{\mathrm{d}N} = 2.13 \times 10^{-8} \Delta J^{1.587} \tag{8.202}$$

也可以写成更一般的形式[MOW 76]:

$$\frac{da}{dN} = C_1 \Delta J^\gamma \qquad (8.203)$$

由于一半裂纹长度，对于给定材料，C_1 和 γ 为常数，ΔJ 与载荷-变形曲线下的面积关系为式(8.201)。如果考虑 J 和 K^2 的关系，则此表达式与 Paris 表达式一致。

D. F. Mowbray[MOW 76]指出，此关系可由 Manson-Coffin 公式($N^{1/\gamma}\varepsilon_p = C$)的形式表示。然而在利用 J 积分理论估计裂纹扩展的过程中存在问题，即从严格的数学意义上，此理论只适用于塑性变形理论，不包括卸载。

从实际角度考虑，J 理论只能在有限的一些情况中计算和测量，但任何考虑了材料的非线性行为的方法都面临这个问题[LAM 80a]。

R. Tanaka[TAN 83]将 J 积分作为疲劳裂纹扩展准则。他建议将试验数据一般化，使其适用于不同材料的裂纹扩展，建立一个关于能量准则的统一公式。它将与 ΔK_s 对应的 ΔJ 阈值和材料的表面能联系在一起，ΔJ 应高于 4ν（ν 为材料的表面能）。

8.21 过载影响：疲劳裂纹迟滞

已经知道施加载荷顺序的重要性，也看到了初始时施加过载可以增加使用寿命[SCH 72a]。当增加大载荷的循环次数时，过载的影响变大[PAR 65]。在研究的案例中，R. Keays 发现使用寿命增加了 20%[KEA 72]，并注意到当施加在试件上的应力为随机序列时，此理论预测了断裂前载荷谱块的增加。

很多方法中考虑了此影响（如 Willenborg 模型[FUC 80]、Vroman 模型[VRO 71]等）[BEL 76, ELB 71, WIL 71]。这些方法中，以 Wheeler 模型为例[BRO 78, KEA 72, WHE 72]。

Wheeler 模型用来解释和预测过载情况下的迟滞现象，模型中把两塑性区间的关系引入裂纹扩展法则[SAN 77]：

（1）裂纹根部存在真实塑性区；

（2）如果没有过载，则存在假设的塑性区（如果荷载服从正弦曲线）。

O. E. Wheeler 假设在持续应力循环中裂纹扩展与塑性区的相对大小有关，如图 8.30 所示，若在 n 次循环后的塑性区的最大尺寸包络了 $n+i$ 次循环后的塑性区，则裂纹扩展会发生迟滞[BAR 80]。

这种迟滞现象和当前塑性区直径 r_p^* 与之前未扩展的塑性区的长度 $a_{p_i} - a_i$ 的比值成正比。

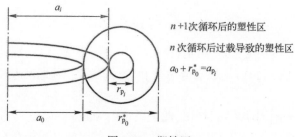

图 8.30 塑性区

由 Paris 法则可得

$$\frac{da}{dN} = C\Delta K^m \Phi \tag{8.204}$$

式中：Φ 为迟滞因子，且有

$$\begin{cases} \Phi = \left(\dfrac{r_{p_i}^*}{a_{p_i} - a_i}\right)^p & (a_i + r_{p_i}^* < a_{p_i}) \\ \Phi = 1 & (a_i + r_{p_i}^* \geq a_{p_i}) \end{cases} \tag{8.205}$$

其中：p 为材料特性的系数函数。

由以上的关系式可以计算出每次循环后的裂纹扩展。

在这些表达式中：

$$r_{p_0}^* = C\frac{K_0^2}{R_e^2} \tag{8.206}$$

和

$$r_{p_i}^* = C\frac{K_i^2}{R_e^2} \tag{8.207}$$

更精确的形式，有（式(8.40)），即

$$r_p^* \approx \frac{K_I^2}{6\pi R_e^2} \tag{8.208}$$

应该注意到负向载荷会减小正向载荷引起的延迟现象。

限制包括如下[SAN 77]：

(1) β 还取决于试验条件；

(2) 此模型没有预测某些过载阻止了裂纹扩展；

(3) λ 只考虑过载后的加载，而忽略了过载前的加载历史（即使延迟是它的函数）。

T. D. Gray 和 J. P. Callagher 给出了改进的模型[GRA 76]，该模型考虑了阻止裂纹扩展的情况。

8.22 疲劳裂纹闭合

W. Elber[ELB 71,FUC 80]描述了裂纹闭合现象。他在实验中证明,裂纹的尖端会在施加在试件上的整体载荷撤消之前发生闭合,原因是裂纹根部产生了残余应变[SAN 77]。损伤只会发生在裂纹张开的部分,闭合时不会发生(压缩)。

W. Elber[FUC 80]注意到试验位移-应力曲线中的一个非线性现象,并通过在疲劳裂纹扩展后立刻产生的塑性变形的物理接触或干涉来解释此现象。他认为,循环疲劳裂纹的增长仅发生在裂纹完全张开的情况下,并给出了如下关系式[ELB 71,WOO 73]:

$$\frac{\Delta a}{\Delta N} = C(\Delta K_{\text{rms}})^m = C(U\Delta K)^m \quad (8.209)$$

式中

$$U = \frac{K_{\max} - K_{\text{op}}}{K_{\max} - K_{\min}} = \frac{\Delta K_{\text{rms}}}{\Delta K} \quad (8.210)$$

其中:$0 \leq U \leq 1$;K_{op} 为在裂纹张开时的 K 值。

对于铝合金 2024-T3,$U = 0.5 + 0.4R(-0.1 < R < 0.7)$。

这是一个在有效应力范围内的经验模型,考虑了相互作用的影响,用来估计在变幅载荷裂纹扩展的疲劳使用寿命。

W. Elber 假设只有在施加应力大于使裂纹张开的最小应力时发生裂纹扩展。按此假设,一次循环中重要的应力值为最大应力和张开应力。W. Elber 发现在裂纹闭合部位和张开部位应力稍有不同,这些不同常被忽视。他将闭合区域归因于裂纹根部存在残余拉伸变形区,与裂纹根部的压应力相互作用。

引起裂纹扩展的应力范围称为有效应力范围,可表示成

$$\Delta \sigma_{\text{rms}} = \sigma_{\max} - \sigma_{\text{op}} \quad (8.211)$$

式中:σ_{op} 为由试验确定的张开应力。

定义闭合因子:

$$C_i = \frac{\sigma_{\text{op}}}{\sigma_{\max}} \quad (8.212)$$

因此

$$\Delta \sigma_{\text{rms}} = \sigma_{\max}(1 - C_i) \quad (8.213)$$

以 Paris 公式为例,有

$$\frac{\mathrm{d}a}{\mathrm{d}N} = A\Delta K_{\text{rms}}^m \quad (8.214)$$

$$\frac{da}{dN} = A[\Delta\sigma_{rms}\sqrt{\pi a}\,\alpha]^m \tag{8.215}$$

和

$$\frac{da}{dN} = A[\sigma_{max}(1-C_i)\sqrt{\pi a}\,\alpha]^m \tag{8.216}$$

8.23 相似准则

使用寿命的计算经常基于以下相似准则[SCH 72a]:

(1) 应力:相似的疲劳临界点载荷条件,作用在由同一种材料制成的两个不同的试件,会造成相似的疲劳结果。

(2) 应变:相似的应变曲线,如在裂纹根部或在光滑试件上,应该产生相似次数的应力。另一种假设是相似的应变曲线会导致相似的使用寿命。

(3) 裂纹扩展方面:K 值相同时,对一个试件所建立的 $\frac{da}{dN} = f(K)$ 对另一试件同样适用。

8.24 使用寿命计算

零件使用寿命的计算常考虑如下条件[SAN 69]:

(1) 相对于总寿命,裂纹萌生只是一小阶段,在使用寿命周期内,裂纹萌生的影响不显著。

(2) 微观裂纹扩展行为可由宏观裂纹扩展的行为外推得到。

(3) 当裂纹达到临界长度时,发生断裂。

由以上假设,通过计算小裂纹扩展到临界裂纹长度的循环次数来评估使用寿命。

因此,使用寿命以循环次数为特征,即从长为 a_i 的初始裂纹(可以被检测到的最小长度)到临界尺寸 a_c 所需的循环次数。

裂纹扩展规律的一般形式为

$$\frac{da}{dN} = f(\Delta K, K_{max}) \tag{8.217}$$

由此可得

$$N = \int_{a_i}^{a_c} \frac{da}{f(\Delta K, K_{max})} \tag{8.218}$$

当 $f(\Delta K, K_{max})$ 形式简单时,可用解析积分此过程;否则,采用数值积分的方法。

或者用每次循环求和来替换此积分,即

$$a_c - a_i = \sum_{i=1}^{N} C\Delta K_i^m \Delta n_i \tag{8.219}$$

对于变幅载荷,由载荷相互作用造成的裂纹迟滞扩展的现象可根据之前讨论过的模型进行分析。

式(8.219)可变为

$$a_c - a_i = \sum_{i=1}^{N} C_{ri} C\Delta K_i^m \Delta n_i \tag{8.220}$$

式中:C_{ri} 为 Willenborg 模型中的迟滞因子。

例 8.4

如果采用 Paris 公式

$$\frac{da}{dN} = C\Delta K^m \quad (\Delta K_S < \Delta K < \Delta K_C)$$

对于 $\sigma_{\min}=0$ 的正弦应力,有

$$\Delta K = 2\sigma\sqrt{\pi a} \tag{8.221}$$

对于无限大平板,$\sigma=$ 应力幅值。因此[LAM 83]

$$N = \int_{a_i}^{a_c} \frac{da}{C\Delta K^m} = \frac{1}{C(2\sigma)^m} \int_{a_i}^{a_c} \frac{da}{(\sqrt{\pi a})^m} \tag{8.222}$$

$$N = \frac{1}{(2\sqrt{\pi})^m C\sigma^m} \int_{a_i}^{a_c} \frac{da}{a^{m/2}} = \frac{1}{(2\sigma\sqrt{\pi})^m C} \left[\frac{a^{1-\frac{m}{2}}}{1-\frac{m}{2}} \right] \tag{8.223}$$

当 $m \neq 2$ 时,有

$$N = \frac{a_c^{1-\frac{m}{2}} - a_i^{1-\frac{m}{2}}}{(2\sigma\sqrt{\pi})^m C\left(1-\frac{m}{2}\right)} \tag{8.224}$$

此关系式可改写为 $N\sigma^m=$ 常数,临界尺寸为

$$a_c = \left(\frac{\Delta K_c}{2\sigma\sqrt{\pi}}\right)^2 \tag{8.225}$$

线性积分(对应 Miner 假设),忽略了应力的相互影响,因而得到了保守的结果(估计的使用寿命小于实际寿命)。考虑应力相互影响,需要进行逐个周期的数值积分,并认为 $\frac{da}{dN}(\Delta K)$ 在对数坐标下并非全部为线性。

如果一个应力可以分成不同幅值 S_i 的应力,对应的循环次数为 n_i,运用类似于 Miner 准则的假设,可以分块定义扩展速率:

$$\frac{\mathrm{d}a}{\mathrm{d}B} = \sum_i n_i \left(\frac{\mathrm{d}a}{\mathrm{d}N}\right)_i \tag{8.226}$$

可以根据载荷块谱的数量来计算使用寿命[SHE 83a]。

注:

由此模型算出的使用寿命与裂纹长度有关。

J. Schijve[SCH 70]强调,疲劳损伤并不能由长度这类单一参数定义,其他因素一样重要,如裂纹方向、硬化、残余应力等。

一次循环中的裂纹扩展将取决于之前零件经历的疲劳载荷,因而在随机载荷与编制的载荷下会有不同的结果。

8.25 随机加载下裂纹扩展

随机加载下的裂纹扩展速率常小于基于常幅应力试验数据的裂纹扩展增量线性累加总和的预测结果[KIR 77]。

裂纹扩展规则一般为非线性的,因而在随机振动中载荷在使用前进行转换比较困难。

预测变幅载荷下的裂纹增长有两种方法[NEL 78]:

(1) rms 法:用特征参数如均方根值描述载荷谱。此方法中应力谱表示为连续单峰分布,特殊情况下为瑞利分布(这是此方法的约束条件)。

(2) 循环法:常用在航空中,计算每次循环的裂纹扩展增量,然后计算总和[BRU 71, GAL 74, KAT 73]。

8.25.1 rms 方法

窄带平稳振动下,可以使用 Paris 法则,将其中的应力强度因子 ΔK 替换为标准差。

P. C. Paris[PAR 64]表明,因子 K 和应力 σ 的关系为

$$K = \sigma f(a) \tag{8.227}$$

式中:$f(a)$ 为裂纹的尺寸 a 的函数。

应力为时间的函数,即

$$K(t) = \sigma(t) f(a) \tag{8.228}$$

从一个应力循环到下一个应力循环,裂纹长度 a 变化很小,所以函数 $f(a)$ 变化也很小。

因而,可以计算 $K(t)$ 的功率谱密度(PSD):

$$G_K(\Omega) = G_\sigma(\Omega) f^2(a) \tag{8.229}$$

式中：$G_\sigma(\Omega)$ 为应力的功率谱密度，它可以表示为结构输入的激励。除系数外，$G_K(\Omega)$ 与 $G_\sigma(\Omega)$ 相同，都是随时间变化的变量。

给定材料时，由随机载荷 $G_\sigma(\Omega)$ 产生的裂纹扩展速率是因子 K 的准稳态功率谱 $G_K(\Omega)$ 的幅值的函数。

定义均方根 rms 值为

$$\Delta K_{\text{rms}} = \sqrt{\int_0^\infty G_K(\Omega)\,\mathrm{d}\Omega} \tag{8.230}$$

或者以离散形式表示[BAR 80]，即

$$\Delta K_{\text{rms}} = \sqrt{\sum_{i=1}^n \frac{\Delta K_i^2}{n}} \tag{8.231}$$

式中：n 为循环次数。

因此，得到了修正的 Paris 公式，给出了裂纹扩展速率的均值，即

$$\frac{\mathrm{d}a}{\mathrm{d}N} = C(\Delta K_{\text{rms}})^m \tag{8.232}$$

式中：C 和 m 为材料常数[BAR 73, SMI 66, SWA 67]。

因为假设 $\sigma(t)$ 的峰值服从瑞利分布，所示此方法在 $\sigma(t)$ 为宽带时不可用[BAR 76]。

在复杂应力下，应力强度因子变化范围的均方根(RMS)值作为描述裂纹扩展速率的一个重要参数[BER 83, WEI 78]。PSD 谱型同样重要[SWA 68]。它可用不规则因子 r 或 $q = \sqrt{1-r^2}$ 表征。

将在正弦应力下的 ΔK 替换成 ΔK_{rms} 即可计算使用寿命。

下面将给出裂纹扩展速率的公式。

8.25.1.1 McEvily 公式

McEvily 公式[MCE 73]

$$\frac{\mathrm{d}a}{\mathrm{d}N} = \frac{A}{R_e E}(\Delta K_{\text{rms}}^2 - \Delta K_S^2) \tag{8.233}$$

其中考虑了平均应力，在 J. M. Barsom[BAR 76]对钢的研究表明 $\dfrac{\Delta K}{K_C - K_{\text{max}}}$ 是无关紧要的。该公式的结果与式(8.232)的结果非常接近。

8.25.1.2 Roberts 和 Ergogan

H. Nowack 和 B. Mukherjee[NOW 63]修改了 R. Roberts 和 F. Erdogan[ROB 67]的公式：

$$\frac{\mathrm{d}a}{\mathrm{d}N} = C_1 \Delta K^{k_1} K_{\text{max}}^{k_2} \tag{8.234}$$

式中:C_1、k_1、k_2为常数,取决于

$$\frac{da}{dN} = C_2 \Delta \overline{K}^{k_3} \overline{K}_{max}^{k_4} \quad (8.235)$$

$$\overline{K}_{max} = K_{mean} + \frac{\Delta \overline{K}}{2} \quad (8.236)$$

式中:K_{mean}为平均应力对应的应力强度因子。

在高斯平稳过程中,有

$$\Delta \overline{K} = \Delta \overline{\sigma}' \sqrt{a} Y \quad (8.237)$$

式中:Y为修正因子;考虑到试样为有限宽度,$\Delta \overline{\sigma}'$可表示为

$$\Delta \overline{\sigma}' = 2\pi \sigma_{rms} r \quad (8.238)$$

其中:r为不规则因子[SWA 68]。

若a_0为过渡时的裂纹长度(曲线$\frac{da}{dN}(\Delta K)$弯曲时),常数C_2、k_3、k_4列于表8.4中,长度单位为mm,应力单位为kgf/mm²。

表8.4 由a_0得出的常数c_2、k_3、k_4的数值

a_0	C_2	k_3	k_4
<6mm	$10^{-11.46}$	2.16	1.72
>6mm	$10^{-20.35}$	6.06	2.45

以应力强度因子作为比较疲劳裂纹扩展速率的基础,S. H. Smith[SMI 64c]观察到常幅载荷和随机载荷下的结果之间存在很好的相关性。

对于K值小的情况,随机载荷会造成更大的裂纹扩展速率;对于K值大的情况,随机载荷比常幅载荷下的扩展速度要小。

对于峰值服从瑞利分布的随机载荷,其裂纹扩展速率可由恒定K的常幅应力试验中获得的扩展速率线性求和得到,精确度很高[SWA 68]。

因为在恒定K值下确定了不同应力的裂纹扩展速率,假设其服从瑞利分布,则可以通过对曲线积分得到单位长度裂纹的总扩展率,即相应应力下的裂纹扩展速率乘以其所占时间的百分比。

S. R. Swanson[SWA 68]发现,对于某一载荷和常数K,运用线性叠加法预测的结果和观测值有很好的一致性,此观点得到了其他作者的认同[CHR 65,MAY 61]。

此线性累加法没有使用Miner准则或S-N曲线,对线性累加法而言,它们不够准确。

注：

(1) 因为频率的影响很小，所以(应力)等效功率谱可以由给定功率谱通过对频率和(或)幅值进行任意线性比例修正而推导出[PAR 62]。

(2) 因为随机应力为基于高斯分布的时间函数，所以可从应力$\sigma(t)$的PSD计算信号的平均频率n_0^+、最大频率均值n_p^+、范围的平均长度$\bar{h}_p$(两个连续极值之间的间隔)[POO 79]。如果M_n是n阶矩，则(第3卷中式(6.13)和式(6.111))

$$n_p^+ = \frac{1}{2\pi}\sqrt{\frac{M_4}{M_2}} \tag{8.239}$$

和

$$\bar{h}_p = \sqrt{2\pi}\frac{M_2}{\sqrt{M_4}} \tag{8.240}$$

若$\bar{h}_k$为与$\sigma(t)$相关的应力强度因子范围的均值，由式(8.227)可得[PAR 64]

$$\bar{h}_k = \bar{h}_p f(a) \tag{8.241}$$

这些参数对裂纹扩展速率有影响[PAR 62]。

(3) 塑性区的尺寸。P. C. Paris[PAR 64]扩展了 Irwin 公式[8.39]在随机载荷下的应用，并定义了塑性区的尺寸：

$$r_p = \frac{h_k^2}{8R_e^2} \tag{8.242}$$

式中：h_k为峰值到峰值之间的应力强度因子(范围)，如图 8.31 所示。

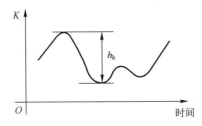

图 8.31　应力强度因子 h_k 范围

运用修正的 Paris 关系式可以统计裂纹扩展速度的均值[BRO 78]：

$$\frac{d(2a)}{dN} = C\bar{h}_k^4 \tag{8.243}$$

$$h_k = h_p f(a) \tag{8.244}$$

$$\bar{h}_k^4 = \int_0^\infty h_k^4 q(h_k) dh_k \tag{8.245}$$

其中$\bar{h}_k^4$为$K(t)$的范围均值的4次幂，假设$K(t)$是准平稳的，q为$K(t)$中h_k

的概率密度。此密度可由 $K(t)$ 的 PSD 计算得到。然而计算并不简单,有时需要近似。

8.25.2 窄带随机加载

L. P. Pool[POO 74]提供了一种可视为 Miner 准则扩展的裂纹增长力学分析方法。它考虑了均值应力并根据经验给出相关结果[WEI 74]。

分析来自恒幅的疲劳试验数据(焊接结构)。

由于输入载荷的瞬时值服从高斯分布,因此常认为响应的峰值服从瑞利分布,其概率密度为

$$p\left(\frac{\sigma_{\text{peak}}}{\sigma_{\text{rms}}}\right) = \frac{\sigma_{\text{peak}}}{\sigma_{\text{rms}}} \exp\left(-\frac{\sigma_{\text{peak}}^2}{2\sigma_{\text{rms}}^2}\right) \tag{8.246}$$

式中:σ_{peak} 为应力峰值;σ_{rms} 为应力均方根值。

相邻的正、负峰值也近似服从瑞利分布。此分布实际常在 $(5\sim6)\sigma_{\text{rms}}$ 上被截断。严格来说,截断的函数比理想未截断的函数的 rms 值要小,但只要截断比 $\sigma_{\text{peak}}/\sigma_{\text{rms}}$ 不是很小(小于3),此差异就可忽略。当截断比为3、4、5时,差异分别为 1.1、0.03、4×10^{-4}%[POO 74]。

假设每次循环造成相同的裂纹增量就好像施加恒定幅值的载荷序列。在这种方法中忽略应力幅值变化时相互作用的影响。在窄带随机加载下,每一次的循环较之前变化不大,进一步减少了在低强度钢中并不重要的应力间的相互影响。

每次循环造成的裂纹扩展损伤与 $(\sigma_{\text{peak}}/\sigma_{\text{rms}})^m$ 成正比:

$$\frac{\text{d}a}{\text{d}N} = C\Delta K^m \tag{8.247}$$

有近似 rms 值的恒幅正弦载荷的相对损伤为 $\left(\frac{\sigma_{\text{peak}}}{\sigma_{\text{rms}}\sqrt{2}}\right)^m$。

密度函数定义为

$$r\left(\frac{\sigma_{\text{peak}}}{\sigma_{\text{rms}}}\right) = \left(\frac{\sigma_{\text{peak}}}{\sigma_{\text{rms}}\sqrt{2}}\right)^m \frac{\sigma_{\text{peak}}}{\sigma_{\text{rms}}} \exp\left(-\frac{\sigma_{\text{peak}}^2}{2\sigma_{\text{rms}}^2}\right) \tag{8.248}$$

式中:$\sigma_{\text{peak}} \leq \sigma_{\text{m}}$,$r\left(\frac{\sigma_{\text{peak}}}{\sigma_{\text{rms}}}\right)$ 为由峰值 $\frac{\sigma_{\text{peak}}}{\sigma_{\text{rms}}}$ 引起的裂纹扩展的相对概率密度函数,σ_{m} 是应力均值。

图 8.32 显示了不同 m 值下的 $r\left(\frac{\sigma_{\text{peak}}}{\sigma_{\text{rms}}}\right)$ 的变化情况。在峰值 $\frac{\sigma_{\text{peak}}}{\sigma_{\text{rms}}} < \frac{1}{2}$ 时,损伤很小,最大损伤出现在 $\frac{\sigma_{\text{peak}}}{\sigma_{\text{rms}}} \approx 2$ 时。

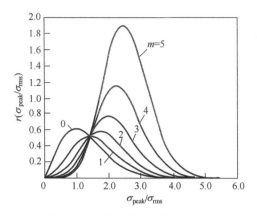

图 8.32 裂纹扩展的概率密度

相对损伤密度曲线下的面积可表示相对损伤 R_D，即窄带随机载荷下的裂纹扩展值与有相似 rms 应力的恒幅拉伸载荷下裂纹扩展值之比。表 8.5 给出了几个 m 值下的相对损伤。

表 8.5 几个 m 值下的相对损伤

m	0	2	3	4	5
R_D	瑞利	1	1.33	2	3.323

当 $\sigma_{peak}/\sigma_{rms}$ 大于 3 时，相对损伤 R_D 与截断比相独立。

除非平均应力 σ_m 非常大，$\dfrac{\sigma_{peak}}{\sigma_{rms}}$ 大值的极小值小于 0。只有正的载荷循环才会造成损伤，因为拉力（正）才会使裂纹张开（压应力使裂纹的两边合在一些，没有损伤）。所以，降低相对损伤密度可通过下面的因子修正上述表达式：

$$\left(\frac{\sigma_m + \sigma_{peak}}{2\sigma_{peak}}\right)^m$$

例：

$$r\left(\frac{\sigma_{peak}}{\sigma_{rms}}\right) = \left(\frac{\sigma_m + \sigma_{peak}}{2\sqrt{2}\,\sigma_{rms}}\right)^m \frac{\sigma_{peak}}{\sigma_{rms}} \exp\left(-\frac{\sigma_{peak}^2}{2\sigma_{rms}^2}\right), \quad \text{其中 } \sigma_{peak} \leqslant \sigma_m \quad (8.249)$$

图 8.33 显示了修正后的曲线，对应 $\dfrac{\sigma_m}{\sigma_{rms}\sqrt{2}}\left(-\dfrac{\sqrt{2}}{2}, 0, \dfrac{\sqrt{2}}{2}, 1, \sqrt{2}, 2, \infty\right)$ 和 $m=3$。

对于常幅正弦载荷，幅值 $\sigma_a = \sigma_{rms}\sqrt{2}$。

引入因子 $\sqrt{2}$ 来直接对比常幅载荷和随机载荷下裂纹扩展的概率密度。

表 8.6 给出了不同 $\dfrac{\sigma_m}{\sigma_{rms}\sqrt{2}}$ 下的相对损伤。即使均值应力是负的，最大的极

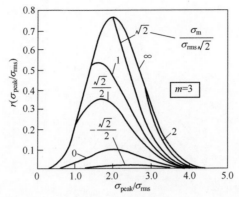

图 8.33 不同 $\dfrac{\sigma_m}{\sigma_{rms}\sqrt{2}}$ 下的裂纹扩展的概率密度

大值也可以为正,并产生损伤。

表 8.6 几个 $\dfrac{\sigma_m}{\sigma_{rms}\sqrt{2}}$ 下的相对损伤

\multicolumn{8}{c}{$m = 4$}
$\dfrac{\sigma_m}{\sigma_{rms}\sqrt{2}}$	$-\dfrac{\sqrt{2}}{2}$	0	$\dfrac{\sqrt{2}}{2}$	1	$\sqrt{2}$	2	∞
R_D	0.0148	0.125	0.621	0.984	1.487	1.895	2

σ_m 较大其变化幅度较小时,对损伤 R_D 影响不大。事实上裂纹闭合不发生在载荷为零时,误差很小。当 σ_m 接近于 0 时,R_D 主要取决于 σ_m。当在零载荷下裂纹没发生闭合,将会造成严重的错误。

当应力大于阈值 $\Delta\sigma_S$ 时,裂纹才会增长,对于给定的 ΔK_S,有

$$\Delta K = \alpha \Delta \sigma \sqrt{\pi a} \tag{8.250}$$

式中:α 为几何修正因子,是一个常数,近似等于 1。

当峰值小于 $\dfrac{\sigma_{peakS}}{\sigma_{rms}}$ 阈值时,不产生损伤。相对损伤密度曲线截断造成相对损伤减少。当裂纹扩展时,由式(8.250)可知:$\dfrac{\sigma_{peakS}}{\sigma_{rms}}$ 减少,相对损伤 R_D 增加。此情况在计算使用寿命时应加以考虑。

当 σ_{rms} 减少时,$\dfrac{\sigma_{peakS}}{\sigma_{rms}}$ 增加;当 $\dfrac{\sigma_{peakS}}{\sigma_{rms}}$ 达到截断比时,应力达到疲劳极限。按照这种方法,通常用恒幅下的疲劳极限除以截断比,得到窄带随机载荷下的疲劳

极限。

L. P. Pook 使用相对损伤 R_D 计算断裂前的循环次数：

$$N = \int_{a_i}^{a_c} \frac{10^6}{R} \left(\frac{\Delta K_{10-6}}{2\sqrt{2} K_\sigma} \right)^m \left[P\left(\frac{\sigma_{picS}}{\sigma_{eff}} \right) - P\left(\frac{\sigma_{picT}}{\sigma_{eff}} \right) \right] da \qquad (8.251)$$

式中：a_i 为初始裂纹长度（Pook 认为 $a_i = 4\text{mm}$）；a_c 为临界裂纹长度（40mm）；ΔK_{10-6} 为裂纹扩展率 $10^{-6}\text{mm}/$循环时的 ΔK 值；K_σ 为随机载荷的应力强度因子的 rms 值；$\frac{\sigma_{peakS}}{\sigma_{rms}}$ 为 $\frac{\sigma_{peak}}{\sigma_{rms}}$ 的阈值；$\frac{\sigma_{peakT}}{\sigma_{rms}}$ 为截断比；$P\left(\frac{\sigma_{peak}}{\sigma_{rms}} \right)$ 是峰值超过 $\frac{\sigma_{peak}}{\sigma_{rms}}$ 的概率。

8.25.3 根据载荷集计算

施加随机振动环境后，裂纹状态的计算可以通过载荷集获得，用一种传统疲劳研究的计数方法来评估。

得到的载荷谱必须转换为水平载荷谱，从而得到与离散幅值对应的循环次数。

> **例 8.5**
>
> **裂纹计算**
>
> 考虑 Paris 方法：
>
> $$\frac{da}{dN} = C \Delta K^m \qquad (8.252)$$
>
> 式中：$K = \sigma \sqrt{\pi a}$，裂纹最小检出长度为 0.5mm。
>
> **没有过载导致的裂纹迟滞的情况**
>
> 假设 $C = 2 \times 10^{-9}$ 且 $m = 4$，其计算引用表 8.7 进行线性数字积分。
>
> 表 8.7　计算裂纹尺寸增长的实例
>
> | 应力水平 /(kg/mm²) | 每级（块）循环次数/块 | 裂纹尺寸 /mm | ΔK /(kg/mm$^{3/2}$) | $\frac{da}{dN}$ /(mm/循环) | Δa /mm |
> |---|---|---|---|---|---|
> | 12 | 1 | 0.500 | 15.04 | 10^{-4} | 10^{-4} |
> | 10 | 10 | 0.5001 | 12.53 | 4.9×10^{-5} | 4.9×10^{-4} |
> | 8 | 25 | 0.50059 | 10.03 | 2.02×10^{-5} | 5.06×10^{-4} |
>
> 第一行：
>
> $$\Delta K = \sigma \sqrt{\pi a} = 12 \sqrt{\pi \times 0.5} = 15 (\text{kg/mm}^{3/2})$$
>
> $$\frac{da}{dN} = C \Delta K^4 = 2 \times 10^{-9} \times (15.04)^4 = 10^{-4} (\text{mm}/\text{循环})$$

因此,增长的裂纹尺寸为

$$\Delta a = \frac{\mathrm{d}a}{\mathrm{d}N} \times 循环次数 = 10^{-4} \times 1 = 10^{-4} (\mathrm{mm})$$

裂纹长度变为 0.5+0.0001=0.5001(mm)
将此值代入第二行中:

$$\Delta K = \sigma\sqrt{\pi a} = 10\sqrt{\pi 0.5001} = 12.53 (\mathrm{kg/mm^{3/2}})$$

$$\frac{\mathrm{d}a}{\mathrm{d}N} = C\Delta K^4 = 2\times 10^{-9} \times (12.53)^4 = 4.9\times 10^{-5} (\mathrm{mm/循环})$$

循环次数为 10,$\Delta a = 10\times 4.9\times 10^{-5} = 4.9\times 10^{-4}$ mm,裂纹的尺寸为 0.5001+0.00049=0.50049(mm)。

因为载荷谱分解成块,因此计算变为计算每块的裂纹扩展,且划分的块应足够多,以避免过载的影响,并应正确地分配应力等级。

有时把整体的损伤累积分解为几个序列来计算,每个序列由如前所述的载荷谱块组成。第一序列中的每一个载荷谱块,初始裂纹尺寸相同,本例中为 0.5mm(见表 8.8)。

表 8.8 两个序列的对比

应力水平 /(kg/mm²)	循环次数	序列 1				序列 2			
		裂纹尺寸/mm	ΔK/(kg/mm$^{3/2}$)	$\frac{\mathrm{d}a}{\mathrm{d}N}$/(mm/循环)	Δa_1	裂纹尺寸/mm	ΔK/(kg/mm$^{3/2}$)	$\frac{\mathrm{d}a}{\mathrm{d}N}$/(mm/循环)	Δa_1
12	1	0.5	15.04	10^{-4}	10^{-4}	0.5001	15.0413	1.02×10^{-4}	1.02×10^{-4}
10	10	0.5	12.53	4.93×10^{-5}	4.93×10^{-4}	0.5005	12.54	4.95×10^{-5}	4.95×10^{-4}
8	15	0.5	10.026	2.02×10^{-5}	5.05×10^{-4}	0.5005	10.031	2.025×10^{-5}	5.06×10^{-4}
		$\sum \Delta a_1 = 0.001098$				$\sum \Delta a_2 = 0.001103$			
		$a_i + \sum \Delta a_1 = 0.501098$				$a_i + \sum \Delta a_1 + \sum \Delta a_2 = 0.502201$			

两种方法的计算结果接近。

裂纹有迟滞的情况

可用 Wheeler 模型计算,假设 $p=1.4$,则有

$$r_p^* = \frac{K^2}{6\pi R_e^2} \tag{8.253}$$

假设 $R_e = 60\mathrm{kg/mm^2}$,用之前数据进行计算,见表 8.9。当 R_D 不为常数时可能必须要更复杂的计算,伴随着其他的迟滞模型和更复杂的 ΔK 表达式。

表8.9 在裂纹迟滞情况下计算裂纹尺寸的例子

应力水平/(kg/mm²)	循环次数/n	裂纹尺寸	ΔK/(kg/mm^{3/2})	$\dfrac{da}{dN}$ linear/mm	r_p^*/mm	$a+r_p^*$/mm	$a+r_{p0}^*$/mm	$a+r_{p0}^*-a_i$/mm	$\Phi=\left(\dfrac{r_p^*}{a+r_{p0}^*-a_i}\right)^p$	$\dfrac{da}{dN}$ 迟滞/mm	$\Delta a=\dfrac{da}{dN}n$/mm	New a/mm
12	1	0.5	15.04	10^{-4}	3.33×10^{-3}	0.50333	0.50333	0.00333	1	10^{-4}	10^{-4}	0.5001
10	10	0.5001	12.53	4.94×10^{-5}	2.31×10^{-5}	0.5024	0.50333	0.000323	0.627	3.0961×10^{-5}	3.096×10^{-4}	0.50041
8	25	0.50041	10.0306	2.025×10^{-5}	1.48×10^{-5}	0.5019	0.50333	2.92×10^{-3}	0.3869	7.83×10^{-6}	1.959×10^{-4}	0.50061
7	1000	0.50061	8.7785	1.188×10^{-5}	1.136×10^{-5}	0.5017	0.50333	2.726×10^{-3}	0.2936	3.487×10^{-6}	3.487×10^{-3}	0.50409
6	5000	0.50409	7.5506	6.501×10^{-6}	8.402×10^{-6}	0.5049	0.5049	8.402×10^{-4}	1	6.501×10^{-6}	3.250×10^{-2}	0.53660

注：

（1）就像传统的疲劳问题一样,用以上函数计算的结果并不精确,注意到[BRO 78]：

（1）当不考虑迟滞时,计算偏保守(比实际更严格)。

（2）计算的寿命与试验得到的寿命比值小于2。

（3）利用迟滞效应可修正结果。Wheeler模型最容易使用(只有一个常数)。p值的最优值为6;可使计算结果误差在试验结果(0.7~1.3)的30%左右浮动。

用以上方法得到的结果比根据定律推导出的结果更准确(可进行一些试验,根据激发谱的形状调整指数p)。

（2）与Wheeler模型相比,Willenborg等迟滞模型[WIL 71]不需要使用主观的系数。

（3）大多数用于计算随机载荷下使用寿命的迟滞模型都能给出令人满意的结果[BEL 76,WHE 72,WIL 71],但对有序载荷谱的效果不佳[BAD 82,WEI 78,WHE 72,WIL 71]。对于这类谱型,一些学者提出了保持等式[8.222]的一般形式的迭代过程,根据试验定义没有裂纹扩展的周期以及通过增加迟滞循环次数来修正结果[WEI 78]。

附录

A1 伽马函数

A1.1 定义

伽马函数(阶乘函数或欧拉第二积分)定义[ANG 61]:

$$\Gamma(x) = \int_0^\infty \alpha^{x-1} e^{-\alpha} d\alpha \quad (A1.1)$$

其图像如图 A1.1 所示。

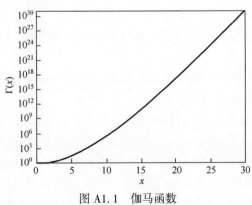

图 A1.1 伽马函数

A1.2 特性

无论 x 值是否为积分,都有

$$\Gamma(1+x) = x\Gamma(x) \quad (A1.2)$$

如果 x 为正整数,则

$$\Gamma(1+x) = x! \quad (A1.3)$$

$$\Gamma\left(\frac{1}{2}+x\right)\Gamma\left(\frac{1}{2}-x\right)=\frac{\pi}{\cos(\pi x)} \qquad (A1.4)$$

$$\Gamma(x)\Gamma(1-x)=\frac{\pi}{\sin(\pi x)} \qquad (A1.5)$$

$$\Gamma\left(\frac{1}{2}\right)\Gamma(2x)=2^{2x-1}\Gamma(x)\Gamma\left(x+\frac{1}{x}\right) \qquad (A1.6)$$

$$\Gamma\left(\frac{1}{2}\right)=\sqrt{\pi} \qquad (A1.7)$$

根据文献[CHE 66],x 为正整数,可得

$$\Gamma\left(x+\frac{1}{2}\right)=\frac{1\cdot 3\cdots(2x-1)}{2^x}\sqrt{\pi} \qquad (A1.8)$$

$$\Gamma\left(-x+\frac{1}{2}\right)=\frac{(-2)^x}{1\cdot 3\cdot 5\cdots(2x-1)}\sqrt{\pi} \qquad (A1.9)$$

如果 x 是大于 1 的任意值,则有

$$\Gamma(1+x)\approx\sqrt{2\pi}(1+x)^{\frac{1+2x}{2}}\mathrm{e}^{-(1+x)} \qquad (A1.10)$$

即

$$\Gamma(x)\approx\sqrt{2\pi}x^{x-\frac{1}{2}}\mathrm{e}^{-x}$$

当 x 为正整数时,用式(A1.3)计算 $\Gamma(x)=(x-1)!$,或用式(A1.8)计算 $\Gamma\left(x+\frac{1}{2}\right)$。

对于任意 x,由式(A1.2)和表 A1.1 可以确定 $\Gamma(x+1)$。

表 A1.1 伽马函数的值[HAS 55]

x	$\Gamma(1+x)$									
	0.00	0.01	0.02	0.03	0.04	0.05	0.06	0.07	0.08	0.09
0.0	1	0.9943	0.9888	0.9835	0.9784	0.9735	0.9687	0.9642	0.9597	0.9555
0.1	0.9514	0.9474	0.9436	0.9399	0.9364	0.9330	0.9298	0.9267	0.9237	0.9209
0.2	0.9182	0.9156	0.9131	0.9108	0.9085	0.9064	0.9044	0.9025	0.9007	0.8990
0.3	0.8975	0.8960	0.8946	0.8934	0.8922	0.8912	0.8902	0.8893	0.8887	0.8879
0.4	0.8873	0.8868	0.8864	0.8860	0.8858	0.8857	0.8856	0.8856	0.857	0.8859
0.5	0.8862	0.8866	0.8870	0.8876	0.8882	0.8889	0.8896	0.8905	0.8914	0.8924
0.6	0.8935	0.8947	0.8959	0.8972	0.8986	0.9001	0.9017	0.9033	0.9050	0.9068
0.7	0.9086	0.9106	0.9126	0.9147	0.9168	0.9191	0.9214	0.9238	0.9262	0.9288
0.8	0.9314	0.9341	0.9368	0.9397	0.9426	0.9456	0.9487	0.9518	0.9551	0.9584
0.9	0.9618	0.9652	0.9688	0.9724	0.9761	0.9799	0.9837	0.9877	0.9917	0.9958
1.0	1.0000	1.0043	1.0086	1.0131	1.0176	1.0222	1.0269	1.0316	1.0365	1.0415

> **例 A1.1**
>
> $$\Gamma(4.34) = 3.34\Gamma(3.34)$$
> $$\Gamma(4.34) = 3.34 \times 2.34 \times 1.34 \Gamma(1.34)$$
>
> 其中,$\Gamma(1.34)$由表 A1.1 给出
> $$\Gamma(1.34) = \Gamma(1+0.34) = 0.8922$$
>
> 得
> $$\Gamma(4.34) = 9.34$$

> **例 A1.2**
>
> $$\Gamma(1+0.69) = 0.9068$$

A1.3 任意 x 的近似值

对于任意 x(整数或非整数)$\geq 1^{[\text{LAM 76}]}$,有

$$\frac{\Gamma\left(x+\frac{1}{2}\right)}{\Gamma(x)} \approx \sqrt{x-\frac{1}{4}} \qquad (A1.11)$$

当 $x>2$(优于 0.5%)时,这个关系式是相当准确的。对正整数 x,从上述关系开始,有

$$\frac{\Gamma\left(x+\frac{1}{2}\right)}{\Gamma(x)} = \frac{\sqrt{\pi}}{2} \frac{(2x-1)!}{2^{2(x-1)}[(x-1)!]^2} \qquad (A1.12)$$

式中:$x!$ 可以近似为 Stirling 公式,即

$$x! \approx x^x e^{-x} \sqrt{2\pi x} \qquad (A1.13)$$

或

$$x! \approx x^x e^{-x} \sqrt{2\pi x}\left(1+\frac{1}{12x}\right)$$

可以从 Pierrat 关系式中获得更好的近似,即

$$\frac{\Gamma\left(x+\frac{1}{2}\right)}{\Gamma(x)} = \frac{16x-1}{16x+1}\sqrt{x} \qquad (A1.14)$$

如果 $0 \leq x \leq 1$,则可以使用多项式计算 $\Gamma(1+x)$,其误差低于 $2 \times 10^{-7\,[\text{HAS 55}]}$:

$$\Gamma(1+x) = 1 + a_1 x + a_2 x^2 + \cdots + a_8 x^8 \qquad (A1.15)$$

式中

$$a_1 = -0.577191652, \quad a_5 = -0.756704078$$

$a_2 = 0.988205891$, $\quad a_6 = 0.482199394$

$a_3 = -0.897056937$, $\quad a_7 = -0.193527818$

$a_4 = 0.918206857$, $\quad a_8 = 0.035868343$

A2 不完全伽马函数

A2.1 定义

不完全伽马函数为[ABR 70, LAM 76]

$$\gamma(x, T) = \int_0^T \alpha^{x-1} e^{-\alpha} d\alpha \qquad (A2.1)$$

文献[ABR 70, PIE 48]列出了这个函数。图 A2.1 和图 A2.2 分别显示了给定 T 时函数随 x 的变化和给定 x 时函数随 T 的变化。

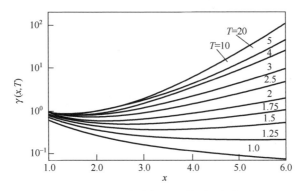

图 A2.1 不完全伽马函数随 x 变化

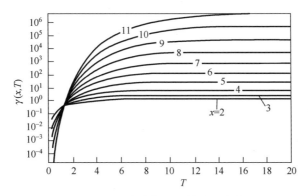

图 A2.2 不完全伽马函数随 T 变化

设

$$P(x,T) = \frac{1}{\Gamma(x)} \int_0^T e^{-\alpha} \alpha^{x-1} d\alpha \qquad (A2.2)$$

已经表明，$\gamma(x,T)$ 可以写为

$$\gamma(x,T) = \Gamma(x)\left[1 - P\left(\frac{\chi^2}{v}\right)\right] \qquad (A2.3)$$

式中：$\chi^2 = 2T$；$v = 2x$；卡方概率分布为

$$P\left[\frac{\chi^2}{v}\right] = \frac{1}{2^{\frac{v}{2}} \Gamma\left(\frac{v}{2}\right)} \int_0^{\chi^2} t^{\frac{v}{2}-1} e^{-\frac{t}{2}} dt \qquad (A2.4)$$

函数 P 在文献 [ABR 70] 中列表给出。

A2.2 完全伽马函数与不完全伽马函数之间的关系

我们有

$$\int_0^\infty \alpha^{x-1} e^{-\alpha} d\alpha = \int_0^T \alpha^{x-1} e^{-\alpha} d\alpha + \int_T^\infty \alpha^{x-1} e^{-\alpha} d\alpha$$

可得

$$\Gamma(x) = \gamma(x,T) + Q(x,T) \qquad (A2.5)$$

A2.3 不完全伽马函数的皮尔森(Pearson)形式

$$I(u,p) = \frac{1}{\Gamma(p+1)} \int_0^{u\sqrt{p+1}} e^{-t} t^p dt \qquad (A2.6)$$

$$I(u,p) = P[p+1, u\sqrt{p+1}]$$

$$I(u,p) = P\left(\frac{\chi^2}{v}\right) \qquad (A2.7)$$

$$\lambda = 2(p+1)$$

$$\chi^2 = 2u\sqrt{p+1}$$

计算表和计算器给出了不同 p 值时，I 随 a 的变化见文献 [ABR 70, CRA 63, FID 75]。

A3 各种积分

A3.1

$$I_n = \frac{1}{2\pi i} \int_{-\infty}^{\infty} \frac{g_n(x)}{h_n(x) h_{-n}(x)} dx \qquad (A3.1)$$

式中
$$h_n(x) = a_0 x^n + a_1 x^{n-1} + \cdots + a_n$$
$$g_n(x) = b_0 x^{2n-2} + b_1 x^{2n-4} + \cdots + b_{n-1}$$

其中,对 $n \in [1,7]$, $h_n(x)$ 的根假设位于上半平面,如图 A3.1 所示。

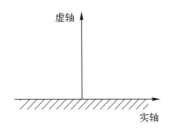

图 A3.1 实轴和虚轴

I_n 的第一个值取自 James 等工作 [JAM 47],为

$$I_1 = \frac{b_0}{2a_0 a_1} \tag{A3.2}$$

$$I_2 = \frac{-b_0 + \dfrac{a_0 b_1}{a_2}}{2a_0 a_1} \tag{A3.3}$$

$$I_3 = \frac{-a_2 b_0 + a_0 b_1 - \dfrac{a_0 a_1 b_2}{a_3}}{2a_0(a_0 a_{03} - a_1 a_2)} \tag{A3.4}$$

$$I_4 = \frac{b_0(-a_1 a_4 + a_2 a_3) - a_0 a_3 b_1 + a_0 a_1 b_2 + \dfrac{a_0 b_3}{a_4}(a_0 a_3 - a_1 a_2)}{2a_0(a_0 a_3^2 + a_1^2 a_4 - a_1 a_2 a_3)} \tag{A3.5}$$

应用

由这些表达式,S. H. Crandall, W. D. Mark [CRA 63] 和 D. E. Newland [New 75] 推导出积分的值

$$I_n = \int_{-\infty}^{+\infty} |H_n(\Omega)^2| \, d\Omega \tag{A3.6}$$

式中

$$H_n(\Omega) = \frac{B_0 + (i\Omega)B_1 + (i\Omega)^2 B_2 + \cdots + (i\Omega)^{n-1} B_{n-1}}{A_0 + (i\Omega)A_1 + (i\Omega)^2 A_2 + \cdots + (i\Omega)^{n-1} A_n} \tag{A3.7}$$

当 $n=1$ 时,有

$$H_1(\Omega) = \frac{B_0}{A_0 + i\Omega A_1}$$

和

$$I_1 = \frac{\pi B_0^2}{A_0 A_1} \tag{A3.8}$$

当 $n=2$ 时,有

$$H_2(\Omega) = \frac{B_0 + \mathrm{i}\Omega B_1}{A_0 + \mathrm{i}\Omega A_1 - \Omega^2 A_2}$$

$$I_2 = \frac{\pi(A_0 B_1^2 + A_2 B_0^2)}{A_0 A_1 A_2} \tag{A3.9}$$

等等。

A3.2

$$\begin{cases} I_1 = \int e^{ax} \cos(bx) \, \mathrm{d}x = \dfrac{e^{ax}}{a^2 + b^2}(a\cos(bx) + b\sin(bx)) \\ I_2 = \int e^{ax} \sin(bx) \, \mathrm{d}x = \dfrac{e^{ax}}{a^2 + b^2}(a\sin(bx) - b\cos(bx)) \end{cases} \tag{A3.10}$$

这两个积分在 I_2 乘以 i 时同时计算,从而构成积分:

$$I = I_1 + I_2 = \int e^{ax}(\cos(bx) + \mathrm{i}\sin(bx)) \, \mathrm{d}x$$

$$I = \int e^{(a+\mathrm{i}b)x} \, \mathrm{d}x = \frac{1}{a+\mathrm{i}b} e^{(a+\mathrm{i}b)x}$$

$$I = \frac{e^{ax}(\cos(bx) + \mathrm{i}\sin(bx))(a - \mathrm{i}b)}{a^2 + b^2}$$

$$I = \frac{e^{ax}}{a^2 + b^2} [(a\cos(bx) + b\sin(bx)) + \mathrm{i}(a\sin(bx) - b\cos(bx))]$$

通过分离实部和虚部得到 I_1 和 I_2。

A3.3

$$\int x e^{ax} \, \mathrm{d}x = \frac{e^{ax}}{a}\left(x - \frac{1}{a}\right) \tag{A3.11}$$

$$\int_0^\infty x^n \exp\left(-\frac{x^2}{2\sigma^2}\right) \mathrm{d}x = \frac{(\sqrt{2}\sigma)^{n+1}}{2} \Gamma\left(\frac{n+1}{2}\right) \tag{A3.12}$$

可得[CRA 63]

$$\int_0^\infty \exp\left(-\frac{x^2}{2\sigma^2}\right) \mathrm{d}x = \sqrt{\frac{\pi}{2}}\sigma \tag{A3.13}$$

$$\int_0^\infty x\exp\left(-\frac{x^2}{2\sigma^2}\right)\mathrm{d}x = \sigma^2 \qquad (A3.14)$$

$$\int_0^\infty x^2\exp\left(-\frac{x^2}{2\sigma^2}\right)\mathrm{d}x = \sqrt{\frac{\pi}{2}}\sigma^3 \qquad (A3.15)$$

$$\int_0^\infty x^3\exp\left(-\frac{x^2}{2\sigma^2}\right)\mathrm{d}x = 2\sigma^4 \qquad (A3.16)$$

$$\int_0^\infty x^4\exp\left(-\frac{x^2}{2\sigma^2}\right)\mathrm{d}x = 3\sqrt{\frac{\pi}{2}}\sigma^5 \qquad (A3.17)$$

$$\int_0^x \exp\left(-\frac{u^2}{2\sigma^2}\right)\mathrm{d}u = \sqrt{\frac{\pi}{2}}\sigma\,\mathrm{erf}\left(\frac{x}{\sigma\sqrt{2}}\right) \qquad (A3.18)$$

应用

$$\int_{-\infty}^\infty \mathrm{e}^{-\alpha x^2}\mathrm{d}x = \sqrt{\frac{\pi}{\alpha}} \qquad (A3.19)$$

$$\int_0^\infty x^n\exp\left(-\frac{x^2}{2\sigma^2}\right)\mathrm{d}x = 2\frac{(\sqrt{2}\sigma)^{n+1}}{2}\Gamma\left(\frac{n+1}{2}\right) \qquad (A3.20)$$

A3.4

$$\int_0^{\frac{\pi}{2}} \cos^{2n}\varphi\,\mathrm{d}\varphi = \frac{\sqrt{\pi}}{2}\frac{\Gamma\left(n+\frac{1}{2}\right)}{\Gamma(n+1)} \qquad (A3.21)$$

通过下式证明了这一结果 [ANG 61]:

$$\varphi = \arccos t^{1/2}$$

可得

$$\cos^{2n}\varphi = t^n$$

和

$$I = \int_0^{\frac{\pi}{2}} \cos^{2n}\varphi\,\mathrm{d}\varphi = \frac{1}{2}\int_0^1 t^{n-\frac{1}{2}}(1-t)^{-1/2}\mathrm{d}t$$

获得欧拉积分——第一种形式:

$$B(p,q) = \int_0^1 x^{p-1}(1-x)^{q-1}\mathrm{d}x$$

这可以用伽马函数表示。

A3.5

$$I_n = \int t^n \mathrm{e}^{-\frac{t^2}{2}}\mathrm{d}t \qquad (A3.22)$$

$$I_n = (n-1)I_{n-2} - t^{n-1}e^{-\frac{t^2}{2}}$$

$$I_1 = -e^{-\frac{t^2}{2}}$$

$$J_n = \int_{-\infty}^{+\infty} t^n e^{-\frac{t^2}{2}} dt \qquad (A3.23)$$

$$J_0 = \sqrt{2\pi}$$
$$J_1 = 1$$
$$J_n = (n-1)J_{n-2} \qquad (A3.24)$$

若 $n = 2m$(n 为偶数),则

$$J_{2m} = \frac{(2m)!}{2^m m!}\sqrt{2\pi}$$

若 $n = 2m+1$(n 为奇数),则

$$J_{2m+1} = 0$$

A3.6

$$\begin{cases} A = \int_0^\infty y^{2k} e^{-ay^2} dy = \sqrt{\pi}\, 1 \cdot 3 \cdot 5 \cdots \dfrac{2k-1}{2^{k+1} a^{k+\frac{1}{2}}} \\ B = \int_0^\infty y^{2k+1} e^{-ay^2} dy = 1 \cdot 2 \cdot 3 \cdots \dfrac{k}{2a^{k+1}} \end{cases} \quad (k=1,2,3,\cdots) \quad (A3.25)$$

近似值

积分 A 可近似为

$$A \approx \frac{(k-1)!\sqrt{k}}{2a^{k+\frac{1}{2}}} \quad (k=2,3,\cdots) \qquad (A3.26)$$

在这种关系里,获得了比真实值稍高的值。当 $k=2$ 时,相对误差为 6.4%;当 $k=5$ 时,相对误差为 2.5%;当 $k=10$ 时,相对误差为 1.3%[DAV 64]。

在使用 Stirling 公式评估 $(k-1)!$ 时,其值会降低(式(A1.13)):

$$(k-1)! \approx \frac{\sqrt{2\pi}(k-1)^{k-\frac{1}{2}}}{e^{k-1}} \quad (k \geq 2) \qquad (A3.27)$$

误差使得给出的因子的值比真实值小。当 $k=2$ 时,相对误差为 -7.8%;当 $k=5$ 时,相对误差为 -2.1%;当 $k=10$ 时,相对误差为 -0.9%。对 $k \geq 2$ 积分 A 可以写成

$$A \approx \sqrt{\frac{\pi k}{2}} \frac{(k-1)^{k-\frac{1}{2}}}{e^{k-1} a^{k+\frac{1}{2}}} \qquad (A3.28)$$

如图 A3.2 所示,当 $k=2$ 时,相对误差为 -1.94%;当 $5 \leqslant k \leqslant 10$ 时,相对误差接近 0.4%;当 $k>10$ 时,相对误差低于 0.4%。

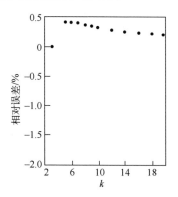

图 A3.2　使用积分 A 的近似表达式计算得到的相对误差

参考文献

[ABD 89] ABDO S. T., RACKWITZ R., Discussion with KAM J. C. P., DOVER W. D., "Fast fatigue assessment procedure for offshore structures under random stress history", *Proc. of the Institution of Civil Engineers*, Part 2, 87(1989), pp 645-649.

[ABR 70] ABRAMOWITZ M., STEGUN I., *Handbook of Mathematical Functions*, Dover Publications, Inc., New York, 1970.

[ANG 61] ANGOT A, "Compléments de mathématiques à l'usage des ingénieurs de l'électrotechnique et des télécommunications", *Editions de la Revue d' Optique*, 4th edition, Collection Scientifique et Technique du CNET, 1961.

[AGA 75] AGARWAL B. D., DALLY J. W., "Prediction of low-cycle fatigue behaviour of GFRP: an experimental approach", *Journal of Materials Science*, 10, 193-199, 1975.

[ANG 75] ANG A. H-S., MUNSE W. H., "Practical reliability basis for structural fatigue", *ASCE Structural Engineering Conference*, New Orleans, April 1975, Preprint 2494.

[ASP 63] ASPINWALL D. M., "An approximate distribution for maximum response during random vibration", *AIAA Simulation for Aerospace Flight Conference*, Columbus, Ohio, p. 326/330, 26-28 August 1963.

[AST 63] A Guide for Fatigue Testing and the Statistical Analysis of Fatigue Data, ASTM Special Technical Publication no. 91-A, 1963.

[AUS 77] AUSTEN I. M., A basic relationship for the prediction of fatigue crack growth behavior, British Steel Corporation Research, Report PT/6795/8/77, July 1977.

[AUS 78] AUSTEN I. M., "Facteurs affectant la croissance des fissures de fatigue sous corrosion dans les aciers", *European Offshore Steels Research Select Seminar*, Cambridge, UK, November 1978.

[BAD 82] BADALIANCE R., DILL H. D., POTTE J. M., "Effects of spectrum variations on fatigue life of composites", *Composite Materials: Testing and Design*, Sixth Conference, ASTM STP 787, pp. 274-286, 1982.

[BAH 78] BAHUAUD J., MOGUEROU A., VASSAL R, Critères de fatigue, CAST, Fiabilité en mécanique, INSA. Lyon, 1978.

[BAL 57] BALDWIN E. E., SOKOL G. J., COFFIN L. F., "Cyclic strain fatigue studies on AISI type 347 stainless steel", *Proc. ASTM*, vol. 57, pp. 567-586, 1957.

[BAR 62] BARENBLATT G. I., "Mathematical theory of equilibrium cracks in brittle fracture", *Advances in Applied Mechanics*, vol. VII, Academic Press, New York, 1962.

[BAR 65] BARNOSKI R. L. ,The maximum response of a linear mechanical oscillator to stationary and nonstationary random excitation, NASA-CR-340, December 1965.

[BAR 65a] BARNES J. F. , TILLY G. P. , " Assessment of thermal fatigue resistance of high temperature alloys" , *Journal of the Royal Aeronautical Society* ,69 ,343-344 ,1965.

[BAR 68] BARNOSKI R. L. , "The maximum response to random excitation of distributed structures with rectangular geometry" , *Journal Sound Vib.* ,7(3) ,333-350,1968.

[BAR 73] BARSOM J. M. , "Fatigue crack growth under variable-amplitude loading in ASTMA514-B Steel" , *Progress in Flaw Growth and Fracture Toughness Testing*, ASTM STP 536, p. 147,1973

[BAR 76] BARSOM J. M. , "Fatigue crack growth under variable-amplitude loading in various bridge steels", *Fatigue Crack Growth under Spectrum Loads*, ASTM STP 595, pp. 217-235,1976.

[BAR 77] BARROIS W. , "Fiabilité des structures en fatigue basée sur l'utilisation des résultats des essais" , Part 1: *L'Aéronautique et l'Astronautique*, 66(5) ,51-75, 1977. Part 2: *L'Aéronautique et l'Astronautique* 67(6) , 39-56,1977.

[BAR 80] BARTHELEMY B. , *Notions pratiques de mécanique de la rupture*, Editions Eyrolles, 1980.

[BAS 10] BASQUIN O. H. , " The exponential law of endurance tests" , *Proceedings ASTM*, vol 10, 625 – 630,1910.

[BAS 75] BASTENAIRE F. , "Estimation et prévision statistiques de la résistance et de la durée de vie des matériaux en fatigue" , *Journée d'étude sur la Fatigue*, University of Bordeaux 1, 29 May 1975.

[BAU 81] BAUSCHINGER J. , "Change of position of the elastic limit under cyclical variations of stress" , *Mitteilungen des Mechanisch-Technischen Laboratorium*, vols. 13 and 15, Munich, 1881.

[BEC 81] BECHER P. E. , HANSEN B. , *Statistical Evaluation of Defects in Welds and Design Implications*, Danish Welding Institute, Danish Atomic Energy Commission Research Establishment, 1981.

[BEL 59] BELCHER P. M. , VAN DYKE J. D. Jr. , ESHLEMAN A. , A procedure for designing and testing aircraft structure loaded by jet engine noise, *Technical Paper no. 893*, Douglas Aircraft Company, Inc. , March 1959.

[BEL 76] BELL P. D. , WOLFMAN A. , "Mathematical modeling of crack growth interaction effects" , *Fatigue Crack Growth Under Spectrum Loads*, ASTM STP 595, 157-171, 1976.

[BEN 46] BENNETT J. A. , "A study of the damaging effect of fatigue stressing on X 4130 steel" , Proceedings, *American Society for Testing Materials*, vol. 46, 693-711, 1946.

[BEN 58] BENHAM P. P. , "Fatigue of metals caused by a relatively few cycles of high load or strain amplitude" , *Metallurgical Reviews*, 3, 1958, 11.

[BEN 61] BENDAT J. S. , ENOCHSON L. D. , KLEIN G. H. , PIERSOL A. G. , The application of statistics to the flight vehicle vibration problem, ASD Technical Report 61-123, December 1961.

[BEN 64] BENDAT J. S. , Probability functions for random responses: prediction of peaks, fatigue damage and catastrophic failures, NASA CR-33, April 1964.

[BEN 04] BENASCIUTTI D. , Fatigue analysis of andom loadings, PhD Thesis, University of Ferrera, Italy, 2004.

[BEN 05] BENASCIUTTI D. , TOVO R. , "Spectral methods for life time prediction under wide-band stationary random processes" , *Int. J. Fatigue*, 27 (8) , 867-877, August 2005.

[BEN 06] BENASCIUTTI D. , TOVO R. , "Comparison of spectral methods for fatigue analysis in broad-band Gaussian random processes" , *Prob. Eng. Mech.* , 21 (4) , p. 287-299, 2006.

[BEN 07] BENASCIUTTI D., TOVO R., "On fatigue damage assessment in bimodal random processes", *Int. J. Fatigue*, 29(2):232-244, 2007.

[BER 77] BERNSTEIN M., "Single mode stress required for equivalent damage to multimode stress in sonic feature", *AIAA Dynamics Specialist Conference*, San Diego, California, p. 191-197, 24-25 March 1977.

[BER 79] BERGMANN J. W., SEEGER T., "On the influence of cyclic stress – strain curves, damage parameters and various evaluation concepts on the prediction by the local approach", *Proc 2nd European Coll. on Fracture*, Darmstadt, FRG; VDI-Report of progress 18 No 6 (1979).

[BER 83] BERTHEL J. D., CLERIVET A., BATHIAS C., "On the relation between the threshold and the effective stress – intensity factor range during complex cyclic loading", *Fracture Mechanics: Fourteenth Symposium*, volume I: Theory and Analysis, ASTM STP 791, pp. I-336-I-379, 1983.

[BIR 68] BIRNBAUM Z. W., SAUNDERS S. C., "A probabilistic interpretation of Miner's rule", *SIAM Journal Appl. Math.* 16(3), 637-652, May 1968.

[BIR 69a] BIRNBAUM Z. W., SAUNDERS S. C., "A new family of life distributions", *Journal Appl. Prob.* 6, 319-327, 1969.

[BIR 69b] BIRNBAUM Z. W., SAUNDERS S. C., "Estimation for a family of life distributions with applications to fatigue", *Journal Appl. Prob.* 6, 328-347, 1969.

[BIS 88] BISHOP N. W. M., The use of frequency domain parameters to predict structural fatigue, PhD Thesis, University of Warwick, December 1988.

[BIS 95] BISHOP N. W. M., WANG R., LACK L., "A frequency domain fatigue predictor for wind turbine blades including deterministic components", *Proceedings of the BWEA Conference*, p. 53-58, 1995.

[BIS 99] BISHOP N., "Vibration fatigue analysis in the finite element environment", *XVI Encuentro Del Grupo Español De Fractura*, Torremolonos, Spain, 14-16, April 1999.

[BIS 00] BISHOP N., SHERRATT F., Finite element based fatigue calculations, NAFEMS, The International Association for the Engineering Analysis community, Farham, UK, July 2000.

[BIS 03] BISHOP N. W. M., DAVIES N., A CASERIOL A., KERR A. S., "Fatigue Analysis of an F16 Navigation Pod", *Proceedings of the International Conference on Recent Advances in Structural Dynamics 2*, p. 815-832, Institute of Sound and Vibration Research, University of Southampton, 2003.

[BLA 46] BLAND R. B., PUTNAM A. A., "Cumulative damage in fatigue. Discussion on Ref. {104}", *Journal of Applied Mechanics*, 13, A169-A171, 1946.

[BLA 69] BLAKE R. E., BAIRD W. S., "Derivation of design and test criteria", *Proceedings IES*, p. 128-138, 1969.

[BLA 78] BLANKs H. S., "Exponential excitation expansion: a new method of vibration testing", *Microelectronics and Reliability*, 17, 575-582, 1978.

[BOE 65] BOETTNER R. C., LAIRD C., Mc EVILY A., "Crack nucleation and growth in high strain–low cycle fatigue", *Transactions of the Metallurgical Society of AIME*, 233(1), 379-387, Feb. 1965.

[BOG 78a] BOGDANOFF J. L., "A new cumulative damage model, Part 1", *Trans. of the ASME, Journal of Applied Mechanics*, 45, 246-250, June 1978.

[BOG 78b] BOGDANOFF J. L., KRIEGER W., "A new cumulative damage model, Part 2", *Trans. of the ASME, Journal of Applied Mechanics*, 45, 251-257, June 1978.

[BOG 78c] BOGDANOFF J. L., "A new cumulative damage model, Part 3", *Journal of Applied Mechanics*, 45

(4), 733-739, December 1978.

[BOG 80] BOGDANOFF J. L., KOZIN F., "A new cumulative damage model, Part 4", *Journal of Applied Mechanics*, 47(1), 40-44, March 1980.

[BOG 81] BOGDANOFF J. L., KOZIN F., "On a new cumulative damage model for fatigue", *27th Proc. Ann. Reliability and Maintainability Symposium*, Philadelphia, 27/29 p. 9-18, January 1981.

[BOL 84] BOLOTIN V. U., *Random Vibrations of Elastic Systems*, Martins Nishoff, The Hague, 1984.

[BOO 66] BOOTH R. T., WRIGHT D. H., A ten-station machine for variable load fatigue tests, MIRA-Report no. 1966/14, October 1966.

[BOO 69] BOOTH R. T., WRIGHT D. H., SMITH N. P., Variable-load fatigue testing. Second report: test with small specimens. A comparison of loading patterns, and the influence of occasional high loads, MIRA Report no. 1969/9, April 1969.

[BOO 70] BOOTH R. T., WRIGHT D. H., Variable-load fatigue testing. Fourth report: Tests with small specimens. The influence of high and low loads, and the effect of speed, in stationary-random loading with L736 aluminium alloy, MIRA Report no. 1970/13, September 1970.

[BOO 76] BOOTH R. T., KENEFECK M. N., Variable-load fatigue. Sixth report: the effect of amplitude distribution shape in stationary random loading, MIRA Report 1976/2, September 1976.

[BOU 93] BOUSSY V., NABOISHIKOV S. M., RACKWITZ R., "Comparison of analytical counting methods for Gaussian processes", *Structural Safety*, 12, 35-57, 1993.

[BOY 86] BOYER H. E. (ed.) *Atlas of Fatigue Curves*, American Society for Metals, 1986.

[BRA 64] BRANGER J., Second seminar on fatigue and fatigue design, Tech. Rep. no. 5, Columbia University, Inst. for the Study of Fatigue and Reliability, June 1964.

[BRA 71] BRANGER J., "The influence of modifications of a fatigue history loading program, Advanced Approaches to Fatigue Evaluation", *Proc. 6th ICAF Symposium*, Miami Beach, NASA SP 309, 1972, 485-540, May 1971.

[BRA 80a] BRAND A., SUTTERLIN R., *Calcul des pièces à fatigue. méthode du gradient*, CETIM, 1980.

[BRA 80b] BRAND A., FLAVENOT J. F., GREGOIRE R., TOURNIER C., *Recueil de données technologiques sur la fatigue*, CETIM, 1980.

[BRA 81] BRAND A., "Approche classique du problème de fatigue. Définitions. Diagrammes. Facteursd'influence", *Mécanique-Matériaux-Electricité*, no. 375/376/377, (3-4-5/1981), p. 151-166.

[BRI 44] BRIDGMAN P. W., "The stress distribution at the neck of a tension specimen", *Trans. Of the Am. Soc. for Metals*, vol. 32, pp. 553-574, 1944.

[BRO 36] BROPHY G. R., "Damping capacity, a factor in fatigue", *Transactions, American Society of Metals*, 24, 154-174, 1936.

[BRO 63] BROEK D., SCHIJVE J., The influence of the mean stress on the propagation of fatigue cracks in aluminum alloy sheets, NLR Report TR M2111, National Aeronautical and Astronautical Research Institute, Amsterdam, January 1963 (or "The influence of the mean stress on the propagation of fatigue cracks in light alloy sheet. An investigation into the effect of reducing stress levels on the rate of crack propagation", *Aircraft Engineering* 39, 13-18, March 1967).

[BRO 68a] BROCH J. T., "On the damaging effects of vibration", *Brüel and Kjaer Technical Review*, no. 4, 1968.

[BRO 68b] BROCH J. T. , "Effets de la fonction de distribution des crêtes sur la fatigue sous sollicitations aléatoires". *Brüel and Kjaer Technical Review*, no. 1, 1968.

[BRO 70a] BROCH J. T. , "Peak-distribution effects in random-load fatigue", *Effects of Environment and Complex Load History of Fatigue Life*, ASTM STP 462, 105–126, 1970.

[BRO 70b] BROWN G. W. , IKEGAMI R. , "The fatigue of aluminum alloys subjected to random loading", *Experimental Mechanics*, 10(8), 321–327, August 1970.

[BRO 78] BROEK D. , *Elementary Engineering Fracture Mechanics*, Sijthoff and Noordhoff, Alphen aan den Rijn, The Netherlands, 1978.

[BRO 71] BRUSSAT T. R. , "An approach to predicting to growth to failure of fatigue cracks subjected to arbitrary uniaxial cyclic loading", *Damage Tolerance in Aircraft Structures*, ASTM STP 486, p. 122, 1971.

[BSI 80] BS 5400: Steel, Concrete and Composite Bridges. 1980. Part 10: Code of practice for fatigue, London, British Standard Institute (BSI).

[BUC 77] BUCH A. , Effect of loading-program modifications in rotating-bending tests on fatigue damage cumulation in aircraft material specimens, TAE no. 325, Technion, Israel Inst. of Technol. , no. 78, 25452, November 1977.

[BUC 78] BUCH A. , "The damage sum in fatigue of structure components", *Engineering Fracture Mechanics*, 10, 233–247, 1978.

[BUI 71] BUI-QUOC T. , DUBUC J. , BAZERGUI A. , BIRON A. , "Cumulative fatigue damage under stress-controlled conditions", *Journal of Basic Engineering*, *Transactions of the ASME*, 93, 691–698, 1971.

[BUI 80] BUI-QUOC, "Cumul du dommage en fatigue", Chapter 10 of *La fatigue des matériaux et des structures*, BATHIAS C. and BAÏLON J–. P. (eds.), Maloine S. A. , 1980.

[BUI 82] BUI-QUOC T. , "Cumulative damage with interaction effect due to fatigue under torsion loading", *Experimental Mechanics*, 180–187, May 1982.

[BUR 56] BURNS A. , Fatigue loadings in flight: loads in the tailplane and fin of a varsity, Aeronautical Research Council Technical Report CP 256, London, 1956.

[BUR 01] BURTON T. , SHARPE D. , JENKINS N. , BOSSANYI E. , *Wind Energy Handbook*, John Wiley & Sons, New York, 2001.

[BUS 67] BUSSA S. L. , *Fatigue Life of a Low Carbon Steel Notched Specimen under Stochastic Conditions*, Advanced Test Engineering Department, Ford Motor Company, 1967.

[BUS 72] BUSSA S. L. , SHETH N. J. , SWANSON R. S. , "Development of a random load life prediction model", *Materials Research and Standard*, 12(3), 31–43, March 1972.

[BUX 66] BUXBAUM O. , Statistische Zählverfahren als Bindeglied zwischen Beanspruchungsmessung und Betriebsfestigkeitversuch, LBF Report, Nr TB. 65, 1966.

[BUX 73] BUXBAUM O. , "Methods of stress-measurement analysis for fatigue life evaluation", *Fatigue Life Prediction For Aircraft Structures and Materials*, N73 – 29924 to 29934, AGARD Lecture Series, no. 62, May 1973.

[CAR 73] CARTWRIGHT D. J. , ROOKE D. P. , Methods of determining stress intensity factors, RAE – Technical Report 73031, 1973.

[CAR 73a] CARDRICK A. W. , Fatigue in carbon fibre reinforced plastic structures – A review of the problems, RAE Technical Report 73183, Dec. 1973, Proc. of the Seventh ICAF Symposium, London, July 1973.

[CAR 74] CARMAN S. L. , "Using fatigue considerations to optimize the specification of vibration and shock tests" , *IES Proceedings* , 83-87, 1974.

[CAR 74a] CARTWRIGHT D. J. , ROOKE D. P. , "Approximate stress intensity factors compounded from know solutions" , *Engng Fracture Mech.* , 6, 563, 1974.

[CAU 61] CAUGHEY T. K. , STUMPF H. J. , "Transient response of a dynamic system under random excitation" , *Transactions of the ASME* , *Journal of Applied Mechanics* , 28, 563-566, December 1961.

[CAZ 69] CAZAUX R, POMEY G. , RABBE P. , JANSSEN Ch. , *La fatigue des matériaux* , Dunod, 1969.

[CHA 74] CHABOCHE J. L. , "Une loi différentielle d'endommagement de fatigue avec cumulation non linéaire" , *Revue Française de Mécanique* , 50-51, 71-78, 1974.

[CHA 78] CHAKRABARTI A. K. , "An energy-balance approach to the problem of fatigue-crack growth" , *Engineering Fracture Mechanics* , 10, 469-483, 1978.

[CHA 85] CHAUDHURY G. K. , DOVER W. D. , "Fatigue analysis of offshore platforms subject to sea wave loadings" , *International Journal of Fatigue* , 7(1) , 13-19, January 1985.

[CHE 66] CHENG D. K. , *Analysis of Linear Systems* , Addison Wesley Publishing Company, Inc. , 1966.

[CHR 65] CHRISTENSEN R. H. , "Growth of fracture in metal under random cyclic loading" , *International Conference on Fracture* , Sendai, Japan, September 1965.

[CLK 70] CLARK W. G. , WESSEL E. T, "Application of fracture mechanics technology to medium-strength steels" , *Review of Developments in Plane Strain Fracture Toughness Testing* , ASTM STP 463, 160-190, 1970.

[CLE 65] CLEVENSON S. A. , STEINER R. , "Fatigue life under various random loading spectra" , *The Shock and Vibration Bulletin* , no. 35, Part II, 1965, p. 21-31 , (or, Fatigue life under random loading for several power spectral shapes, Technical Report NASA-R-266, September 1967).

[CLE 66] CLEVENSON S. A. , STEINER R. , "Fatigue life under various random loading spectra" , *The Shock and Vibration Bulletin* , no. 35, Part 2, 21-31, January 1966.

[CLE 77] CLEVENSON S. A. , STEINER R. , Fatigue life under random loading for several power spectral shapes, NASA, TR-R-266, September 1977.

[CLI 64] Mc CLINTOCK F. A. , IRWIN G. R. , "Plasticity aspects of fracture mechanics" , *Symposium on Fracture Toughness* , ASTM STP 381, pp. 84/113, June 1964.

[COF 54] COFFIN L. F. , "A study of the effects of cyclic thermal stresses on a ductile metal, transactions". *American Society of Mechanical Engineers* , TASMA, 76, 931-950, 1954.

[COF 62] COFFIN L. F. , "Low cycle fatigue: a review" , *Applied Materials Research* , 1 (3) , 129 - 141, October 1962.

[COF 69] COFFIN L. F. , "Predictive parameters and their application to high-temperature low-cycle fatigue". *Proc. 2nd Int. Conf. Fracture* , Brighton, 13/18 April 1969, 643-654, Chapman and Hall, London, 1969.

[COF 69a] COFFIN L. F. , A generalized equation for predicting high-temperature, low-cycle fatigue including hold time" , General Electric Research and Development Center, Report 69-C-401, Dec. 1969.

[COF 69b] COFFIN L. F, "The effect of frequency on high-temperature, low-cycle fatigue" , *Proc. of the Air Force Conference on Fatigue and Fracture Aircraft Structures and Materials* , Miami Beach, Florida, 15-18 December 1969, 301-311, AFFDL TR 70-144, 1970.

[COF 71] COFFIN L. F. Jr. , "A note on low cycle fatigue laws" , *Journal of Materials* , 6(2) , 388-402, 1971.

[COL 65] COLES A. , SKINNER D. , "Assessment of thermal fatigue resistance of high temperature alloys" ,

Journal of the Royal Aeronautical Society 69,53-55,1965.

[CON 78] CONLE A. ,TOPPER T. H. ,"Evaluation of small cycle omission criteria for shortening of fatigue", *Proceedings SEECO*, *Soc. Environ. Engr. Fat. Grp*,1978,p. 10. 1/10. 17.

[COP 80] COPE R. ,BALME A. "Le comportement en fatigue des polyesters renforcés de fibres de verre", *Cahiers du Centre Scientifique et Technique du Batiment*,no. 212,September 1980,Cahier 1663.

[COR 56] CORTEN H. ,DOLAN T. ,"Cumulative fatigue damage", *IME - ASME Int. Conf. on Fatigue of Metals*,London,September 235-246,1956.

[COR 59] CORTEN H. ,DOLAN T. ,"Progressive damage due to repeated loading", *Fatigue of Aircraft Structures Proc.* ,WADC-TR-59. 507,August 1959.

[COS 69] COST T. B. ,*Cumulative Structural Damage Testing*,Naval Weapons Center,TP 4711,October 1969.

[CRA 62] CRANDALL S. H. MARK W. D. ,KHABBAZ G. R. ,The variance in Palmgren-Miner damage due to random vibration,AFOSR 1999,January 1962,ASTIA: AD 271151, or *Proceedings*, US *National Congress of Applied Mechanicals*,Berkeley,California,119-126,June 1962.

[CRA 63] CRANDALL S. H. ,MARK W. D. ,*Random Vibration in Mechanical Systems*,Academic Press,1963.

[CRA 66] CRANDALL S. H. ,CHANDIRAMANI K. L. ,COOK R. G. ,"Some first-passage problems in random vibration". *Transactions of the ASME*,*Journal of Applied Mechanics*,532-538,September 1966.

[CRA 70] CRANDALL S. H. ,"Firstly-crossing probabilities of the linear oscillator", *Journal Sound Vib.* , 12 (3),285-299,1970.

[CRE 56a] CREDE C. E. ,"Concepts and trends in simulation",The Shock and Vibration Bulletin,23,1-8, June 1956.

[CRE 56b] CREDE C. E. ,LUNNEY E. J. ,Establishment of vibration and shock tests for missile electronics as derived from measured environment,WADC Tech. Report 56-503,WADC Patterson AFB,Ohio,1956.

[CRE 57] CREDE C. E. ,"Criteria of damage from shock and vibration",*The shock and Vibration Bulletin*,25, Part II,227-232,1957.

[CUR 71] CURTIS A. J. ,TINLING N. G. ,ABSTEIN H. T. ,"Selection and performance of vibration tests",*The Shock and Vibration Information Center*,SVM 8,1971,United States Department of Defence.

[CUR 82] CURTIS A. J. ,MOITE S. M. ,"The effects of endurance limit and crest factor on time to failure under random loading", *The Shock and Vibration Bulletin*,52,Part 4,21-24,May 1982.

[CZE 78] CZECHOWSKI A. ,LENK A. ,"Miner's rule in the mechanical tests of electronic parts", *IEEE Transactions on Reliability*,R27(3),183-190,August 1978.

[DAV 64] DAVENPORT A. G. ,"Note on the distribution of the largest value of a random function with application to gust loading",*Proceedings Institution of Civil Engineers*,28,187-196,London,1964.

[DAV 79] DAVENPORT R. T. ,BROOK R. ,"The threshold stress intensity range in fatigue",*Fatigue of Engineering Materials and Structures*,1(2),151-158,1979.

[DEI 72] DEITRICK R. E,"Confidence in production units based on qualification vibration (U)",*The Shock and Vibration Bulletin*,Part 3,42,99-110,1972.

[DEJ 70] DE JONGE J. B. ,"The monitoring of fatigue loads",*7th International Council of the Aeronautical Sciences*,Rome,Italy,14-18 Paper ICAS 70-31,September 1970.

[DEN 62] DENEFF,G. V. ,Fatigue Prediction Study,WADD TR-61-153 (AD-273 894),January 1962.

[DEN 71] DENGEL D. ,Einige grundlegende gesichtspunkte für die Planung und Auswertung von Danerschingversuchen, Material Prüfung 13, no. 5, 145-180, 1971.

[DER 79] DER KIUREGHIAN A., "On response of structures to stationary excitation", *Earthquake Engineering Research Center Report* no. UCB/EERC 79/32, College of Engineering, University of California, Berkeley, December 1979.

[DES 75] Design against fatigue, Basic design calculations, Engineering Sciences Data Unit, Data Item no. 75022, 1975.

[DEV 86] DE VIS D., SNOEYS R., SAS P., "Fatigue lifetime estimation of structures subjected to dynamic loading", *AIAA Journal*, 24(8), 1362-1367, August 1986.

[DEW 86] DE WINNE J., "Equivalence of fatigue damage caused by vibrations", *IES Proceedings*, 227-234, 1986.

[DIR 85] DIRLIK T., Application of computers in fatigue analysis, University of Warwick, PhD Thesis, 1985.

[DIT 86] DITLEVSEN O., OLESEN R., "Statistical analysis of the Virkler data on fatigue crack growth", *Engineering Fracture Mechanics*, 25(2), 177-195, 1986.

[DOL 49] DOLAN T. J., RICHART F. E., Work C. E., "The influence of fluctuations in stress amplitude on the fatigue of metals", *Proceedings ASTM*, 49, 646-682, 1949.

[DOL 52] DOLAN T. J., BROWN H. F., "Effect of prior repeated stressing on the fatigue life of 75S-T aluminum", *Proceedings ASTM*, 52, 1-8, 1952.

[DOL 57] DOLAN T. J., "Cumulative damage from vibration", *The shock and Vibration Bulletin*, no. 25, Part 2, 200-220, 1957.

[DOL 59] DOLAN T. J, "Basic concepts of fatigue damage in metals", *Metal Fatigue*, McGraw-Hill, New York, 39-67, 1959.

[DON 67] DONELY P., JEWEL J. W., HUNTER P. A., "An assessment of repeated loads on general aviation and transport aircraft", *Proceedings 5th ICAF Symposium "Aircraft Fatigue-Design Operational and Economic Aspects"*, Melbourne, Australia, May 1967.

[DOW 72] DOWLING N. E., "Fatigue failure predictions for complicated stress-strain histories", *Journal of Materials*, 7(1), 71-87, March 1972, (or University of Illinois, Urbana, Dept. of Theoretical and Applied Mechanics, Report no. 337, 1971).

[DOW 76] DOWLING N. E., BEGLEY J. A., "Fatigue crack growth during gross plasticity and the J-integral", *Mechanics of Crack Growth*, ASTM STP 590, 83-103, 1976.

[DOW 82] DOWNING S. D., SOCIE D. F., "Simple rainflow counting algorithms", *International Journal of Fatigue*, 4, 31-40, January 1982.

[DOW 87] DOWNING S. D., SOCIE D. F., "Simple rainflow counting algorithms", *International Journal of Fatigue*, 9(2), 119-121, 1987.

[DOW 04] DOWLING N. E., "Mean stress effect in stress-life and strain-life fatigue", SAE Paper No. 2004-01-2227, *Fatigue 2004: Second SAE Brasil International Conference on Fatigue*, San Paulo 2004.

[DUB 71] DUBUC J., BUI-QUOC T., BAZERGUI A., BIRON A., "Unified theory of cumulative damage in metal fatigue", *Weld. Res. Council*, WRC Bulletin 162, 1-20, June 1971.

[DUB 71a] DUBUC J., BAZERGUI A., BIRON A., "Cumulative fatigue damage under strain controlled conditions", *Journal of Materials*, 6(3), 718-737, Sept. 1971.

[DUN 68] DUNEGAN H. L., HARRIS D. O., TATRO C. A., "Fracture analysis by use of acoustic emission",

Engineering Fracture Mechanics, 1(1), 105-122, June 1968.

[ECK 51] ECKEL J. F., "The influence of frequency on the repeated bending life of acid lead", *Proceedings ASTM*, 51, 745-760, 1951.

[EDW 77] EDWARDS P. R., RYMAN R. J., COOK R., "Fracture mechanics prediction of fretting fatigue", *Proceedings of the 9th ICAF Symposium*, Fatigue Life of Structures under Operational Loads, Darmstadt, May 11-12, 1977, LBF Report NO. TR 136, 1977, pp. 4. 6. 1/4. 6. 46.

[EFT 72] EFTIS J., LIEBOWITZ H., "On the modified Westergaard equations for certain plane crack problems", *Int. J. Fracture Mech.* 8(4), 383-392, Dec. 1972.

[ELB 71] ELBER W., "The significance of fatigue crack closure", *Damage Tolerance in Aircraft Structures*, ASTM STP 486, 230-242, 1971.

[ELD 61] ELDRED K., ROBERTS W. M., WHITE R., Structural vibrations in space vehicles, WADD Technical Report 61-62, December 1961.

[END 67] ENDO T., MORROW J. D., *Cyclic Stress Strain and Fatigue Behavior of Representative Aircraft Metals*, American Society for Testing and Materials, 70th Annual Meeting, Boston, Mass., June 1967.

[END 74] ENDO T., MITSUNAGA K., TAKAHASHI K., KOBAYASHI K., MATSUISHI M., "Damage evaluation of metals for random or varying loading. Three aspects of rain flow method", *Proceedings 1974, Symp. Mech. Behaviour Matls Soc*, Material Sci. I., Japan, 371-380, 1974.

[EPR 52] EPREMIAN E., MEHL R. F., Investigation of statistical nature of fatigue properties, NACA Technical Note 2719, June 1952.

[ERD 67] ERDOGAN F., Crack propagation theories, NASA CR 901, 1967.

[ERD 68] ERDOGAN F., "Cracks-propagation theories", *Fracture - An advanced treatise*, LIEBOWITZ. H. (ed.), vol. II, Academic Press, 497-590, 1968.

[ERD 70] ERDOGAN F., RATWANI M., "Fatigue and fracture of cylindrical shells containing a circumferential crack", *Int. Journal Fracture Mech.*, 6, 379-392, 1970.

[ERD 83] ERDOGAN F., "Stress intensity factors", *Transactions of the ASME*, Journal of Applied Mechanics, 50 (4b), 992-1002, December 1983.

[ESH 59] ESHLEMAN A. L., VAN DYKE J. D., BELCHER P. M., A procedure for designing and testing aircraft structure loaded by jet engine noise, Douglas Engineering Paper no. 692, Douglas Aircraft Co, Long Beach, California, March 1959.

[ESH 64] ESHLEMAN A. L., VAN DYKE J. D., A rational method of analysis by matrix methods of acoustically-loaded structure for prediction of sonic fatigue strength, Douglas Engineering Paper no. 1922, April 1964.

[ESI 68] ESIN A., "The microplastic strain energy criterion applied to fatigue", *Transactions ASME*, 28-36, March 1968.

[EUG 65] EUGENE J., "Statistical theory of fatigue crack propagation", *Current Aeronautical Fatigue Problems*, Pergamon Press, Inc. New York, 215, 1965.

[EUR 93] EUROCODE 3, Design of Steel Structures, 1993, Part 1-9: Fatigue strength of steel structures, European Norm EN 1993-1-9.

[EXP 59] Experimental investigation of effects of random loading on the fatigue life of notched cantilever-beam specimens of 7075-T6 aluminium alloy, NASA Memo 4-12-59L, June 1959.

[FAC 72] FACKLER W. C. , *Equivalence Techniques for Vibration Testing*, NRL, Technical Information Division, SVM 9, 1972.

[FAT 77] Fatigue Life Estimation under Variable Amplitude Loading, Engineering Sciences Data Unit, 77 004, London, 1977.

[FAT 93] Fatigue sous sollicitations d'amplitude variable. Méthode Rainflow de comptage des cycles, Norme AFNOR A 03-406, November 1993.

[FDL 62] Establishment of the Approach to, and Development of, Interim Design Criteria for Sonic Fatigue, Aeronautical Systems Division, Flight Dynamics Laboratory, Wright-Patterson Air Force Base, Ohio, ASD-TDR 62-26, AD 284 597, June 1962.

[FED 67] FEDDERSEN C. E. , *Plane Strain Crack Toughness Testing of High Strength Metallic Materials*, ASTM STP 410, 77-79, 1967.

[FEL 59] FELTNER C. E. , Strain hysteresis, energy and fatigue fracture, TAM Report 146, University of Illinois, Urbana, June 1959.

[FEO 69] FEODOSSIEV V. , *Résistance des matériaux*, Editions de la Paix, Moscow, 1969.

[FER 55] FERRO A. , ROSSETTI U. , "Contribution à l'étude de la fatigue des matériaux avec essais à charge progressive", *Colloque de Fatigue*, Springer Verlag, Berlin, 24-34, 1955.

[FID 75] FIDERER L. , "Dynamic environment factors in determining electronic assembly reliability", *Microelectronics and Reliability*, 14, 173-193, 1975.

[FOR 61] FORD D. G. , GRAFF D. G. , PAYNE A. O. , " Some statistical aspects of fatigue life variation. Fatigue of Aircraft Structures", BARROIS W. and RIPLEY E. L. (eds.), *Proceedings 2nd ICAF Symposium*, Paris, 179-208, 16/18 May 1961.

[FOR 62] FORREST P. G. , *Fatigue of Metals*, Pergamon Press, London, 1962.

[FOR 67] FORMAN R. G. , KEARNEY V. E. , ENGLE R. M. , "Numerical analysis of crack propagation in cyclic-loaded structures", *Journal of Basic Engineering* 89(3), 459-464, Sept. 1967.

[FOR 72] FORMAN R. G. , "Study of fatigue crack initiation from flaws using fracture mechanics theory", *Engng. Fract. Mech.* , 4, 333-345, 1972.

[FOR 74] FORREST P. G. , *Fatigue of Metals*, Pergamon Press, Oxford, 1974.

[FRA 59] FRALICH R. W. , Experimental investigation of effects of random loading on the fatigue life of notched cantilever-beam specimens of 7075-T6 aluminium alloy, NASA, 4-12-59L, 1959.

[FRA 61] FRALICH R. W. , Experimental investigation of effects of random loading on the fatigue life of notched cantilever-beam specimens of SAE 4130 normalized steel, NASA TND 663, February 1961.

[FRE 53] FREUDENTHAL A. M. , GUMBEL E. J. , "On the statistical interpretation of fatigue tests", *Proceedings of the Royal Society of London*, Ser. A, 216, 309-322, 1953.

[FRE 55] FREUDENTHAL A. M. , "Physical and statistical aspects of cumulative damage", *IUTAM Colloquium on Fatigue*, edited by Weihill and Odqvist, Stockholm, 1955.

[FRE 56] FREUDENTHAL A. M. , "Cumulative damage under random loading", *IME-ASME -Conference on Fatigue of Metals*, Session 3, Paper 4, 257-261, 1956.

[FRE 58] FREUDENTHAL A. M. , HELLER R. A. , On Stress Interaction in Fatigue and a Cumulative Damage Rule, WADC-TR-58-69, Wright-Patterson AFB, Ohio, June 1958, (or *Journal Aerospace Science*, 26(7), 431-442, July 1959).

[FRE 60] FREUDENTHAL A. M. ,*Fatigue of Structural Metals under Random Loading*,ASTM 67b,1960.

[FRE 61] FREUDENTHAL A. M. ,*Fatigue of Materials and Structures under Random Loading*, WADC-TR-59-676,Wright-Patterson AFB,Ohio,March 1961.

[FRE 68] FREUDENTHAL A. M. , "Some remarks on cumulative damage in fatigue testing and fatigue design",*Welding in the World*,6(4),Document 11s-311-68,1968.

[FRO 58] FROST N. E. ,DUGSDALE D. S. , "The propagation of fatigue cracks in sheet specimen",*Journal of the Mechanics and Physics of Solids*,6,92-110,1958.

[FRO 67] FROST N. E. , DIXON J. R. , "A theory of fatigue crack growth",*Int. J. Fracture Mech.*, 3, 301-316,1967.

[FRO 75] FROST N. E. , "The current state of the art of fatigue:its development and interaction with design", *Journal of the Society of Environmental Engineers*,14(65),21-28,June 1975.

[FU 00] FU T. T. ,CEBON D. , "Predicting fatigue lives for bimodal stress spectral densities" *Int. J. Fatigue*, vol. 22:p. 11-21,2000.

[FUC 77] FUCHS H. O. ,NELSON D. V. ,BURKE M. A. ,TOOMAY T. L. ,*Shortcuts in Cumulative Damage Analysis*,*Fatigue Under Complex Loading*,145-162,SAE 1977.

[FUC 80] FUCHS H. O. , STEPHENS R. I. , *Metal Fatigue in Engineering*, John Wiley & Sons, New York,1980.

[FUL 61] FULLER J. R. , "Cumulative fatigue damage due to variable-cycle loading",*Noise Control*,July/August 1961,(or *The Shock and Vibration Bulletin*,Part IV,no. 29,253-273,1961).

[FUL 62] FULLER R. J. ,Research on techniques of establishing random type fatigue curves for broad band sonic loading,ASTIA - The Boeing Co Report no. ASD-TDR-62-501,October 1962,(or National Aero Nautical Meeting,SAE Paper 671C,April 1963).

[FUL 63] FULLER J. R. ,Research on Techniques of Establishing Random Type Fatigue Curves for Broad Band Sonic Loading,Society of Automotive Engineers,SAE Paper 671C,National Aeronautical Meeting,Washington, DC,8/11 April 1963.

[GAL 74] GALLAGHER J. P. ,STALNAKER H. D. , "Methods for analyzing fatigue crack growth rate behavior associated with flight-by-flight loading",*AIAA/ASME/SAE*,*15th Structures*,*Structural Dynamics and Materials Conf.*,Las Vegas,April 1974.

[GAO 08] Gao Z. ,Stochastic Response Analysis of Mooring Systems with Emphasis on Frequency-domain Analysis of Fatigue due to Wide-band Response Processes,Theses at NTNU,Norwegian University of Science and Technology,Faculty of Engineering Science and Technology,Department of Marine Technology Trondheim, February 2008.

[GAO 08a] Gao Z. , MOAN T. , " Frequency - domain fatigue analysis of wide - band stationary Gaussian processes using a trimodal spectral formulation",*International Journal of Fatigue*,volume 30,Issues 10-11, October-November 2008,Pages 1944-1955.

[GAS 65] GASSNER E. ,SCHÜTZ W. , "Assessment of the allowable design stresses and the corresponding fatigue life",*Proceedings of the 4th Symposium of the International Committee on Aeronautical Fatigue* (Fatigue Design Procedures),GASSNER E. and SCHÜTZ W. (eds.),Pergamon Press,Munich,June 1965.

[GAS 72] GASSNER E. , "Fatigue resistance of various materials under random loading",*Fatigue Life of Structures under Operational Loads*,*Proceedings of the 9th ICAF Symposium*,Darmstadt,11-12 May 1972,LBF Report NO. TR 136,1977,p. 3. 5. 1/3. 5. 34.

[GAS 76] GASSNER E. ,LOWAK H. ,SCHÜTZ D. ,Bedeutung des Unregelmäßigkeit Gauβ'scher Zufallsfolgen für Betriebsfestigkeit,Laboratorium für Betriebsfestigkeit,Darmstadt,Report Nr. FB-124,1976.

[GAS 77] GASSNER E. ,Fatigue resistance of various materials under random loading,LBF Report,1977.

[GAT 61] GATTS R. R. ,"Application of a cumulative damage concept to fatigue",Transactions ASME,Journal Bas Eng. ,83,529-540,1961.

[GAT 62a] GATTS R. R. ,"Cumulative fatigue damage with random loading",ASME Transactions,Journal Basic Eng. ,84(3),403-409,September 1962.

[GAT 62b] GATTS R. R. ,"Cumulative fatigue damage with progressive loading",ASME Paper 62-WA-292,1962.

[GER 59] GERBERICH W. W. ,Syracuse University Research Institute,Report no. MET 575-5961,1959.

[GER 61] GERTEL M. ,"Specification of laboratory tests",Shock and Vibration Handbook,HARRIS C. M. and CREDE C. E. (eds.),vol. 2,no. 24,McGraw-Hill,1961.

[GER 62] GERTEL M. ,"Derivation of shock and vibration tests based on measured environments",The Shock and Vibration Bulletin,Part II,no. 31,1962,p. 25/33,or The Journal of Environmental Sciences,14-19,December 1966.

[GER 66] GERKS I. F. ,Optimization of Vibration Testing Time,Collins Radio Company,June 1966.

[GER 74] GERBER W. ,"Bestimmung der Zulossigen Spannungen in Eisen Constructionen",Z. Bayer Arch. Ing. Ver. ,6,pp. 101-110,1874.

[GLR 82] GERHARZ J. J. ,"Prediction of fatigue failure",AGARD Lecture Series,124,8.1-8.22,September 1982.

[GOE 60] GOEPFERT W. P. ,Variation of mechanical properties in aluminum products,Statistical Analysis Dept. ,Alcoa,Pittsburgh. Penn. ,1960.

[GOL 58] GOLUEKE C. A. ,"What to do about airborne electronic component failure",SAE Journal,66(12). 88-90,1958.

[GOL 97] GOLOŚ K. ,ESTHEWI S. ,"Multiaxial fatigue and mean stress effect of St5 medium carbon steel". 5th Int. Conf. on Biaxial/Multiaxial Fatigue and Fracture,Krakow,Poland,vol. 1 (1997),pp. 25-34.

[GOO 30] GOODMAN J. ,Mechanics Applied to Engineering,Longmans Green,London,9th edition, vol. 1,1930.

[GOO 73] GOODWILLIE A. G. ,A comparison of flight loads counting methods and their effects on fatigue life estimates using data from Concorde,ARC-CP no. 1304,December 1973.

[GOP 89] GOPALAKRISHNA H. S. ,METCALF J. ,"Fatigue life assessment of a leaded electronic component under a combined thermal and random vibration environment",IES Proc. ,110-118,1989.

[GOU 24] GOUGH H. J. ,The Fatigue of Metals,Scott,Greenwood and Sons,London,113-136,1924.

[GRA 76] GRAY T. D. ,CALLAGHER J. P. ,"Predicting fatigue crack retardation following a single overload using a modified Wheeler model",ASTM SIP 589,1976,pp. 331/344.

[GRE 81] GREGOIRE R. ,La fatigue sous charge programmée,CETIM,Note Technique,no. 20,May 1981.

[GRI 21] GRIFFITH A. A. ,"The phenomena of rupture and flow in solids",Phil. Trans. Roy. Soc. of London, A221,163-197,1921.

[GRI 25] GRIFFITH A. A. ,"The theory of rupture",Proc. 1st Int. Congress Appl. Mech. ,pp. 55-63,BIEZENO

C. B. and BURGERS J. M. (eds.), Waltman, 1925.

[GRO 55] GROSS J. H. and STOUT R. D., "Plastic fatigue properties of high-strength pressure-vessel steels". *The Welding Journal* 34(4), Research Suppl., I61s–166s, 1955.

[GRO 59] GROVER H., *Cumulative Damage Theories*, WADC 59 – 507, Wright Patterson AFB, Ohio, August 1959.

[GPO 60] GROVER H., "An observation concerning the cycle ratio in cumulative damage", *International Symposium on Plastics Testing and Standardization*, ASTM STP 247, p. 120, 1960.

[GUR 48] GURNEY C., PEARSON S., "Fatigue of mineral glass under static and cyclic loading", *Proceedings Royal Society*, 192, 537–544, 1948.

[GUR 68] GURNEY T. R., *Fatigue of Welded Structures*, Cambridge University Press, England, 1968.

[GUR 79] GUPNEY T. R., *Fatigue of Welded Structures*, Cambridge University Press, London, 1979.

[HAA 62] HAAS T., "Loading statistics as a basis of structural and mechanical design", *The Engineer's Digest*, 23(4), 81–85, April 1962 and 23(3), 79–84, March 1962 and 23(5), 79–83, May 1962.

[HAA 98] HAAGENSEN P. J., STATNIKOV E. S., LOPEZ – MARTINEZ L., Introductory fatigue tests on welded joints in high strength steel and aluminium improved by various methods including ultrasonic impact treatment (UIT), International Institute of Welding, IIW Doc. XIII-1748–98, p. 1/12, 1998.

[HAH 69] HAHN G. T., SARRAT H., ROSENFIELD A. R., The nature of the fatigue crack plastic zone, AFFDL Technical Report 70–144, 1970, pp. 425/450 or *Air Force Conf. on Fatigue and Fracture*, 1969.

[HAI 70] HAIBACH E., Modifizierte lineare Schadensakkumulations – Hypothese zur Berücksichtigung des Dauerfestigkeitsabfalls mit fortschreitender Schädigung, LBF Technische Mitteilungen TM Nr 50/70, 1970.

[HAI 78] HAIBACH E., "The influence of cyclic materials properties on fatigue life prediction by amplitude transformation", *Proceedings SEECO*, *Soc. Environ. Engr. Fat. Grp*, p. 11. 1/11. 25, 1978.

[HAL 61] HALFORD G. R., MORROW J. T., MORROW A. M., Low cycle fatigue in torsion, University of Illinois, Rep. no. 203, October 1961.

[HAL 78] HALLAM M. G., "Fatigue analysis of offshore oil platforms", *Proceedings SEECO 78*, *Soc. Envrin. Engr. Fat. Grp*, 17. 1–17. 16, April 1978.

[HAN 85a] HANCOCK J. W., GALL D. S., Fatigue under narrow and broad band stationary loading, Final Report of the Cohesive Progranne of Research and Development into the Fatigue of Offshore Structures (July 83–June 85), Marine Technology Directorate Ltd, December 1985.

[HAN 85b] HANCOCK J. W., HUANG X. W., A reliability analysis of fatigue crack growth under random loading, Final Report of the Cohesive Progranne of Research and Development into the Fatigue of Offshore Structures (July 83–June 85), Marine Technology Directorate Ltd, December 1985.

[HAR] HARRIS D. O., DUNEGAN H. L., TETELMAN A. S., Prediction of fatigue lifetime by combined fracture mechanics, DUNEGAN/ENDEVCO Technical Bulletin DRC–105, UCRL–71760.

[HAR 60] HARDRATH H. F., NAUMANN E. C., "Variable amplitude fatigue tests of aluminium alloy specimens", *Symposium on Fatigue of Aircraft Structures*, ASTM STP 274, 125, 1960.

[HAR 61] HARRIS W. J., *Metallic Fatigue*, Pergamon Press, London, 1961.

[HAR 63] HARDRATH H. F., "A unified technology plan for fatigue and fracture design", *RAE Technical Report 73183*, December 1963, Seventh ICAF Symposium, London, July 1973.

[HAR 70] HARRISON J. P., "An analysis of data on non-propagation fatigue cracks on a fracture mechanics basis", *Metal Construction and British Welding Journal* 2(3), 93-98, March 1970.

[HAR 83] HARRIS D. O., LIM E. Y., "Applications of a probabilistic fracture mechanics model to the influence of in-service inspection on structural reliability", *Probabilistic Fracture Mechanics and Fatigue Methods: Applications for Structural Design and Maintenance*, ASTM STP 798, 19-41, 1983.

[HAS 55] HASTINGS C., Jr, *Approximations for Digital Computers*, Princeton University Press, 1955.

[HAS 64] HASSLACHER G. J., MURRAY H. L., "Determination of an optimum vibration acceptance test", *Shock, Vibration and Associated Environments Bulletin*, Part III, 33, 183-188, March 1964.

[HAS 77] HASHIN Z., ROTOM A., A cumulative damage theory of fatigue failure, Air Force Office of Scientific Research, Grant ASFOSR76-3014, Scientific Report no. 3, Tel Aviv University, Israel, February 1977.

[HAU 69] HAUGEN E. B., HRITZ J. A., "A re-definition of endurance life design strength criteria by statistical methods", *Proceedings of the Air Force Conference on Fatigue and Fracture of Aircraft Structures and Materials*, Miami Beach, Florida, p. 685-697, 15-18 December 1969, AFFDL TR 70-144, 1970.

[HAU 80] HAUSAMMANN H., Influence of fracture toughness on fatigue life of steel bridges, PhD thesis, Leghigh University, Bethlehem, Pennsylvania, July 1980.

[HEA 53] HEAD A. K., "The mecanism of fatigue of metals", *Journal of the Mechanics and Physics of Solids*, 1, 134-141, 1953.

[HEA 53a] HEAD A. K., "The growth of fatigue cracks", *The Philosophical Magazine*, 44(7), 925-938, 1953.

[HEA 56] HEAD A. K., HOOKE F. H., "Random noise fatigue testing", *International Conference on Fatigue of Metals*, London, ASME-IME, Session 3, 301-303, September 1956.

[HEA 56a] HEAD A. K., "Propagation of fatigue cracks", *Journal of Applied Mechanics*, 23(3), 407-410, 1956.

[HEL 65] HELLER R. A., HELLER A. S., A probabilistic approach to cumulative fatigue damage in redundant structures, Department of Civil Engineering and Engineering Mechanics, Columbia University of the City of New York, T. R. no. 17, March 1965.

[HEN 55] HENRY D. L., "A theory of fatigue-damage accumulation in steel", *Transactions of the ASME*, 77, 913-918, 1955.

[HEN 03] HENDERSON A. R., PATEL M. H., "On the Modelling of a Floating Offshore Wind Turbine", *Wind Energy*, 6, 53-86, 2003.

[HEY 70] HEYER R. H., Mc CABE D. E., "Evaluation of a method of test for plane strain fracture toughness using a bend specimen", *Review of Developments in Plane Strain Fracture Toughness Testing*, ASTM STP 463, 22-41, Sept. 1970.

[HIL 70] HILLBERRY B. M., "Fatigue life of 2024 T3 aluminium alloy under narrow - and broad - band random loading", *Effects of Environment and Complex Load History on Fatigue Life*, ASTM STP 462, 167-183, 1970.

[HOB 77] HOBBACHER A., "Cumulative fatigue by fracture mechanics", *Journal of Applied Mechanics*, 769-771, vol. 44, Dec. 1977.

[HOF 68] HOFER K. E., "Equations for fracture mechanics", *Machine Design*, 1968.

[HOL 73] HOLLINGER D., MUELLER A., "Accelerated fatigue-testing improvements from road to laboratory", *Society of Automotive Engineers*, SAE Paper 730564, Automobile Engineering Meeting, Detroit, Mich., 14/18 May 1973.

[HON 83] HONG I. , "Frequency effects on fatigue life: a survey of the state of the art, random fatigue life prediction", *4th National Congress on Pressure Vessel and Piping Technology*, Portland, Oregon, 19-24 June 1983, *ASME*, PVP, 72, 121-133.

[HOP 12] HOPKINSON B. , TREVOR-WILLIAMS G. , "The elastic hysteresis of steel", *Proceedings of the Royal Society of London*, Series A, 87, 502, 1912.

[HUA 06] HUANG W. , MOAN T. , "Fatigue under combined high and low frequency loads", *Proceedings of the 25th International Conference on Offshore Mechanics and Arctic Engineering*, Hamburg, Germany; Paper No. OMAE2006-92247, 2006.

[HUD 69] HUDSON C. M. , Effect of stress ratio on fatigue crack growth in 7075-T6 and 2024-T3 aluminum alloy specimen, NASA TND 5390, August 1969.

[HUG 04] HUGHES W. O. , McNELIS M. E. , " Fatigue life assessment", Random Vibration Testing of Hardware Tutorial, NASA, Glenn Research Center at Lewis Field, July 22, 2004.

[IMP 65] IMPELLIZERI L. F. , "Development of a scatter factor applicable to aircraft life", Structural Fatigue in Aircraft, ASTM Special, Technical Publication, no. 404, November 136-157, 1965.

[INC 11] INCE A. , GLINKA G. , "A modification of Morrow and Smith-Watson-Tupper mean stress correction models", *Fatigue & Fracture of Engineering Materials & Structures*, 34, pp. 854-867, 2011.

[ING 13] INGLIS C. E. , " Stresses in a plate due to the presence of cracks and sharp corners", *Trans. Inst. Naval Architects*, 55, 219-241, 1913.

[ING 27] INGLIS N. P. , "Hystereris and fatigue of Woehler rotating cantilever specimen", *The Metallurgist*, 23-27, February 1927.

[INV 60] Investigation of thermal effects on structural fatigue. Part I, Douglas Aircraft Company Inc. , WADD TN R60-410, 1960.

[IRW 57] IRWIN G. R. , "Analysis of stresses and strains near the end of a crack traversing a plate", *Journal of Applied Mechanics*, 24(3), 361-364, 1957.

[IRW 58] IRWIN G. R. , *Fracture*, Handbuch der Physik, vol. VI, Springer, 551-590, 1958.

[IRW 58a] IRWIN G. R. , "Fracture mechanics", *Proc. Symposium on Naval Structural Mechanics*, Stanford University, 557-594, Aug. 11, 1958.

[IRW 60] IRWIN G. R. , " Fracture mode transition for a crack traversing a plate", *Journal of Basic Engineering*, Series D, 82(2), 417, June 1960.

[IRW 60a] IRWIN G. R. , "Plastic zone near a crack and fracture toughness", *Proc. 7th Sagamore Conf.* , p. IV-63, 1960.

[ISI 55] ISIDA M. , "On the tension of a strip with a central elliptic hole, Part I and Part II. , *Nihon Kikai Gakkai Ronbunshu*, 21, 507-513 and 514-518, 1955.

[JAC 56] JACOBSON R. H. , Vibration and shock evaluation of airborne electronic component parts and equipments, WADC Technical Report 56-301, ASTIA-AD 123 658, December 1956.

[JAC 66] JACOBY G. , Application of microfractography to the study of crack propagation under fatigue stresses, AGARD Report 541, NATO Advisory Group for Aerospace Research and Development, 1966.

[JAC 68] JACOBY G. , "Comparison of fatigue life estimation processes for irregularly varying loads", *Proceedings 3rd Conference of Dimensioning*, Budapest, 81-95, 1968.

[JAC 69] JACOBY G. , Vergleich der Lebensdauer aus Betriebsfestigkeits-, Einzelflug- und digital programmierten Random-Versuchen sowie nach der linearen Schadenakkumulations-hypothese, Fortschritt Bericht, VDI-Z, Reihe 5, Nr. 7, 63, 1969.

[JAC 72] JACOBY G. , Le problème de la fatigue en construction automobile, INSA, CAST, Lyon, 1972.

[JAM 47] JAMES H. M. , NICHOLS N. B. , PHILLIPS R. S. , *Theory of Servomechanisms*, MIT Radiation Laboratory Series, vol. 25, McGraw-Hill, 1947.

[JEN 25] JENKIN C. F. , "High frequency fatigue tests", *Proceedings Roy. Soc.* , London, A. 109, 119 – 143, 1925.

[JIA 90] JIAO G. , MOAN T. , "Probabilistic analysis of fatigue due to Gaussian load processes", *Prob. Engng. Mechanics* vol. 5, (No. 2) :76–83, 1990.

[JOH 78] JOHNSON T. M. , "Fatigue life prediction of automotive – type load histories", *Fatigue Under Complex Loading: Analyses and Experiments*, WETZEL R. M. (ed), The Society of Automotive Engineers, 85–93.

[JOH 53] JOHNSON A. I. , Strength, safety and economical dimensions of structures, Divisionof Building Statics and Structural Engineering, Royal Institute of Technology, Stockholm, Report 12, 1953.

[JON 82] JOHNSTON G. O. , "A review of probabilistic fracture mechanics literature", *Reliability Engineering* 3, 423–448, 1982.

[JOH 83] JOHNSTON G. O. , "Statistical scatter in fracture toughness and fatigue crack growth rate data", *Probabilistic Fracture Mechanics and Fatigue Methods: Applications for Structural Design and Maintenance*, ASTM STP 798, 42–66, 1983.

[JU 69] Ju F. D. , YAO J. T. P. , Liu T. T. , "On the criterion of low-cycle shear fracture", *Proc. of the Air Force Conference on Fatigue and Fracture of Aircraft Structures and Materials*, Miami Beach, Florida, 265–269, 15–18 December 1969, AFFDL TR70-144, 1970.

[KAC 76] KACENA W. J. , JONES P. J. , "Fatigue prediction for structures subjected to random vibration", *The Shock and Vibration Bulletin*, 3(46), 87–96, August 1976.

[KAM 88] KAM J. C. P. , DOVER, W. D. , "Fast fatigue assessment procedure for offshore structures under random stress history", *Proc. Institute of Civil Engineers*, Part 2, vol. 85, Issue 4, :p. 689–700, December 1988.

[KAR 66] KARNOPP D. , SCHARTON T. D. , "Plastic deformation in random vibration", *Journal of the Acoustical Society of America*, 39(6), 1154–1161, 1966.

[KAT 73] KATCHER M. , "Crack growth retardation under aircraft spectrum loads", *Engr. Frac. Mech.* , 5, 793, 1973.

[KEA 72] KEAYS R. H. , Numerical evaluation of Wheeler's model of fatigue crack propagation for programmed load spectra, Australian Defense Scientific Service, Aeronautical Research Laboratories, Structure and Materials, Note ARL/SM 376, April 1972.

[KEN 82] KENEFECK M. N. , Variable load fatigue tenth report: speed of testing and the exclusion of low and high stress peaks, The Motor Industry Research Association, MIRA Report no. 1982/1.

[KID 77] KIDDIE F. E. , DARTS J. , "The effects on fatigue life of omitting small loads, large loads and loads dwells from a loading spectrum", *Proceedings of the 9th ICAF Symposium*, Darmstadt, May 1977, LBF Report no. TR-136, Fatigue Life of Structures under Operational Loads, p. 3. 3/1, 3. 3/33.

[KIK 71] KIKUKAWA M. , JONO M. , "Cumulative damage and behavior of plastic strain in high and low cycle fatigue", *Proceedings of International Conference on Mechanical Behavior of Materials*, vol. 11, 458–468, 1971.

[KIM 26] KIMBALL A. L. , LOVELL. D. E. , "Internal friction in solids", *Transactions*, *ASME*, 48 (2016), 479-500, 1926.

[KIM 02] KIM P. Y. , PAPK J. , CHOI B. K. , KIM O. H. , "Fatigue life calculation for a ship subjected to hull girder vibration", *Proceedings of The Twelfth International Offshore and Polar Engineering Conference*, Kitakyushu, Japan, p. 584-590, May 26-31, 2002.

[KIR 65a] KIRKBY W. T. , EDWARDS P. R, "Constant amplitude or variable amplitude tests as a basis for design studies", *Fatigue Design Procedures – Proceedings of the 4th Symposium of the International Committee on Aeronautical Fatigue*, GASSNER E. and SCHÜTZ W. (eds), Pergamon Press, Munich, June 1965.

[KIR 65b] KIRKBY W. T. , *Constant Amplitude or Variable Amplitude Tests as a Basis for Design Studies*, Royal Aircraft Establishment, ICAF, Fatigue Design Procedures, Munich, June 1965.

[KIR 72] KIRKBY W. T. , "Some effects of change in spectrum severity and spectrum shape on fatigue behaviour under random loading", *Symposium on Random Load Fatigue*, AGARD – CP, no. 118, AD. 752. 369, 2. 1-2. 19, October 1972.

[KIR 77] KIRKBY W. T. , "Some research problems on the fatigue of aircraft structures", *Journal of the Society of Environmental Engineers*, 16(2), 7-24, June 1977.

[KIT 71] KITAGAWA H. et al. , *Trans. Japan Soc. Mech. Engr.* , 49, 714-810, 1971.

[KLE 71] KLESNIL M. LUKAS P. , RYS P. , Inst. of Phys. Met. Czech Academy of Sciences, Report, Brno, 1971.

[KLE 72] KLESML M. , LUKAS P. , "Influence of strength and stress history on growth and stabilisation of fatigue cracks", *Engineering Fracture Mechanics*, 4, 77-92, 1972.

[KLE 72a] KLESNIL M. , LUKAS P. , "Effect of stress cycle asymmetric on fatigue crack growth", *Mater. Sci. Engng.* , 9, 231-240, 1972.

[KLI 81] KLIMAN V. , "To the estimation of fatigue life based on the Miner rule", *Strojnicky Casopis*, 32(5), 559-610, 1981.

[KOC 10] KOCER B. , Vibration fatigue analysis of structures under broadband excitation, Thesis submitted to the Graduate School of Natural and Applied Sciences of Middle East Technical University, June 2010. [in Turkish]

[KOM 45] KOMMERS J. , "The effect of overstress in fatigue on the endurance life of steel", *ASTM Proceedings*, 45, 532-541, 1945.

[KON 56] KONISHI I. , SHINOZUKA M. , "Scatter of fatigue life of structural steel and its influence on safety of structures", *Memoirs Fac. Engng.* , Kyoto University, 28, 73-83, 1956.

[KOS 74] KOSHIGA F. , KAWAHARA M. , A Proposed design basis with special reference to fatigue crack propagation, Technical Research Center, Nippon KOKAN KK, Kawasaki, Japan, Doc. IIS XIII, 738 – 74, May 1974.

[KOW 59] KOWALEWSKI J. , "On the relation between fatigue lives under random loading and under corresponding program loading", *Proceedings of symposium on Full-scale Fatigue Testing of Aircraft Structure*, Amsterdam, 1959, p. 60/75, F. J. Plantema and J. Schijve (eds), Pergamon Press, 1961.

[KOW 61] KOWALEWSKI J. , *Full-scale Testing of Aircraft Structures*, PLANTEMA F. J. and SCHIJVE J. (eds.), Pergamon Press, p. 60/75, 1961.

[KOW 63] KOWALEWSKI J. , Über die Beziehungen zwischen der Lebensdauer von Bauteilen bei unregelmäβig schwankenden und bei geordneten Belastungsfolgen, DVL-Bericht Nr 249, PORZ-WAHN, September 1963.

[KOZ 68] KOZIN F., SWEET A. L., "Investigation of a random cumulative damage theory", *Journal of Mater.*, 3(4), 802-823, December 1968.

[KOZ 89] KOZIN F., BOGDANOFF J. L., "Recent thoughts on probabilistic fatigue crack growth", *Appl. Mech. Rev.*, 42(11), Part 2, 5121-5127, Nov. 1989.

[KRA 65] KRAFFT J. M., "A comparison of cyclic fatigue crack propagation with single cycle crack toughness and plastic flow", *Transactions Quarterly*, *American Society for Metals*, ASMQA 58, 691, 1965.

[KRE 83] KREE P., SOIZE C., *Mécanique aléatoire*, Dunod, Bordas, Paris, 1983.

[KUH 64] KUHN P., "The prediction of notch and crack strength under static and fatigue loading", *SAE - ASME Meeting*, New York, SAE Paper 843C, April 27-30, 1964.

[LAI 66] LAIRD C., "The influence of metallurgical structure on the mechanisms of fatigue crack propagation", *Fatigue Crack Propagation*, ASTM STP 415, 131-180, 1966.

[LAL 82] LALANNE C., "Les vibrations sinusoïdales à fréquence balayée", *CESTA/EK no. 803*, 8/6 June 1982.

[LAL 87] LALANNE C., Spécifications d'essais en environnement et coefficients de garantie, DAM/DT/EX/MEV 1089, 18 November 1987.

[LAL 92] LALANNE C., Fatigue des matériaux, Stage, 'Environnements Vibratoires Réels - Analyse et Spécifications', Intespace, Toulouse, France, March 1992.

[LAL 94] LALANNE C., "Vibrations aléatoires - Dommage par fatigue subi par un système mécanique à un degré de liberté", *CESTA/EX no. 1019/94*, 1994.

[LAM 73] LAMBERT J. A. B., "The use of counting accelerometer data in fatigue life predictions for aircraft flying in complex roles", AGARD - Lecture Series no. 62, *Fatigue Life Prediction for Aircraft Structures and Materials*, N 73 29924 to 29934, May 1973.

[LAM 76] LAMBERT R. G., "Analysis of fatigue under random vibration", *The Shock and Vibration Bulletin*, 46(3), 55-72, August 1976.

[LAM 78] LAMBERT R. G., "Fracture mechanics applied to step-stress fatigue under sine/random vibration", *The Shock and Vibration Bulletin* 48(3), 93-101, Sept. 1978.

[LAM 80] LAMBERT R. G., "Criteria for accelerated random vibration tests", *Proceedings IES*, 71-75, May 1980.

[LAM 80a] LAMBERT R. G., Accelerated fatigue test rationale, General Electric Company, AESD, AD - A103212, March 1980.

[LAM 82] LAMBERT R. G., "Fatigue life prediction for various random stress peak distributions", *The Shock and Vibration Bulletin*, 52(4), 1-10, May 1982.

[LAM 83] LAMBERT R. G., Application of fatigue analytical methods for random stress with stress-strength variances, "Random Fatigue Life Prediction", *4th National Congress Pressure Vessel and Piping Technology*, Portland, Oregon, June 19-24 1983, ASME - PVP, vol. 72, 135-140.

[LAM 88] LAMBERT R. G., "Plastic work interaction damage rule applied to narrow-band gaussian random stress situations", *Journal of Pressure Vessel Technology, Transactions of the ASME*, 110, 88 - 90, February 1988.

[LAM 93] LAMBERT R. G., "Fatigue damage prediction for combined random and static mean stresses", *Jour-*

nal of the IES, XXXVI(3), 25-32, May/June 1993, or IES Proceedings, 2, 289-296, 1992.

[LAN 37] LANGER B. F., "Fatigue failure from stress cycles of varying amplitude", *J. App. Mech.*, 4(4), A. 160-A. 162, December 1937.

[LAN 72] LANDGRAF R. W., MITCHELL M. R., LAPOINTE N. R., Monotonic and cyclic properties of engineering materials, Metallurgical Dept., Scientific Research Staff, Ford Motor Company, Dearborn, Mich., June 1972.

[LAR 66] LARDNER R. W., "Crack propagation under random loading", *Journal of Mech. Phys. Solids*, 14, Pergamon Press Ltd., 141-150, 1966.

[LAR 68] LARDNER R. W., "A dislocation model for fatigue crack growth in metals", *Phil. Mag.* 17, 71-78, 1968.

[LAR 91] LARSEN C. E., LUTES L. D., "Predicting the fatigue life of offshore structures by the single moment spectral method", *Prob. Engng. Mechanics*, vol. 6, No. 2, p. 96-108, 1991.

[LAS 05] LASSEN T., DARCIS Ph., N. RECHO N., "Fatigue Behavior of Welded Joints Part 1: Statistical Methods for Fatigue Life Prediction", *Welding Journal*, vol. 84, supplement, 183s-187s, December 2005.

[ROO 69] ROOT L., "Fatigue design of electronic equipment", *The Shock and Vibration Bulletin*, 40(4), 97-101, December 1969.

[LAZ 68] LAZAN B. J., "Damping of Materials and Members", *Structural mechanics*, Pergamon Press, 1968.

[LEE 05] LEE Y, PAN J., HATHAWAY R., BARKEY M., *Fatigue Testing and Analysis (Theory and Practice)*, Elsevier Inc., 2005.

[LEE 12] LEE Y., BARKEY M., KANG H., *Metal Fatigue Analysis Handbook*, Elsevier Inc., 2012.

[LEI 69] LEIS H., SCHÜTZ W., "Bruchzähigkeit und Rißfortschritt von Titanlegierungen", *Luftfahrttechnik-Raumfahrttechnik*, Bd. 15, no. 7, 1969.

[LEI 70] LEIS H., SCHÜTZ W., Bewertung neuer Flugzeugbauwerkstoffe mit den Methoden der Bruchmechanik, Luftfahrttechnik-Raumfahrttechnik, Bd. 16, no. 10, 1970.

[LEI 78] LEIS B. N., "Fatigue-life prediction for complex structure", *Journal of Mechanical Design, Trans. ASME*, 100, 2-9, January 1978.

[LEI 81] LEIS B. N., BROEK D., "The role of similitude in fatigue crack growth analyses", *Shock and Vibration Digest*, 13(8), 15-28, August 1981.

[LEM 70] LEMAITRE J., MORCHOISNE Y., MONTHULET A., "Influence de l'endommagement de fatigue sur les caractéristiques de résistance des matériaux", *Rech. Aérospatiale*, 5, September/October 1970.

[LEN 68] LENZEN K. H., YEN B. T., NORDMARK G. E., "Analysis and interpretation of fatigue data", *Journal of the Structural Division, Proceedings of the ASCE*, 94 (ST12), Proc. Paper 6283, 2665-2677, December 1968.

[LEV 55] LEVY J. C., "Cumulative damage in fatigue. A method of investigation economical in specimens", *Engineering*, 179, 724-726, June 1955.

[LEV 57] LEVY J. C., "Cumulative damage in fatigue – A design method based on the S-N curves", *J. Roy. Aeronaut. Soc.*, 61(559), 585-591, July 1957.

[LEY 63] LEYBOLD H. A., NAUMANN E. C., "A study of fatigue life under random loading", *Am. Soc. Test. Mat.*, *Proc.*, Reprint no. 70-B., vol. 63, 717-734, June 1963.

[LEY 65] LEYBOLD H. A., Techniques for examining statistical and power-spectral properties of random time histories, NASA-TND-2714, March 1965 (MS Dissertation, VPI, May 1963).

[LIA 73] LIARD F., MARCOUX C., Influence of the degree of fail-safe achieved, using the internal pressure indicator (BIM), on the flight safety during a specified life of main rotor blades of SA321 and SA 330 helicopters, RAE Technical Report 73183, Dec. 1973, *Proceedings of the Seventh ICAF Symposium*, London, July 1973, A. M. STAGG (ed).

[LIE 72] LIEURADE H. P., RABBE P., "Etude à l'aide de la mécanique de la rupture, de la vitesse de fissuration en fatigue d'une gamme étendue d'aciers", *Mémoires Scientifiques de Métallurgie* LXIX(9), 605-621, 1972.

[LIE 78] LIEURADE H. P., Comportement mécanique et métallurgique des aciers dans le domaine de la fatigue oligocyclique. Etude des phénomènes et application à la croissance des fissures, PhD thesis, University of Metz, September 1978.

[LLE 80] LIEURADE H. P., "Estimation des caractéristiques de résistance et d'endurance en fatigue", Chapter 2, *La fatigue des matériaux et des structures*, BATHIAS C. and BAÏLON J-. P. (eds.), Maloïne SA, 1980.

[LIE 82] LIEURADE H. P., *La pratique des essais en fatigue*, PYC Edition, 1982.

[LIE 82a] LIEURADE H. P., "Les essais de fatigue sous sollicitations d'amplitude variable", Chapitre 11 in *La Fatigue des Matériaux et des Structures*, BATHIAS C. and BAÏLON J-. P. (eds.), Maloine SA, 1982.

[LIE 91] LIEURADE H. P., "Rôle des principaux paramètres de résistance à la fatigue des aciers", *Mécanique-Matériaux-Electricité*, 440, 29-35, September 1991.

[LIG 80] LIGERON J. C., Méthodes pratiques d'utilisation en fiabilité mécanique des nouveaux concepts de mécanique de la rupture, CNET Lannion, Colloque International sur la Fiabilité et la Maintenabilité, Communication V A-1, 117-124, 1980.

[LIN 67] LIN Y. K., *Probabilistic Theory of Structural Dynamics*, McGraw-Hill, 1967.

[LIN 72] LINSLEY R. C., HILLBERRY B. M., "Random fatigue of 2024-T3 aluminium under two spectra with identical peak-probability density functions", Probabilistic Aspects of Fatigue, ASTM STP 511, 156-167, 1972.

[LIN 87] LINDGREN G., RYCHLIK I., "Rain flow cycle distributions for fatigue life prediction under gaussian load processes", *Journal of Fatigue and Fracture of Engineering Materials and Structure*, 10(3), 251-260, 1987.

[LIN 88] LIN Y. K., YANG J. N., "On statistical moments on fatigue crack propagation", *Engineering Fracture Mechanics*, 18(2), 243-256, 1988.

[LIU 48] LIU S. I., LYNCH J. J., RIPPLING E. J., SACHS G., "Low cycle fatigue on aluminium alloy 24S-T in direct stress", *Trans. Am. Inst. Mining Metallurgical Engrs.*, Metals Dir., 469, Feb. 1948.

[LIU 59] LIU H. W., CORTEN H. T., Fatigue damage during complex stress histories, NASA TN D-256, November 1959.

[LIU 60] LIU H. W., CORTEN H. T., Fatigue damage under varying stress amplitudes, NASA TN D-647, November 1960.

[LIU 61] LIU H. W., "Crack propagation in thin metal sheet under repeated loading", *Journal of Basic Engineering*, Series D, 83, 23-31, 1961.

[LIU 63] LIU H. W., "Fatigue crack propagation and applied stress range. An energy approach", *Journal of Basic Engineering*, Series D, 85, 116, 1963.

[LIU 63a] LIU H. W. , Size effects on fatigue crack propagation, GALCIT-SM 63-7, March 1963.

[LIU 69] LIU S. I. , SACHS G. , "The flow and fracture characteristics of the aluminium alloy 24 ST after alternating tension and compression", *Trans. Am. Inst. Mining Metallurgical Engineers*, *Metals Div*, 193, 1969.

[LLO 63] LLOYD KAECHELE, Review and analysis of cumulative fatigue damage theories, The Rand Corp. Memorandum RM 3650 PR, August 1963.

[LOM 56] LOMAS T. W. , WARD J. O. , RAIT J. R. , COLBECK E. W. , "The influence of frequency of vibration on the endurance limit of ferrous alloys at speeds up to 150 000 cycles per minute using a pneumatic resonance system", *International Conference on Fatigue of Metals*, Inst. of Mech. Engrs and ASME, London, 375–385, 1956.

[LOT 05] LOTSBERG I. , "Background for revision of DNV-RP-C203 fatigue analysis of offshore steel structure", *Proceedings of the 24th International Conference on offshore Mechanics and Arctic Engineering*, Halkidiki, Greece; Paper No. OMAE2005-67549, 2005.

[LOW 62] LOWCOCK M. T. , WILLIAMS T. R. G. , Effects of random loading on the fatigue life of aluminium alloy L73, University of Southampton, Department of Aeronautics and Astronautics, AASU Report, no. 225, July 1962.

[LUN 55] LUNDBERG B. , "Fatigue life of airplane structures", *J. Aeron. Sci.* , 22(6), 349–402, June 1995.

[LUN 58] LUNNEY E. J. , CREDE C. E. , Establishment of vibration and shock tests for airborne electronics, WADC 57-75, ASTIA Doc. 142349, January 1958.

[LUN 64] LUNDBERG B. O. K. , EGGWERTZ S. , *A Statistical Method of Fail Safe Design with Respect to Aircraft Fatigue*, Flygtekniska Försöksanatalten Meddelande 99, 1964.

[LUT 84] LUTES L. D. , CORAZAO M. , HU S-L. J. , ZIMMERMAN J. J. , "Stochastic fatigue damage accumulation", *Journal of Structural Engineering*, vol. 110, Issue 11, November 1984, p. 2585–2601.

[LUT 90] LUTES L. D. , LARSEN C. E. "Improved spectral method for variable amplitude fatigue prediction", *J. Struct Engineering ASCE*, vol. 116, No. 4, p. 1149–64, 1990.

[MAC 49] MACHLIN E. S. , Dislocation theory of the fatigue of metals, NACA Report 929, 1949.

[MAD 83] MADSEN P. H. , FRANDSEN S, HOLLAY W. E. , HANCEN J. C. , Dynamic analysis of wind turbine rotors for lifetime prediction, RISO Contract report 102-43-51, 1983.

[MAD 86] MADSEN H. O. , KRENK S. , LIND N. C. , "Methods of Structural Safety", *Englewood Cliffs*: Prentice – Hall, 1986.

[MAN 04] MANN T. , B. TVEITNE W. , HARKEGARD G. , "Fatigue of welded aluminium T-joints", *15th European Conference of Fracture*, ECF15, Advanced Fracture Mechanics for Life and Safety Assessments, European Structural Integrity Society (ESIS), Stockholm, Sweden, August 11–13, 2004.

[MAN 54] MANSON S. S. , Behaviour of materials under conditions of thermal stress, NACA Tech. Note 2933, 1954.

[MAN 65] MANSON S. S. , "Fatigue: a complex subject – some simple approximations", *Experimental Mechanics*, 5(7), 193–226, July 1965.

[MAN 67] MANSON S. , FRECHE J. , ENSIGN C. , Application of a double linear rule to cumulative damage, NASA-TN-D 3839, April 1967.

[MAR 54] MARCO S. M. , STARKEY W. L. , "A concept of fatigue damage", *Trans. Am. Soc. Mech. Engrs.* , 76(4), 627–632, 1954.

[MAR 56] MARIN J., "Interpretation of fatigue strengths for combined stresses", *International Conference on Fatigue of Metals*, IME-ASME, 1956.

[MAR 58] MARTIN D. E., SINCLAIR G. M., "Crack propagation under repeated loading", *Proceedings of the Third U. S. National Congress of Applied Mechanics*, 595-604, June 1958.

[MAR 61] MARK W. D., The inherent variation in fatigue damage resulting from random vibration, PhD Thesis, MIT, Cambridge, Mass., August 1961.

[MAR 61a] MARTIN D. E., "An energy criterion for low-cycle fatigue", *Journal of Basic Eng.*, 83, 565-571, 1961.

[MAR 65] MARSH K. J., Direct stress cumulative fatigue damage tests on mild-steel and aluminum alloy specimens, Nat. Engineering Lab. Glasgow, NEL Report, no. 204, 1965.

[MAR 66] MARSH K. J., MAC KINNON J. A., Fatigue under random loading, NEL Report, no. 234, July 1966.

[MAR 68] MARSH K. J., MACKINNON J. A., "Random-loading and block-loading fatigue tests on sharply notched mild steel specimens", *Journal Mechanical Engineering Science*, 10(1), 48-58, 1968.

[MAR 76] MARSHALL W., An Assessment of the Integrity of PWR Pressure Vessels, H. M. Stationery Office, London, England, 1976.

[MAS 66a] MASRI S. F., "Cumulative damage caused by shock excitation", *The Shock and Vibration Bulletin*, 35(3), 57-71, January 1966.

[MAS 66b] MASRI S. F., "Cumulative fatigue under variable-frequency excitation", *SAE Paper*, no. 660720, 1966.

[MAS 75] MASOUNAVE J., BAILON J. P., "The dependence of the threshold stress intensity on the cyclic stress ratio in fatigue of ferritic-pearlite steels", *Scripta Metall.*, 723-730, 1975.

[MAT 68] MATSUISKI M., ENDO T., *Fatigue of Metals Subjected to Varying Stress*, Kyushu District Meeting of the Japan Society of Mechanical Engineers, Fukuoka, Japan, March, 1968.

[MAT 69] MATOLCSY M., "Logarithmic rule of fatigue life scatters", *Materialprüf*, 11(6), 196-200, June 1969.

[MAT 71] MATTHEWS W. T., BARATTA F. I., DRISCOLL G. W., "Experimental observation of a stress intensity history effect upon fatigue crack growth rate", *International Journal of Fracture Mechanics*, 7(2), 224-228, 1971.

[MAY 61] MAY A. N., "Fatigue under random loads", *Nature*, 192(4798), 158, October 14, 1961.

[MCC 56] McCLINTOCK F. A., "The growth of fatigue cracks under plastic torsion", *International Conference on Fatigue of Metals*, IME and ASME, 538, 1956.

[MCC 63] McCLINTOCK F. A., "On the plasticity of the growth of fatigue cracks", in D. C. Drucker and J. J. Gilman (eds), *Fracture of Solids*, Interscience Publishers, John Wiley, New York, 65, 1963.

[MCC 64] McCLINTOCK F. A., IRWIN G. R., "Plasticity aspects of fracture mechanics", *Symposium on Fracture Toughness*, 84-113, June 1964, ASTM STP 381.

[MCC 64a] McCLYMONDS J. C., GANOUNG J. K., "Combined analytical and experimental approach for designing and evaluating structural systems for vibration environments", *The Shock and Vibration Bulletin*, 34(2), 159-175, December 1964.

[MCC 66] McCLINTOCK F. A., *Fatigue Crack Propagation*, Discussion, ASTM STP 415, 170-174, 1966.

[MCE 58] McEVILY A. J., ILLG W., The rate of fatigue – crack propagation in two aluminum alloys, NACA TN 4394, Sept. 1958.

[MCE 63] McEVILY. Y A. J., BOETTNER R. C., "On the fatigue crack propagation in FCC metals", *Acta Metallurgice*, 11(7), 725–743, July 1963.

[MCE 65] McEVILY A. J., JOHNSTON T. L., "The role of cross-slip in brittle fracture and fatigue", *Proc. 1st Int. Conf. Fracture*, vol. II, Japanese Society for Strength and Fracture of Materials, Sendai, Japan, 515–546, 12/17 Sept. 1965.

[MCE 70] McEVILY A. J., "Fatigue crack growth and the strain intensity factor", *Proc. of the Air Force Conference on Fatigue and Fracture of Aircraft Structures and Materials*, Miami Beach, 15–18 December 1969, pp. 451/458, AFFDL TR 70–144, 1970.

[MCE 73] McEVILY A. J., "Phenomenological and microstructural aspects of fatigue", *The Institute of Metals and the Iron and Steel Institutes, Third International Conference on the Strength of Metals and Alloys*, 1973, Publication 36(2), 204–225, 1974.

[MCE 77] McEVILY A. J., "Current aspects of fracture", *Metals Society, Conf. Proc. "Fatigue 77"*, Cambridge, UK, 1–9, 1977.

[MCG 57] MCGALLEY R. B., Jr., "The evaluation of random-noise integrals", *The Shock and Vibration Bulletin*, II(25), 243–252, 1957.

[MEA 54] "Measuring fatigue", *The Aeroplane*, 86, 478–479, 16 April 1954.

[MEG 00] MEGSON T. H. G., *Structural and Stress Analysis*, Butterworth-Heinemann, 2000.

[MEH 53] MEHLE R. F., EPREMIAN E., "Investigation of statistical nature of fatigue properties", *Symposium on Fatigue with Emphasis on Statistical Approach-II*, ASTM STP 137, 25, 1953 (or *NACA-TN-2719*, June 1952).

[MET 76] Metallic materials and elements for aerospace vehicle structures, Military Standardization Handbook, MIL-Hdbk-5c, US Department of Defense and Federal Aviation Agency, 15 Sept. 1976.

[MIL 53] MILES J. W., An approach to the buffeting of aircraft structures by jets, Douglas Report, no. SM-14795, June 1953.

[MIL 54] MILES J. W., "On structural fatigue under random loading", *Journal of the Aeronautical Sciences*, 21, 753–776, November 1954.

[MIL 61] MILES J. W., THOMSON W. T., "Statistical concepts in vibration", *Shock and Vibration Handbook*, vol. 1–11 HARRIS C. M. CREDE and C. E. (ed), McGraw-Hill, 1961.

[MIL 67] McMILLAN T. S., PELLOUX R. M. N., Fatigue crack propagation under programmed and random loads, ASTM STP 415, 1967 or Boeing Research Lab., Doc. D-1829558, July 1966.

[MIL 82] MILET-OTVA B., "Facteurs d'influence sur l'endurance des aciers", *Revue Pratique de Contrôle Industriel*, 114, 60–62, April 1982.

[MIN 45] MINER M. A., "Cumulative damage in fatigue", *Journal of Applied Mechanics, Trans. ASME*, 67, A159–A 164, 1945.

[MIR 08] MIRANDA F. P., Mechanical behavior of an aluminum alloy and a structural steel under multiaxial low cycle fatigue, Instituto Superior Técnico, Universidade Técnica de Lisboa, PhD Thesis, Sept. 2008.

[MOO 27] MOORE H. F., KOMMERS J. B., *The Fatigue of Metals*, McGraw-Hill, New York, 1927.

[MOR 63] MORROW C. T., *Shock and Vibration Engineering*, John Wiley and Sons, New York, vol. 1, 1963.

[MOR 64] MORROW J., Meeting of Division 4 of the SAE Iron and Steel Technical Committee, 4 November 1964.

[MOR 64a] MORROW J. D., "Cyclic plastic strain energy and fatigue of metals", *Internal Friction, Damping and Cyclic Plasticity*, ASTM STP 378, 45-97, 1964.

[MOR 67] MORTON W. W., PECKHAM C. G., Structural flight loads data from F-5A aircraft, Technical Report SEG-TR-66-51, 1967.

[MOR 68] MORROW, J., "Fatigue Properties of Metals," Section 3.2 of *Fatigue Design Handbook, Advances in Engineering*, Pub. No. AE-4, Society of Automotive Engineers, Warrendale, PA, 1968, pp. 21-29. Section 3.2 is a summary of a paper presented at a meeting of Division 4 of the SAE Iron and Steel Technical Committee, Nov. 4, 1964.

[MOR 83] MORROW J. D., KURATH P., SEHITOGLU H., DEVES T. J., "The effect of selected subcycle sequences in fatigue loading histories", *Random Fatigue Life Predictions*, ASME Publication Pressure Vessel and Piping, 72, 43-60, 1983.

[MOR 90] MORGAN C. A., TINDAL A. J., "Further analysis of the Orkney MS-1 data", Proceedings of the BWEA Conference, p. 325/330, 1990.

[MOW 76] MOWBRAY D. F., "Derivation of a low-cycle fatigue relationship employing the J-integral approach to crack growth", *Cracks and Fracture*, ASTM STP 601, 33-46, 1976.

[MUR 52] MURRAY W. M. (ed.), *Fatigue and Fracture of Metals*, Paper no. 4, John Wiley and Sons Inc., New York. 1952.

[MUR 83] MURAKAMI Y., HARADA S., ENDO T., "Correlation among growth law of small cracks, low-cycle fatigue law and applicability of Miner's rule", *Engineering Fracture Mechanics*, 18(5), 909-924, 1983.

[MUS 60] MUSTIN G. S., HOYT E. D., Practical and theoretical bases for specifying a transportation vibration test, Bureau of Naval Weapons, ASTIA AD 285 296, Wash. 25, DC, Project RR 1175 - P6, February 1960 (or *Shock, Vibration and Associated Environments*, Bulletin no. 30, Part 111, 122-137, February 1962).

[NAG 07] NAGULAPALLI V. K., GUPTA A., FAN S., "Estimation fatigue life aluminum beams subjected random vibration", *Proceedings of International Modal Analysis Conference XXIV*, paper no. 268, pp. 1-6, 2007.

[NAU 59] NAUMANN E. C., HARDRATH H. F., Axial load fatigue tests of 2024-T3 loads, NASA, TN, D. 212, 1959.

[NAU 64] NAUMANN E. C., Evaluation of the influence of load randomization and of ground-air-ground cycles on fatigue life, NASA-TND 1584, October 1964.

[NAU 65] NAUMAN E. C., Fatigue under random and programmed loads, NASA TN D2629 February 1965.

[NEA 66] McNEAL R. H., BARNOSKI R. L., BAILIE J. A., "Response of a simple oscillator to nonstationary random noise", *J. Spacecraft*, 3(3), 441-443, March 1966 (or Computer Engineering Assoc., Report ES 182-6, 441-443, March 1962).

[NEL 77] NELSON D. V., FUCHS H. O., Predictions of cumulative fatigue damage using condensed load histories, Fatigue Under Complex Loading, SAE, 163-188, 1977.

[NEL 78] NELSON D. V., Cumulative fatigue damage in metals, PhD thesis, Stanford University, California, 1978.

[NEU 91] NEUGEBAUER J., BLOXSOM K., "Fatigue-sensitive editing reduces simulation time for automotive testing", *Test Engineering and Management*, 53(5), 10-14, October/November 1991.

[NEW 75] NEWLAND, *An Introduction to Random Vibrations and Spectral Analysis*, Longman, London, 1975.

[NIC 73] NICHOLSON C. E. , "Influence of mean stress and environment on crack growth", *Proceedings of BSC Conference on Mechanics and Mechanisms of Crack Growth*, Churchill College, Cambridge, 226 - 243, April 1973.

[NIH 86] NIHEI M. , HEULER P. , BOLLER C. , SEEGER T. , "Evaluation of mean stress effect on fatigue life by use of damage parameters", *Int J Fatigue 8 (1986)*, no. 3, pp. 119-126.

[NIS 77] NISHIOKA K. , HIRAKAWA K. , KITAURA I. , "Fatigue crack propagation behaviors of various steels", *The Sumitomo Search* 17, 39-55, May 1977.

[NOL 76] NOLTE K. G. , HANSFORD J. E. , "Closed-form expressions for determining the fatigue damage of structures due to ocean waves", *Proceedings of the Offshore Technology Conference*, Paper Number OTC 2606, 861-872, May 1976.

[NOW 63] NOWACK H. , MUKHERJEE B. , Effect of mean stress on crack propagation under random loading, RAE Technical Report 73183, Dec. 1963, Seventh ICAF Symposium, London, July 1963, STAGG A. M. (ed).

[OH 80] OH K. P. , "The prediction of fatigue life under random loading: a diffusion model. , *Int. J. Fatigue*, 2, 99-104, July 1980.

[OHJ 66] OHJI K. , MILLER W. R. , MARIN J. , "Cumulative damage and effect on mean strain in low-cycle fatigue of a 2024-T351 aluminium alloy", *Trans. ASME*, *J. I. of Basic Eng.* , 88, 801-810, Dec. 1966.

[ORO 52] OROWAN E. , "Stress concentrations in steel under cyclic loading", *Welding Journal*, Research Supplement, 31(6), 273s-282s, 1952.

[ORT 87] ORTIZ K. , CHEN N. K. , "Fatigue damage prediction for stationary wideband random stresses", *Proc. 5th Int. Conf. On Application of Statistics and Probability in Soil and Struct. Eng.* , 1987.

[ORT 88] ORTIZ K. , KIREMIDJIAN A. S. , "Stochastic modeling of fatigue crack growth", *Engineering Fracture Mechanics*, 29(3), 317-334, 1988.

[OSG 69] OSGOOD C. C. , "Analysis of random responses for calculation of fatigue damage", *The Shock and Vibration Bulletin*, 40(2), 1-8, December 1969.

[OSG 82] OSGOOD C. C. , *Fatigue Design*, Pergamon Press, 1982.

[PAL 24] PALMGREN A. , "Die Lebensdauer von Kugellagern", *VDI Zeitschrift*, 339-341, 1924.

[PAL 65] PALFALVI I. , The Effect of Load Frequency on the Fatigue Test Results, GEP, no. 11, 1965.

[PAP 65] PAPOULIS A. , *Probability Random Variables and Stochastic Processes*, McGrawHill, 1965.

[PAR 57] PARIS P. C. , A note on the variables affecting the rate of crack growth due to cyclic loading, The Boeing Company, Document no. D-17867, Addendum N, September 12, 1957.

[PAR 59] PARZEN E. , On models for the probability of fatigue failure of a structure, Stanford University Technical Report, no. 45, 17 April 1959.

[PAR 61] PARIS P. C. , GOMEZ M. P. and ANDERSON W. E. , "A rational analytic theory of fatigue", *The Trend in Engineering*, 13(1), 9-14, Jan. 1961.

[PAR 62] PARIS P. C. , The growth of cracks due to variations in loads, PhD thesis, Lehigh University, Bethlehem, Pennsylvania, 1962 (AD63-02629).

[PAR 63] PARIS P. C. , ERDOGAN F. , "A critical analysis of crack propagation laws", *Journal of Basic Engineering* 85, 528-534, Dec. 1963.

[PAR 65] PARIS P. C. , SIH G. C. , "Stress analysis of cracks" , *Literature Survey in Creep Damage on Metals*, ASTM STP 391, pp. 30-81, 1965.

[PAS 09] PASSIPOULARIDIS V. A. , BRONDSTED P. , Fatigue Evaluation Algorithms: Review, Risø National Laboratory for Sustainable Energy Technical University of Denmark, Nov. 2009.

[PAW 00] PAWLICZEK R. , Investigation of influence of the loading parameters and the notch geometry on the fatigue life under variable bending and torsion, Report 1/2001, PhD Thesis, Politechnika Opolska (2001), Opole.

[PEA 66] PEARSON B. S. , "Nature" , *NATUA*, 211, 1077-1078, 1966.

[PEA 72] PEARSON S. , "The effect of mean stress on fatigue crack propagation in half-inch (13.7 mm) thick specimens of aluminum alloys of high and low fracture toughness" , Engineering Fracture Mechanics, 4, 9-24, 1972.

[PEL 70] PELLOUX R. M. , "Review of theories and laws of fatigue crack propagation" , *Proc. of the Air Force Conference on Fatigue and Fracture of Aircraft Structures and Materials*, Miami Beach, 409-416, 15-18 December 1969, AFFDL TR 70-144, 1970.

[PER 74] PERRUCHET C. , VIMONT P. , *Résistance à la fatigue des matériaux en contraintes aléatoires*, ENICA, 1974.

[PER 08] PERCHERON T. , TERJBAT J. , KHEBACHE K. , Vibration behavior identification with computations and testing of electronic equipments on military aircraft (in French), Astelab 2006, Paris.

[PET 99] PETRUCCI G. , ZUCCARELLO B. , "On the estimation of the fatigue cycle distribution from spectral density data" , *J. Mech. Engng. Sci.* C213, 819-631, 1999.

[PET 00] PETRUCCI G. , DI PAOLO M. , ZUCCARELLO B. , "On the characterisation of dynamic properties of random processes by spectral parameters" , *J. Appl. Mech.* 67, 519-526, 2000.

[PET 04] PETRUCCI G. , ZUCCARELLO B. , On the estimation of the fatigue cycle distribution from spectral density data, Department of Mechanics and Aeronautics, University of Palermo, Italy, 2004.

[PET 04a] PETRUCCI G. , ZUCCARELLO B. , "Fatigue life prediction under wide band random loading" , *Fatigue Fract. Engng Mater. Struct.* 27, 1183-1195, 2004.

[PHI 76] PHILIPPIN G. , TOPPER T. H. , LEIPHOLZ H. H. E. , "Mean life evaluation for a stochastic loading programme with a finite number of strain levels using Miner's rule" , *The Shock and Vibration Bulletin*, 46(3), 97-101, 1976.

[PHI 65] PHILLIPS E. P. , Fatigue of RENE'41 under constant and random-amplitude loading at room and elevated temperatures, NASA-TND-3075, 1965.

[PIE 48] PIERSON K. , *Tables of the Incomplete Gamma Function*, Cambridge University Press, New York, 1948.

[PIE 64] PIERSOL A. G. , The measurement and interpretation of ordinary power spectra for vibration problems, NASA-CR 90, 1964.

[PIE 04] PIERRAT L. , "Une approximation analytique nouvelle du dommage par fatigue subi par un système linéaire du second ordre soumis à une vibration aléatoire gaussienne" , *Essais Industriels* 30, 14-18, September 2004.

[PIN 80] PINEAU A. , PETREQUIN P. , "La fatigue plastique oligocyclique" , Chapter 4 of *La fatigue des matériaux et des structures*, BATHIAS C. and BAÏLON J-. P. (eds.), Maloine SA, 1980.

[PIT 99] PITOISET X., PREUMONT A., KERNILIS A., "Tools for Multiaxial Fatigue Analysis of Structures Submitted to Random Vibrations", *Active Structures Laboratory*, Brussels, 1999.

[PIT 01] PITOISET X., Méthodes spectrales pour une analyse en fatgue des structures métalliques soul chargements aléatoires multiaxiaux, Thesis, Faculté des Sciences Appliquées, Université Libre de Bruxelles, 30 March 2001.

[PLE 68] PLENARD, E., "Intérêt pratique d'une nouvelle caractéristique mécanique: la limite d'accomodation", *Revue de Métallurgie*, 845-862, December, 1968.

[PLU 66] PLUNKETT R., VISWANTHAN N., "Fatigue crack propagation rates under random excitation", *ASME Paper*, no. 66-WA/Met. 3, November 1966.

[POO 70] POOK L. P., Linear fracture mechanics— What it is, what it does, N. E. L. Report no. 465, East Kilbridge, Glasgow, National Engineering Laboratory, 1970.

[POO 74] POOK L. P., "Fracture mechanics analysis of the fatigue behaviour of welded joints", *Welding Research International*, 4(3), 1-24, 1974.

[POO 76] POOK L. P., "Basic statistics of fatigue crack growth", *Journal of the society of Environmental Engineers*, 15(4), 3-10, Dec. 1976.

[POO 78] POOK L. P., "An approach to practical load histories for fatigue testing relevant to offshore structures", *Journal of the Society of Environmental Engineers*, 17-1(76), 22-35, March 1978.

[POO 79] POOK L. P., GREENAN A. F., "The effect of narrow-band random loading on the high cycle fatigue strength of edge-cracked mild steel plates", *Int. J. Fatigue*, 1, 17-22, January 1979.

[POP 62] POPPLETON E., On the prediction of fatigue life under random loading, UTIA Report, no. 82, University of Toronto, Institute of Aerophysics, February 1962.

[POT 73] POTTER J. M., An experimental and analytical study of spectrum truncation effects, AFFDL-TR-73-117, September 1973.

[POW 58] POWELL A, "On the fatigue failure of structures due to vibrations excited by random pressure fields", *The Journal of the Acoustical Society of America*, 30(12), 1130-1135, December 1958.

[PRE 94] PREUMONT A., PIEFORT V., "Predicting random high-cycle fatigue life with finite elements", Transactions of the ASME, *Journal of Vibration and Acoustics*, vol. 116 - pp. 245/248, April 1994.

[PRI 72] PRIDDLE E. K., Constant amplitude fatigue crack propagation in a mild steel at low stress intensities: the effect of mean stress on propagation rate, Central Electricity Generating Board, CEGB Report RD/B/N 2233, May 1972.

[PRO 48] PROT E. M., "Une nouvelle technique d'essai des matériaux: l'essai de fatigue sous charge progressive", *Revue de Métallurgie*, XLV, no. 12, 481-489, December 1948 or Fatigue testing under progressive loading - A new technique for testing materials, WADC - TR 52-148, Sept. 1952.

[PUL 67] PULGRANO L. J., Distribution of damage in random fatigue, Grumman Aerospace Corp., Report LDN 1159-148, July 1967.

[PUL 68] PULGRANO L. J., ABLAMOWITZ M., "The response of mechanical systems to bands of random excitation", *The Shock and Vibration Bulletin*, 39(III), 73-86, 1968.

[RAB 80] RABBE P., "Mécanismes et mécanique de la fatigue", Chapter 1 in *La fatigue des matériaux et des structures*, BATHIAS C. and BAILON J-. P. (eds), MAloine SA, 1980.

[RAD 80] RADHAKRISHNAN V. M., "Quantifying the parameters in fatigue crack propagation",

Engng. Fract. Mech. 13(1), 129-141, 1980.

[RAH 08] RAHMAN M. M., "Fatigue life prediction of two-stroke free piston engine mounting using frequency response approach", *European Journal of Scientific Research*, vol. 22 No. 4 (2008), pp. 480-493.

[RAN 43] RANKINE W. J., "On the cause of the unexpected breakage of the journals of railway axles and on the means of preventing such accidents by observing the law of continuity in their construction", *Proc. Inst. Civil Engrs.*, 2, 105, 1843.

[RAN 49] RANSOM J. T., MEHL R. F., "The statistical nature of the endurance limit", *Metals Transactions*, 185, 364-365, June 1949.

[RAV 70] RAVISHANKAR T. J., Simulation of Random Load Fatigue in Laboratory Testing, University of Toronto, March 1970.

[RIC 48] RICHART F. E., NEWMARK N. M., "An hypothesis for the determination of cumulative damage in fatigue", *Proceedings*, *Am. Soc. Testing Mats.*, 48, 767, 1948.

[RIC 51] RICHARDSON N. R., NACA VGH Recorder, NACA TN 2265, 1951.

[RIC 64] RICE J. R., BEER F. P., "On the distribution of rises and falls in a continuous random process", *Trans. ASME*, *J. Basic Eng.*, Paper 64 WA/Met. 8, 1964.

[RIC 65a] RICE J. R., BEER F. P., PARIS P. C., "On the prediction of some random loading characteristics relevant to fatigue", *Acoustical Fatigue in Aerospace Structures*, Syracuse University Press, 121-144, 1965.

[RIC 65b] RICHARDS C. W., *La science des matériaux de l'ingénieur*, Dunod, 1965.

[RIC 68] RICE J. R., *Fracture - An Advanced Treatise*, vol. II, Mathematical Press, New York, 1968.

[RIC 72] RICHARDS C. E., LINDLEY T. C., "The influence of stress intensity and microstructure on fatigue crack propagation in ferritic materials", *Engineering Fracture Mechanics*, 4, 951-978, 1972.

[RIC 74] RICHARDS F., LAPOINTE N., WETZEL R., A cycle counting algorithm for fatigue damage analysis, Paper no. 74 0278, SAE Automotive Engineering Congress, Detroit, Michigan, 1974.

[RID 77] RIDER C. K., ANDERSON B. E., SPARROW J. G., "An investigation of the fighter aircraft flight load spectrum", *Proceedings of the 9th ICAF Symposium "Fatigue Life of Structures under Operational Loads"*, Darmstadt, 11/12 May 1977, LBF Report no. TR136, 2.2/2-2.2/9, 1977.

[ROB 66] ROBERTS J. B., "The response of a single oscillator to band-limited white noise", *J. Sound Vib.*, 3(2), 115-126, 1966.

[ROB 67] ROBERTS R., ERDOGAN F., "The effect of mean stress on fatigue crack propagation in plates under extension and bending", *Trans. ASME*, *Journal of Basic Engineering*, 89, 885-892, 1967.

[ROO 64] ROOT L. W., "Random-sine fatigue data correlation", *The Shock and Vibration Bulletin*, 33(11), 279-285, February 1964.

[ROO 76] ROOKE D. P., CARTWRIGHT D. J., Compendium of Stress Intensity Factors, Procurement Executive, Ministry of Defense, H. M. Stationery Office, Hillingdon Press, London, 1976.

[ROW 13] ROWETT F. E., "Elastic hysteresis in steel". *Proceedings of the Royal Society of London*, Series A, 89, 528-543, 1913.

[RUD 75] RUDDER F. F., PLUMBEE H. E., Sonic fatigue design guide for military aircraft, Technical Report AFFDL - TR 74 112, May 1975.

[RYC 87] RYCHLIK I., "A new definition of the rainflow counting method", *Int. J. Fatigue*, 9(2), 119-121, 1987.

[SAK 95] SAKAI S., OKAMURA H., "On the distribution of rainflow range for Gaussian random processes with bimodal PSD", *JSME Int. Journal*, Series A, vol. 38 (No. 4):440-445, 1995.

[SAL 71] SALKIND M. J., "Fatigue of composites", *Advanced Approaches to Fatigue Evaluation. Proc. 6th ICAF Symposium*, Miami Beach, May 1971, or NASA SP 309, 333-364, 1972.

[SAN 69] SANGA R. V., PORTER T. R., "Application of fracture mechanics for fatigue life prediction", *Proc. of the Air Force Conference on Fatigue and Fracture of Aircraft Structures and Materials*, Miami Beach, 595-610, 15 Dec. 1969, AFFDL TR 70-144, 1970.

[SAN 77] SANZ G., "Développements récents dans le domaine de la mécanique de la rupture", *Revue de Métallurgie*, 74(11), 605-619, Nov. 1977.

[SAU 69] SAUNDERS S. C., A probabilistic interpretation of Miner's rule, II Boeing Scientific Research Laboratories, Mathematics Research Laboratory, Math. Note no. 617 (D1. 82. 0899), July 1969.

[SCH 57] SCHEVEN G., SACHS G., TONG K., "Effects of hydrogen on low-cycle fatigue of high strength steels", *Proc. ASTM 57*, 682, 1957.

[SCH 58] SCHJELDERUP H. C., Structural acoustic proof testing, Douglas Aircraft Company, Inc., Technical Paper, no. 722, November 1958.

[SCH 59] SCHJELDERUP H. C., "The modified Goodman diagram and random vibration", *Journal of the Aerospace Sciences*, vol. 26, 686, October 1959.

[SCH 61a] SCHJELDERUP H. C., GALEF A. E., Aspects of the response of structures subject to sonic fatigue, Air Force Flight Dynamics Laboratory, USAF, WADD T. R. 61-187, July 1961.

[SCH 61b] SCHJELDERUP H. C., A new look at structural peak distributions under random vibration, WADC-TR-676, Ohio, AD 266374, March 1961.

[SCH 61c] SCHIJVE J., BROEK D., DE RIJK P., The effect of the frequency of an alternating load on the crack rate in a light alloy sheet, National Luchtvaart Laboratorium, NRL TNM-2092, September, 1961.

[SCH 63] SCHIJVE J., "The analysis of random load-time histories with relation to fatigue tests and life calculations", *Fatigue of Aircraft Structures*, Pergamon, 1963, p. 115-149, (or National Luchtvaart Laboratoriüm, NLL Report MP 201, October 1960).

[SCH 70] SCHIJVE J., "Cumulative damage problems in aircraft structures and materials", *The Aeronautical Journal of the Royal Aeronautical Society*, 74(714), 517-532, June 1970.

[SCH 71] SCHIJVE J., "Fatigue tests with random flights-simulation loading, advanced approaches to fatigue evaluation", *Proc. 6th ICAF Symposium*, Miami Beach, 253-274, May 1971, NASA SP 309, 1972.

[SCH 72a] SCHIJVE J., *The Accumulation of Fatigue Damage in Aircraft Materials and Structures*, AGARDograph, AG. 157, January 1972.

[SCH 72b] SCHUTZ W., "The fatigue life under three different load spectra. Tests and calculations", Symposium on Random Load Fatigue, AGARD, CP. 118, AD. 752 369, 7-1-7-11 October 1972.

[SCH 72c] SCHIJVE., "Effects of test frequency on fatigue crack propagation under flight - simulation loading", *Symposium on Random Load Fatigue*, AGARD CO no. 118, 4-1-4-1, 7 October 1972, AD 752369.

[SCH 74] SCHUTZ W., "Fatigue life prediction of aircraft structures. Past, present and future", *Engineering Fracture Mechanics*, 6, 745-773, 1974.

[SER 64] SERENSEN S. V., "Fatigue damage accumulation and safety factors under random variable loading", *Fatigue Resistance of Materials and Metal Structural Parts*, A. Buch(ed), Pergamon Press, 34-43, 1964.

[SES 63] SESSLER J. G. , WEISS V. , "Low cycle fatigue damage in pressure-vessel materials", *Journal of Basic Engineering*, 85, 539-547, Dec. 1963.

[SEW 72] SEWELL R. , "An investigation of flight loads, counting methods, and effects on estimated fatigue life", *Soc. of Automotive Engineers*, SEA Paper 720 305, National Business Aircraft Meeting, 15-17 March 1972, or *SAE 1412, LTR-ST 431*, October 1970.

[SHA 52] SHANLEY F. R. , "A theory of fatigue based on unbonding during reversed slip", *The Rand Corporation*, Tch. Note P350, 11 November 1952.

[SHA 59] SHANLEY F. G. , "Discussion of methods of fatigue analysis", *WADC Symposium*, WADC TR 59-507, 182-206, 1959.

[SHE 05] SHERRATT F. , BISHOP N. W. M. , DIRLIK T. , "Predicting fatigue life from frequency-domain data: current methods, Part A: Design requirements and modern methods", *Journal of the Engineering Integrity Society*, 18, 12-16, September 2005.

[SHE 82] SHERRATT F. , "Fatigue life estimation: a review of traditional methods", *Journal of the Society of Environmental Engineers*, 21-4(95), 23-30, December 1982.

[SHE 83] SHERRATT F. , "Vibration and fatigue: basic life estimation methods", *Journal of the Society of Environmental Engineers*, 22-4(99), 12-17, December 1983.

[SHE 83a] SHERRATT F. , "Fatigue life estimation using simple fracture mechanics", *Journal of the Society of Environmental Engineers*, 22-1, 23-35, March 1983.

[SHI 66] SHINOZUKA M. , Application of stochastic process to fatigue, creep and catastrophic failures, Seminar in the Application of Statistics in Structure Mechanics, Department of Civil Engineering, Columbia University, 1 November 1966.

[SHI 72] SHIGLEY J. E. , *Mechanical Engineering Design*, McGraw-Hill, New York, 458-581, 1972.

[SHI 80] SHIMOKAWA T. , TANAKA S. , "A statistical consideration of Miner's rule", *Int. J. Fatigue*, 2(4), 165-170, October 1980.

[SHI 83] SHIN Y. S. , LUKENS R. W. , "Probability based high-cycle fatigue life prediction", *Random Fatigue Life Prediction*, the 4th National Congress on Pressure Vessel and Piping Technology, 72, 73-87, Portland, Oregon, 19-24 June 1983.

[SIH 73] SIH G. C. , *Handbook of Stress Intensity Factor for Researchers and Engineers*, Institute of Fracture and Solid Mechanics, Lehigh University, Bethlehem, 1973.

[SIH 74] SIH G. C. , "Strain-energy density factor applied to mixed mode crack problems", *International Journal of Fracture*, 10(3), 305-321, Sept. 1974.

[SIN 53] SINCLAIR G. M. , DOLAN T. J. , "Effect of stress amplitude on statistical variability in fatigue life of 75S-T6 Aluminium alloy", *Trans. ASME*, 75, 687-872, 1953.

[SMA 65] SMALL E. F. , "A unified philosophy of shock and vibration testing for guided missiles", *Proceedings IES*, 277-282, 1965.

[SMI 42] SMITH J. O. , The effect of range of stress on the fatigue strength of metals, University of Illinois, Engineering Experiment Station, Urbana, Bulletin no. 334, February 1942 (See also Bulletin No. 316, September 1939).

[SMI 58] SMITH C. R. , "Fatigue-service life prediction based on tests at constant stress levels", *Proc. SESA*, 16(1), 9, 1958.

[SMI 63] SMITH P. W. , MALME C. I. , "Fatigue tests of a resonant structure with random excitation", *Journal of the Acoustical Society of America*, 35(1), 43–46, January 1963.

[SMI 63a] SMITH C. R. , "Small specimen data for predicting life of full-scale structures", *Symp. Fatigue Tests of Aircraft Structures: Low – cycles Full – Scale and Helicopters*, Am. Soc. Testing Mats. , STP 338, 241–250, 1963.

[SMI 64a] SMITH K. W. , "A procedure for translating measured vibration environment into laboratory tests", *Shock, Vibration and Associated Environments Bulletin*, 33(III), 159–177, March 1964.

[SMI 64b] SMITH C. R. , Linear strain theory and the SMITH method for predicting fatigue life of structures for spectrum type loading, Aerospace Research Laboratories, ARL 6455, AD 600 879, April 1964.

[SMI 64c] SMITH S. H. , "Fatigue crack growth under axial narrow and broad band random loading", in TRAPP W. J. and FORNEY D. W. Jr (eds), *Acoustical Fatigue in Aerospace Structures*, May 1964, Syracuse University Press, 331–360, 1965.

[SMI 66] SMITH S. H. , "Random-loading fatigue crack growth behavior of some aluminum and titanium alloys", *Structure Fatigue in Aircraft*, ASTM STP 404, 74, 1966.

[SMI 69] SMITH K. N. , WATSON P. , TOPPER T. H. , A stress strain function for the fatigue of metals, Report 21, Solid Mechanics Division, University of Waterloo, Waterloo, Ontario, Canada, October 1969 or *J. of Mater.* , 5(4), 767–778, Dec. 1970.

[SMI 70] SMITH K. N. , WATSON P. , TOPPER T. H. , "A Stress–Strain Function for the Fatigue of Metals", *Journal of Materials*, ASTM, vol. 5, No. 4, pp. 767–778, December 1970.

[SNE 46] SNEDDON I. N. , "The distribution of stress in the neighbourhood of a crack in a elastic solid", *Proc. Royal Soc. of London*, A187, 229–260, 1946.

[SOB 92] SOBCZYK K. , SPENCER B. F. , *Random Fatigue: From Data to Theory*, Academic Press, Inc. , 1992.

[SOC 77] SOCIE D. F. , "Fatigue-life prediction using local stress/strain concept", *Experimental Mechanics*, 17(2), 50–56, 1977.

[SOC 83] SOCIE D. F. and KURATH P. , "Cycle counting for variable-amplitude crack growth", *Fracture Mechanics: Fourteenth Symposium*, vol. II: Testing and Applications, ASTM STP 791, p. II. 19/II. 32, 1983.

[SOD 30] SODERBERG C. R. , ASME *Transactions* 52, APM-52-2, pp. 13–28, 1930.

[SOR 68] SORENSEN A. , "A general theory of fatigue damage accumulation", *ASME* 68, WA/MET-6, December 1968.

[STA 57] STARKEY W. L. , MARCO S. M. , "Effects of complex stress time cycles on the fatigue properties of metals", *Trans. ASME*, 79, 1329–1336, August 1957.

[STE 73] STEINBERG D. S. , *Vibration Analysis for Electronic Equipment*, John Wiley, 1973.

[STE 00] STEINBERG D. S. , *Vibration Analysis for Electronic Equipment*, Third Edition, John Wiley, 2000.

[STR 14] STROMEYER C. E. , "The determination of fatigue limits under alternating stress conditions" *Proc. Roy. Soc. London*, Series A, vol. 90, Issue 620, pp. 411–425, 1914.

[STR 73] STRATTING J. , Fatigue and stochastic loadings, Stevin Laboratory, Department of Civil Engineering, ICAF Doc. 683, 1973.

[SUL 76] SULLIVAN A. M. , CROOKER T. W. , "Analysis of fatigue-crack growth in a high-strength steel, Part I: Stress level and stress ratio effects at constant amplitude, Part II: Variable amplitude block loading effects", *Journal of Pressure Vessel Technology*, vol. 98, 179-184, 208-212, May 1976.

[SUN 97] SUN F. B., Environmental Stress Screening (ESS) by Thermal Cycling and Random Vibration – A Physical Investigation, PhD Thesis, Faculty of the Department of Aerospace and Mechanical Engineering, The University of Arizona, 1997.

[SUN 98] SUN F. B., KECECIOGLU D. B., YANG J., Fatigue aging acceleration under random vibration stressing, Processing – Institute of Environmental Sciences and Technology, 1998, p. 192 – 199.

[SVE 52] SVENSON O., "Unmittelbare Bestimmung der Grösse und Häufigkeit von Betreibsbeanspruchungen", *Transactions of Instruments and Measurements Conference*, Stockholm, 1952.

[SWA 63] SWANSON S. R., An investigation of the fatigue of aluminum alloy due to random loading, Institute of Aerophysics, University of Toronto, UTIA Report, no. 84, AD 407071, February 1963.

[SWA 67] SWANSON S. R., CICCI F., HOPPE W., "Crack propagation in Clad 7079 – T6 aluminum alloy sheet under constant and random amplitude fatigue loading", *Fatigue Crack Propagation*, ASTM STP 415, 312, 1967.

[SWA 68] SWANSON S. R., "Random load fatigue testing: a state of the art survey", *Materials Research and Standards*, ASTM, 8(4), April 1968.

[SWE 06] SWEITZER K. A., Random vibration response statistics for fatigue analysis of nonlinear structures, PhD Thesis, University of Southampton, March 2006.

[SWA 69] SWANSON S. R., "A review of the current status of random load testing in America", *Proceedings of the 11th ICAF Meeting*, Stockholm, 2-3-1, 2-3-17, 1969.

[SYL 81] SYLWAN O., Study in comparing the severity of design and test load spectra, Final Report, Work Package 1, Survey of Comparison Methods, Report ESA – CR(8) 1618, CTR – EXTEC 4627/81, November 1981, N83 – 13157/3.

[TAD 73] TADA H., PARIS P. C., IRWIN G. R., *The Stress Analysis of Cracks Handbook*, Del Research Corporation, Hellertown, Pennsylvania, June 1973.

[TAN 70] TANG J. P., YAO J. T. P., Random fatigue, A literature review, Bureau of Engineering Research, University of New Mexico, Albuquerque, TR-CE-22(70)-NSF-065, July 1970 (The Department of Civil Engineering).

[TAN 72] TANAKA S., AKITA S., "Statistical Aspects of Fatigue Life of Metals under Variable Stress Amplitudes", *Transactions of the Society of Mechanical Engineers Japan*, 38(313), 2185-2192, 1972.

[TAN 75] TANAKA S., AKITA S., "On the Miner's damage hypothesis in notched specimens with emphasis on scatter of fatigue life", *Eng. Fracture Mech.*, 7, 473-480, 1975.

[TAN 78] TANG JHY-PYNG, "Prediction of structural random fatigue life", *Proc. Natl. Sci. Council*, ROC, 2(3), 300-307, 1978.

[TAN 80] TANAKA S., ICHIKAWA M., AKITA S., "Statistical aspects of the fatigue life of nickel-silver wire under two-level loading", *Int. J. Fatigue*, 2(4), 159-163, October 1980.

[TAN 83] TANAKA K., "The cyclic J-integral as a criterion for fatigue crack growth", *International Journal of Fracture*, 22(2), 91-104, 1983.

[TAV 59] TAVERNELLI J. F., COFFIN L. F., "A compilation and interpretation of cyclic strain fatigue tests on metals", *Transactions, Am. Soc. Metal*, 51, 438-453, 1959.

[TAV 62] TAVERNELLI J. F., COFFIN L. F., "Experimental support for generalized equation predicting low cycle fatigue", *Journal of Basic Engineering*, *Transactions of the ASME*, 84, 533-541, Dec. 1962.

[TAY 50] TAYLOR J., Design and Use of Counting Accelerometers, Aeronautical Research Council 2812, 1950.

[TAY 53] TAYLOR J., "Measurement of gust loads in aircraft", *Journal of the Royal Aeronautical Society*, 57, 78-88, February 1953.

[TED 73] TEDFORD J. D., CARSE A. M., CROSSLAND B., "Comparison of component and small specimen block load fatigue test data", *Engineering Fracture Mechanics*, 5, 241-258, 1973.

[TEI 41] TEICHMANN A., *Grundsätzliches zum Betriebsfestigkeitsversuch*, Jahrbuchder deutschen Luftfahrforschung, p. 467, 1941.

[TEI 55] TEICHMANN A., *The Strain Range Counter*, Vickers - Armstrong (Aircraft Ltd), Weybridge, Technical Office, VTO/M/46, April 1955.

[THR 70] THROOP J. F., MILLER G. A., "Optimum fatigue crack resistance" in *Achievement of High Fatigue Resistance in Metals and Alloys*, ASTM STP 467, pp. 154-168, 1970.

[TIF 65] TIFFANY C. F., MASTERS J. N., "Applied fracture mechanics", *Fracture Toughness Testing and its Applications*, ASTM STP 381, 249-278, 1965.

[TIM 53] TIMOSHENKO S. P., *History of Strength of Materials*, McGraw-Hill, New York, 1953.

[TOM 68] TOMKINS B., "Fatigue crack propagation - An analysis", *Phil. Mag.* 18, 1041-1066, 1968.

[TOM 69] TOMKINS B., BIGGS W. D., "Low endurance fatigue in metals and polymers, Part 3: The mechanisms of failure", *Journal of Materials Science*, 4, 544-553, 1969.

[TOP 69] TOPPER T. H., SANDOR B. I., MORROW J. D., "Cumulative fatigue damage under cyclic strain control", *Journal of Materials*, 4(1), 189-1999, March 1969.

[TOP 69a] TOPPER T. H., WETZEL. R. M., MORROW J. D., "Neuber's notch rule applied to fatigue of notched specimens", *ASTM Journal of Materials*, 4(1), 200-209, March 1969.

[TOP 70] TOPPER T. H., SANDOR B. I., "Effects of mean stress and prestrain on fatigue damage summation", Effects of Environment and Complex Load History on Fatigue Life, ASTM STP 462, 93-104, 1970.

[TOV 02] TOVO R., "Cycle distribution and fatigue damage under broad-band random loading", *International Journal of Fatigue*, vol. 24 (11), pp. 1137-1147, 2002.

[TOV 05] TOVO R., BENASCIUTTI D., "Spectral methods for lifetime prediction under wide-band stationary random processes", *Int. J. Fatigue*, 27(8): 867-877, 2005.

[TUC 74] TUCKER L. E., LANDGRAF R. W., BROSE W. R., Proposed technical report on fatigue properties for the SAE Handbook, SAE Paper no. 740279, Feb. 1974.

[TUC 77] TUCKER L., BUSSA S., *Fatigue Under Complex Loading: Analysis and Experiments*, 1st Edn. Society of Automotive Engineers, AE 6, Warrendale Pa., 1977, pp. 3-14.

[TUN 86] TUNNA J. M., "Fatigue life prediction for Gaussian random loads at the design stage", *Fatigue Fact Engineering Mat. Struct.*, vol. 9, no. 3, pp. 169-184, 1986.

[TRO 58] TROTTER W. D., Fatigue of 2024. T3 Aluminium sheet under random loading, Boeing Airplane Co, Test Report no. T2. 1601, November 1958.

[TVE 03] TVEITEN B. W., The fatigue strength of RHS t-joints, SINTEF Report STF24 A03220, Trondheim, 2003.

[VAL 61a] VALLURI S. R. , A theory of cumulative damage in fatigue, Report ARL 182, Calif. Inst. of Technol. , December 1961.

[VAL 61b] VALLURI S. R. , "A unified engineering theory of high stress level fatigue", *Aerosp. Eng.* , 20, 18-19, 68-69, October 1961.

[VAL 63] VALLURI S. R. , GLASSCO T. B. , BROCKRATH G. E. , "Further considerations concerning a theory of crack propagation in metal fatigue", *Trans. SAE*, Paper 752A, September 1963, Los Angeles, Douglas Aircraft Company, Inc. , Engineering Paper no. EP-1695, Calif. Inst. of Technology, GalcIT SM 63 - 16, July 1963.

[VAL 64] VALLURI S. R. , GLASSCO T. B. , BROCKRATH G. E. , "Further considerations concerning a theory of crack propagation in metal fatigue, engineering consequences especially at elevated temperatures", *AIAA*, Paper no. 64 - 443, Washington D. C. , 29 June-2 July 1964.

[VAL 81] VALANIS K. C. , "On the effect of frequency on fatigue life", in *Mechanics of Fatigue*, Winter Annual Meeting of the ASME, Washington D. C. , AMD 47, T. Mura(ed), 21-32, Nov. 15-20, 1981.

[VAL71] VAN DIJK G. M. , "Statistical load information processing. Advanced Approaches to Fatigue Evaluation", *Proc. 6th ICAF Symposium*, Miami Beach, May 1971, or NASA SP 309, 565-598, 1972.

[VAN 72] VANMARCKE E. H. , "Properties of spectral moments with applications to random vibration", *Journal of Engineering Mechanics Division*, ASCE, 98, 425-446, 1972 [AMR 26, 1973, Rev. 259].

[VAN 75] VAN DIJK G. M. , DEJONGE J. B. , "Introduction to a fighter aircraft loading standard for fatigue evaluation "FALSTAFF", Part Ⅰ", *Proc. 8th ICAF Symp. Problems with Fatigue Aircraft*, Lausanne, or National Aerospace Laboratory, NRL MP 75017U, The Netherlands, 1975.

[VER 56] VERHAGEN C. J. D. M. , DE DOES J. C. , "A special stress analyser for use on board ship", *International Shipbuilding Progress*, Rotterdam, May 1956.

[VIR 78] VIRKLER D. A. , HILLBERRY B. M. , GOEL P. K. , The statistical natural of fatigue crack propagation, AFFDL-TR-78-43, Air Force Flight Dynamics Laboratory, April 1978.

[VIT 53] VITOVEC F. H. , LAZAN B. J. , Review of previous work on short-time tests for predicting fatigue properties of materials, Wright Air Development Center, Tech. Report no. 53-122, August 1953.

[VRO 71] VROMAN G. A. , Analytical predictions of crack growth retardation using a residual stress intensity concept, North American Rockwell Co. Report, May 1971.

[WAD 56] WADE A. R. , GROOTENHUIS P. , "Very high-speed fatigue testing", *Internat. Conf. on Fatigue of Metals*, Inst. of Mech. Engrs and ASME, London, 361-369, 1956.

[WAL 58] WALKER W. G. , COPP M. R. , Summary of VGH and V-G data obtained from piston-engine transport airplanes from 1947 to 1958, NASA - TN D-29, September 1959.

[WAL 70] WALKER, K. , "The Effect of Stress Ratio During Crack Propagation and Fatigue for 2024-T3 and 7075-T6 Aluminum", *Effects of Environment and Complex Load History on Fatigue Life*, ASTM STP 462, Am. Soc. for Testing and Materials, West Conshohocken, PA, 1970, PP. 1-14.

[WAL 83] WALKER E. K. , "Exploratory study of crack-growth-based inspection rationale", *Probabilistic Fracture Mechanics and Fatigue Methods: Applications for Structural Design and Maintenance*, ASTM STP 798, 116-130, 1983.

[WAT 62] WATERMAN L. T. , "Random versus sinusoidal vibration damage levels", *The Shock and Vibration Bulletin*, 30(4), 128-139, 1962.

[WAT 76] WATSON P. , DABELL B. J. , "Cycle counting and fatigue damage", *Journal of the Society of Envi-*

ronmental Engineers, 15. 3(70), 3-8, September 1976.

[WEB 66] WEBBER D., "Working stresses related to fatigue in military bridges", *Proc. Stress in Service*, Institution for Civil Engineers, London, 237-247, 1966.

[WEE 65] WEERTMAN J., "Rate of growth of fatigue cracks calculated from the theory of infinitesimal dislocations distributed on a plane", *Proc. 1st Int. Conf. Fracture*, vol. 1, Japanese Society for Strength and Fracture Materials, Sendai, Japan, 153-163, 1965.

[WEH 91] WEHNER T., FATEMI A., "Effects of mean stress on fatigue behavior of a hardened crabon steel", *Int. J. Fatigue*, 13, no. 3. pp. 241-248, 1991.

[WEI 49] WEIBULL W., " A statistical representation of fatigue failures in solids ", *Trans. Roy.*, Swed. Inst. Tech. 27, 1949.

[WEI 52] WEIBULL W., WALODDI, "Statistical design of fatigue experiments", *Journal of Applied Mechanics*, 19(1), March 1952.

[WEI 54] WEIBULL W., The propagation of fatigue cracks in light-alloy plates, SAAB Aircraft Co T. N. 25, Linköping, Sweden, Jan. 12, 1954.

[WEI 60] WEIBULL W., Size effects on fatigue-crack initiation and propagation in aluminum sheet specimens subjected to stress of nearly constant amplitude, F. F. A. Report 86, Stockholm, June 1960.

[WEI 71] WEI R. P., Mc EVILY A. J., "Fracture mechanics and corrosion fatigue", NACE, *Conf. Proc.* "Corrosion Fatigue", Storrs, Conn., USA, 381-395, 1971.

[WEI 74] WEI R. P., SHIH T. T., " Delay in fatigue crack growth ", Noordhoff International Publishing, Leyden, *International Journal of Fracture*, 10(1), 77-85, March 1974.

[WEI 78] WEI R. P., "Fracture mechanics approach to fatigue analysis in design", *Journal of Engineering Materials and Technology*, 100, 113-120, April 1978.

[WEL 65] WELLS H. M., "Flight load recording for aircraft structural integrity", *AGARD Symposium on Flight Instrumentation*, Paris, September 1965, p. 127/140.

[WES 39] WESTERGAARD H. M., " Bearing pressures and cracks", *Journal of Applied Mechanics*, 6, A49-A54, 1939.

[WHE 72] WHEELER, O. E., "Spectrum loading and crack growth", *Journal of Basic Engineering*, 94, 181-186, March 1972.

[WHE 95] WHEELER D. J., *Advanced Topics in Statistical Process Control*, SPC Press, Inc., Knoxville, Tennessee, 1995.

[WHI 61] WHITEMAN J. G., "Repeated rest periods in fatigue of mild steel bar", *The Engineer*, London, 211 (5501), 1074-1076, 30 June 1961.

[WHI 69] WHITE D. J., "Effect of truncation of peaks in fatigue testing using narrow band random loading", *International Journal of Mechanical Sciences*, 11(8), 667-675, August 1969.

[WHIT 69] WHITTAKER I. C. and BESUNER P. M., A reliability analysis approach to fatigue life variability of aircraft structures, Wright Patterson Air Force Base, Technical Report AFML-TR-69-65, April 1969.

[WHIT 72] WHITTAKER I. C., Development of titanium and steel fatigue variability model for application of reliability approach to aircraft structures, AFML-TR-72-236, Wright Patterson AFB, Ohio, October 1972.

[WIJ 09] WIJKER J., "Random vibrations in spacecraft structures design – theory and applications", *Solid Mechanics and its Applications*, volume 165, Springer, 2009.

[WIL 57] WILLIAMS M. L. ,"On the stress distribution at the base of a stationary crack", *Journal of Applied Mechanics*, 24(1), 109-114, March 1957.

[WIL 71] WILLENBORG J. , ENGLE R. M. , WOOR H. A. , A crack growth retardation model using an effective stress concept, Air Force Dynamics Laboratory, Wright-Patterson AFB, AFFDL Technical Memorandum 71-1-FBR, Jan. 1971.

[WIR 76] WIRSCHING P. H. , YAO J. T. P. , "A probabilistic design approach using the Palmgren-Miner hypothesis, methods of structural analysis", *ASCE*, 1, 324-339, 1976.

[WIR 77] WIRSCHING P. H. , SHERATA A. M. , "Fatigue under wide band random stresses using the rainflow method", *Journal of Engineering Materials and Technology*, ASME, 99(3), 205-211, July 1977.

[WIR 79] WIRSCHING P. H. , "Fatigue reliability in welded joints of offshore structures", *Offshore Technology Conference*, OTC 3380, 197-206, 1979.

[WIR 80a] WIRSCHING P. H. , "Digital simulation of fatigue damage in offshore structures", *Winter Annual Meeting of ASME*, Chicago, I11, 16/21 November 1980, ASME, New York, 37, 69-76, 1980.

[WOR 80b] WIRSCHING P. H. , LIGHT M. C. , " Fatigue under wide band random stresses ", *ASCE J. Struct. Div.*, vol. 106, no. 7, July 1980, p. 1593-1607.

[WIR 80c] WIRSCHING P. H. , "Fatigue reliability in welded joints of offshore structures", *Int. J. Fatigue*, 2 (2), 77-83, April 1980.

[WIR 81] WIRSCHING P. H. , The application of probabilistic design theory to high temperature low cycle fatigue, NASA CR 165488, N. 82-14531/9, November 1981.

[WIR 82] WIRSCHING P. H. , YAO J. T. P. , "Fatigue reliability: introduction", *ASCE Journal of the Structural Division*, 108(ST1), 3-23, January 1982.

[WIR 83a] WIRSCHING P. H. , Statistical summaries of fatigue data for design purposes, NASA CR3697, 1983.

[WIR 83b] WIRSCHING P. H. , Probability based fatigue design criteria for offshore structures, Final Project Report API-PRAC 81-15, The American Petroleum Institute, Dallas, TX, January 1983.

[WIR 83c] WIRSCHING P. H. , WU Y. T. , "A review of modern approaches to fatigue reliability analysis and design, ' Random Fatigue Life Prediction' ", *The 4th National Congress on Pressure Vessel and Piping Technology*, Portland, Oregon, ASME - PVP, 72, 107-120, 19-24 June 1983.

[WÖH 60] WÖHLER A. , "Versuche über die Festigkeit der Einsenbahnwagen-Achsen", *Zeitschrift für Bauwesen*, 1860.

[WÖH 70] WÖHLER A. , " Uber die Festigkersversuche mit Eisen und Stahl ", *Zeitchrift Für Bauwesen* 20, 1870.

[WOO 71] WOOD H. A. , "Fracture control procedures for aircraft structural integrity", *Advanced Approaches to Fatigue Evaluation*, Proc. 6th ICAF Symposium, Miami Beach, May 1971, 437-484, NASA SP 309, 1972.

[WOO 73] WOOD H. A. , "A summary of crack growth prediction techniques", *Agard Lecture Series no. 62*, Fatigue Life Prediction for Aircraft Structures and Materials, no. 73 29924 to 29934, May 1973.

[WRI] WRISLEY D. L. , KNOWLES W. S. , Investigation of fasteners for mounting electronic components, Report on Contract no. DA-36-039 SC-5545 between the Calidyne Co and SCEL, Ft. Monmouth, N. J.

[YAN 72] YANG J. N. , "Simulation of random envelop processes", *Journal of Sound and Vibrations*, 21, 73-85, 1972.

[YAO 62] YAO J. T. P. , MUNSE W. H. , " Low-cycle fatigue of metals. Literature review ", *Welding Research*

Supplement, 41, 182s-192s, April 1962.

[YAO 62a] YAO J. T. P., MUNSE W. H., "Low-cycle axial fatigue behavior of mild steel", *Symposium on Fatigue Tests of Aircraft Structures: Low-cycle, Full-cycle, and Helicopters*, ASTM STP 338, 5-24, 1962.

[YAO 72] YAO J. T. P., SHINOZUKA M., "Probabilistic structural design for repeated loads", *ASCE, Specialty Conference on Safety and Reliability of Metals Structures*, Pittsburgh, Pennsylvania, 371 - 397, 2 - 3 November 1972.

[YAO 74] YAO J. T. P., "Fatigue reliability and design", *Journal of the Structural Division ASCE*, 100(ST 9), 1827-1836, September 1974.

[YOK 65] YOKOBORI T., "The strength, fracture and fatigue of materials", in *Strength, Fracture and Fatigue of Materials*, NOORDHOFF P. (ed), Groningen, Netherlands, 1965.

[ZHA 92] ZHAO W. W., BAKER M. J., "On the probability density function of rainflow stress range for stationary Gaussian processes", *Int. J. Fatigue*, 14(2), 121-135, 1992.